丛书主编 马德高

结构力学
辅导及习题精解

（龙驭球 第2版） Ⅰ、Ⅱ合订

本册主编 张代理 张 宇
副主编 孔 敏 林 彦
　　　　于 蕾 赵全斌

延边大学出版社
Yanbian university press

前　言

《结构力学》是土木工程专业最重要的基础课之一,也是报考专业硕士研究生的专业考试科目。龙驭球等主编的《结构力学》(第2版)是一套深受读者欢迎并多次获奖的优秀教材,被全国许多院校采用,也是许多学校硕士研究生入学考试的指定教材。为帮助、指导广大读者学好这门课程,我们编写了这本与龙驭球等主编的《结构力学》(第2版)完全配套的《结构力学辅导及习题精解》,以帮助加深对基本概念的理解,加强对基本解题方法与技巧的掌握,进而提高学习能力和应试水平。

本书共分十七章。章节的划分与教材一致。每章包括五大部分内容:

一、知识结构及内容小结:先用网络结构图的形式揭示出本章知识点之间的有机联系,以便于学生从总体上系统地掌握本章知识体系和核心内容;然后简要对每节涉及的基本概念和基本公式进行了系统的梳理,并指出理解与应用基本概念、公式时需注意的问题以及各类考试中经常考查的重要知识点。

二、经典例题解析:精选部分反映各章基本知识点和基本方法的典型例题——其中部分例题选自名校考研真题,给出了详细解答,以提高读者的综合解题能力。

三、历年考研真题评析:精选全国众多知名高校的研究生入学考试真题,做了精心深入的解答。

四、教材习题精解:对教材里该章节全部习题作详细解答,与市面上习题答案不全的某些参考书有很大的不同。在解题过程中,对部分有代表性的习题,设置了"思路探索"以引导读者尽快找到解决问题的思路和方法;安排有"方法点击"来帮助读者归纳解决问题的关键、技巧与规律。有的习题还给出了一题多解,以培养读者的分析能力和发散思维能力。

五、同步自测题及参考答案： 精选有代表性、测试价值高的题目（有些题目选自历年考研真题），以检测学习效果，提高应试水平。

全书内容编写系统、新颖、清晰、独到，充分体现了如下三大特色。

一、知识梳理清晰、简洁： 直观、形象的图表总结，精炼、准确的考点提炼，权威、独到的方法归纳，将教材内容抽丝剥茧、层层展开，呈现给读者简明扼要、层次分明的知识结构，便于读者快速复习、高效掌握，形成稳固、扎实的知识网，为提高解题能力和思维水平夯实基础。

二、能力提升迅速、持续： 所有重点、难点、考点，统统归纳为一个个在考试中可能出现的基本题型，然后针对每一个基本题型，举出丰富的精选例题、考研例题，举一反三、深入讲解，真正将知识掌握和解题能力提升高效结合、浑然一体、一举完成。

三、联系考研密切、实用： 本书既是一本教材同步辅导，也是一本考研复习用书，书中处处联系考研：例题中有考研试题，同步自测中也有考研试题，更不用说讲解中处处渗透考研经常考到的考点、重点等，为的就是让同学们同步完成考研备考，达到考研要求的水平。

本书的编写分工如下，由山东建筑大学的张代理老师编写第一、三、九、十、十一、十二、十四、十六章，张宇老师编写第二、四、十三、十五章，孔敏老师编写第五章，于蕾老师编写第六章，赵全斌老师编写第七章，林彦老师编写第八章。并最终由张代理进行统稿。本书在编写的过程中参考了多本同类书籍，吸收了不少养分，在此向这些书籍的编著者表示感谢。由于我们水平有限，书中疏漏与不妥之处，在所难免，敬请广大读者提出宝贵意见，以便再版时更正、改进。

编者

目　录

第 1 章　绪　论 ……………………………………………………………… (1)

第 2 章　结构的几何构造分析 ……………………………………………… (2)
　　本章知识结构及内容小结 …………………………………………………… (2)
　　经典例题解析 ………………………………………………………………… (3)
　　考研真题评析 ………………………………………………………………… (4)
　　本章教材习题精解 …………………………………………………………… (5)
　　同步自测题及参考答案 ……………………………………………………… (13)

第 3 章　静定结构的受力分析 ……………………………………………… (15)
　　本章知识结构及内容小结 …………………………………………………… (15)
　　经典例题解析 ………………………………………………………………… (17)
　　考研真题评析 ………………………………………………………………… (23)
　　本章教材习题精解 …………………………………………………………… (26)
　　同步自测题及参考答案 ……………………………………………………… (74)

第 4 章　影　响　线 ………………………………………………………… (78)
　　本章知识结构及内容小结 …………………………………………………… (78)
　　经典例题解析 ………………………………………………………………… (79)
　　考研真题评析 ………………………………………………………………… (81)
　　本章教材习题精解 …………………………………………………………… (83)
　　同步自测题及参考答案 ……………………………………………………… (113)

第 5 章　虚功原理与结构位移计算 ………………………………………… (115)
　　本章知识结构及内容小结 …………………………………………………… (115)
　　经典例题解析 ………………………………………………………………… (119)
　　考研真题评析 ………………………………………………………………… (121)
　　本章教材习题精解 …………………………………………………………… (123)
　　同步自测题及参考答案 ……………………………………………………… (149)

第 6 章　力　法 ……………………………………………………………… (152)
　　本章知识结构及内容小结 …………………………………………………… (152)
　　经典例题解析 ………………………………………………………………… (153)

目 录

  考研真题评析 ………………………………………………………… (158)
  本章教材习题精解 …………………………………………………… (161)
  同步自测题及参考答案 ……………………………………………… (193)

第 7 章 位 移 法 ………………………………………………………… (196)

  本章知识结构及内容小结 …………………………………………… (196)
  经典例题解析 ………………………………………………………… (199)
  考研真题评析 ………………………………………………………… (205)
  本章教材习题精解 …………………………………………………… (211)
  同步自测题及参考答案 ……………………………………………… (249)

第 8 章 渐近法及其他算法简述 ………………………………………… (253)

  本章知识结构及内容小结 …………………………………………… (253)
  经典例题解析 ………………………………………………………… (256)
  考研真题评析 ………………………………………………………… (259)
  本章教材习题精解 …………………………………………………… (266)
  同步自测题及参考答案 ……………………………………………… (308)

第 9 章 矩阵位移法 ……………………………………………………… (311)

  本章知识结构及内容小结 …………………………………………… (311)
  经典例题解析 ………………………………………………………… (312)
  考研真题评析 ………………………………………………………… (316)
  本章教材习题精解 …………………………………………………… (319)
  同步自测题及参考答案 ……………………………………………… (354)

第 10 章 结构动力计算基础 ……………………………………………… (357)

  本章知识结构及内容小结 …………………………………………… (357)
  经典例题解析 ………………………………………………………… (358)
  考研真题评析 ………………………………………………………… (364)
  本章教材习题精解 …………………………………………………… (370)
  同步自测题及参考答案 ……………………………………………… (387)

第 11 章 静定结构总论 …………………………………………………… (390)

  本章知识结构及内容小结 …………………………………………… (390)
  经典例题解析 ………………………………………………………… (391)
  本章教材习题精解 …………………………………………………… (391)

第12章　超静定结构总论 ……………………………………………………… (397)
　　本章知识结构及内容小结 …………………………………………………… (397)
　　考研真题评析 ………………………………………………………………… (398)
　　本章教材习题精解 …………………………………………………………… (400)

第13章　能量原理 ……………………………………………………………… (418)
　　本章知识结构及内容小结 …………………………………………………… (418)
　　经典例题解析 ………………………………………………………………… (419)
　　考研真题评析 ………………………………………………………………… (420)
　　本章教材习题精解 …………………………………………………………… (421)
　　同步自测题及参考答案 ……………………………………………………… (438)

第14章　结构动力计算续论 …………………………………………………… (440)
　　本章知识结构及内容小结 …………………………………………………… (440)
　　经典例题解析 ………………………………………………………………… (441)
　　考研真题评析 ………………………………………………………………… (443)
　　本章教材习题精解 …………………………………………………………… (445)

第15章　结构的稳定计算 ……………………………………………………… (464)
　　本章知识结构及内容小结 …………………………………………………… (464)
　　经典例题解析 ………………………………………………………………… (465)
　　考研真题评析 ………………………………………………………………… (465)
　　本章教材习题精解 …………………………………………………………… (466)
　　同步自测题及参考答案 ……………………………………………………… (485)

第16章　结构的极限荷载 ……………………………………………………… (487)
　　本章知识结构及内容小结 …………………………………………………… (487)
　　经典例题解析 ………………………………………………………………… (487)
　　考研真题评析 ………………………………………………………………… (489)
　　本章教材习题精解 …………………………………………………………… (491)

第17章　结构力学与方法论 …………………………………………………… (504)

第1章 绪 论

本章知识结构及内容小结

【本章知识结构】

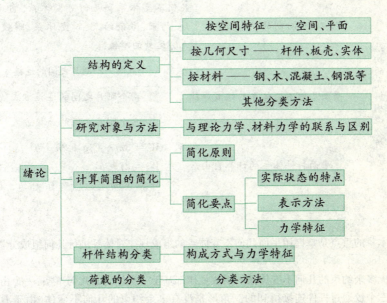

【本章内容小结】
1. 认识结构及其分类方法,从而认识课程在专业体系中的重要性。
2. 认识课程的研究对象、任务和方法。理解其与理论力学、材料力学的联系与区别。
3. 理解并细致掌握计算简图的简化要素及表示方法。
　　一方面是简图反映工程实际,来源于实际并指导设计、施工等环节;另一方面,简洁、统一的表示方法,是结构力学的"语言"。各种结点、支座等都有其确定的力学特点。
4. 杆件结构计算简图的分类,既是常见体系的表现形式,又是对结构的综合分析表现。
5. 荷载分类,主要是对分类方法的认识。

第 2 章 结构的几何构造分析

本章知识结构及内容小结

【本章知识结构】

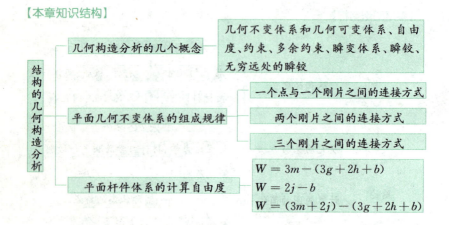

【本章内容小结】

本章的重点是掌握用平面几何不变体系的组成规律对体系进行几何组成分析。

1. 几何不变体系的组成规律

无多余约束的几何不变体系的组成规律都基于一个相同的几何事实：一个由不共线的三个铰通过杆件连接得到的三角形是没有多余约束的几何不变体。由于看法不同，其中的每一根杆件既可以看作一个刚片（强调它本身有三个自由度），也可以看作一根链杆（强调它起一个约束作用）；其中的每一个铰既可以看作一个点（强调它本身有两个自由度），也可以看作一个单铰（强调它起两个约束作用），从而可以得到不同的无多余约束的几何不变体系的组成规律。

2. 平面体系进行几何组成分析的常用方法

一个是去掉待分析体系中的二元体，对余下的部分进行分析，从而简化原体系的几何组成分析。当上部体系与基础之间只有三根杆件连接时，可以考虑从刚片内部出发进行分析；当上部体系与基础之间多于三根杆件连接时，一般应把基础当作一个刚片参与到分析中。注意所有基础是同一刚片，且自由度视为 0。

第 2 章 结构的几何构造分析

3. 利用平面杆件体系的计算自由度协助进行平面体系的几何组成分析

当体系的计算自由度数大于零时,体系是几何可变体系;当体系的计算自由度数小于零时,体系有多余约束。

经典例题解析

例1 试对图2-1所示体系进行几何组成分析。

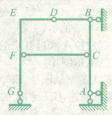

图 2-1

解答: 刚片 ACB 通过铰 A 和过 B 点的支杆与基础相连,三铰不在同一条直线上,故形成扩大的基础刚片。刚片 $DEFG$ 通过链杆 DB 和 FC 以及过 G 点的支杆与扩大的基础刚片相连,三杆不交于同一点,也不互相平行。结论:为无多余约束的几何不变体系。

例2 试对图2-2所示体系进行几何组成分析。

解答: 如图2-3,三个刚片为 CBE、DF、基础。CBE、DF 通过瞬铰 G 相连,DF、基础通过由链杆 AD 和 F 点的支杆构成的无穷远瞬铰相连,CBE、基础通过链杆 AC 和过 B 点的支杆构成的瞬铰 B 相连,三铰不在同一直线上。结论:为无多余约束的几何不变体系。

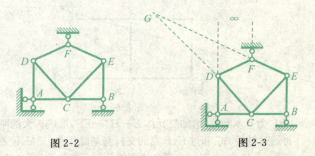

图 2-2 图 2-3

· 3 ·

第 2 章 结构的几何构造分析

考研真题评析

例1 试对图 2-4 所示体系进行几何组成分析。

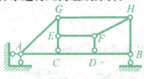

图 2-4

解答：如图 2-5，刚片 $ACDB$ 通过铰 A 和过 B 点的支杆与基础相连，三铰不在同一条直线上，故形成扩大的基础刚片。

三个刚片为 EF、GH、扩大的基础刚片。EF、扩大的基础刚片通过由链杆 EC 和 FD 构成的无穷远瞬铰相连，GH、扩大的基础刚片通过瞬铰 I 相连，EF、GH 通过瞬铰 C 相连，三铰不在同一条直线上。结论：为无多余约束的几何不变体系。

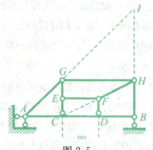

图 2-5

例2 试对图 2-6 所示体系进行几何组成分析。

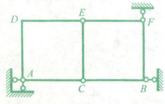

图 2-6

解答：CBF 为基本刚片，增加二元体 $E-EC-EF$，形成扩大的刚片 $CBFE$。该刚片再通过链杆 AC 和过 F、B 点的支杆与基础相连，三杆不交于同一点，也不互相平行。结论：为有一个多余约束的几何不变体系。多余约束为 ADE。

第 2 章 结构的几何构造分析

本章教材习题精解

2－1 试分析图示体系的几何构造。

题 2-1 图

解答：(a) 如解答 2-1 图(a)所示，刚片 $BCDE$ 通过铰 C 和过 D 点的支杆与基础相连，三铰不在同一条直线上，故形成扩大的基础刚片。刚片 $AB(EF)$ 通过铰 $B(E)$ 和过 $A(F)$ 点的支杆与扩大的基础刚片相连，三铰不在同一条直线上，故又形成更扩大的基础刚片。结论：为无多余约束的几何不变体系。

(b) 如解答 2-1 图(b)所示，刚片 AB 通过铰 A 和过 B 点的支杆与基础相连，三铰不在同一条直线上，故形成扩大的基础刚片。刚片 DEF 通过链杆 CD 和 FG 以及过 E 点的支杆与扩大的基础刚片相连，三杆交于同一点 E。结论：为有一个多余约束的几何瞬变体系。

(c) 如解答 2-1 图(c)所示，去掉二元体 $B-BC-BA$ 和 $C-CE-CD$。刚片 HI 通过固定支座与基础相连，故形成扩大的基础刚片。刚片 EFG、FH 及扩大的基础刚片通过不在同一条直线上的三铰 F、G、H 两两相连。结论：为无多余约束的几何不变体系。

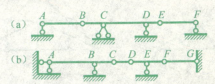 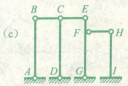

解答 2-1 图

2－2 试分析图示体系的几何构造。

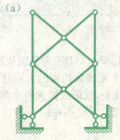 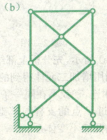

题 2-2 图

第 2 章 结构的几何构造分析

解答:（a）如解答 2-2 图（a）所示,去掉二元体 $A-AC-AD$、$B-BC-BE$、$C-CD-CE$、$D-DG-DF$ 和 $E-EF-EH$。结点 F 通过不共线的链杆 FG 和 FH 与基础相连。结论:为无多余约束的几何不变体系。

（b）如解答 2-2 图（b）所示,先分析上部结构。铰接三角形 ACB 为基本刚片,依次增加二元体 $D-DA-DC$、$E-EC-EB$、$F-FD-FE$、$G-GD-GF$ 和 $H-HF-HE$,故形成扩大的上部刚片。该刚片再通过铰 G 和过 H 点的支杆与基础相连,三铰不在同一条直线上。结论:为无多余约束的几何不变体系。

（c）如解答 2-2 图（c）所示,去掉二元体 $A-AB-AC$、$B-BD-BF$、$C-CF-CE$。铰接三角形 GHI 为基本刚片,依次增加二元体 $D-DH-DG$、$E-EG-EI$,故形成扩大的刚片。该刚片与刚片 EF、FD 通过在同一条直线上的三铰 D、F、E 两两相连。结论:为有一个多余约束的几何瞬变体系。

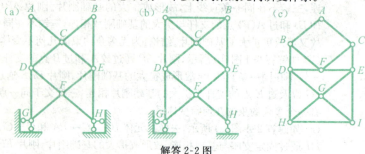

解答 2-2 图

2-3 试分析图示体系的几何构造。

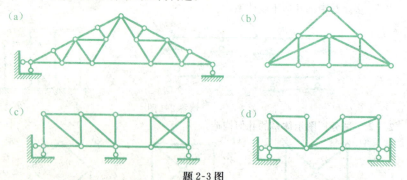

题 2-3 图

解答:（a）如解答 2-3 图（a）所示,先分析上部结构。ABC、ADE 为分别从基本铰接三角形出发,多次利用增加二元体得到的两个无多余约束的大刚片,它们通过铰 A 和链杆 CD 相连,三铰不在同一条直线上,故形成扩大的上部刚片。该刚片再通过铰 B 和过 E 点的支杆与基础相连,三铰不在同一条直线上。结论:为无多余约束的几何不变体系。

（b）如解答 2-3 图（b）所示,先去掉二元体 $A-AB-AC$。铰接三角形 DBF 为

· 6 ·

基本刚片，依次增加二元体 $I-IB-ID$、$G-GF-GI$，得到扩大的刚片1。铰接三角形 CEI 为基本刚片，增加二元体 $H-HC-HE$ 得到扩大的刚片2。刚片1、2通过铰 I 和链杆 GH 相连，三铰不在同一条直线上。结论：为无多余约束的几何不变体系。

(c) 如解答2-3图(c)所示，铰接三角形 ADF 为基本刚片，依次增加二元体 $E-ED-EF$、$B-BE-BF$、$G-GE-GB$，得到扩大的刚片1。该刚片再通过铰 A 和过 B 点的支杆与基础相连，三铰不在同一条直线上，故形成扩大的基础刚片。铰接三角形 CIJ 为基本刚片，增加二元体 $H-HI-HJ$，得到扩大的刚片2。刚片2与扩大的基础刚片通过既不交于同一点又不互相平行的链杆 GH 和 BI 以及过 C 点的支杆相连。结论：为有一个多余约束的几何不变体系。HC 为多余约束。

(d) 如解答2-3图(d)所示，铰接三角形 ACE 为基本刚片，增加二元体 $F-FE-FC$，得到扩大的刚片1。同样，铰接三角形 CDG 为基本刚片，增加二元体 $H-HG-HC$、$B-BD-BH$ 得到扩大的刚片2。刚片1、刚片2、与基础通过在同一条直线上的三铰 A、C、B 两两相连。结论：为有一个多余约束的几何瞬变体系。

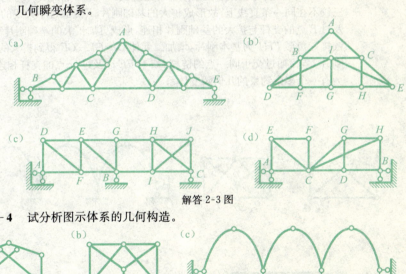

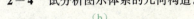

解答2-3图

2－4 试分析图示体系的几何构造。

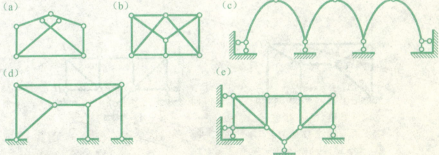

题2-4图

第 2 章 结构的几何构造分析

解答：(a) 如解答 2-4 图(a) 所示，三个刚片为 AB、AC、FG。AB、FG 通过瞬铰 H 相连、AC、FG 通过瞬铰 I 相连、AB、AC 通过铰 A 相连，三铰不在同一条直线上，故形成扩大的刚片。结论：为无多余约束的几何不变体系。

(b) 如解答 2-4 图(b) 所示，三个刚片为 ABC、DE、CFG。ABC、DE 通过瞬铰 I 相连、DE、CFG 通过瞬铰 H 相连、ABC、CFG 通过铰 C 相连，三铰不在同一条直线上，故形成扩大的刚片。结论：为无多余约束的几何不变体系。

(c) 如解答 2-4 图(c) 所示，三个刚片为 EBF、FCG、基础。EBF、基础 通过瞬铰 H 相连、FCG、基础通过瞬铰 I 相连、EBF、FCG 通过铰 F 相连，三铰不在同一条直线上。结论：为无多余约束的几何不变体系。

(d) 如解答 2-4 图(d) 所示，三个刚片为 BD、CE、基础。BD、CE 通过瞬铰 H 相连、BD、基础通过 AB、DG 方向的无穷远瞬铰、CE、基础通过瞬铰 I 相连，三铰不在同一条直线上，故形成扩大的基础刚片。结论：为无多余约束的几何不变体系。

(e) 如解答 2-4 图(e) 所示，铰接三角形 ABC 为基本刚片，增加二元体 D−DB−DC，得到扩大的刚片。该刚片再通过铰 A 和过 B 点的支杆与基础相连，三铰不在同一条直线上，故形成扩大的基础刚片。E 点通过不共线的链杆 CE 及过 E 点的支杆与扩大的基础刚片相连，形成更加扩大的基础刚片 1。同样，铰接三角形 FHI 为基本刚片，增加二元体 G−GI−GF 得到扩大的刚片 2。刚片 1 与 2 通过交于同一点的链杆 DG 和 FE 以及过 H 点的支杆相连。结论：为有一个多余约束的几何瞬变体系。

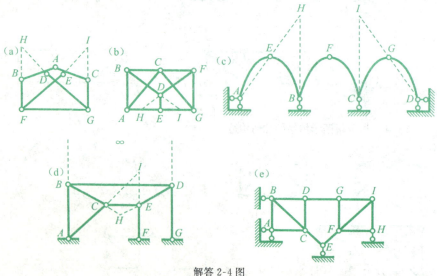

解答 2-4 图

第 2 章 结构的几何构造分析

2—5 试分析图示体系的几何构造。

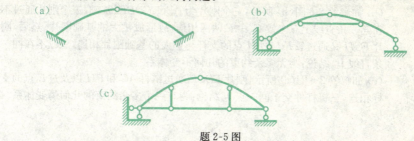

题 2-5 图

解答:(a) 如解答 2-5 图(a)所示,去掉单铰 B,得到无多余约束的几何不变体系。结论:为有两个多余约束的几何不变体系。

(b) 如解答 2-5 图(b)所示,先分析上部结构。刚片 ADB、BEC 通过铰 B 与链杆 DE 相连,三铰不在同一条直线上,故形成扩大的上部刚片。该刚片又通过铰 A 与过 C 点的支杆与基础相连,三铰不在同一条直线上。结论:为无多余约束的几何不变体系。

(c) 如解答 2-5 图(c)所示,先分析上部结构。铰接三角形 FADB 为刚片 1,铰接三角形 GCEB 为刚片 2,刚片 1、2 通过铰 B 与链杆 FG 相连,三铰不在同一条直线上,故形成扩大的上部刚片。该刚片又通过铰 A 与过 C 点的支杆与基础相连,三铰不在同一条直线上。结论:为无多余约束的几何不变体系。

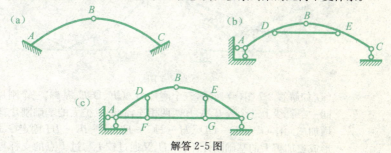

解答 2-5 图

2—6 试分析图示体系的几何构造。

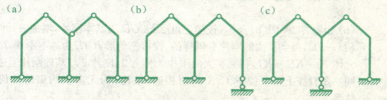

题 2-6 图

解答:(a) 如解答 2-6 图(a)所示,三个刚片为 ABC、CDE、基础。三个刚片通过不在同一直线上三个铰 C、A、E 两两相连,故形成扩大的基础刚片。然后,三个刚片 DF、FGH、扩大的基础刚片又通过不在同一直线上三个铰 D、F、H

两两相连。结论：为无多余约束的几何不变体系。

(b) 如解答 2-6 图(b)所示，三个刚片为 ABC、$CDEF$、基础。三个刚片通过不在同一条直线上三个铰 C、A、E 两两相连，故形成扩大的基础刚片。然后，刚片 FGH 又通过铰 F 与过 H 点的支杆与扩大的基础刚片相连，三铰不在同一条直线上。结论：为无多余约束的几何不变体系。

(c) 如解答 2-6 图(c)所示，刚片 $EDCF$ 通过链杆 AC 和 FH 以及过 E 点的支杆相连，三根杆件交于同一点 I。结论：为有一个多余约束的几何瞬变体系。

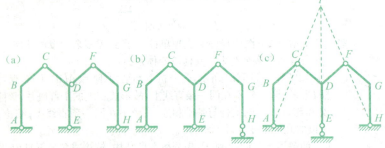

解答 2-6 图

2—7 试分析图示体系的几何构造。

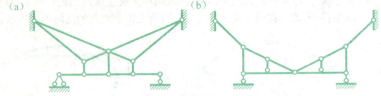

题 2-7 图

解：(a) 如解答 2-7 图(a)所示，三个刚片为 ACF、BCE、基础。三个刚片通过不在同一条直线上三个铰 C、A、B 两两相连，故形成扩大的基础刚片。然后，依次增加二元体 $G-GF-GD$、$H-HC-HG$、$I-IE-IH$ 固定 G、H、I 三点，形成更加扩大的基础刚片。刚片 IJ 又通过铰 I 与过 J 点的支杆与更加扩大的基础刚片相连，三铰不在同一条直线上。结论：为无多余约束的几何不变体系。

(b) 如解答 2-7 图(b)所示，铰接三角形 $HCGD$ 为基本刚片，增加二元体 $F-FH-FD$，得到扩大的刚片 1。同样的，铰接三角形 $JCIE$ 为基本刚片，增加二元体 $K-KE-KJ$，得到扩大的刚片 2。刚片 1、刚片 2 与基础刚片通过不在同一条直线上三个铰 F、C、K 两两相连。结论：为无多余约束的几何不变体系。

第 2 章 结构的几何构造分析

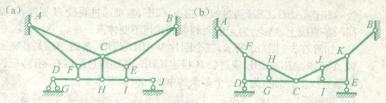

解答 2-7 图

2—8 试分析图示体系的几何构造。

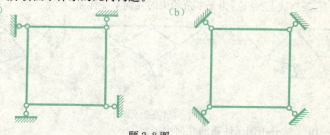

题 2-8 图

解答：(a) 如解答 2-8 图 (a) 所示，三个刚片为 AB、CD、基础。AB、基础通过瞬铰 B 相连，AB、CD 通过 AC、BD 方向的无穷远瞬铰、CD、基础通过瞬铰 C 相连，三铰不在同一条直线上，结论：为无多余约束的几何不变体系。

(b) 如解答 2-8 图 (b) 所示，三个刚片为 AB、CD、基础。AB、基础通过瞬铰 E 相连，AB、CD 通过 AC、BD 方向的无穷远瞬铰、CD、基础也通过瞬铰 E 相连，三铰在同一条直线上。结论：为有一个多余约束的几何瞬变体系。

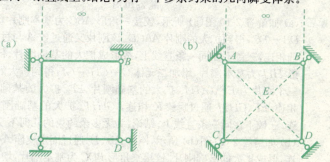

解答 2-8 图

2—9 试分析图示体系的几何构造。

题 2-9 图

解答：(a) 如解答 2-9 图 (a) 所示，三个刚片为 ABD、CBE、基础。ABD、基础通过瞬

· 11 ·

铰 G 相连，ABD、CBE 通过铰 B 相连，CBE、基础通过瞬铰 H 相连，三铰不在同一条直线上。结论：为无多余约束的几何不变体系。

(b) 如解答 2-9 图(b) 所示，三个刚片为 ABD、CBE、基础。ABD、基础通过瞬铰 A 相连，ABD、CBE 通过铰 B 相连，CBE、基础通过瞬铰 C 相连，三铰在同一条直线上。结论：为有一个多余约束的几何瞬变体系。

(c) 如解答 2-9 图(c) 所示，三个刚片为 DF、CBE、基础。DF、基础通过瞬铰 H 相连，DF、CBE 通过瞬铰 G 相连，CBE、基础通过瞬铰 C 相连，三铰不在同一条直线上。结论：为无多余约束的几何不变体系。

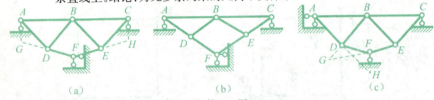

解答 2-9 图

2—10 试分析图示体系的几何构造。

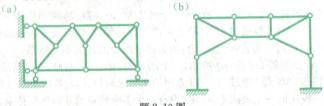

题 2-10 图

解答：(a) 如解答 2-10 图(a) 所示，铰接三角形 ABC 为基本刚片，增加二元体 $D-DB-DC$，得到扩大的刚片 $ABCD$。该刚片又通过铰 A 与过 B 点的支杆与基础相连，三铰不在同一条直线上，故形成扩大的基础刚片。同样的，铰接三角形 HIJ 为基本刚片，增加二元体 $G-GH-GI$，得到扩大的刚片 $GHIJ$。

三个刚片为 EF、$GHIJ$、扩大的基础刚片。EF、扩大的基础刚片通过瞬铰 L 相连，EF、$GHIJ$ 通过瞬铰 K 相连，$GHIJ$、扩大的基础刚片通过瞬铰 I 相连，三铰不在同一条直线上。结论：为无多余约束的几何不变体系。

(b) 如解答 2-10 图(b) 所示，刚片 AB、IJ 通过固定支座 A、J 与基础刚片相连，形成扩大的基础刚片。铰接三角形 BDC 为基本刚片，增加二元体 $E-EC-ED$，得到扩大的刚片 $BCDE$。同样的，铰接三角形 HIF 为基本刚片，增加二元体 $G-GH-GF$，得到扩大的刚片 $GHIF$。

三个刚片为 $BCDE$、$GHIF$、扩大的基础刚片。$BCDE$、扩大的基础刚片通过铰 B 相连，$BCDE$、$GHIF$ 通过 DF、EG 方向的无穷远瞬铰，$GHIF$、扩大的基础刚片通过铰 I 相连，因 BI 连线与 DF、EG 平行，三铰在同一条直线上。结论：为有一个多余约束的几何瞬变体系。

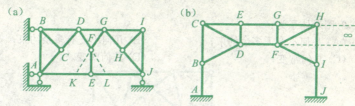

解答 2-10 图

2—11 试求习题 2—5～2—10 中各体系的计算自由度。（略）

2—12 试求图示体系的计算自由度。

(a) 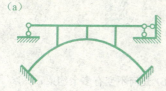 (b)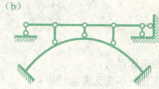

题 2-12 图

解答：（a）如解答 2-12 图(a)所示，注意到在封闭框 $EFGH$、$GHIJ$ 铰中各有一个多余刚结点。

$$W = 3m - (3g + 2h + b) = 3 \times 1 - (3 \times 4 + 2 \times 0 + 3) = -12$$

（b）如解答 2-12 图(b)所示，AB 为刚片，C、E、G、I、D 为结点，则有

$$W = (3m + 2j) - (3g + 2h + b) = 3 \times 1 + 2 \times 5 - (3 \times 2 + 2 \times 0 + 3 + 7) = -3$$

(a) 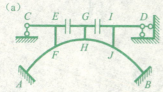 (b)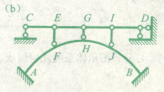

解答 2-12 图

同步自测题及参考答案

同步自测题

1. 图示体系的几何组成分析的结论是_____。

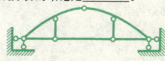

图 2-7

2. 图示体系为：
(A) 几何不变无多余约束；　　(B) 几何不变有多余约束；
(C) 几何常变；　　　　　　　(D) 几何瞬变。

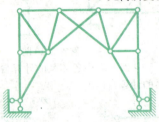

图 2-8

3. 图示体系为：
(A) 几何不变无多余约束；　　(B) 几何不变有多余约束；
(C) 几何常变；　　　　　　　(D) 几何瞬变。

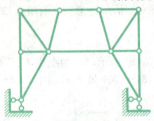

图 2-9

4. 分析图示体系的几何组成。

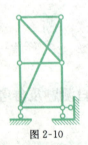

图 2-10

参考答案

1. 几何不变且有一个多余约束。
2. (B)
3. (D)
4. 无多余约束的几何不变体系。

第 3 章　静定结构的受力分析

本章知识结构及内容小结

【本章知识结构】

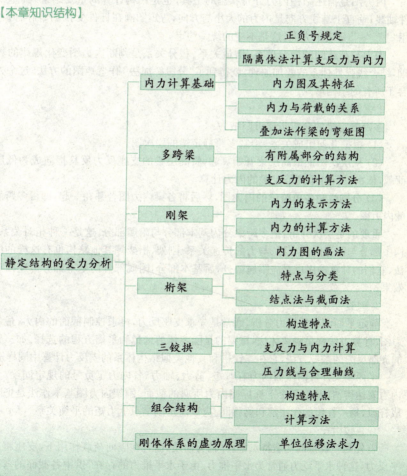

第 3 章 静定结构的受力分析

【本章内容小结】

本章是结构计算的开篇,是基础,主要内容、方法应达到熟练、准确、灵活。

1. 静定结构内力计算基础

以单跨梁为例说明的方法,是所有结构计算的基本方法。首先是正负号的规定,同时强调弯矩受拉侧的概念;然后是隔离体法计算支反力和截面内力,是与理论力学、材料力学一脉相承的,隔离体可大到整体、小到一个点,结构特点决定截面上有哪些内力分量,只要选择的隔离体未知力个数不多于独立平衡方程个数,即可用平衡方程计算相应未知力。

内力图是描述结构内力分布状态的工具,也是结构计算的重要结果。其基线是杆件轴线,垂直于基线方向是内力的大小与方向,弯矩图画在杆件受拉侧、轴向力和剪力用"+"、"-"号表示方向。这是不变的统一约定。

内力与荷载间的微分关系、增量关系、积分关系是判断内力图变化规律的数学基础,结合线弹性体系的叠加原理,就得到了"分段叠加法"作弯矩图的方法。这个方法适合于所有的结构形式。

2. 多跨梁的内力计算

多跨静定梁的分析步骤可归纳为:

(1) 根据几何组成关系,绘制多跨静定梁的层次图。

(2) 从层次图上最高层梁开始算起,将高层梁的支座反力反其指向成为低层梁的荷载,依次进行各单跨静定梁的内力计算。

(3) 分别绘制各单跨梁的内力图,然后将各梁内力图合并在一起,即得多跨静定梁的内力图。

重要的是层次分析,把多跨梁分为基本部分与附属部分。这是一种相对关系,是结构中部分与部分间的支撑、与力的传递关系。刚架、桁架等其他结构也有这样的组成方法,它们的计算顺序也是先附属部分,后基本部分,附属部分向基本部分传递荷载作用效果。

3. 刚架

静定平面刚架的受力分析,通常是先求支座反力,再求控制截面的内力,最后作内力图。计算方法都是隔离体法,重要的是隔离体的选择和平衡方程的选择。如三铰刚架的支座反力的求解方法,它在三铰拱和其他类似结构体系的支反力计算中同样适用。

平面刚架杆件的截面内力有弯矩、剪力、轴力。各内力正负号的规定同梁。为了使内力表达得清晰,以两个下标标明内力所属的截面。刚架内力图基本作法是把刚架拆成杆段,每一杆段的作法都和梁相同。应该注意刚结点上力矩的平衡关系。

4. 三铰拱

首先是三铰拱的构造特点是:杆轴为曲线,而且在竖向荷载作用下,支座将产生水平反力,这种水平反力通常为水平推力。由于水平推力的存在,拱中各截面的弯矩将比相同跨度相同荷载作用下简支梁的弯矩要小,整个拱体主要承受压力作用。

三铰拱全部反力和内力都可与相同跨度、相同荷载的简支梁比较。

第 3 章 静定结构的受力分析

压力线与压力多边形,也是分析拱内力情况的工具,用截面合力的大小、方向、作用点三要素代替弯矩、剪力和轴力三分量。在给定荷载作用下,使拱上各截面弯矩为零的拱轴线,就称为所作用荷载下的合理轴线。常见有抛物线、悬索线、圆弧线等。

5. 桁架

理想桁架的结点都是光滑的铰结点;各杆的轴线均为直线,并都通过铰的中心,荷载和支座反力都作用在结点上。构成上分简单桁架、联合桁架、复杂桁架。

计算方法仍然是隔离体法,但具体形成了结点法、截面法两个方法,是隔离体法针对桁架特点的应用。

结点法就是取桁架的结点为隔离体,利用平面汇交力系的两个平衡条件计算杆件的内力,只要求作用于该结点的未知力不超过两个。求解过程中,为了避免使用三角函数,对于斜杆轴力的计算,常用杆轴力的水平分力或竖向分力作为未知数,待求出其中一个分力后,即可利用跨度比例关系求出另一个分力和斜杆轴力。

截面法是从桁架中截出一部分为隔离体(包含两个以上的结点),利用平面一般力系的三个平衡方程,计算所切各杆中的未知轴力。或者用独立的平衡方程计算截面单杆的内力。

6. 组合结构

特点是结构中既有受弯杆件又有只受拉压的杆件。计算中首先要确定截面上应有的内力分量,然后再选择相应的隔离体。通常顺序是先计算拉压杆,后计算受弯杆;计算受拉压杆内力时,注意不要取受弯杆杆端的铰结点用结点法计算轴向力,因为受弯杆的杆端有剪力存在。

7. 刚体体系的虚功原理

虚功原理是力学的重要理论,通过同一体系两个不同状态间功的关系,可以实现所求问题性质时的转换和简化。本章首先用虚设位移求未知力,后续用虚功原理求结构的位移、求影响线。

经典例题解析

例 1 试作图 3-1(a) 所示多跨静定梁的内力图。

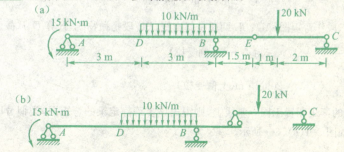

第 3 章 静定结构的受力分析

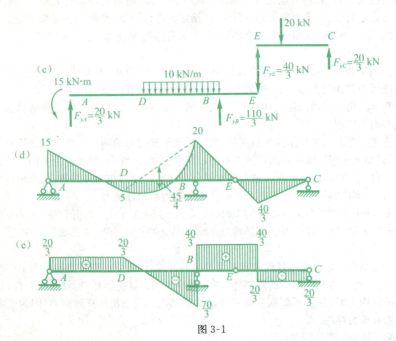

图 3-1

根据几何组成分析，AE 梁属于基本部分，EC 梁为附属部分，由此绘制层次图，如图 3-1(b) 所示。

从最上层梁 EC 开始算起，计算出 EC 梁的支座反力，E 点处支反力求出后，反其指向成为 AE 梁的荷载，然后计算梁 AE，求解出梁 AE 的支座反力。计算结果如图3-1(c)所示。

各单跨梁的支座反力和约束力求出后，即可绘出各梁的内力图，

EC 就是简支梁，集中力作用点的弯矩为

$$M = \frac{Pab}{l} = \frac{20 \times 1 \times 2}{3} = \frac{40}{3} \text{kN} \cdot \text{m}(\text{下侧受拉})$$

AE 分三段作弯矩图，AD、BE 两段是斜直线，DB 段是抛物线，计算 D、B 截面弯矩

$$M_D = \frac{20 \times 3}{3} - 15 = 5 \text{kN} \cdot \text{m}(\text{下侧受拉}),$$

$$M_B = \frac{40}{3} \times 1.5 = 20 \text{kN} \cdot \text{m}(\text{上侧受拉})$$

将各段的弯矩图置于同一基线上，则得出该多跨静定梁的弯矩图，类似分段可作出剪力图，如图 3-1(d)、(e) 所示。

第 3 章 静定结构的受力分析

例2 试作图 3-2(a) 所示三铰刚架的内力图。

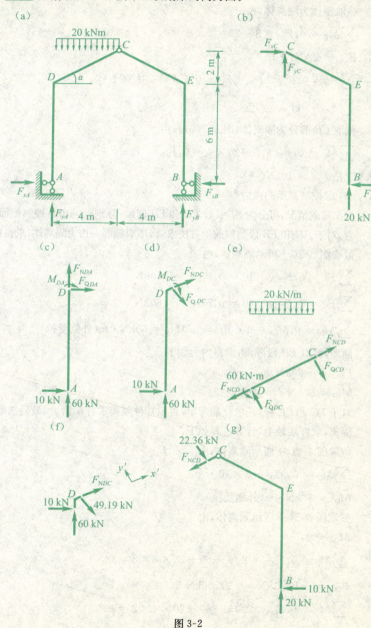

图 3-2

解答：(1) 求支座反力

截取整体为隔离体，由

$\sum M_B = 0, F_{yA} \times 8 - 20 \times 4 \times 6 = 0,$

$F_{yA} = 60 \text{kN}(\uparrow)$

$\sum F_y = 0, F_{yA} + F_{yB} - 80 = 0, F_{yB} = 20 \text{kN}(\uparrow)$

$\sum F_x = 0, F_{xA} = F_{xB}$

截取 CB 部分为隔离体(图 3-2(b))，由

$\sum M_C = 0, F_{xB} \times 8 - 20 \times 4 = 0, F_{xB} = 10 \text{kN}(\leftarrow)$

于是 $F_{xA} = 10 \text{kN}(\rightarrow)$

(2) 求控制截面的内力

根据荷载情况，可分为 AD、DC、CE 和 EB 四段，分别计算出各控制截面的内力。对于 AD 和 EB 段仿照前例方法求解，即取截面一边为隔离体，求得内力。

截取图 3-2(c) 所示隔离体，由

$\sum F_x = 0, F_{QDA} + 10 = 0, F_{QDA} = -10 \text{kN}$

$\sum F_y = 0, F_{NDA} + 60 = 0, F_{NDA} = -60 \text{kN}$

$\sum M_D = 0, M_{DA} - 6 \times 10 = 0, M_{DA} = 60 \text{kN} \cdot \text{m}(外侧受拉)$

同理，截取 EB 段隔离，求得内力如下：

$F_{NEB} = -20 \text{kN}, F_{QEB} = 10 \text{kN},$

$M_{EB} = 60 \text{kN} \cdot \text{m}(外侧受拉)$

对于 DC 和 CE 杆，先求杆端弯矩，再取杆件隔离求杆端剪力，最后选取结点隔离，求杆端轴力，计算过程如下：

截取图 3-2(d) 所示隔离体，由

$\sum M_D = 0, M_{DC} - 6 \times 10 = 0,$

$M_{DC} = 60 \text{kN} \cdot \text{m}(外侧受拉)$

截取图 3-2(e) 所示隔离体，由

$M_{CD} = 0$

$\sum M_D = 0, F_{QCD} \times 2\sqrt{5} - 60 + 20 \times 4 \times 2 = 0$

$F_{QCD} = -10\sqrt{5} \text{kN} = -22.36 \text{kN}$

$\sum M_C = 0, F_{QDC} \times 2\sqrt{5} - 60 - 20 \times 4 \times 2 = 0$

$F_{QDC} = 22\sqrt{5} \text{kN} = 49.19 \text{kN}$

同理，截取 CE 段隔离可求出：

$F_{QCE} = -6\sqrt{5}\,\mathrm{kN} = -13.42\,\mathrm{kN}$,

$F_{QEC} = -6\sqrt{5}\,\mathrm{kN} = -13.42\,\mathrm{kN}$

截取图 3-2(f) 所示隔离体，为了便于计算，取 $x'y'$ 坐标系。

$\sum F_x' = 0, F_{NDC} + 10 \times \cos\alpha + 60 \times \sin\alpha = 0$,

$F_{NDC} = -16\sqrt{5}\,\mathrm{kN} = -35.78\,\mathrm{kN}$

同理，截取结点 E 为隔离体，以 EC 为轴线列投影方程：

$F_{NEC} = -8\sqrt{5}\,\mathrm{kN} = -17.89\,\mathrm{kN}$

因为杆 EC 上沿轴线方向没有荷载，所以沿杆长轴力不变，即

$F_{NCE} = -8\sqrt{5}\,\mathrm{kN} = -17.89\,\mathrm{kN}$

为了求得 F_{NCD}，截取图 3-2(g) 所示隔离体，以 CD 为轴线列投影方程

$F_{NCD} = 0$

(3) 绘制内力图

根据各控制截面的内力，即可绘出内力图如图 3-3 所示，其中 DC 段的弯矩图叠加方法与均布荷载作用下水平杆件的弯矩图叠加方法相同，只需注意竖标应与杆轴垂直。

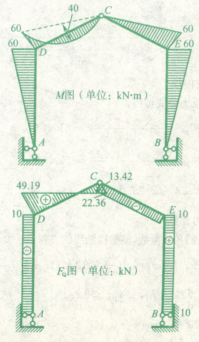

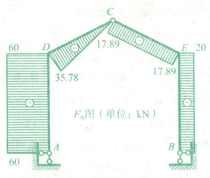

图 3-3

例 3 三铰拱及其所受荷载如图 3-4 所示,拱的轴线为抛物线,当坐标原点选在支座时,拱轴方程为 $y=\dfrac{4f}{l^2}x(l-x)$。试计算 D 截面内力。

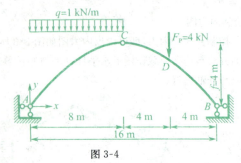

图 3-4

解答:(1) 求支座反力

根据支反力公式可得:

$$F_{yA}=F^{\circ}_{yA}=\frac{4\times 4+8\times 12}{16}=7\text{kN}(\uparrow)$$

$$F_{yB}=F^{\circ}_{yB}=\frac{8\times 4+4\times 12}{16}=5\text{kN}(\uparrow)$$

$$F_{H}=\frac{M^{\circ}_{C}}{f}=\frac{5\times 8-4\times 4}{4}=6\text{kN}$$

(2) 内力计算

截面 D 的几何参数,根据拱轴线的方程:

$$y_{D}=\frac{4f}{l^2}x(l-x)=\frac{4\times 4}{16^2}\times 12\times(16-12)=3\text{m}$$

$$\tan\varphi=\frac{\mathrm{d}y}{\mathrm{d}x}=\frac{4f}{l^2}(l-2x)=\frac{4\times 4}{16^2}\times(16-2\times 12)=-0.5$$

$$\varphi=-26°34',\sin\varphi=-0.447,\cos\varphi=0.894$$

截面 D 的内力,弯矩:

$M_D = M_D° - F_H y_D = 5×4 - 6×3 = 2 \text{kN·m}$(下侧受拉)

因为 D 截面处作用集中荷载,F_Q 有突变,所以 F_Q 和 F_N 都有突变,要分别算出左、右两边的剪力 F_{QL}、F_{QR} 和 F_{NL}、F_{NR}。

$F_{QL} = F_{QL}° \cos\varphi - F_H \sin\varphi$
$\quad = -1 × 0.894 - 6 × (-0.447) = 1.79 \text{kN}$

$F_{NL} = F_{QL}° \sin\varphi + F_H \cos\varphi$
$\quad = -1 × (-0.447) + 6 × 0.894 = 5.81 \text{kN}$

$F_{QR} = F_{QR}° \cos\varphi - F_H \sin\varphi$
$\quad = -5 × 0.894 - 6 × (-0.447) = -1.79 \text{kN}$

$F_{NR} = F_{QR}° \sin\varphi + F_{CD} \cos\varphi$
$\quad = -5 × (-0.447) + 6 × 0.894 = 7.6 \text{kN}$

考研真题评析

例1 作图 3-5 示结构的弯矩图

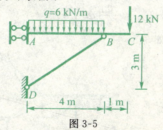

图 3-5

解答: BD 杆是二力杆,因 A 无竖向反力,由结构整体合力平衡,可确定 BD 轴向力的竖向分量

$F_{NBDy} = 6×4 + 12 = 36 \text{kN}$

BC 截面弯矩 $M_{BC} = -12 × 1 = -12 \text{kN·m}$(上侧受拉)

AB 截面弯矩 $M_{AB} = -6 × 4 × 2 - 12 × 5 + 36 × 4 = 36 \text{kN·m}$(下侧受拉)

弯矩图如图 3-6

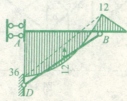

图 3-6

例 2 作图 3-7 示刚架弯矩图。

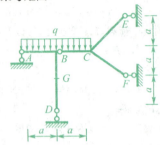

图 3-7

解答：此结构是三铰刚架。计算支反力，取整体水平、竖向合力平衡及 G 点合力矩平衡，再取 AB 部分对 B 点合力矩平衡

$$F_{xE} + F_{xF} = 0$$
$$F_{yA} + F_{yB} - 2qa = 0$$
$$aF_{yA} - 2aF_{xE} = 0$$
$$aF_{yA} - \frac{1}{2}qa^2 = 0$$
$$F_{yA} = \frac{1}{2}qa^2(\uparrow), F_{xE} = \frac{1}{4}qa^2(\leftarrow)$$
$$F_{yB} = \frac{3}{2}qa^2(\uparrow), F_{xF} = -\frac{1}{4}qa^2(\rightarrow)$$

可分段作弯矩图如 3-8

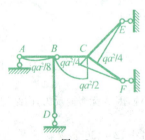

图 3-8

例 3 计算图 3-9 示桁架 a、b、c 号杆内力。

图 3-9

第 3 章 静定结构的受力分析

解答: 如图 3-10 所示,由整体平衡条件计算支反力

$$F_{yB} = \frac{1}{8l}(P \times 2l + 4P \times 3l + 2P \times 5l) = 3P(\uparrow), F_{yA} = 4P(\uparrow)$$

取截面 1 左侧为隔离体,对 C 点取合力矩平衡,计算 d 杆内力,
$F_{Nd} \times 2l + 4P \times 4l - P \times 2l = 0, F_{Nd} = -7P$

取 2 截面左侧为隔离体,对 E 点取合力矩平衡,计算 a 杆内力,对 D 点取合力矩平衡,计算 b 杆内力

$F_{Na} \times l + P \times l - 4P \times 3l - 7P \times l = 0, F_{Na} = 18P$

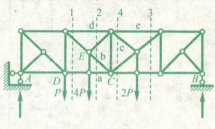

图 3-10

$\frac{\sqrt{2}}{2} F_{Nb} \times 2l + 4P \times 2l + 4P \times l - 7P \times 2l = 0, F_{Nb} = \sqrt{2}P$

取 3 截面右侧为隔离体,对 C 点取合力矩平衡,计算 e 杆内力,
$F_{Ne} \times 2l + 3P \times 4l = 0, F_{Ne} = -6P$

取 4 截面右侧为隔离体,对 C 点取合力矩平衡,计算 c 杆内力,
$\frac{\sqrt{2}}{2} F_{Nc} \times 2l + 2P \times l - 3P \times 4l - 6P \times 2l = 0, F_{Nc} = 11\sqrt{2}P$

例 4. 作图 3-11 示结构受弯杆件的弯矩图和剪力图。

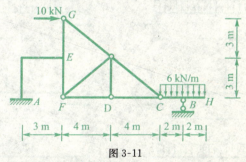

图 3-11

解答: 这是一个有附属部分的组合结构,刚架 $AEFG$ 是基本部分,桁架 $CDFI$ 是附属部分,梁 CB 是更高层附属部分。应先计算简支梁 CB,再计算桁架杆内力,最后计算刚架 $AEFG$。

由 CB 梁可确定桁架杆无内力,所以可简单得到受弯杆件弯矩图和剪力图如图3-12

25

第 3 章 静定结构的受力分析

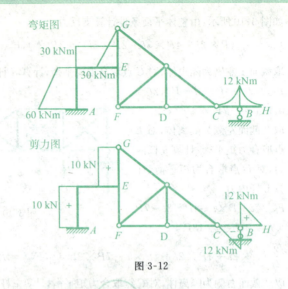

图 3-12

本章教材习题精解

3-1 试用分段叠加法作下列梁的 M 图。

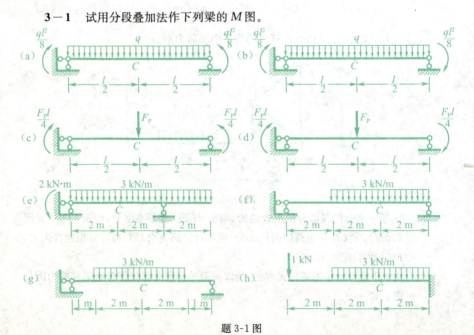

题 3-1 图

解答:(a) 左端弯矩 $\dfrac{ql^2}{8}$ 下侧受拉,右端弯矩 $\dfrac{ql^2}{8}$ 下侧受拉,满跨均布荷载,则跨中弯矩 $\dfrac{ql^2}{8}+\dfrac{ql^2}{8}=\dfrac{ql^2}{4}$ 下侧受拉,满跨二次抛物线,解答3-13图(a)。

(b) 左端弯矩 $\dfrac{ql^2}{8}$ 下侧受拉,右端弯矩 $-\dfrac{ql^2}{8}$ 上侧受拉,满跨均布荷载,则跨中弯矩 $0+\dfrac{ql^2}{8}=\dfrac{ql^2}{8}$ 下侧受拉,满跨二次抛物线,解答3-13图(b)。

(c) 左端弯矩 $\dfrac{F_P l}{4}$ 下侧受拉,右端弯矩 $\dfrac{F_P l}{4}$ 下侧受拉,跨中受集中力,则跨中弯矩 $\dfrac{F_P l}{4}+\dfrac{F_P l}{4}=\dfrac{F_P l}{2}$ 下侧受拉,两段直线,解答3-13图(c)。

(d) 左端弯矩 $\dfrac{F_P l}{4}$ 下侧受拉,右端弯矩 $-\dfrac{F_P l}{4}$ 上侧受拉,跨中受集中力,则跨中弯矩 $0+\dfrac{F_P l}{4}=\dfrac{F_P l}{4}$ 下侧受拉,两段直线,解答3-13图(d)。

(e) 解答3-13图(e),分 AB、BD 两段,AB 段,A 端弯矩 -2kN·m 上侧受拉,B 截面弯矩 -6kN·m 上侧受拉,满跨均布荷载,C 截面弯矩 $-\dfrac{2+6}{2}+\dfrac{3\times 4^2}{8}=2$kN·m(下侧受拉),全段抛物线;$BD$ 段,D 截面弯矩 0,剪力 0,是抛物线顶点。

(f) 如解答3-13图(f),先计算支反力,分 AB、BD 两段作弯矩图,AB 段,A 端弯矩 0,B 截面弯矩 8kN·m 下侧受拉,弯矩图为直线;BD 段,D 端弯矩 0,满跨均布荷载,C 截面弯矩 $\dfrac{8+0}{2}+\dfrac{3\times 4^2}{8}=10$kN·m 下侧受拉,全段抛物线。

(g) 先计算支反力,如解答3-13图(g),分 AB、BD、DE 三段作弯矩图。AB、DE 两段直线,BD 段抛物线,A、E 端弯矩 0,B、D 截面弯矩 6kN·m 下侧受拉,C 截面弯矩 12kN·m 下侧受拉。

(h) 分 AB、BD 两段作弯矩图,AB 直线,A 端弯矩 0,B 截面弯矩 -2kN·m 上侧受拉;BD 段抛物线,D 端弯矩 -30kN·m 上侧受拉,C 截面弯矩 -10kN·m 上侧受拉。

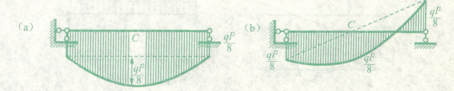

第 3 章 静定结构的受力分析

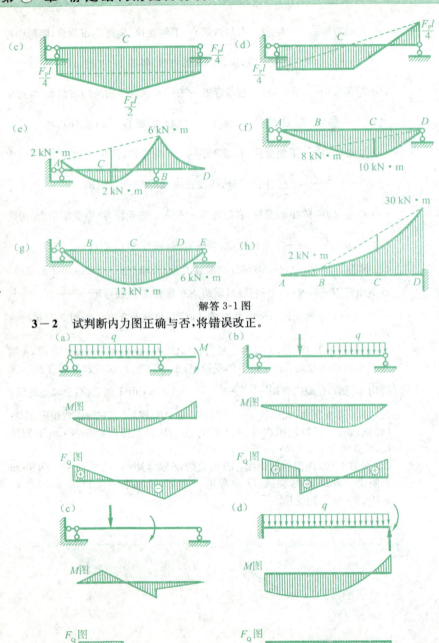

解答 3-1 图

3—2 试判断内力图正确与否,将错误改正。

第 3 章 静定结构的受力分析

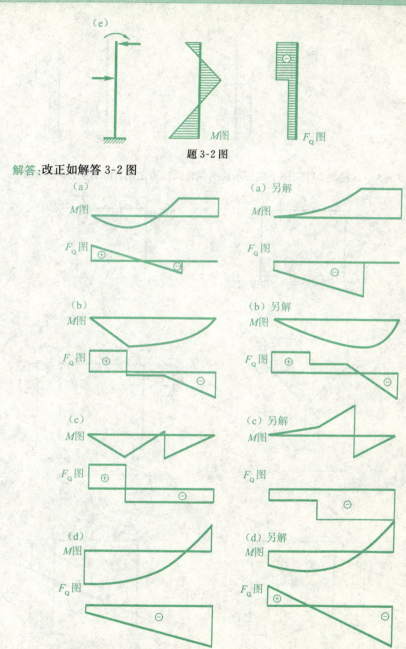

题 3-2 图

解答：改正如解答 3-2 图

(e) 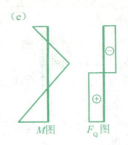　　　（e）另解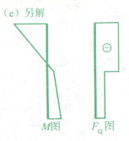

解答 3-2 图

3—3 试速画 M 图。图下的提示说明供自我检查之用，作图前先不要查阅。

(a)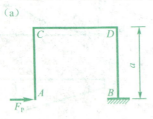

注意 F_P 通过 B、$M_B=0$

(b)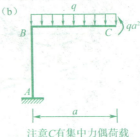

注意 C 有集中力偶荷载

(c)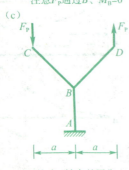

注意 B 结点的平衡

(d)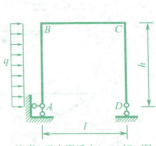

注意 D 无水平反力，CD 杆 M 图的特点，AB 段 M 图弧形朝向

(e)

注意 M 图在 A 点的切线方向

(f)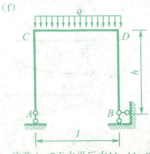

注意 A、B 无水平反力 $M_C=M_D=0$

(g)

注意CD杆何处M=0，
CD杆M的标距垂直CD

(h)
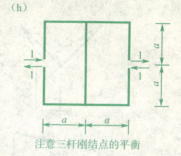
注意三杆刚结点的平衡

(i)
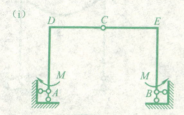
注意M图的对称性

(j)
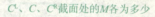
C^L、C、C^R截面处的M各为多少

(k)
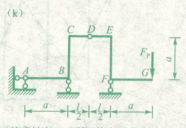
注意结点B、F处M特点，分清基本部分与附属部分。可不求反力

(l)
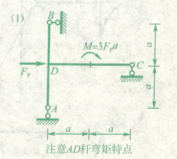
注意AD杆弯矩特点

题3-3图

解答： 如解答3-3图。

(a)
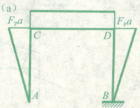

(b)
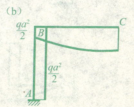

第 3 章 静定结构的受力分析

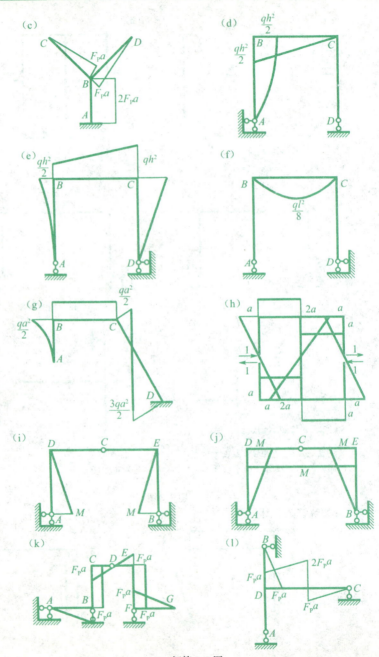

解答 3-3 图

3－4 试检查图示 M 图的正误,并加以改正。检查前先不要看图下的提示说明。

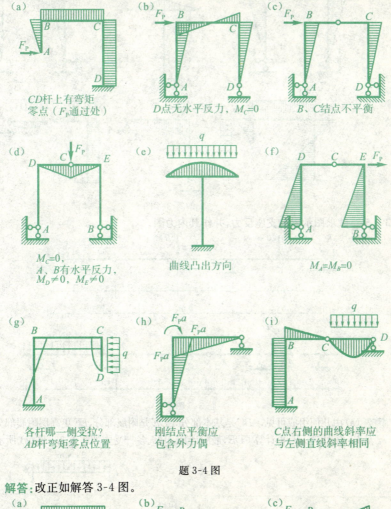

题 3-4 图

解答：改正如解答 3-4 图。

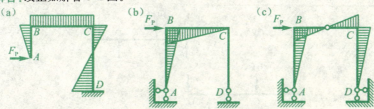

第 3 章 静定结构的受力分析

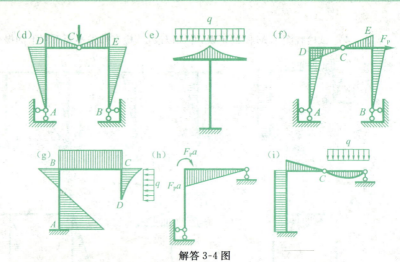

解答 3-4 图

3—5 试求图示梁的支座反力,并作其内力图。

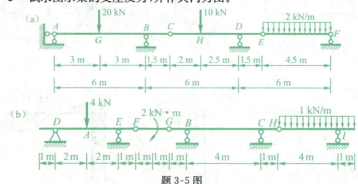

题 3-5 图

解答:(a) 由几何组成可见,ABC 是基本部分,CDE 是附属部分,EF 更高层附属部分。所以,先计算 EF,再计算 CDE,最后计算 ABC。各杆受力如解答 3-5 图(a) 所示

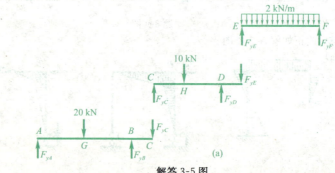

解答 3-5 图

计算支座反力,对 EF 杆,

$\sum M_E = 0, F_{yF} = \dfrac{1}{4.5} \times 2 \times 4.5 \times \dfrac{1}{2} \times 4.5 = 4.5\text{kN}$

$\sum F_y = 0, F_{yE} = 4.5\text{kN}$

对 CDE

$\sum M_C = 0, F_{yD} = \dfrac{1}{4.5}(10 \times 2 + 4.5 \times 6) = 10.44\text{kN}$

$\sum F_y = 0, F_{yC} = 4.06\text{kN}$

对 ABC

$\sum M_A = 0, F_{yB} = \dfrac{1}{6}(20 \times 3 + 10.44 \times 7.5) = 15.075\text{kN}$

$\sum F_y = 0, F_{yA} = 8.985\text{kN}$

作内力图如解答 3-5 图(b)

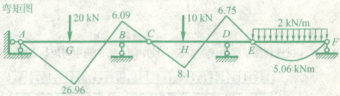

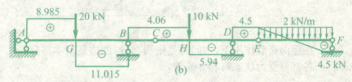

解答 3-5 图

(b) DF、GH 是基本部分,FG、HI 是附属部分,支座反力计算,如解答 3-5 图(c) 所示

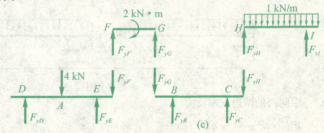

解答 3-5 图

$F_{yI} = 3.13\text{kN}, F_{yH} = 1.87\text{kN}$

$F_{yF} = -1\text{kN}, F_{yG} = 1\text{kN}$

$F_{yB} = 0.78\text{kN}, F_{yC} = 2.09\text{kN}$

$F_{yD} = 2.25\text{kN}, F_{yE} = 0.75\text{kN}$

作内力图如解答 3-5 图(d)

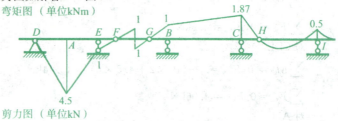

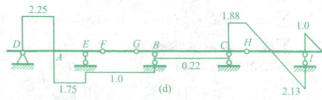

解答 3-5 图

3-6 试选择图示梁中铰的位置 x，使中间一跨的跨中弯矩与支座弯矩的绝对值相等。

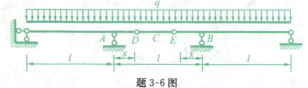

题 3-6 图

解答：在竖向荷载作用下，中间跨是附属部分，两边是基本部分。

各部分受力状态解答 3-6 图，

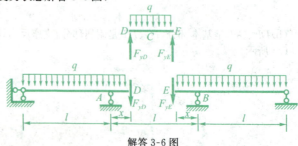

解答 3-6 图

中间跨的两边支座反力

$$F_{yD} = F_{yE} = \frac{1}{2}q(l-2x)$$

跨中弯矩为

$$M_C = \frac{1}{8}q(l-2x)^2 \text{（下侧受拉）}$$

基本部分支座处弯矩

$$M_A = M_B = \frac{1}{2}q(l-2x) \times x + \frac{1}{2}qx^2 \text{（上侧受拉）}$$

依题意
$|M_C| = |M_A|$，

即：$\frac{1}{2}q(l-2x) \times x + \frac{1}{2}qx^2 = \frac{1}{8}q(l-2x)^2$

方程的解为

$$x = \frac{2 \pm \sqrt{2}}{4}l$$

舍掉不合理项，得到

$$x = \frac{2-\sqrt{2}}{4}l = 0.1465l$$

3-7 试作图示刚架内力图

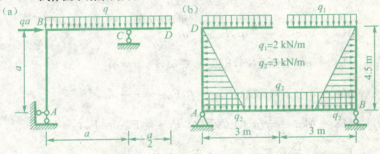

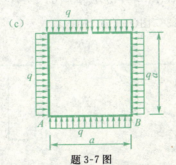

题 3-7 图

解答：(a) 由整体平衡计算支座反力，如解答 3-7 图(a)

$\sum F_x = 0, F_{xA} = qa$

$\sum M_A = 0, F_{yC} \times a - qa \times a - 1.5qa \times 0.75a = 0, F_{yC} = \frac{17}{8}qa$

$\sum F_y = 0, F_{yA} = -\frac{5}{8}qa$

依次选取杆 AB、刚结点 B、杆 BC、杆 CD 为隔离体，如解答 3-7 图(b)、(c)、(d)、(e)，计算各截面内力

第 3 章 静定结构的受力分析

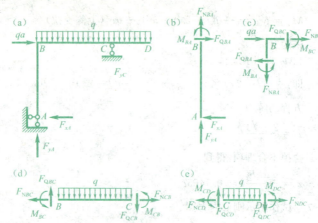

$M_{AB} = 0, F_{NAB} = \dfrac{5}{8}qa, F_{QAB} = qa$

$M_{BA} = qa^2$（右侧受拉）$, F_{NBA} = \dfrac{5}{8}qa, F_{QAB} = qa$

$M_{BC} = qa^2$（下侧受拉）$, F_{NBC} = 0, F_{QBC} = -\dfrac{5}{8}qa$

$M_{CB} = M_{CD} = \dfrac{1}{8}qa^2$（上侧受拉）$, F_{NCB} = F_{NCD} = F_{NDC} = 0$

$F_{QCB} = -\dfrac{13}{8}qa, F_{QCD} = \dfrac{1}{2}qa, F_{QDC} = 0$

作内力图，解答 3-7 图(f)、(g)、(h)，

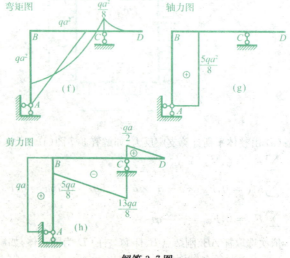

解答 3-7 图

(b) 由整体平衡计算支座反力,依次取杆 DE、FG、结点 D、G、杆 AD、GB、结点 A、B 为隔离体,计算各截面内力(从略)。可作内力图如解答 3-7 图(i)、(j)、(k),其中 AD、BG 杆弯矩图是三次曲线。

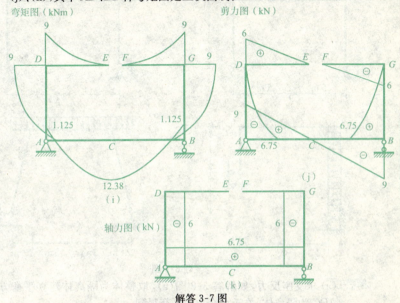

解答 3-7 图

(c) 从开口处开始,依次取杆件、结点为隔离体,计算截面内力,作内力图如解答 3-7 图(l)、(m)、(n),

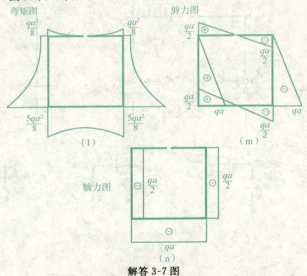

解答 3-7 图

第 3 章 静定结构的受力分析

3-8 试作图示三铰刚架的内力图

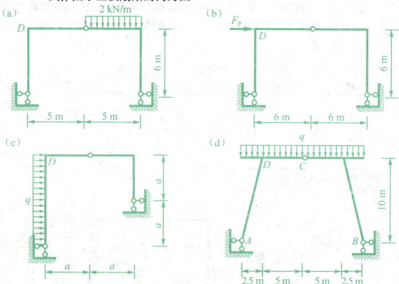

题 3-8 图

解答:(a) 求支座反力,如解答 3-8 图(a),取整体为隔离体建立平衡方程,及取 ADC 为隔离体,关于 C 合力矩平衡得到:

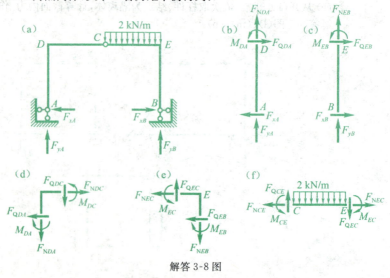

解答 3-8 图

第 3 章 静定结构的受力分析

$\sum F_x = 0, F_{xA} = F_{xB}$

$\sum M_A = 0, F_{yB} = 7.5\text{kN}, \sum F_y = 0, F_{yA} = 2.5\text{kN}$

对 $ADC, \sum M = 0, F_{xA} = -2.08\text{kN}$,

依次取杆 AD、BE，结点 D、E，杆 EC 为隔离体，如解答 3-8 图 (b)、(c)、(d)、(e)、(f) 所示，计算截面内力

$F_{QDA} = F_{QAD} = F_{xA} = -2.08\text{kN}$

$F_{NDA} = F_{NAD} = -F_{yA} = -2.5\text{kN}$

$M_{AD} = 0, M_{DA} = 12.5\text{kN} \cdot \text{m}$（左侧受拉）

$F_{QEB} = F_{QBE} = -F_{xB} = 2.08\text{kN}$

$F_{NEB} = F_{NBE} = -F_{yB} = -7.5\text{kN}$

$M_{BE} = 0, M_{EB} = 12.5\text{kN} \cdot \text{m}$（右侧受拉）

$F_{NDC} = -2.08\text{kN}, F_{QDC} = 2.5\text{kN}$

$M_{DC} = 12.5\text{kN} \cdot \text{m}$（上侧受拉）

$F_{NEC} = -2.08\text{kN}, F_{QEC} = -7.5\text{kN}, F_{QCE} = 2.5\text{kN}$

$M_{EC} = 12.5\text{kN} \cdot \text{m}$（上侧受拉）

作内力图，如解答 3-8 图 (a_1)、(b_1)、(c_1)

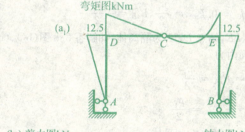

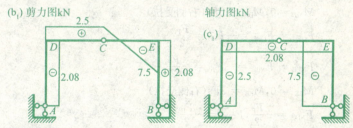

解答 3-8 图

(b) 求支座反力，如解答 3-8 图 (a_2)，取整体为隔离体建立平衡方程，及取 ADC 为隔离体，关于 C 合力矩平衡得到：

第 3 章 静定结构的受力分析

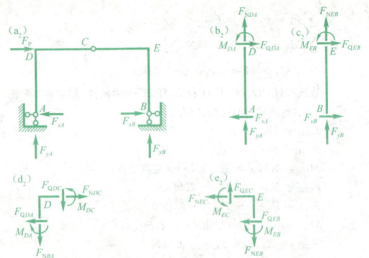

解答 3-8 图

$\sum F_x = 0, F_{xA} = F_{xB} + F_P$

$\sum M_A = 0, F_{yB} = \dfrac{F_P}{2}, \sum F_y = 0, F_{yA} = -\dfrac{F_P}{2}$

对 ADC, $\sum M_C = 0$. $F_{xA} = \dfrac{F_P}{2}, F_{xB} = -\dfrac{F_P}{2}$

依次取杆 AD、BE, 结点 D、E, 为隔离体, 如解答 3-8 图 (b_2)、(c_2)、(d_2)、(e_2) 所示, 计算截面内力

$F_{QDA} = F_{QAD} = F_{xA} = \dfrac{F_P}{2}$

$F_{NDA} = F_{NAD} = -F_{yA} = \dfrac{F_P}{2}$

$M_{AD} = 0, M_{DA} = 3F_P(右侧受拉)$

$F_{QEB} = F_{QBE} = -F_{xB} = \dfrac{F_P}{2}$

$F_{NEB} = F_{NBE} = -F_{yB} = -\dfrac{F_P}{2}$

$M_{BE} = 0, M_{EB} = 3F_P(右侧受拉)$

$F_{NDC} = -\dfrac{F_P}{2}, F_{QDC} = -\dfrac{F_P}{2}$

$M_{DC} = 3F_P(下侧受拉)$

$F_{NEC} = -\dfrac{F_P}{2}, F_{QEC} = -\dfrac{F_P}{2}, F_{QCE} = -\dfrac{F_P}{2}$

$M_{EC} = 3F_P(上侧受拉)$

作内力图如解答 3-8 图 (a_3)、(b_3)、(c_3)

第 3 章 静定结构的受力分析

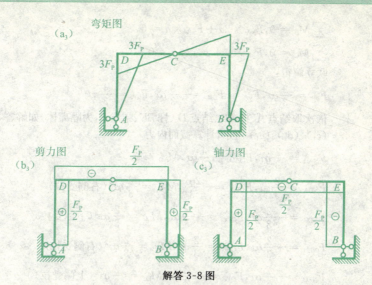

解答 3-8 图

（c）求支座反力，如解答图 3-8 图（a_4），取整体为隔离体建立平衡方程，及取 BEC 为隔离体，关于 C 合力矩平衡得到：

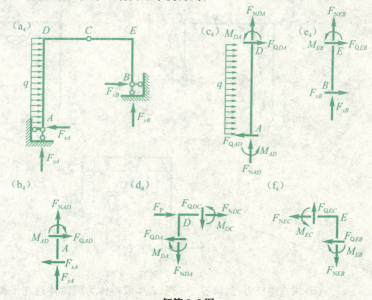

解答 3-8 图

$$\sum F_x = 0, F_{xA} = F_{xB} + 2qa$$
$$\sum F_y = 0, F_{yA} + F_{yB} = 0$$

$$\sum M_B = 0, F_{yA} \times 2a + F_{xA} \times a = 0$$
$$\sum M_C = 0, F_{yB} \times a + F_{xB} \times a = 0$$

联立解得：
$$F_{yB} = \frac{2}{3}qa, F_{yA} = F_{xB} = -\frac{2}{3}qa, F_{xA} = \frac{4}{3}qa$$

依次取结点 A、杆 AD、结点 D、杆 BE、结点 E，为隔离体，如解答3-8图(b_4)、(c_4)、(d_4)、(e_4)所示，计算截面内力

$$F_{NAD} = \frac{2}{3}qa, F_{QAD} = \frac{4}{3}qa, M_{AD} = 0$$

$$F_{NDA} = \frac{2}{3}qa, F_{QDA} = -\frac{2qa}{3}, M_{DA} = \frac{2}{3}qa^2 (右侧受拉)$$

$$F_{NDC} = -\frac{2}{3}qa, F_{QDC} = -\frac{2}{3}qa, M_{DC} = \frac{2}{3}qa^2 (下侧受拉)$$

$$F_{NEB} = -\frac{2}{3}qa, F_{QEB} = \frac{2}{3}qa, M_{EB} = \frac{2}{3}qa^2 (右侧受拉)$$

$$F_{NEC} = -\frac{2}{3}qa, F_{QEC} = -\frac{2}{3}qa, M_{EC} = \frac{2}{3}qa^2 (上侧受拉)$$

作内力图解答3-8图(a_5)、(b_5)、(c_5)

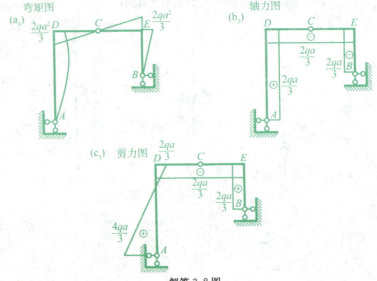

解答3-8图

(d) 求支座反力，如解答3-8图(a_6)，取整体为隔离体建立平衡方程，及取 $ADFC$ 为隔离体，关于 C 合力矩平衡得到：

$$\sum F_x = 0, F_{xA} = F_{xB}$$
$$\sum F_y = 0, F_{yA} + F_{yB} = 15q$$

$$\sum M_B = 0, F_{yA} \times 15 - 15q \times 7.5 = 0$$
$$\sum M_C = 0, F_{yA} \times 7.5 + F_{xA} \times 10 - 7.5q \times 3.75 = 0$$
$$F_{yA} = F_{yB} = 7.5q,$$
$$F_{xA} = F_{xB} = -2.815q$$

解答3-8图

依次取结点 A、杆 AD、结点 B、杆 BE、杆 FD、EG、结点 D、E,为隔离体,如解答 3-8 图(b_6)、(c_6)、(d_6)、(e_6)、(f_6)、(g_6)、(h_6)、(i_6)所示,计算截面内力(略),作内力图如解答 3-8 图(a_7)、(b_7)、(c_7)

弯矩图

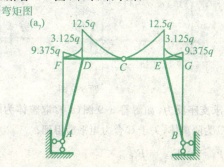

第 3 章 静定结构的受力分析

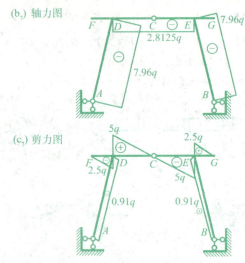

解答 3-8 图

3—9 试求图示门式刚架在各种荷载作用下的弯矩图,并作图(a)刚架的 F_Q 图和 F_N 图。

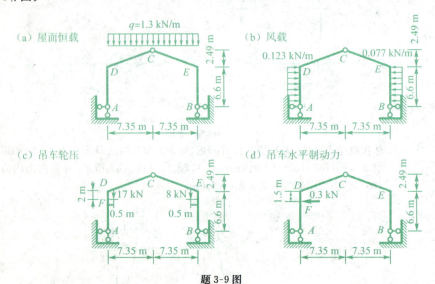

题 3-9 图

解答:(a) 求支座反力,如解答 3-9 图(a_1),取整体为隔离体建立平衡方程,及取 ADC 为隔离体,关于 C 合力矩平衡得到:

$$\sum F_x = 0, F_{xA} = F_{xB}$$

· 46 ·

$\sum F_y = 0, F_{yA} + F_{yB} = 1.3 \times 14.7$

$\sum M_B = 0,$

$F_{yA} \times 14.7 - 1.3 \times 14.7 \times 7.35 = 0$

$\sum M_C = 0,$

$F_{yA} \times 7.35 - F_{xA} \times (6.6 + 2.49) - 1.3 \times 7.35 \times 7.35 \div 2 = 0$

$F_{xA} = F_{xB} = 3.863 \text{kN}$

$F_{yA} = F_{yB} = 9.555 \text{kN},$

依次取结点 A、结点 B、结点 D、E、杆 DC、EC,为隔离体,如解答3-9图(a_2)、(b_2)、(c_2)、(d_2)、(e_2)、(f_2)所示,计算截面内力

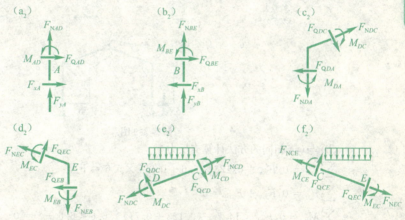

解答 3-9 图

$F_{NAD} = F_{NDA} = -F_{yA} = -9.555 \text{kN}$

$F_{QAD} = F_{QDA} = -F_{xA} = -3.863 \text{kN},$

$M_{AD} = 0, M_{DA} = F_{xA} \times 6.6 = 25.5 \text{kN} \cdot \text{m}(左侧受拉)$

$F_{NBE} = F_{NEB} = -F_{yB} = -9.555 \text{kN},$

$F_{QEB} = F_{QBE} = F_{xB} = 3.863 \text{kN},$

$M_{BE} = 0, M_{EB} = F_{xB} \times 6.6 = 25.5 \text{kN} \cdot \text{m}(右侧受拉)$

$F_{NDC} = F_{NDA} \times \dfrac{2.49}{7.76} + F_{QDA} \times \dfrac{7.35}{7.76} = -6.72 \text{kN},$

$F_{QDC} = -F_{NDA} \times \dfrac{7.35}{7.76} + F_{QDA} \times \dfrac{2.79}{7.76} = 7.81 \text{kN},$

$M_{DC} = M_{DA} = 25.5 \text{kN} \cdot \text{m}(上侧受拉), M_{CD} = 0$

$F_{NEC} = -6.72\text{kN}$,
$F_{QEC} = -7.81\text{kN}$,
$M_{EC} = 25.5\text{kN}\cdot\text{m}$(上侧受拉),
$F_{NCD} = -3.67\text{kN}$,
$F_{QCD} = -1.24\text{kN}$,
$F_{QCE} = 1.24\text{kN}$,
$F_{NCE} = -3.67\text{kN}$

作内力图如解答 3-9 图(a_3)、(b_3)、(c_3)

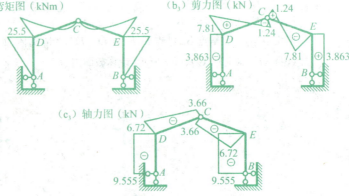

解答 3-9 图

(b) 与(a) 相同的方法计算支反力

$\sum F_x = 0, F_{xA} + 0.123 \times 6.6 + 0.077 \times 6.6 = F_{xB}$

$\sum F_y = 0, F_{yA} + F_{yB} = 0$

$\sum M_B = 0, F_{yA} \times 14.7 + (0.123 + 0.77) \times 6.6 \times 6.6 \div 2 = 0$

$\sum M_C = 0, F_{yA} \times 7.35 - F_{xA} \times (6.6 + 2.49) - 0.123 \times 6.6 (6.6 \div 2 + 2.49) = 0$

$F_{yA} = -0.30\text{kN}, F_{yB} = 0.30\text{kN}$,
$F_{xA} = -0.76\text{kN}, F_{xB} = 0.56\text{kN}$,
$M_{DA} = 2.34\text{kN}\cdot\text{m}$(右侧受拉),
$M_{EB} = 2.02\text{kN}\cdot\text{m}$(右侧受拉)

弯矩图如解答 3-9 图(a_4)

(c) 与(a) 相同的方法计算支反力

$\sum F_x = 0, F_{xA} = F_{xB}$

$\sum F_y = 0, F_{yA} + F_{yB} = 25\text{kN}$

$\sum M_B = 0, F_{yA} \times 14.7 - 17 \times 14.2 - 8 \times 0.5 = 0$

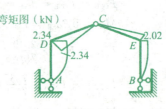

解答 3-9 图

$\sum M_C = 0, F_{yA} \times 7.35 - F_{xA} \times (6.6+2.49) - 17 \times 6.85 = 0$

$F_{yA} = 16.69\text{kN}, F_{yB} = 8.31\text{kN},$

$F_{xA} = F_{xB} = 0.68\text{kN},$

$M_{FA} = 3.13\text{kN} \cdot \text{m}(左侧受拉),$

$M_{FD} = 5.37\text{kN} \cdot \text{m}(右侧受拉),$

$M_{DF} = 4.01\text{kN} \cdot \text{m}(右侧受拉),$

$M_{GB} = 3.13\text{kN} \cdot \text{m}(右侧受拉),$

$M_{GE} = 0.87\text{kN} \cdot \text{m}(左侧受拉),$

$M_{EG} = 0.49\text{kN} \cdot \text{m}(右侧受拉),$

弯矩图如解答 3-9 图(a_5)(为简洁,F,G 处短梁的弯矩未画,所以力矩不平衡,实际上此短梁常见是柱的牛腿变截面形式)

(d) 求支座反力,如解答 3-9 图(a_1),取整体为隔离体建立平衡方程,及取 BEC 为隔离体,关于 C 合力矩平衡得到:

$\sum F_x = 0, F_{xA} = F_{xB} + 0.3\text{kN}$

$\sum F_y = 0,$

$F_{yA} + F_{yB} = 0$

$\sum M_B = 0, F_{yA} \times 14.7 - 0.3 \times 5.1 = 0$

$\sum M_C = 0,$

$F_{yB} \times 7.35 - F_{xB} \times (6.6+2.49) = 0$

$F_{yA} = 0.104\text{kN}, F_{yB} = -0.104\text{kN},$

$F_{xA} = 0.216\text{kN}, F_{xB} = -0.084\text{kN},$

$M_{FA} = 1.10\text{kN} \cdot \text{m}(左侧受拉),$

$M_{DF} = 0.98\text{kN} \cdot \text{m}(左侧受拉),$

$M_{EB} = 0.55\text{kN} \cdot \text{m}(左侧受拉),$

弯矩图如解答 3-9 图(a_6)

3-10 试对图示刚架进行构造分析,并作 M 图。

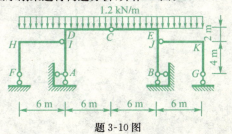

题 3-10 图

第 3 章 静定结构的受力分析

解答: 刚片 ADC、BEC 与基础通过 A、B、C 三个铰两两相连，构成无多余约束的几何不变体系，再分别与刚片 FHI 通过铰 I、链杆 F，与刚片 GKJ 通过铰 J、链杆 G 相连，所以整体是没有多余约束的几何不变体系。

由构造分析知，ABC 三铰刚架是基本部分，FHI、GKJ 是附属部分。先计算附属部分，后计算基本部分，如解答 3-10 图(a_1)、(b_1)、(c_1)

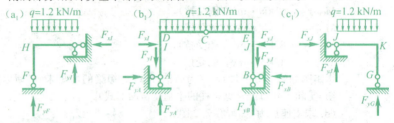

解答 3-10 图

$F_{yF} = 3.6\text{kN}, F_{yI} = 3.6\text{kN}, F_{xI} = 0,$
$F_{yG} = 3.6\text{kN}, F_{yJ} = 3.6\text{kN}, F_{xJ} = 0,$
$F_{yA} = 10.8\text{kN}, F_{yB} = 10.8\text{kN}, F_{xA} = 3.6\text{kN} = F_{xB}$
$M_{DA} = F_{xA} \times 6 = 21.6\text{kN·m}(\text{左侧受拉}),$

作弯矩图如解答 3-10 图(d_1)

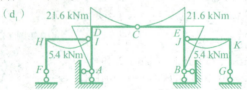

解答 3-10 图

3—11 试作图示刚架的弯矩图。

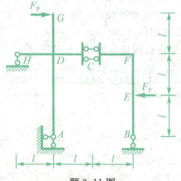

题 3-11 图

解答: $ADCG$ 是基本部分，BFC 是附属部分。如解答 3-11 图(a_1)、(b_1) 计算支反力

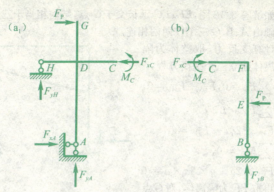

解答 3-11 图

$F_{xC} = F_P, F_{yB} = 0, M_C = -F_P l$（上侧受拉）
$F_{yH} = -2F_P, F_{xA} = 0, F_{yA} = 2F_P,$
$M_{DH} = 2F_P l$（上侧受拉），
$M_{DG} = F_P l$（左侧受拉），
$M_{DC} = F_P l$（上侧受拉），
$M_{DA} = 0$

作弯矩图如解答 3-11 图（c_1）

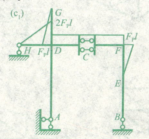

解答 3-11 图

3—12 试求图示刚架的支座反力。

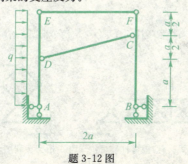

题 3-12 图

解答：如解答 3-12 图，EF、DC 延长交于 G 点，结构相当于三铰刚架，AE、BF 与基础由 A、B、G 三个铰两两相连。

计算支反力，取整体为隔离体建立三个平衡方程，

$\sum F_y = 0, F_{yA} + F_{yB} = 0,$

$\sum F_x = 0,$

$F_{xA} + 2qa - F_{xB} = 0,$

$\sum M_B = 0,$

$F_{yA} \times 2a + q \times 2a \times a = 0$

再取 BF 为隔离体，对 G 点取合力矩平衡，

$F_{xB} \times 2a + F_{yB} \times a = 0,$

得到：

$F_{yA} = -qa, F_{yB} = qa,$

$F_{xA} = -3qa, F_{xB} = -qa$

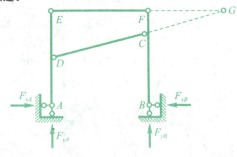

解答 3-12 图

3-13 试分析图示桁架的类型，指出零杆。

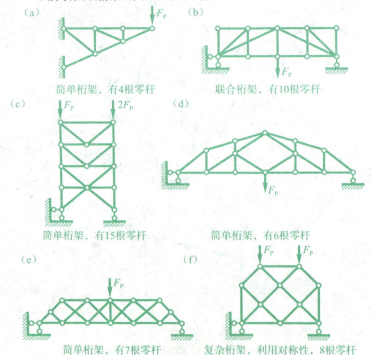

(a) 简单桁架，有 4 根零杆
(b) 联合桁架，有 10 根零杆
(c) 简单桁架，有 15 根零杆
(d) 简单桁架，有 6 根零杆
(e) 简单桁架，有 7 根零杆
(f) 复杂桁架，利用对称性，8 根零杆

题 3-13 图

解答:（a）简单桁架,按解答 3-13 图(a) 的数字顺序确定 4 根零杆。

（b）如解答 3-13 图(b),看成简单桁架 $ABCD$ 与 $DEFG$ 通过铰 D 链杆 CG 构成联合桁架,按数字顺序确定 10 根零杆。

（c）简单桁架,按解答 3-13 图(c) 数字顺序,确定 15 根零杆。

（d）简单桁架,按解答 3-13 图(d) 数字顺序,确定 6 根零杆。

（e）简单桁架,按解答 3-13 图(e) 数字顺序,确定 7 根零杆。

（f）复杂桁架,由于结构对称、荷载对称,所以在对称轴线上的 C 点左右两部分间只有水平力存在,于是确定 1,2 杆为零杆,顺序确定 8 根零杆。

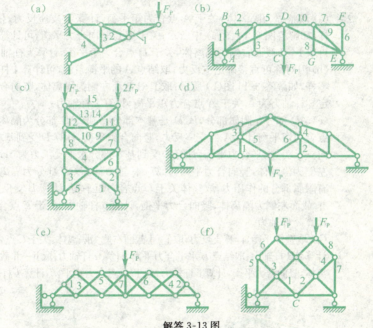

解答 3-13 图

3-14 试讨论图示桁架中指定杆内力的求法。

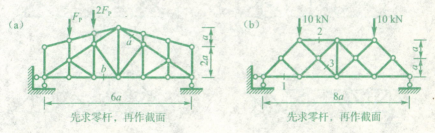

第 3 章 静定结构的受力分析

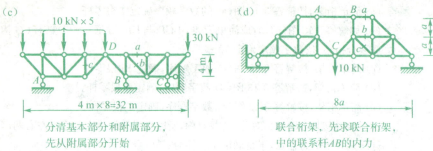

分清基本部分和附属部分，
先从附属部分开始

联合桁架，先求联合桁架
中的联系杆AB的内力

题 3-14 图

解答：(a) 取整体为隔离体，关于 A 点合力矩平衡，计算 B 支座反力。依次确定零杆，如解答图 3-14 图(a) 中所示；关于 B 点竖向合力平衡，可计算 a 杆内力；再取 Ⅰ—Ⅰ 截面右侧为隔离体，关于 D 点合力矩平衡，计算 b 杆轴力。

(b) 因对称可直接确定支反力；取结点 A 的平衡条件，可计算 1 杆轴力；确定零杆，如解答 3-14 图(b) 所示；取 Ⅰ—Ⅰ 截面左侧为隔离体，竖向合力平衡，确定 3 杆轴力为 0，关于 A 点合力矩平衡，计算 2 杆轴力。

(c) AD 部分是附属部分，BCD 是基本部分，先取 AD 部分为隔离体，关于 D 点合力矩平衡计算 A 的支座反力，竖向合力平衡，计算 D 受到基本部分的竖向支承力，水平合力平衡，计算 D 受到基本部分水平支承力为0；取 Ⅰ—Ⅰ 截面左侧为隔离体，竖向合力平衡，计算 c 杆轴力；取 BCD 部分为隔离体，在 D 点有附属部分的作用力，取整体关于 C 点合力矩平衡，计算 B 支反力；取 Ⅱ—Ⅱ 截面左侧为隔离体，竖向合力平衡，计算 b 杆轴力，关于 E 点合力矩平衡，计算 a 杆轴力。

(d) 取整体平衡，计算支反力，取 Ⅰ—Ⅰ 截面右侧为隔离体，关于 C 点合力矩平衡，计算 AB 杆轴力；取结点 B 水平合力平衡，计算 a 杆轴力；取 Ⅱ—Ⅱ 截面右侧为隔离体，竖向合力平衡，计算 c 杆轴力，关于 D 点合力矩平衡，计算 b 杆轴力。

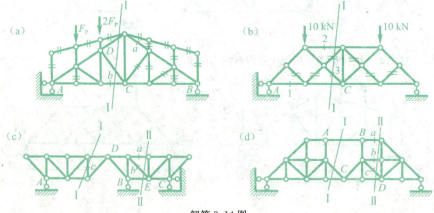

解答 3-14 图

3—15 在组合结构中,试问:

(1) DF 是零杆?对吗?为什么?

(2) 取结点 A,用结点法计算 AD、DF 的轴力,得 $F_{NAD}=2\sqrt{2}qa$,$F_{NAF}=-2qa$,这样作对吗?为什么?

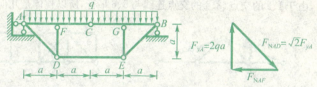

题 3-15 图

解答:(1) DF 不是零杆。因为 F 是组合结点,AD 杆有轴力。

(2) 这样用结点 A 是不对的,因为 AF 不是桁架杆,是受弯杆,它在 A 端有剪力和轴力同时存在。

3—16 试分析图示桁架的几何构造,确定是否几何不变?

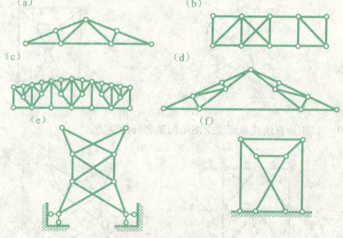

题 3-16 图

解答:如解答 3-16 图给出结点编号。

(a) 从铰接三角形 ABC 开始,增加二元体构成的简单桁架,是无多余约束的几何不变体系。

(b) $ABDC$ 部分是有一个多余约束的几何不变部分,$EFHG$ 部分是无多余约束的几何不变部分,两部分间用链杆 BE、DF 相连,少一个约束,整体几何可变。

(c) $ABCD$、AEF、$EGHI$ 分别是由铰接三角形增加二元体组成的无多余约束的几何不变部分,$ABCD$ 与 AEF 通过铰 A、链杆 DF 相连,构成无多余约束几何不变体系,再与 $EGHI$ 通过铰 E、链杆 FG 相连,所以整体是无多余约束的几何不变体系,是联合桁架。

(d) ACD、BCE 分别是由铰接三角形增加二元体组成的无多余约束的几何不变部分,通过铰 C、链杆 DE 相连,构成无多余约束几何不变体系,是联合桁架。

(e) 是从基础 A、B 点增加二元体组成的无多余约束的几何不变体系。

(f) 将杆 AB、CD、基础看成三个刚片,它们间分别通过链杆 1、2;3、4;5、6 相连,由于 1、2 的交点、3、4 的交点连线与 5、6 平行,所以整体是几何瞬变体系。

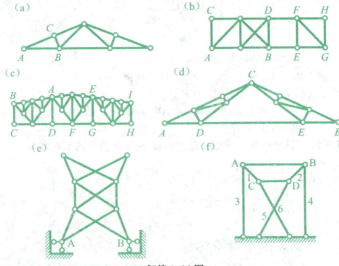

解答 3-16 图

3—17 试用结点法或截面法求图示桁架各杆的轴力。

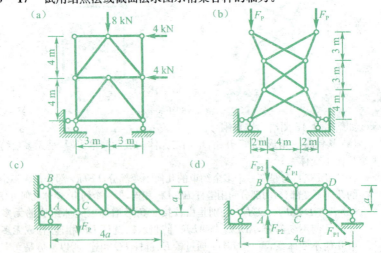

题 3-17 图

解答:(a) 利用结点法,如解答 3-17 图(a_1) 示,按 A、B、C、D、E、F、G 的顺序,依次

取各结点为隔离体,建立两个合力平衡方程,计算各杆轴力。其中 C 点隔离体如解答 3-17 图(b_1),平衡方程

$$F_{NCE} \times \frac{3}{5} - F_{NCD} \times \frac{3}{5} - 4 = 0$$

$$F_{NCD} \times \frac{4}{5} + F_{NCE} \times \frac{4}{5} + 8 = 0,$$

得 $F_{NCD} = -\frac{25}{3}$ kN,$F_{NCE} = -\frac{5}{3}$ kN

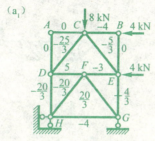

解答 3-17 图

其他计算过程省略。轴力见解答 3-17 图(a_1)。

(b) 用结点法,由于结构对称,荷载对称,对称位置的杆件轴力相同,可只计算半边杆件。如解答 3-17 图(a_2)示,按 A、B、C、D 的顺序,依次取各结点为隔离体,建立两个合力平衡方程,计算各杆轴力。过程省略,轴力如解答 3-17 图(a_2)。

(c) 如解答 3-17 图(b_2),除 AB、AC、BC 杆外,其他杆都是零杆,用 C、B 两点的平衡条件,可得各杆轴力。

(d) 如解答 3-17 图(c_2),F_{P2} 只引起 AB 杆轴力 $-F_{P2}$,F_{P1} 只在 $CDEF$ 部分内引起轴力。其余各杆为零杆。取 D、E、F 点即可计算:

$$F_{NCD} = F_{NCF} = F_{NEF} = F_{NDE} = -\frac{\sqrt{2}}{2}F_{P1},$$

$$F_{NCE} = F_{P1}$$

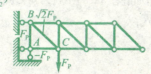

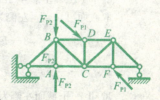

解答 3-17 图

第 3 章 静定结构的受力分析

3－18 试求图示各桁架中指定杆的内力。

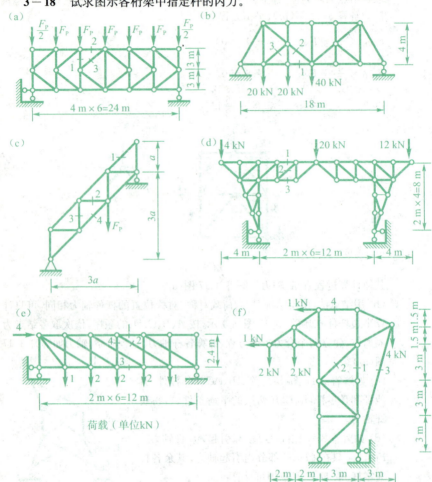

题 3-18 图

解答：(a) 如解答 3-18 图(a_1)，先由整体平衡计算支反力，因结构、荷载对称，简单确定 $F_{yA} = F_{yB} = 3F_P$

取截面 Ⅰ－Ⅰ，左侧为隔离体，如解答 3-18 图(b_1)，对 C 点取合力矩平衡

$$F_{yA} \times 8 - \frac{F_P}{2} \times 8 - F_P \times 4 + F_{N2} \times 6 = 0$$

$$F_{N2} = -\frac{8}{3}F_P$$

取 Ⅱ－Ⅱ 截面左侧为隔离体，如解答 3-18 图(c_1)，对 D 点取合力矩平衡，其中对 F_{N3} 在 F 点分解，则只有水平分量有贡献，

$$F_{yA} \times 12 - \frac{F_P}{2} \times 12 - F_P \times 8 - F_P \times 4 - \frac{8}{3}F_P \times 6 + F_{N3} \times \frac{4}{5} \times 6 = 0$$

$$F_{N3} = -\frac{5}{12}F_P$$

取 Ⅲ - Ⅲ 截面左侧为隔离体，如解答 3-18 图(d_1)，对 E 点取合力矩平衡，

$$F_{yA} \times 4 - \frac{F_P}{2} \times 4 + F_{N4} \times 6 = 0, F_{N4} = -\frac{5}{3}F_P$$

取 G 点为隔离体，如解答 3-18 图(e_1)，

$$F_{N2} - F_{N4} - F_{N5} \times \frac{4}{5} = 0$$

$$F_P + F_{N1} + F_{N5} \times \frac{3}{5} = 0$$

$$F_{N1} = -\frac{1}{4}F_P$$

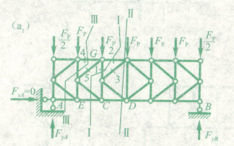
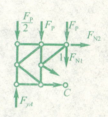
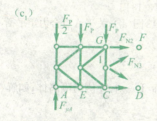

解答 3-18 图

(b) 取整体平衡计算支反力，如解答 3-18 图(a_2)，关于 A 点合力矩平衡，及竖向合力平衡

$$F_{yB} \times 18 - 20 \times 3 - 20 \times 6 - 40 \times 9 = 0$$

$$F_{yB} = 30\text{kN}, F_{yA} = 50\text{kN}$$

取 Ⅰ - Ⅰ 截面右侧为隔离体，如解答 3-18 图(b_2)，关于 C 点合力矩平衡

$$F_{yB} \times 15 - 40 \times 6 - F_{N1} \times 4 = 0$$

$$F_{N1} = 52.5\text{kN}$$

竖向合力平衡

$$F_{yB} - 40 + F_{N2} \times \frac{4}{2\sqrt{13}} = 0$$

$$F_{N2} = 5\sqrt{13}\,\text{kN}$$

取 D 点平衡可见,$F_{N4} = F_{N1}$。

取 Ⅱ－Ⅱ 截面左侧为隔离体,如解答 3-18 图(c_2),对 C 点合力矩平衡,其中 F_{N3} 在 E 点分解,则只有水平分量有贡献

$$F_{yA} \times 3 - F_{N1} \times 4 - F_{N3} \times \frac{3}{\sqrt{13}} \times 4 = 0$$

$$F_{N3} = -5\sqrt{13}\,\text{kN}$$

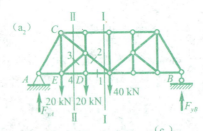

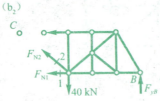

解答 3-18 图

(c) 取整体平衡计算支反力,如解答 3-18 图(a_3),关于 A 点合力矩平衡,及竖向合力平衡

$$F_{yB} = \frac{2}{3}F_P,\ F_{yA} = \frac{1}{3}F_P$$

结点 C 无外力,所以 $F_{N1} = 0$,取截面 Ⅰ－Ⅰ 左侧为隔离体,如解答 3-18 图(b_3),取关于 D 点合力矩平衡,得

$$F_{yA} \times a - F_{N4} \times \frac{\sqrt{2}}{2} \times a = 0,\ F_{N4} = \frac{\sqrt{2}}{3}F_P$$

在垂直于 4 杆方向取合力平衡,

$$F_{yA} \times \frac{\sqrt{2}}{2} - F_{N2} \times \frac{\sqrt{2}}{2} = 0,\ F_{N2} = \frac{1}{3}F_P$$

取 Ⅱ－Ⅱ 截面左侧为隔离体,如解答 3-18 图(c_3),在垂直于 4 杆方向取合力平衡,$F_{yA} \times \frac{\sqrt{2}}{2} + F_{N3} \times \frac{\sqrt{2}}{2} = 0,\ F_{N3} = -\frac{1}{3}F_P$

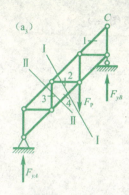 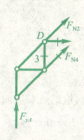 

解答 3-18 图

(d) 联合桁架,先计算支反力,如解答 3-18 图(a_4),取整体平衡

$F_{xA} + F_{yB} = 36\text{kN}$

$F_{xA} - F_{xB} = 0$

$F_{xB} \times 12 + 4 \times 4 - 20 \times 6 - 12 \times 16 = 0$

得 $F_{yB} = 24.67\text{kN}, F_{yA} = 11.33\text{kN}$

$F_{xA} = F_{xB}$

取 AC 部分对 C 点合力矩平衡

$F_{yA} \times 6 - F_{xA} \times 8 - 4 \times 10 = 0$

$F_{xA} = 3.5\text{kN}$

取取截面 I—I 左侧为隔离体,如解答 3-18 图(b_4),取关于 D 点合力矩平衡,得

$F_{yA} \times 4 - F_{xA} \times 8 - 4 \times 8 - F_{N3} \times 2 = 0$

$F_{N3} = -7.3\text{kN}$

取关于 E 点合力矩平衡,得

$F_{yA} \times 2 - F_{xA} \times 6 - 4 \times 6 + F_{N1} \times 2 = 0$

$F_{N1} = 11.17\text{kN}$

取竖向合力平衡,得

$F_{yA} - 4 + F_{N2} \times \dfrac{\sqrt{2}}{2} = 0$

$F_{N2} = -7.33\sqrt{2}\text{kN}$

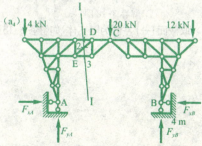 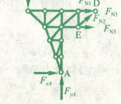

解答 3-18 图

(e) 取整体平衡计算支反力,如解答 3-18 图(a_5),

$F_{yA} + F_{yB} - 1 - 2 - 2 - 2 - 1 = 0$

$F_{xA} + 4 = 0$

$F_{yB} \times 12 - 4 \times 2.4 - 1 \times 2 - 2 \times 4 - 2 \times 6 - 2 \times 8 - 1 \times 10 = 0$

$F_{yB} = 4.8\text{kN}$

$F_{xA} = -4\text{kN}$

$F_{yA} = 3.2\text{kN}$

由于 5 杆是零杆,取结点 C 竖向合力平衡

$F_{N2} \times \dfrac{2.4}{\sqrt{21.76}} - 1 = 0$

$F_{N2} = 1.94\text{kN}$

取 D 点竖向合力平衡

$F_{N2} \times \dfrac{2.4}{\sqrt{21.76}} + F_{N4} = 0$

$F_{N4} = -1\text{kN}$

取截面 I—I 左侧为隔离体,如解答 3-18 图(b_5),取关于 E 点合力矩平衡,其中 F_{N2} 在 C 点分解,只有竖向分量贡献,得

$F_{N1} \times 2.4 + 4 \times 2.4 + F_{yA} \times 8 + F_{N2} \times \dfrac{2.4}{\sqrt{21.76}} \times 2 - 1 \times 6 - 2 \times 4 - 2 \times 2 = 0$

$F_{N1} = -8\text{kN}$

取关于 F 点合力矩平衡,其中 F_{N2} 在 D 点分解,只有竖向分量贡献,得

$F_{N3} \times 2.4 + F_{xA} \times 2.4 - F_{yA} \times 4 - F_{N2} \times \dfrac{2.4}{\sqrt{21.76}} \times 2 + 1 \times 2 - 2 \times 2 = 0$

$F_{N3} = 11\text{kN}$

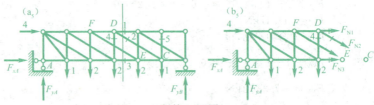

解答 3-18 图

(f) 如解答 3-18 图(a_6),取截面 I—I 左侧为隔离体,如解答 3-18 图(b_6),关于 C 点合力矩平衡

$F_{N4} \times 3 - 1 \times 3 - 2 \times 4 - 2 \times 2 = 0$

$F_{N4} = 5\text{kN}$

竖向合力平衡

$F_{N5} + 2 + 2 = 0$

$F_{N5} = -4\text{kN}$

取 II—II 截面右侧为隔离体,如解答 3-18 图(c_6),关于 D 点合力矩平衡,其

中 F_{N3} 在 B 点分解,只有水平分量贡献,

$$F_{N4} \times 3 - 4 \times 3 - F_{N3} \times \frac{3}{\sqrt{119.25}} \times 9 = 0$$

$$F_{N3} = 1.21 \text{ kN}$$

取 Ⅲ—Ⅲ 截面上侧为隔离体,如解答 3-18 图(d_6),水平方向合力平衡

$$F_{N2} \times \frac{\sqrt{2}}{2} + 1 + 1 + F_{N3} \times \frac{3}{\sqrt{119.25}} = 0$$

$$F_{N2} = -\frac{7}{3}\sqrt{2} \text{ kN}$$

竖向合力平衡

$$F_{N1} + F_{N2} \times \frac{\sqrt{2}}{2} + F_{N5} + F_{N3} \times \frac{10.5}{\sqrt{119.25}} + 2 + 2 + 4 = 0$$

$$F_{N1} = -2.83 \text{ kN}$$

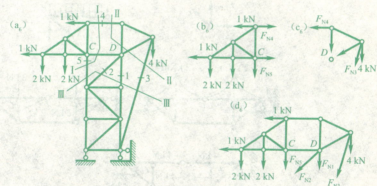

解答 3-18 图

3—19 试作图示组合结构的内力图。

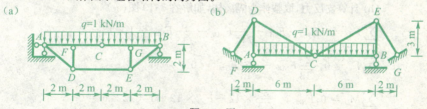

题 3-19 图

解答:(a) 整体平衡计算支反力,如解答 3-19 图(a)

$$F_{yA} = F_{yB} = 4 \text{kN}$$

取 Ⅰ—Ⅰ 截面右侧为隔离体,如解答 3-19 图(b),关于 C 点合力矩平衡

$$F_{NDE} \times 2 + 1 \times 4 \times 2 - F_{yB} \times 4 = 0$$

$$F_{NDE} = 4 \text{kN}$$

取结点 E,如解答 3-19 图(c),合力平衡得

$F_{NBE} = \sqrt{2} F_{NDE} = 5.66\text{kN}$

$F_{NGE} = -F_{NDE} = -4\text{kN}$

取 BC 为隔离体,如解答 3-19 图(d),

$M_G = F_{yB} \times 2 - F_{BE} \times \dfrac{\sqrt{2}}{2} \times 2 - 1 \times 2 \times 1 = -2\text{kN·m}$(上侧受拉)

$F_{QBG} = 0, F_{NBG} = -4\text{kN}$

因结构、荷载对称,内力也具有对称性,可作内力图如解答 3-19 图(e)、(f)、(g)

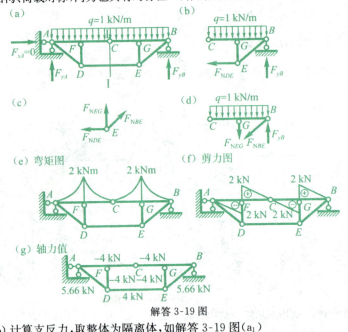

解答 3-19 图

(b) 计算支反力,取整体为隔离体,如解答 3-19 图(a_1)

$\sum F_y = 0, F_{yA} + F_{yB} - \dfrac{3}{\sqrt{13}} F_{NDF} - \dfrac{3}{\sqrt{13}} F_{NEG} - 1 \times 12 = 0$

$\sum F_x = 0, \dfrac{2}{\sqrt{13}} F_{NDF} - \dfrac{2}{\sqrt{13}} F_{NEG} = 0$

$\sum M_D = 0, F_{NEG} \times \dfrac{3}{\sqrt{13}} \times 12 - F_{yB} \times 12 + 1 \times 12 \times 6 = 0$

并取 BCE 部分关于 C 点合力矩平衡

$F_{NEG} \times \dfrac{3}{\sqrt{13}} \times 8 - F_{yB} \times 6 + 1 \times 6 \times 3 = 0$

$F_{NEG} = F_{NDF} = 3\sqrt{13}\text{kN}$

可得:

$F_{yA} = F_{yB} = 15\text{kN}$

取 D 点为隔离体，如解答 3-19 图(b_1)用结点法计算轴力

$$F_{NDC} \times \frac{6}{\sqrt{45}} - F_{NDF} \times \frac{2}{\sqrt{13}} = 0, F_{NDC} = 3\sqrt{5}\,\text{kN}$$

$$F_{NDF} \times \frac{3}{\sqrt{13}} + F_{NDC} \times \frac{3}{\sqrt{45}} + F_{NAD} = 0, F_{NAD} = -12\,\text{kN}$$

取 A 点为隔离体，如解答 3-19 图(c_1)。
$F_{QAC} = 3\,\text{kN}, F_{NAC} = 0$，
取 AC 杆为隔离体，如解答 3-19 图(d_1)。
$F_{QCA} = -3\,\text{kN}, F_{NCA} = 0$，
BC 与 AC 对称。作内力图解答 3-19 图(e_1)、(f_1)、(g_1)。

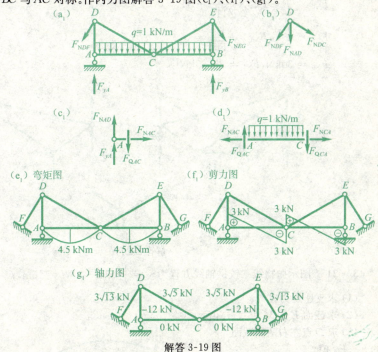

解答 3-19 图

3—20 试求桁架杆 a、b、c、d 的轴力。

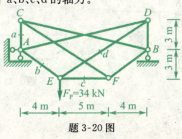

题 3-20 图

解答： 取整体计算支反力，如解答 3-20 图(a)

$F_{yA} \times 13 - 34 \times 9 = 0, F_{yA} = 23.5\text{kN}$

$F_{yB} = 34 - F_{yA} = 10.46\text{kN}$,

取 ADE 为隔离体，如解答 3-20 图(b)

水平合力平衡

$F_{Nc} = 0$,

关于 D 点合力矩平衡

$F_{Na} = 0$,

取 E 点为隔离体，如解答 3-20 图(c)，

$F_{Nb} \times \dfrac{3}{5} + F_{Nd} \times \dfrac{6}{\sqrt{117}} - 34 = 0$,

$F_{Nb} \times \dfrac{4}{5} - F_{Nd} \times \dfrac{9}{\sqrt{117}} = 0$,

$F_{Nb} = 30\text{kN}, F_{Nd} = 28.85\text{kN}$

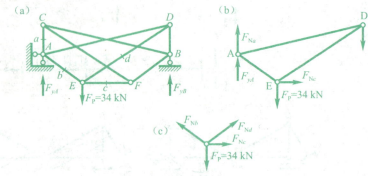

解答 3-20 图

3-21 图示抛物线三铰拱轴线方程为 $y = \dfrac{4f}{l^2}x(l-x), l = 16\text{m}, f = 4\text{m}$。试：

(1) 求支座反力。

(2) 求截面 E 的 M、F_N、F_Q 值。

(3) 求 D 点左右两侧截面的 F_Q、F_N 值。

解答： (1) 取整体为隔离体，如解答 3-21 图(a)

$\sum F_y = 0$,

$F_{yA} + F_{yB} - F_P = 0$

$\sum F_x = 0$,

$F_{AH} - F_{BH} = 0$

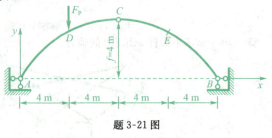

题 3-21 图

$\sum M_A = 0,$

$F_{yB} \times 16 - F_P \times 4 = 0$

并取 BC 部分关于 C 点合力矩平衡

$F_{yB} \times 8 - F_{BH} \times 4 = 0$

$F_{yB} = \frac{1}{4}F_P, F_{yA} = \frac{3}{4}F_P$

$F_{AH} = F_{BH} = \frac{1}{2}F_P = F_H$

(2) E 点的位置参数

$x_E = 12m, y_E = \frac{4 \times 4}{16^2} \times 12 \times (16 - 12) = 3m$

$\tan\varphi = \frac{dy}{dx} = \frac{4f}{l^2}(l-2x) = -0.5, \sin\varphi = -0.447, \cos\varphi = 0.894$

截面内力,隔离体如解答 3-21 图(b),

$M_E = F_{yB} \times 4 - F_{BH} \times 3 = -\frac{1}{2}F_P$(外侧受拉)

$F_{QE}^0 = -\frac{1}{4}F_P,$

$F_{QE} = F_{QE}^0 \times \cos\varphi - F_H \times \sin\varphi = 0$

$F_{NE} = -F_{QE}^0 \times \sin\varphi - F_H\cos\varphi = -0.56F_P$

(3) D 点的位置参数,隔离体如解答 3-18 图(c)、(d),

$x_D = 4m, y_E = \frac{4 \times 4}{16^2} \times 4 \times (16-4) = 3m$

$\tan\varphi = \frac{dy}{dx} = \frac{4f}{l^2}(l-2x) = 0.5, \sin\varphi = 0.447, \cos\varphi = 0.894$

$F_{QD}^{0L} = \frac{3}{4}F_P, F_{QD}^{0R} = -\frac{1}{4}F_P$

$F_{QD}^L = F_{QD}^{0L} \times \cos\varphi - F_H \times \sin\varphi = 0.45F_P$

$F_{ND}^L = -F_{QD}^{0L} \times \sin\varphi - F_H \times \cos\varphi = -0.78F_P$

$F_{QD}^R = F_{QD}^{0R} \times \cos\varphi - F_H \times \sin\varphi = -0.45F_P$

$F_{ND}^R = -F_{QD}^{0R} \times \sin\varphi - F_H \times \cos\varphi = -0.34F_P$

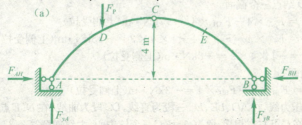

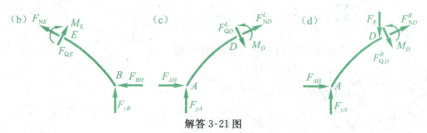

解答 3-21 图

3—22 略

3—23 图示一三铰刚架,在所示荷载作用下,试:
(1) 求支座反力,
(2) 求截面 D 和 E 的弯矩,
(3) 画出压力线的大致形状。

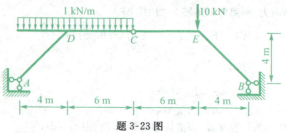

题 3-23 图

解答:(1) 如解答 3-23 图所示,利用整体平衡

$$\sum F_y = 0, F_{yA} + F_{yB} - 1 \times 10 - 10 = 0$$

$$\sum F_x = 0, F_{AH} - F_{BH} = 0$$

$$\sum M_A = 0, F_{yB} \times 20 - 1 \times 10 \times 5 - 10 \times 16 = 0$$

并取 BEC 部分关于 C 点合力矩平衡

$$F_{yB} \times 10 - F_{BH} \times 4 - 10 \times 6 = 0$$

得:

$$F_{yB} = 10.5\text{kN}, F_{yA} = 9.5\text{kN}$$

$$F_{AH} = F_{BH} = 11.25\text{kN}$$

(2) D 结点三个截面

$M_{DA} = F_{yA} \times 4 - F_{AH} \times 4 = -7\text{kN} \cdot \text{m}$(上侧受拉)

$M_{DC} = F_{yA} \times 4 - F_{AH} \times 4 - 1 \times 4 \times 2 = -15\text{kN} \cdot \text{m}$(上侧受拉)

$M_{DF} = -1 \times 4 \times 2 = -8\text{kN} \cdot \text{m}$(上侧受拉)

E 截面

$M_E = F_{yB} \times 4 - F_{BH} \times 4 = -3\text{kN} \cdot \text{m}$(上侧受拉)

(3) 压力线,在 AD、BE、EC 三段为直线,DC 段为曲线,在 D、E 处直线斜率改变,在 C 点左右相切,通过 A、B、C 三个铰中心。大致如解答 3-23 图(b)所示。

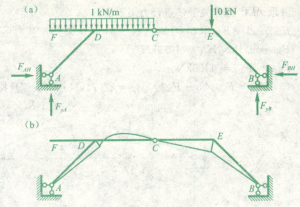

解答 3-23 图

3-24 图示一抛物线三铰拱,铰 C 位于抛物线的顶点和最高点,试:
(1) 求由铰 C 到支座 A 的水平距离。
(2) 求支座反力。
(3) 求 D 点处的弯矩。

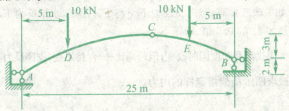

题 3-24 图

解答:(1) 建立如解答 3-24 图所示坐标系,设抛物线方程为 $y = ax^2 + bx + c$,其中 $(a < 0)$ 且 $x_0 < 20\text{m}$。

由图知,$y(0) = 0$,确定 $c = 0$,
$y(25) = 2$,$625a + 25b = 2$
顶点 C 的位置条件,
$y'(x_0) = 0$,$x_0 = \dfrac{-b}{2a}$

$y(x_0) = 5$,得 $-\dfrac{b^2}{4a} = 5$

求得 $x_0 = 14.29\text{m}$。
(2) 取整体平衡

$\sum F_y = 0, F_{yA} + F_{yB} - 10 - 10 = 0$

$\sum F_x = 0, F_{AH} - F_{BH} = 0$

$\sum M_A = 0, F_{yB} \times 25 + F_{BH} \times 2 - 10 \times 5 - 10 \times 20 = 0$

并取 ADC 部分关于 C 点合力矩平衡

$F_{yA} \times x_0 - F_{AH} \times 5 - 10 \times (x_0 - 5) = 0$

$F_{yB} = 9.1\text{kN}, F_{yA} = 10.9\text{kN}$

$F_{AH} = F_{BH} = 11.0\text{kN}$

(3) $M_D = F_{yA} \times 5 - F_{AH} \times y_D = 22.74\text{kN} \cdot \text{m}$(下侧受拉)

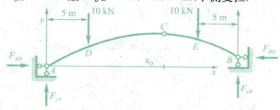

解答 3-24 图

3—25 参见习题 3-21,中的三铰拱,试问:

(1) 如果改变拱高(设 $f = 8\text{m}$),支座反力和弯矩有何变化?

(2) 如果拱高和跨度同时改变,但跨高比 $\dfrac{f}{l}$ 保持不变,支座反力和弯矩有何变化?

解答:(1) 如果改变拱高,竖向支反力 F_{yA} 与 F_{yB} 不变,水平反力 F_H 改变,$f = 8\text{m}$ 时,是 3-21 的 0.5 倍。弯矩不变。

(2) 如果拱高和跨度同时改变,但跨高比 $\dfrac{f}{l}$ 保持不变,支座反力不变,弯矩改变。

3—26 试求图示桁架指定杆的内力。

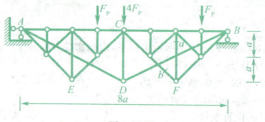

题 3-26 图

解答:切开杆 a,释放轴力 F_{Na},构造符合约束条件的刚体位移,如解答 3-26 图(a),$ACDE$ 部分无位移,CGI 绕 C 点、BGJ 绕 B 点转动 θ,使 G 点产生向下位移 $2a\theta$,则 H 点向下位移 $a\theta$,FI、FJ 杆同样绕 F 点转动 θ 可满足 I、J 点的位移,所以 F 点无位移,列虚功方程,

$F_{Na} \times 2a\theta + F_P \times a\theta = 0, F_{Na} = -0.5F_P$

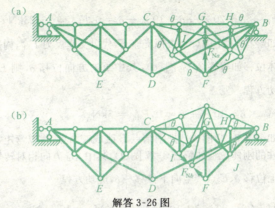

解答 3-26 图

切开杆 b，释放轴力 F_{Nb}，构造符合约束条件的刚体位移，如解答 3-26 图(b)，$ACDE$ 部分无位移，CGI 绕 C 点、BGF 绕 B 点转动 θ，使 H 点向上位移 $a\theta$，I 点的位移垂直于 F_{Nb}，F 点位移为 $2\sqrt{2}a\theta$，列虚功方程，

$$F_{Nb} \times 2\sqrt{2}a\theta - F_P \times a\theta = 0, F_{Nb} = \frac{\sqrt{2}}{4}F_P$$

3-27 用虚功原理求图示静定结构的指定内力或支座反力。试：
(a) 求支座反力 F_{RC} 和 F_{RF} 以及弯矩 M_B 和 M_C。
(b) 求支座反力 F_H 和 F_V 以及杆 AC 的轴力 F_N。
(c) 求支座反力 F_{RC} 以及弯矩 M_{BC} 和 M_{BA}。

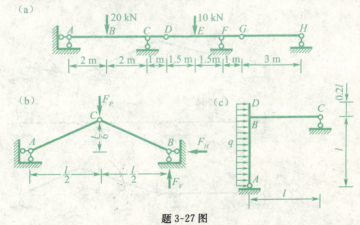

题 3-27 图

解答：(a) 如解答 3-27 图(a)，去掉支座 C，代以支座反力 F_{RC}，构造符合约束条件的刚体位移如解答 3-27 图(b)，其中 F_{RC} 方向位移 δ，则 B、E 点分别产生位移 $\frac{1}{2}\delta$，$\frac{5}{8}\delta$ 虚功方程

$$F_{RC} \times \delta - 20 \times \frac{1}{2}\delta - 10 \times \frac{5}{8}\delta = 0, F_{RC} = 16.25\text{kN}$$

如解答 3-27 图(c)，去掉支座 F，代以支座反力 F_{RF}，构造符合约束条件的刚体位移如解答 3-27 图(d)，其中 F_{RF} 方向位移 δ，则 E 点产生位移 $\frac{1}{2}\delta$，虚功方程

$$F_{RF} \times \delta - 10 \times \frac{1}{2}\delta = 0, F_{RF} = 5\text{kN}$$

如解答 3-27 图(e)，把刚结点 B 改成铰结点，代以弯矩 M_B，构造符合约束条件的刚体位移如解答 3-27 图(f)，其中 M_B 方向相对转角位移 δ，则 B 产生向上位移 δ，E 点产生向下位移 $\frac{1}{4}\delta$，虚功方程

$$M_B \times \delta - 20 \times \delta + 10 \times \frac{1}{4}\delta = 0, M_B = 17.5\text{kN}\cdot\text{m}$$

如解答 3-27 图(g)，把刚结点 C 改成铰结点，代以弯矩 M_C，构造符合约束条件的刚体位移如解答 3-27 图(h)，其中 M_C 方向相对转角位移 δ，则 E 点产生向下位移 $\frac{1}{2}\delta$，虚功方程

$$M_C \times \delta + 10 \times \frac{1}{2}\delta = 0, M_C = -5\text{kN}\cdot\text{m}$$

(a)
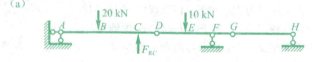

(b)
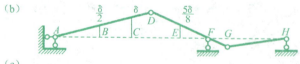

(c)
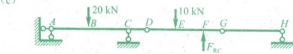

(d)
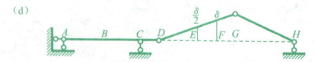

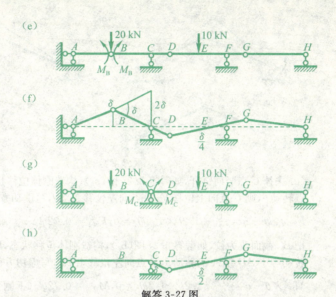

解答 3-27 图

(b) 几何关系：AC、BC 长度方向与水平、竖向的比例是 $\sqrt{10}:3:1$。
去掉 B 点水平链杆，如解答 3-27 图(a_1)，构造刚体位移状态，AC 杆绕 A 点转动，BC 杆绕 C 点转动，CC' 垂直于 AC，若 B 点向左移动 δ，则 C 点向左位移 0.5δ，向上位移 1.5δ，写虚功方程
$$F_H \times \delta - F_P \times 1.5\delta = 0, F_H = 1.5F_P$$
去掉 B 点竖向链杆，如解答 3-27 图(b_1)，构造刚体位移状态，AC 杆绕 A 点转动，BC 杆绕 C 点转动，CC' 垂直于 AC，若 B 点向上移动 δ，则 C 点向上位移 0.5δ，写虚功方程
$$F_V \times \delta - F_P \times 0.5\delta = 0, F_V = 0.5F_P$$
断开杆 AC，代以其轴力 F_{NAC}，如解答 3-27 图(c_1)，构造刚体位移状态，BC 杆绕 B 点转动，CC' 垂直于 BC，若 $CC' = \delta$，则其竖向分量和水平分量分别为 $\dfrac{3}{\sqrt{10}}\delta$，$\dfrac{1}{\sqrt{10}}\delta$ 而 A、C 间距离的改变则为
$$\frac{1}{\sqrt{10}} \times \frac{3}{\sqrt{10}}\delta + \frac{3}{\sqrt{10}} \times \frac{1}{\sqrt{10}}\delta = \frac{6}{10}\delta,$$
写虚功方程
$$F_{NAC} \times \frac{6}{10}\delta + F_P \times \frac{3}{\sqrt{10}}\delta = 0, F_{NAC} = -\frac{\sqrt{10}}{2}F_P$$

第 3 章 静定结构的受力分析

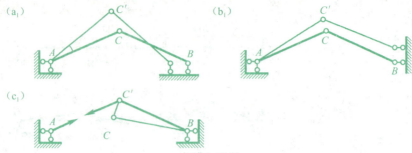

解答 3-27 图

(c) 去掉 C 点竖向链杆,如解答 3-27 图(a_2),构造刚体位移状态,AB 杆绕 A 点转动 θ,则 C 点向上位移 $l\theta$,D 点向左位移 $1.2l\theta$,写虚功方程

$$F_{RC} \times l\theta - q \times \frac{1}{2} \times 1.2l \times 1.2l\theta = 0, F_{RC} = 0.72ql$$

把 BC 截面改为铰,如解答 3-27 图(b_2),构造刚体位移状态,B 铰两侧的相对转动等于 AD 绕 A 的转动 θ,D 点向左位移 $1.2l\theta$,写虚功方程

$$M_{BC} \times \theta - q \times \frac{1}{2} \times 1.2l \times 1.2l\theta = 0, M_{BC} = 0.72ql^2(下侧受拉)$$

把 BA 截面改为铰,如解答 3-27 图(c_2),构造刚体位移状态,B 铰两侧的相对转动等于 AD 绕 A 的转动 θ,B、D 点向左位移 $l\theta$,写虚功方程

$$M_{BA} \times \theta - q \times \frac{1}{2} \times l \times l\theta - q \times 0.2l \times l\theta = 0, M_{BA} = 0.7q(右侧受拉)$$

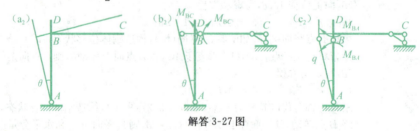

解答 3-27 图

同步自测题及参考答案

同步自测题

1. 已知某梁的剪力图,则其 M 图可能是:_____

剪力图

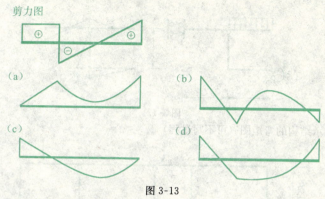

图 3-13

2. 图示桁架,不含支杆零杆数是_____
A. 3　　　　　B. 5　　　　　C. 7　　　　　D. 9

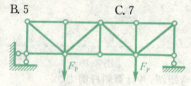

图 3-14

3. 图示桁架,高度增大时,a 杆轴力
A. 增大　　　　B. 减小　　　　C. 不变　　　　D. 不确定

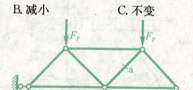

图 3-15

4. 半圆形三铰拱 K 截面弯矩 M_K _____

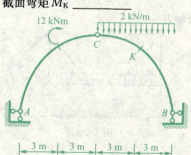

图 3-16

5. 改正弯矩图

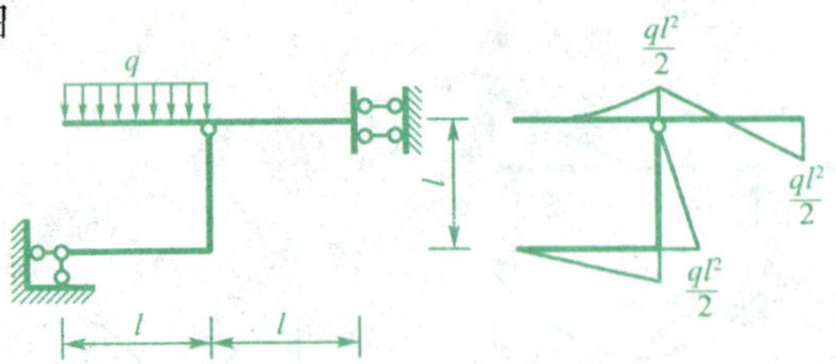

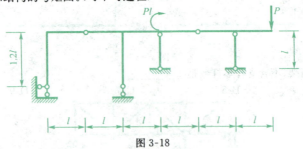

图 3-17

6. 作图示结构的弯矩图。(可不写过程)

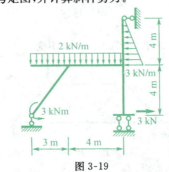

图 3-18

7. 求解图示结构,作弯矩图,并计算斜杆剪力。

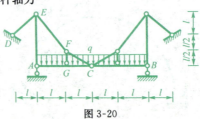

图 3-19

8. 求图示结构二力杆轴力

图 3-20

参考答案

1. B
2. C
3. C
4. 3.249 kN·m 外侧受拉。
5.

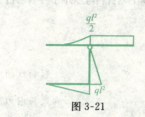

图 3-21

6.

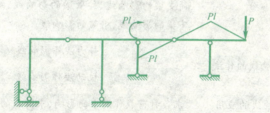

图 3-22

7.

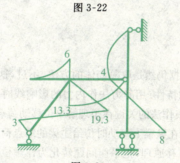

图 3-23

斜杆剪力 4.45 kN

8.

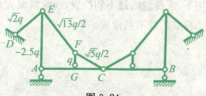

图 3-24

第4章 影 响 线

本章知识结构及内容小结

【本章知识结构】

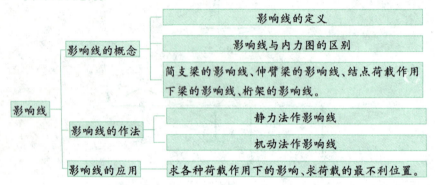

【本章内容小结】

1. 两种方法作影响线

静力法作影响线的依据仍然是取隔离体的方法,不过,这里引入了坐标 x 反映单位移动荷载的位置变化的特性。用静力法作内力的影响线时,一般需要先求出支座反力的影响线。桁架的影响线作法的关键在于理解单位移动荷载传给桁架的结点荷载与简支主次梁单位移动荷载在纵梁上移动时传给主梁的结点荷载相同。机动法作影响线的依据是刚体体系的虚位移原理,把平衡问题转化为作虚位移图形的几何问题。对于静定梁的影响线利用机动法特别方便。可以利用两种方法互相验证结果的正确与否。

2. 影响线的应用

在一组集中移动作用下,求荷载的最不利位置,通常需要先求出所有的临界位置,然后从各临界位置中选出荷载的最不利位置。

第 4 章 影响线

经典例题解析

例 1 当 $F_P = 1$ 沿 AC 移动时，作图示结构 F_{RB}、M_K 的影响线。

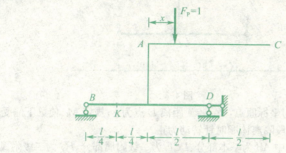

图 4-1

解答： 设以 A 点为坐标原点，$F_P = 1$ 距离 A 点为 x。规定 F_{RB} 向上为正，M_K 使梁下侧受拉为正。

(a) F_{RB} 的影响线。取整体为隔离体，由静力平衡条件，$\sum M_D = 0$，可求得，

$$F_{RB} = \begin{cases} \dfrac{\dfrac{l}{2} - x}{l}, & \left(0 \leqslant x \leqslant \dfrac{l}{2}\right) \\[2mm] \dfrac{x - \dfrac{l}{2}}{l}, & \left(\dfrac{l}{2} \leqslant x \leqslant l\right) \end{cases}$$

从而可以得出 F_{RB} 的影响线如图 4-2(a) 所示。

(b) M_K 的影响线。在截面 K 切开，由静力平衡条件，$\sum M_K = 0$，可求得，$M_K = F_{RB} \cdot \dfrac{l}{4}$，可以得出 M_K 的影响线如图 4-2(b) 所示。

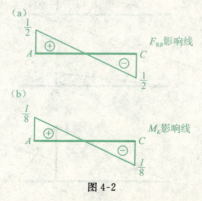

图 4-2

第 4 章 影响线

例 2 图示结构当 $F_P = 1$ 沿 DG 移动时,作 M_C、F_{QC}^R 的影响线。

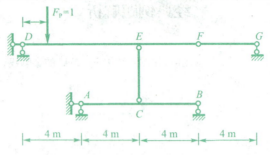

图 4-3

解答: 设以 D 点为坐标原点,$F_P = 1$ 距 D 点为 x。规定 M_C 使梁下侧受拉为正,F_{QC}^R 以绕微段隔离体顺时针转动为正。

图 4-3 中 AB 为基本部分、DEF 为一级附属部分、FG 为二级附属部分,杆件 EC 为二力杆。当 $F_P = 1$ 沿 DEF 移动时,杆件 EC 轴力的影响线与伸臂梁的支反力的影响线相同;当 $F_P = 1$ 沿 FG 移动时,杆件 EC 轴力的影响线为一直线。规定杆件 EC 轴力受压为正,可以得出 F_{NEC} 的影响线如图 4-4(a) 所示。

规定 F_{RB} 向上为正,取 AB 为隔离体、由静力平衡条件,$\sum M_A = 0$,可求得 $F_{RB} = \frac{1}{2} F_{NEC}$,影响线如图 4-4(b) 所示。

(a) M_C 的影响线。图 4-3 在截面 C 切开,由静力平衡条件,$\sum M_C = 0$,可求得 $M_C = 4 F_{RB}$,从而可以得出 M_C 的影响线如图 4-4(c) 所示。

(b) F_{QC}^R 的影响线。在截面 C 右侧切开,由剪力平衡条件,可求得,$F_{QC}^R = -F_{RB}$,可以得出 F_{QC}^R 的影响线如图 4-4(d) 所示。

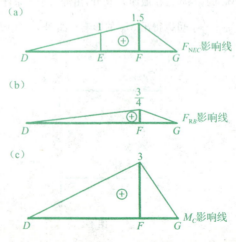

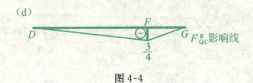

图 4-4

考研真题评析

例1 当 $F_P=1$ 沿 AF 移动时,作图示结构 F_{Na} 的影响线。

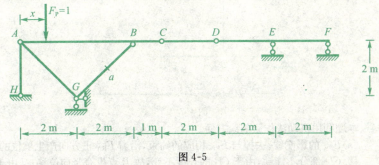

图 4-5

解答:设以 A 点为坐标原点,$F_P=1$ 距离 A 点为 x。规定 F_{Na} 受拉为正。

图 4-5 中 $ABCGH$ 为基本部分、CD 为附属部分,DEF 也是基本部分。规定 F_{RG} 向上为正,当 $F_P=1$ 沿 ABC 移动时,取隔离体如图 4-6(a) 所示,由静力平衡条件,$\sum M_A=0$,可以得出 F_{RG} 的影响线如图 4-6(b)AC 部分;当 $F_P=1$ 沿 CD 移动时,F_{RG} 的影响线为一直线;当 $F_P=1$ 沿 DEF 移动时,F_{RG} 的影响线为零。综合可求得 F_{RG} 的影响线如图 4-6(b) 所示。

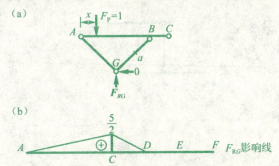

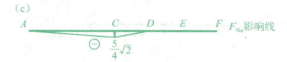

图 4-6

然后取图 4-5 中结点 G 为隔离体,考虑竖向的平衡,可以得到

$$F_{Na} = -\frac{F_{RG}}{2}\sqrt{2}$$

从而可求得 F_{RG} 的影响线如图 4-6(c)所示。

例2 当 $F_P = 1$ 沿 AB、CD 移动时,作 F_{RA}、F_{QF} 的影响线。

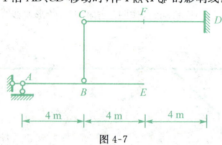

图 4-7

解答:本题利用机动法作影响线方便。

(a) F_{RA} 的影响线。去掉与 F_{RA} 相应的约束,沿着 F_{RA} 正方向产生单位的虚位移。CD 部分不能动,由于 CB 的长度不变,故 B 点没有竖向位移;又由于 AB 的水平投影长度不变,B 点亦没有水平位移,从而可以得出虚位移如图 4-8(a) 所示。取出 AB 和 CD 段的位移图放于同一坐标系中,即得 F_{RA} 的影响线如图 4-8(b) 所示。

(b) F_{QF} 的影响线。得出沿着 F_{QF} 正方向产生单位的虚位移如图 4-8(c)所示。取出 AB 和 CD 段的位移图放于同一坐标系中,即得 F_{QF} 的影响线如图 (d) 所示。

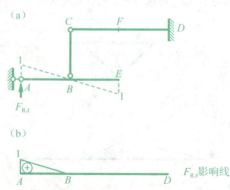

第 4 章 影 响 线

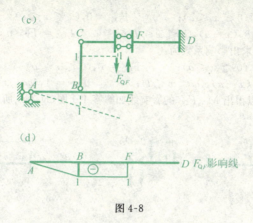

图 4-8

本章教材习题精解

4—1 试用静力法作图中：
(a) F_{yA}、M_A、M_C 及 F_{QC} 的影响线。
(b) 斜梁 F_{yA}、M_C、F_{QC} 及 F_{NC} 的影响线。

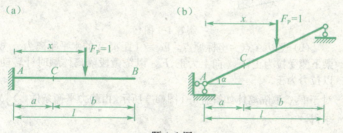

题 4-1 图

解答: (a) 设以 A 点为坐标原点，$F_P = 1$ 距离 A 点为 x。规定 M_A、M_C 使梁下侧受拉为正，F_{YA} 向上为正，F_{QC} 以绕微段隔离体顺时针转动为正。

对于 M_A、F_{YA}，取隔离体如解答 4-1 图 (a) 所示，由静力平衡条件可求得，
$$M_A = -F_P x, (0 \leqslant x \leqslant l); \qquad F_{YA} = F_P, (0 \leqslant x \leqslant l)$$
由此，可求出影响系数为：
$$\overline{M}_A = \frac{-F_P x}{F_P} = -x, (0 \leqslant x \leqslant l); \qquad \overline{F}_{YA} = \frac{F_P}{F_P} = 1, (0 \leqslant x \leqslant l)$$
从而可以得出 M_A、F_{YA} 的影响线如解答 4-1 图 (d)、(e) 所示。

对于 M_C、F_{QC} 的影响线，必须分 $F_P = 1$ 在作用在 C 点左、右考虑，取隔离体如解答 4-1 图 (b)、(c) 所示，由静力平衡条件可求得，

83

第 4 章 影 响 线

$M_C = 0, (0 \leqslant x \leqslant a);$ $\quad\quad F_{QC} = 0, (0 \leqslant x \leqslant a)$
$M_C = -F_P(x-a), (a \leqslant x \leqslant l);$ $\quad F_{QC} = F_P, (a \leqslant x \leqslant l)$
由此，可求出影响系数为：
$\overline{M}_C = 0, (0 \leqslant x \leqslant a);$ $\quad\quad \overline{F}_{QC} = 0, (0 \leqslant x \leqslant a)$
$\overline{M}_C = -(x-a), (a \leqslant x \leqslant l);$ $\quad \overline{F}_{QC} = 1, (a \leqslant x \leqslant l)$
从而可以得出 M_C、F_{QC} 的影响线如解答 4-1 图(f)、(g) 所示。

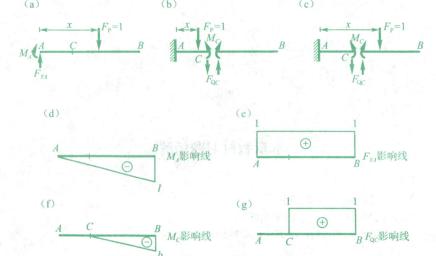

解答 4-1 图

(b) 设以 A 点为坐标原点，$F_P = 1$ 距离 A 的水平距离为 x。规定 M_C 使梁下侧受拉为正，F_{YA} 向上为正、F_{QC} 以绕微段隔离体顺时针转动为正、F_{NC} 以拉力为正。

对于 F_{YA}，取隔离体如解答 4-1 图(a_1) 所示，由静力平衡条件，$\sum M_B = 0$，可求得，

$$F_{YA} = \frac{l-x}{l} F_P, (0 \leqslant x \leqslant l)$$

由此，可求出影响系数为：

$$\overline{F}_{YA} = \frac{l-x}{l}, (0 \leqslant x \leqslant l)$$

从而可以得出 F_{YA} 的影响线如解答 4-1 图(b_1) 所示。同样的，可以得出 F_{YB} 的影响线如解答 4-1 图(c_1) 所示。

对于 M_C、F_{QC}、F_{NC} 的影响线，必须分 $F_P = 1$ 在作用在 C 点左、右考虑，取隔离体如解答 4-1 图(d_1)、(e_1) 所示，由静力平衡条件可求得，
$M_C = F_{YB} \times b, (0 \leqslant x \leqslant a);$ $\quad F_{QC} = -F_{YB} \times \cos\alpha, (0 \leqslant x \leqslant a);$
$F_{NC} = F_{YB} \times \sin\alpha, (0 \leqslant x \leqslant a)$ $\quad M_C = F_{YA} \times a, (a \leqslant x \leqslant l);$
$F_{QC} = F_{YA} \times \cos\alpha, (a \leqslant x \leqslant l);$ $\quad F_{NC} = -F_{YB} \times \sin\alpha, (a \leqslant x \leqslant l);$

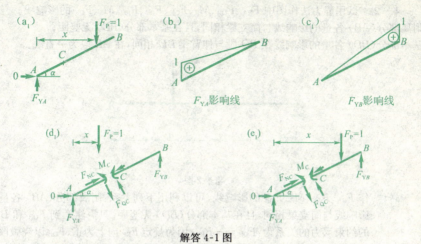

解答 4-1 图

从而可以得出 M_C、F_{QC}、F_{NC} 的影响线如解答 4-1 图(f_1)、(g_1)、(h_1)所示。

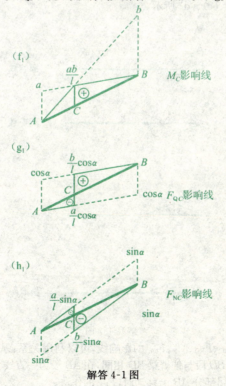

解答 4-1 图

第 4 章 影 响 线

4－2 试用静力法作图中 F_{RA}、F_{QB}、M_E、F_{QE}、F_{RC}、F_{RD}、M_F、F_{QF} 的影响线。附属部分(AB)各量的影响线与简支梁相同,且在基本部分(BD)无竖距;基本部分(BD)各量的影响线在 BD 段与伸臂梁 BD 相同,在 AB 段为一直线。

题 4-2 图

解答:作 F_{RA}、F_{QB}、M_E、F_{QE} 的影响线,可以利用下列关系:附属部分(AB)各量的影响线与简支梁相同,且在基本部分(BD)无竖距。只需注意到 F_{QB} 和 B 点的约束反力的关系为:$F_{QB}=-F_{RB}$。因为规定 F_{RB} 向上为正、F_{QB} 以绕微段隔离体顺时针转动为正。从而可以得出 F_{RA}、F_{QB}、M_E、F_{QE} 的影响线如解答4-2图(a)、(b)、(c)、(d)所示。

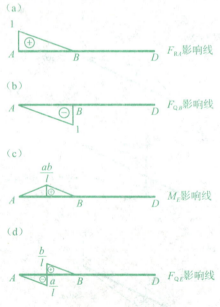

解答 4-2 图

作 F_{RC}、F_{RD}、M_F、F_{QF} 的影响线,可以利用关系:基本部分(BD)各量的影响线在 BD 段与伸臂梁 BD 相同,在 AB 段为一直线。下面,我们说明当 $F_P=1$ 在附属部分 AB 上移动时,F_{RC} 的作法。

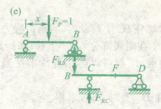

解答 4-2 图

如解答 4-2 图(e)所示,当 $F_P=1$ 在附属部分 AB 上移动时,由静力平衡条件,$\sum M_D = 0$,可以得到

$$F_{RC} = F_{RB} \times (l+c)/l$$

从而只需将 F_{RB} 的影响线放大 $(l+c)/l$ 倍即可。

类似地,可以得到 $F_P = 1$ 在附属部分 AB 上移动时,其他量的作法。F_{RC}、F_{RD}、M_F、F_{QF} 的影响线如解答 4-2 图(f)、(g)、(h)、(i) 所示。

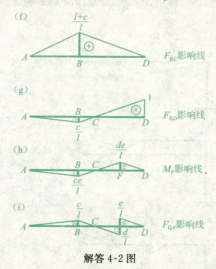

解答 4-2 图

4-3 试用静力法作图示刚架中 M_A、F_{yA}、M_K、F_{QK} 的影响线。设 M_A、M_K 均以内侧受拉为正。

题 4-3 图

解答: 当 $F_P=1$ 在基本部分 BC 上移动时,容易由静力平衡条件找出待求各量与 x 的关系。当 $F_P=1$ 在附属部分 CDE 上移动时,只需注意到各待求量与 C 点的约束反力的关系,从而可以得出各待求量当 $F_P=1$ 在 CDE 上移动时的形状。

当 $F_P=1$ 作用在 BC 上时,可以求得

$M_A=-F_P x, (0\leqslant x\leqslant l);\qquad F_{YA}=F_P(0\leqslant x\leqslant l)$

$M_K=\begin{cases}0 & (0\leqslant x\leqslant l-a)\\ -F_P(x-l+a)(l-a\leqslant x\leqslant l)\end{cases}; F_{QK}=\begin{cases}0 & (0\leqslant x\leqslant l-a)\\ F_P & (l-a\leqslant x\leqslant l)\end{cases}$

当 $F_P=1$ 作用在 CDE 上时,可以求得

$M_A=-F_{RC}\times l;\qquad F_{YA}=F_{RC}$

$M_K=-F_{RC}\times a;\qquad F_{QK}=F_{RC}$

利用上述静力关系及 $F_P=1$ 在附属部分 CDE 上移动时,C 点的约束反力 F_{RC} 的影响线,可以得出 M_A、F_{yA}、M_K、F_{QK} 的影响线如解答4-3图(a)、(b)、(c)、(d)所示。

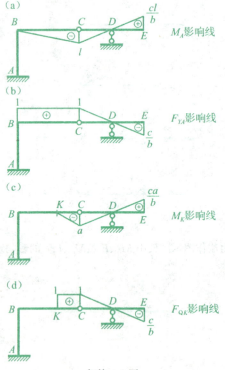

解答 4-3 图

第 4 章 影 响 线

4—4 试用机动法作图中 M_E、F_{QB}^L、F_{QB}^R 的影响线。注意：
(1) δ_Z 是广义位移，必须与撤去的约束相应。
(2) $\delta_P(x)$ 必须符合约束条件。

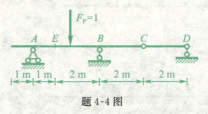

题 4-4 图

解答：1. 弯矩 M_E 的影响线

去掉截面 E 处与弯矩 M_E 相应的约束（即在截面 E 处改为铰结），代之以一对大小相等方向相反的使下边受拉的力偶矩 M_E，这时铰 E 两侧的刚体可以相对转动。使体系产生约束许可的虚位移，如解答 4-4 图(a) 所示，其中 δ_Z 是与 M_E 相应的铰 C 左右两侧截面的相对转角，其值可为任意值。该位移图即代表 M_E 影响线的形状。为了求得 M_E 影响线纵坐标数值，还需令虚位移图中的 $\delta_Z=1$。利用几何关系可以求得 M_E 的影响线如解答 4-4 图(b) 所示。

2. F_{QB}^L 的影响线

在截面 B 左侧处去掉与剪力相应的约束（即将截面 B 左侧处左、右两侧改为用两个平行于杆轴的平行链杆连接），代之以一对大小相等方向相反的正剪力 F_{QB}^L，这时截面 B 处可以发生相对的竖向位移，而不能发生相对转动和水平移动。使体系产生约束许可的虚位移，如解答 4-4 图(c) 所示，其中 δ_Z 其值可为任意值。令虚位移图中的 $\delta_Z=1$。利用几何关系可以求得 的影响线如解答 4-4 图(d) 所示。

3. F_{QB}^R 的影响线

在截面 B 右侧处去掉与剪力相应的约束（即将截面 B 右侧处左、右两侧改为用两个平行于杆轴的平行链杆连接），代之以一对大小相等方向相反的正剪力 F_{QB}^R，这时在截面 B 处可以发生相对的竖向位移，而不能发生相对转动和水平移动。使体系产生约束许可的虚位移，如解答 4-4 图(e) 所示，其中 δ_Z 其值可为任意值。令虚位移图中的 $\delta_Z=1$。利用几何关系可以求得 F_{QB}^R 的影响线如解答 4-4 图(f) 所示。

第 4 章 影响线

(a)
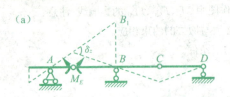

(b)
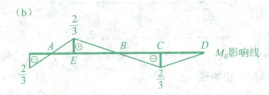

M_E 影响线

(c)
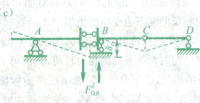

(d)
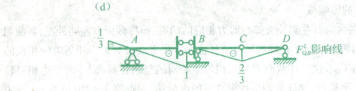

F_{QB}^L 影响线

(e)
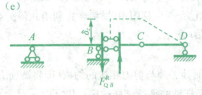

(f)

F_{QB}^R 影响线

解答 4-4 图

第 4 章 影响线

4-5 试用机动法作图中：

(a) M_C、F_{QC} 的影响线。

注意：主梁虚位移图与荷载作用点位移图的区别。

(b) 单位移动力偶 $M=1$ 作用下 F_{RA}、F_{RB}、M_C、F_{QC} 的影响线。

注意：与 $M=1$ 相应的位移是转角 $\theta(x)$，$\theta(x)$ 与 $F_P=1$ 作用下 $\delta_P(x)$ 的关系为

$$\theta(x) = \frac{\mathrm{d}\delta P(x)}{\mathrm{d}x}$$

(c) 单位水平移动荷载作用下 F_{xA}、F_{yA}、M_C、F_{QC} 的影响线。

注意：$\delta_P(x)$ 的方向必须与荷载方向一致，故应在位移图中找出水平位移分量。

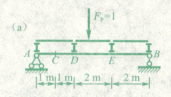

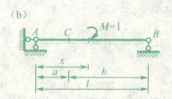

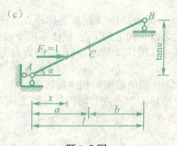

题 4-5 图

解答：(a) 只需先作出 $F_P=1$ 直接作用在主梁上 M_C、F_{QC} 的影响线如解答 4-5 图 (a)、(c) 所示，然后，每个节间连以直线即可求得 $F_P=1$ 作用在纵梁上 M_C、F_{QC} 的影响线如解答 4-5 图(b)、(d) 所示。

(a)
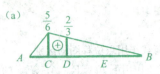
$F_P=1$ 直接作用在主梁上 M_C 影响线

(b)
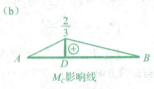
M_C 影响线

(c)
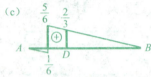
$F_P=1$ 直接作用在主梁上 F_{QC} 影响线

(d)

F_{QC} 影响线

解答 4-5 图

(b) 我们以 F_{RA} 的做法为例说明如何求出在单位移动力偶 $M=1$ 作用下各量的影响线。

如解答 4-5 图(a_1)所示，$M=1$ 距离坐标原点 A 的水平距离为 x，去掉与 F_{RA} 相应的约束，代之以一向上的 F_{RA}。使体系沿 F_{RA} 做正功的方向产生单位的虚位移，如解答 4-5 图(b_1)所示。列出虚功方程为

$$F_{RA} \times 1 + M \times \theta(x) = 0$$

必须找出 $M=1$ 作用的截面的相应的转角，该转角为解答 4-5 图(b_1)所示 $\theta(x)$，它等于虚位移图中该点的切线与基线之间的夹角。由此可以作出 F_{RA} 的影响线如解答 4-5 图(c_1)所示。

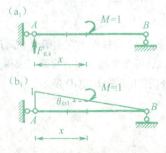

第 4 章 影 响 线

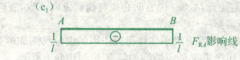

解答 4-5 图

同样的,对于 F_{RB},其与 $M=1$ 作用的截面的相应的转角如解答图 4-5 图(d_1)所示,由此可以作出 F_{RB} 的影响线如解答 4-5 图(e_1) 所示。

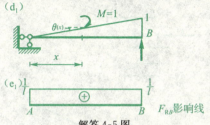

解答 4-5 图

同样的,对于 M_C,其与 $M=1$ 作用的截面的相应的转角如解答图 4-5 图(f_1)所示,由此可以作出 M_C 的影响线如解答 4-5 图(g_1) 所示。

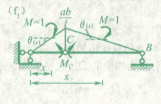

解答 4-5 图

同样的,对于 F_{QC},其与 $M=1$ 作用的截面的相应的转角如解答 4-5 图(h_1) 所示,由此可以作出 F_{QC} 的影响线如解答 4-5 图(i_1) 所示。

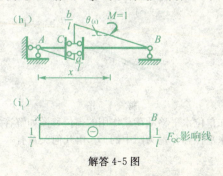

解答 4-5 图

(c) 只需注意：$\delta_P(x)$ 的方向必须与荷载方向一致，故应在位移图中找出水平位移分量。

对于 F_{RA}，在单位水平移动荷载作用的虚位移图如解答 4-5 图(a_2) 所示，由此可以作出 F_{RA} 的影响线如解答 4-5 图(b_2) 所示。

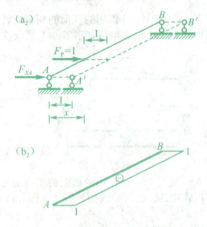

解答 4-5 图

对于 F_{yA}，在单位水平移动荷载作用的虚位移图如解答 4-5 图(c_2) 所示，荷载作用点的水平位移分量为图中的 D_x，它与 E 点的水平位移相等，故有

$$D_x = x\tan\alpha \times \frac{1}{l}$$

由此可以作出 F_{yA} 的影响线如解答 4-5 图(d_2) 所示。

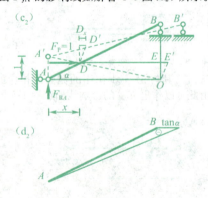

解答 4-5 图

对于 M_C，在单位水平移动荷载作用的虚位移图如解答 4-5 图(e_2) 所示，荷载作用点的水平位移分量为图中的 D_x，由几何关系有

$$D_x = \frac{ab}{l\cos\alpha} \times \frac{x}{a} \times \sin\alpha \, (x \leqslant a); \; D_x = \frac{ab}{l\cos\alpha} \times \frac{l-x}{b} \times \sin\alpha \, (a \leqslant x \leqslant l)$$

由此可以作出 M_C 的影响线如解答 4-5 图(f_2) 所示。

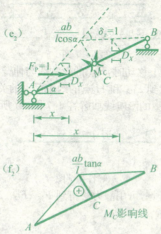

解答 4-5 图

对于 F_{QC}，在单位水平移动荷载作用的虚位移图如解答 4-5 图(g_2) 所示，荷载作用点的水平位移分量为图中的 D_x，由几何关系有

$$D_x = \frac{a}{l} \times \frac{x}{a} \times \sin\alpha \, (x \leqslant a); \; D_x = \frac{b}{l} \times \frac{l-x}{b} \times \sin\alpha \, (a \leqslant x \leqslant l)$$

由此可以作出 F_{QC} 影响线如解答 4-5 图(h_2) 所示。

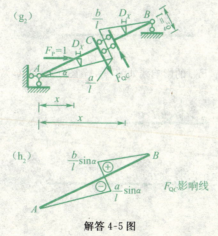

解答 4-5 图

4-6 试用静力法作题 4-5(b)、(c)。(略)

第 4 章 影响线

4−7 试用静力法作图示静定多跨梁中 F_{RA}、F_{RC}、F_{QB}^l、F_{QB}^R 和 M_F、F_{QF}、M_G、F_{QG} 的影响线。

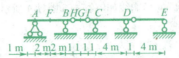

题 4-7 图

解答：当 $F_P = 1$ 在 AH 上移动时，F_{RA} 的影响线与伸臂梁相同；当 $F_P = 1$ 在 HI 上移动时，只需注意到 F_{RA} 和 H 点的约束反力的关系为：$F_{RA} = -1/4 \times F_{RH}$。从而可以得出 F_{RA} 的影响线如解答 4-7 图(a) 所示。

(a)

解答 4-7 图

同理，通过分段计算，可用静力法得到 F_{RC}、F_{QB}^l、F_{QB}^R 的影响线如解答 4-7 图 (b)、(c)、(d) 所示。

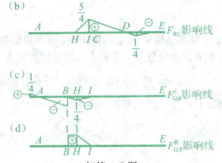

解答 4-7 图

M_F、F_{QF}、M_G、F_{QG} 的影响线如解答 4-7 图 (e)、(f)、(g)、(h) 所示。

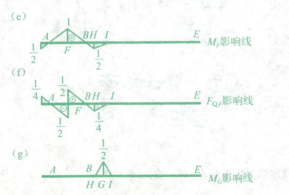

(h)

解答 4-7 图

4－8 试用静力法作图示静定多跨梁中 F_{RA}、F_{RB}、M_A 的影响线。

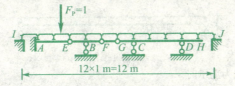

题 4-8 图

解答： 我们先用机动法作出 $F_P = 1$ 在下部静定多跨梁 AH 上移动时各量的影响线。然后根据静力法的原理，在各个节间连以直线，从而可以得出 F_{RA}、F_{RB}、M_A 的影响线如解答 4-8 图(a)、(b)、(c) 所示。

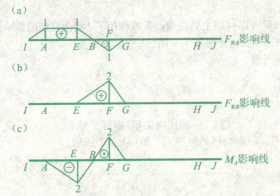

解答 4-8 图

4－9 试用静定法作图示桁架轴力 F_{N1}、F_{N2}、F_{N3} 的影响线。(荷载分为上承、下承两种情况)。

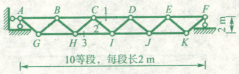

题 4-9 图

解答： 荷载上承时，移动荷载传给桁架的等效结点荷载与解答 4-9 图(a) 所示的主梁上承受的结点荷载相同；荷载下承时，移动荷载传给桁架的等效结点荷载与解答 4-9 图(b) 所示的主梁上承受的结点荷载相同。所以我们可以找到桁

架轴力 F_{N1}、F_{N2}、F_{N3} 与解答 4-9 图(a)、(b)中主梁相应内力的影响线之间的关系来非常方便地求出它们。

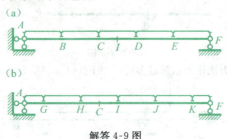

解答 4-9 图

荷载为上承时

以 F_{N1} 的求解为例进行说明。利用截面法,由静力平衡条件 $\sum M_I = 0$,可求得 F_{N1}。荷载上承时,移动荷载传给桁架的等效结点荷载与解答 4-9 图(a)所示的主梁上承受的结点荷载相同。从而可以得出

$$F_{N1} = -\frac{M_I^0}{2}$$

这样,就可以利用主梁在结点荷载作用下 I 截面弯矩的影响线求出桁架轴力 F_{N1} 的影响线,如解答 4-9 图(c)所示。
同理,可得

$$F_{N3} = \frac{M_C^0}{2}$$

$$F_{N2Y} = F_{QCD}^0$$

然后利用 F_{N2} 与 F_{N2Y} 的比例关系,即可求得 F_{N2}。
F_{N2}、F_{N3} 的影响线如解答 4-9 图(d)、(e)所示。

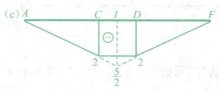

上承时 F_{N1} 影响线

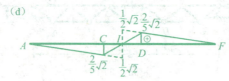

上承时 F_{N2} 影响线

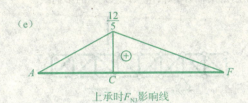

上承时 F_{N3} 影响线

解答 4-9 图

荷载为下承时
同样地,通过类似分析可以有

$$F_{N1} = -\frac{M_I^0}{2}$$

$$F_{N3} = \frac{M_C^0}{2}$$

$$F_{N2Y} = F_{QHI}^0$$

F_{N1}、F_{N2}、F_{N3} 的影响线如解答 4-9 图(f)、(g)、(h) 所示。

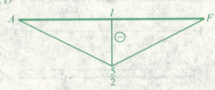

下承时 F_{N1} 影响线

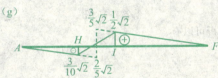

下承时 F_{N2} 影响线

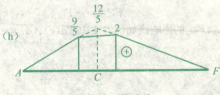

下承时 F_{N3} 影响线

解答 4-9 图

4—10 试作图示桁架轴力 F_{N1}、F_{N2}、F_{N3}、F_{N4} 的影响线。

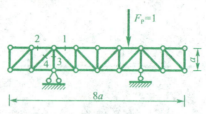

题 4-10 图

解答： 解答 4-10 图(a) 移动荷载传给桁架的等效结点荷载与解答 4-10 图(b) 所示的主梁上承受的结点荷载相同。所以我们可以找到桁架轴力 F_{N1}、F_{N2}、F_{N3}、F_{N4} 与解答 4-10 图(b) 中主梁相应内力的影响线之间的关系来非常方便地求出它们。

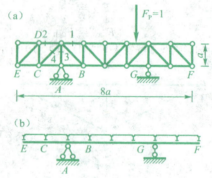

解答 4-10 图

通过静力分析可以有

$$F_{N1} = -\frac{M_B^0}{a}$$

$$F_{N2} = -\frac{M_C^0}{a}$$

$$F_{N3} = -F_{RA}$$

$$F_{N4Y} = -F_{QCA}^0$$

F_{N1}、F_{N2}、F_{N3}、F_{N4} 的影响线如解答 4-10 图(c)、(d)、(e)、(f) 所示。

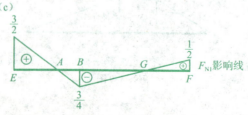

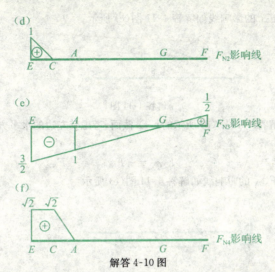

解答 4-10 图

4-11 试作图示组合结构 F_{N1}、F_{N2}、F_{NDA}、M_D、F_{QD}^L、F_{QD}^R 的影响线。

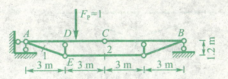

题 4-11 图

解答: 1. 对于组合结构,总是先求出二力杆的轴力。通过静力分析可以有,

$$F_{N2} = \frac{M_C^\circ}{1.2}$$

其中 M_C° 为解答 4-11 图(a)所示的相应简支梁 M_C 的影响线。所以得到 F_{N2} 的影响线如解答 4-11 图(b)所示。

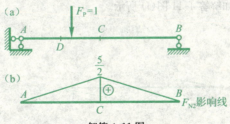

解答 4-11 图

2. 取结点 E 为隔离体,考虑水平方向的平衡,可以得到

$$F_{N1} = F_{N2} \times \frac{\sqrt{3^2 + 1.2^2}}{3} = 1.08 F_{N2}$$

得到 F_{N1} 的影响线如解答 4-11 图(c)所示。

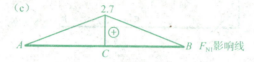

解答 4-11 图

3. 作解答 4-11 图(d)所示的 $a-a$ 截面，考虑其左边的水平方向的平衡，可以得到

$$F_{NDA} = -F_{N1水平} = -F_{N2}$$

得到 F_{NDA} 的影响线如解答 4-11 图(e)所示。

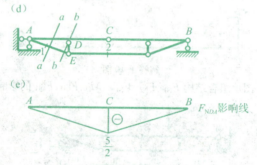

解答 4-11 图

4. 作解答 4-11 图(d)所示的 $b-b$ 截面，由静力平衡条件，$\sum M_D = 0$，可以得到

$$M_D = M_D^0 - F_{N1垂直} \times 3 = M_D^0 - F_{N2} \times \frac{1.2}{3} \times 3 = M_D^0 - 1.2F_{N2}$$

其中 M_D^0 为解答 4-11 图(a)所示的相应简支梁 M_D 的影响线。所以得到 M_D 的影响线如解答 4-11 图(f)所示。

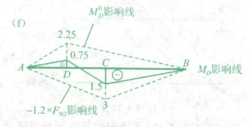

解答 4-11 图

5. 作解答 4-11 图(d)所示的 D 截面左侧的 $b-b$ 截面，考虑垂直方向的平衡，可以得到

$$F_{QD}^L = F_{QD}^0 - F_{N1垂直} = F_{QD}^0 - F_{N2} \times \frac{1.2}{3} = F_{QD}^0 - 0.4F_{N2}$$

其中 F_{QD}^0 为解答 4-11 图(a)所示的相应简支梁 F_{QD} 的影响线。所以得到 F_{QD}^L 的影响线如解答 4-11 图(g)所示。

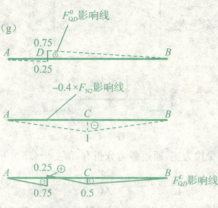

解答 4-11 图

6. 类似于求 F_{QD}^L,作解答 4-11 图(d)所示的 D 截面右侧的 $b-b$ 截面,考虑垂直方向的平衡,可以得到

$$F_{QD}^R = F_{QD}^0 - F_{N1垂直} - F_{NDE} = F_{QD}^0$$

所以得到 F_{QD}^R 的影响线与 F_{QD}^0 相同。

4－12 试作图示门式刚架 M_D、F_{QDA}、F_{QDC} 的影响线,单位竖向荷载沿斜梁移动。

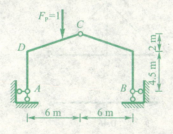

题 4-12 图

解答:对于门式刚架,A、B 支座处反力是关键。A、B 支座处竖向反力与解答 4-12 图(b)所示的相应简支梁竖向反力相同,A、B 支座处水平反力通过静力分析为,

$$F_{RAX} = F_{RBX} = \frac{M_C^0}{6.5}$$

其中 M_C^0 为解答 4-12 图(b)所示的相应简支梁 M_C 的影响线。

第 4 章 影 响 线

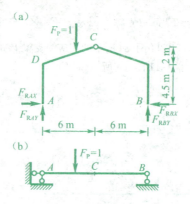

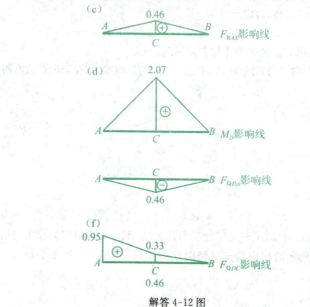

解答 4-12 图

M_D 以左侧受拉为正,通过静力分析有:$M_D = 4.5 \times F_{RAX}$,$F_{QDA} = -F_{RAX}$,
$F_{QDC} = F_{RAY} \times \dfrac{6}{\sqrt{40}} - F_{RAX} \times \dfrac{2}{\sqrt{40}} = 0.95 F_{RAY} - 0.32 F_{RAX}$

从而可以利用解答 4-12 图(c)所示 F_{RAX} 的影响线,得到 M_D、F_{QDA}、F_{QDC} 的影响线如解答 4-12 图(d)、(e)、(f)所示。

解答 4-12 图

4—13 试作图示刚架 M_C、F_{QC} 的影响线,单位水平荷载沿柱高移动。

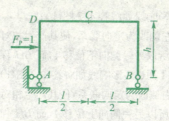

题 4-13 图

解答： 如解答 4-13 图(a)所示当 $F_P=1$ 在 AD、BE 上移动时，A、B 支座处竖向反力 F_{RA}、F_{RB} 的影响线如解答 4-13 图(b)、(c)所示。

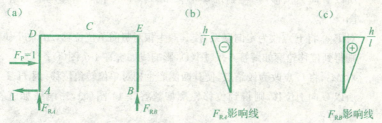

解答 4-13 图

通过静力分析有：M_C 以下侧受拉为正，当 $F_P=1$ 在 AD 上移动时，$M_C = F_{RB} \times l/2$，$F_{QC} = -F_{RB}$；当 $F_P=1$ 在 BE 上移动时，$M_C = F_{RA} \times l/2 + h$，$F_{QC} = F_{RA}$。

从而可以利用解答 4-13 图(b)(c) 所示 F_{RA}、F_{RB} 的影响线，得到 M_C、F_{QC} 的影响线如解答 4-13 图(d)、(e)所示。

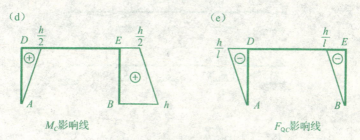

解答 4-13 图

4—14 试作机动法重作题 4-7、4-8。

解答： 对习题 4-7，F_{RA}，解除 A 点竖向支杆，保留水平支杆，使 A 点向上产生单位位移，则得到位移轮廓如解答 4-14 图(a)，影响线如解答 4-7 图(a)；

对 F_{RC}，解除 C 点竖向支座，使 C 点向上产生单位位移，则得到位移轮廓如解

第 4 章 影响线

答 4-14 图(b)，影响线如解答 4-7 图(b)；

对 F_{QB}^L，将 B 点左侧改为定向联系，使其产生相对竖向单位位移，因靠近 B 一侧无竖向位移，所以另一侧向下位移 1，而 BH 保持与 AB 平行，则得到位移轮廓如解答 4-14 图(c)，影响线如解答 4-7 图(c)；

对 F_{QB}^R，将 B 点右侧改为定向联系，使其产生相对竖向单位位移，因靠近 B 一侧无竖向位移，所以另一侧向上位移 1，而 BH 保持与 AB 平行，则得到位移轮廓如解答 4-14 图(d)，影响线如解答 4-7 图(d)；

对 M_F，将 F 点改为铰结点，使其两侧产生相对单位转角位移，因 A、B 不动，所以 F 向上位移，则得到位移轮廓如解答 4-14 图(e)，影响线如解答 4-7 图(e)；

对 F_{QF}，将 F 点改为定向联系，使其产生相对竖向单位位移，AF 与 FB 平行，则得到位移轮廓如解答 4-14 图(f)，影响线如解答 4-7 图(f)；

对 M_G，将 G 点改为铰结点，使其两侧产生相对单位转角位移，因 H、I 不动，所以 G 向上位移，则得到位移轮廓如解答 4-14 图(g)，影响线如解答 4-7 图(g)；

对 F_{QG}，将 G 点改为定向联系，使其产生相对竖向单位位移，且左右两段平行，则得到位移轮廓如解答 4-14 图(h)，影响线如解答 4-7 图(h)；

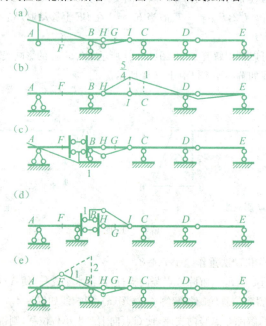

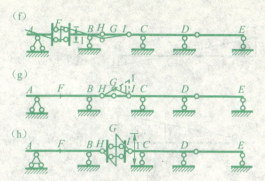

解答 4-14 图

对习题 4-8 F_{RA}，在主梁上，解除 A 点竖向位移约束，变成定向支座，相对竖向位移时，左边不动，右边向上单位位移，AE 保持水平方向，得到位移轮廓，在次梁节间连线，得到影响线如解答 4-8 图(a)。

对 F_{RB}，在主梁上，解除 B 点竖向位移约束，B 点向上单位位移，AE、GH 保持不动，得到位移轮廓，在次梁节间连线，得到影响线如解答 4-8 图(b)。

对 M_A，在主梁上，解除 A 点转角位移约束，变成铰支座，相对转动时，左边不动，右边顺时针单位转角位移，得到位移轮廓，在次梁节间连线，得到影响线如解答 4-8 图(c)。

4—15 试用影响线，求在所示荷载作用下的 F_{RA}、F_{RB}、F_{QC}、M_C。

题 4-15 图

解答: 作出 $F_P = 1$ 作用下 F_{RA}、F_{RB}、F_{QC}、M_C 的影响线如解答 4-15 图(a)、(b)、(c)、(d) 所示；和单位移动力偶 $M = 1$ 作用下 F_{RA}、F_{RB}、F_{QC}、M_C 的影响线如解答 4-15 图(e)、(f)、(g)、(h) 所示。故可以求得

$$F_{RA} = 10 \times (\frac{1}{2} \times 1 \times 4 - \frac{1}{2} \times \frac{1}{2} \times 2) - 40 \times \frac{1}{4} = 5\text{kN}$$

$$F_{QB} = 10 \times (\frac{1}{2} \times \frac{3}{2} \times 6) + 40 \times \frac{1}{4} = 55\text{kN}$$

$$F_{QC} = 10 \times (\frac{1}{2} \times \frac{3}{4} \times 3 - \frac{1}{2} \times \frac{1}{4} \times 1 - \frac{1}{2} \times \frac{1}{2} \times 2) - 40 \times \frac{1}{4} = -5\text{kN}$$

$$M_C = 10 \times (\frac{1}{2} \times \frac{3}{4} \times 3 + \frac{1}{2} \times \frac{3}{4} \times 1 - \frac{1}{2} \times \frac{1}{2} \times 2) - 40 \times \frac{1}{4} = 0$$

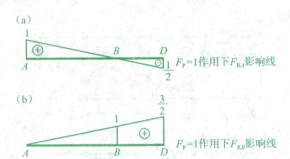

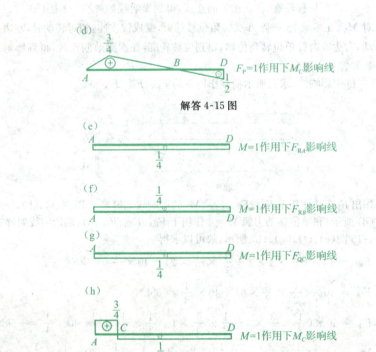

解答 4-15 图

第 4 章 影 响 线

4－16 试求图示车队荷载在影响线 Z 上的最不利位置和 Z 的绝对最大值。

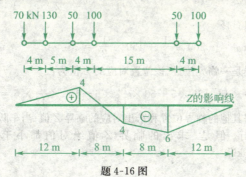

题 4-16 图

解答: 影响线各段的斜率为：

$$\tan\alpha_1 = \frac{1}{3}, \tan\alpha_2 = -1, \tan\alpha_3 = -\frac{1}{4}, \tan\alpha_4 = \frac{1}{2}$$

（1）当车队向左行驶时，如解答 4-16 图（a）所示，荷载 130 作用在其中一个顶点时，验算该位置是否为一临界位置

（a）

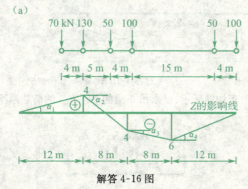

解答 4-16 图

荷载稍向左移

$$\sum F_{Ri}\tan\alpha_i = 200 \times \frac{1}{3} - 50 \times 1 - 100 \times \frac{1}{4} + 150 \times \frac{1}{2} = \frac{200}{3} > 0$$

荷载稍向右移

$$\sum F_{Ri}\tan\alpha_i = 70 \times \frac{1}{3} - 180 \times 1 - 100 \times \frac{1}{4} + 50 \times \frac{1}{2} = -\frac{470}{3} < 0$$

故该位置是一临界位置。该位置对应的 Z 值为：

$$Z = 70 \times \frac{8}{3} + 130 \times 4 - 50 \times 1 - 100 \times 4.25 - 50 \times 2 = 131.67 \text{kN}$$

（2）当车队向左行驶时，如解答 4-16 图（b）所示，荷载 70 作用在其中一个顶点时，验算该位置是否为一临界位置。

荷载稍向左移

第 4 章 影响线

$$\sum F_{Ri}\tan\alpha_i = -70\times 1 - 130\times \frac{1}{4} + 150\times \frac{1}{2} = -\frac{110}{4} < 0$$

荷载稍向右移

$$\sum F_{Ri}\tan\alpha_i = -200\times \frac{1}{4} + 150\times \frac{1}{2} = 25 > 0$$

故该位置是一临界位置。该位置对应的 Z 值为：

$$Z = -70\times 4 - 130\times 5 - 50\times \frac{11}{12}\times 6 - 100\times \frac{7}{12}\times 6 = -1555\text{kN}$$

同理可得其他的临界位置和求出对应的临界 Z 值；当车队向右行驶时，亦可同样进行。但是，求出的临界 Z 值绝对值都小于 1555kN，故 $Z_{\max} = -1555$kN。

（b）

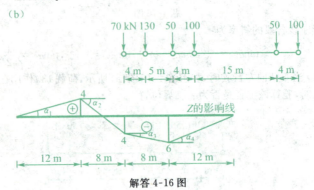

解答 4-16 图

4－17 两台吊车如图所示，试求吊车梁的 M_C、F_{QC} 的荷载最不利位置，并计算其最大值（最小值）。

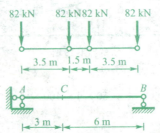

题 4-17 图

解答：(1) 求吊车梁的 M_C 的荷载最不利位置，并计算其最大值。M_C 的影响线如解答 4-17 图(c) 所示，各段的斜率为：

$$\tan\alpha_1 = \frac{2}{3}, \tan\alpha_2 = -\frac{1}{3}$$

如解答 4-17 图(a) 所示，左数第二个荷载作用在顶点时，验算该位置是否为一临界位置。

110

第 4 章 影 响 线

荷载稍向左移

$$\sum F_{Ri}\tan\alpha_i = 82\times\frac{2}{3} - 82\times 2\times\frac{1}{3} = 0$$

荷载稍向右移

$$\sum F_{Ri}\tan\alpha_i = 0\times\frac{2}{3} - 82\times 3\times\frac{1}{3} = -82 < 0$$

故该位置是一临界位置。该位置对应的 M_C 值为：

$$M_C = 82\times 2 + 82\times\frac{4.5}{6}\times 2 + 82\times\frac{1}{6}\times 2 = 314.3\text{kN}\cdot\text{m}$$

同理，可以验算解答 4-17 图(b)所示左数第三个荷载作用在顶点时，亦为一临界位置，其对应的临界值 $M_C = 314.3\text{kN}\cdot\text{m}$。故 M_C 的最大值 $314.3\text{kN}\cdot\text{m}$。

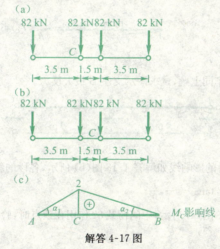

解答 4-17 图

（2）求吊车梁的 F_{QC} 的荷载最不利位置，并计算其最大值。F_{QC} 的影响线如解答 4-17 图(f)所示。显然，当最多、最密集荷载布置在剪力影响线最大值区间时，是正的最不利位置；当最多、最密集荷载布置在剪力影响线负值最大值区间时，是负的最不利位置。

所以当左数第二荷载位于 C 截面右侧（如解答 4-17 图(d)）时，F_{QC} 得到最大影响，该位置对应的值为：

$$F_{QC} = 82\times\frac{2}{3} + 82\times\frac{4.5}{6}\times\frac{2}{3} + 82\times\frac{1}{6}\times\frac{2}{3} = 104.68\text{kN}$$

当右数第一个荷载作用在 C 点左侧（如解答 4-17 图(e)）时，F_{QC} 取得其最小值。其值为

$$F_{QC} = -82\times\frac{1}{3} = -27.3\text{kN}$$

第 4 章 影 响 线

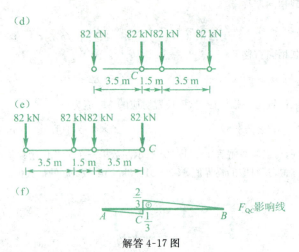

解答 4-17 图

4—18 两台吊车同上题,试求图示支座 B 最大反力。

题 4-18 图

解答:支座 B 反力的影响线如解答 4-18 图(b)所示,各段的斜率为:

$$\tan\alpha_1 = \frac{1}{9}, \tan\alpha_2 = -\frac{1}{9}$$

如解答 4-18 图(a)所示,中间荷载 82 作用在顶点时,验算该位置是否为一临界位置。

荷载稍向左移

$$\sum F_{Ri}\tan\alpha_i = 82 \times \frac{1}{9} - 82 \times \frac{1}{9} = 0$$

荷载稍向右移

$$\sum F_{Ri}\tan\alpha_i = 82 \times \frac{1}{9} - 82 \times 3 \times \frac{1}{9} = -18.2 < 0$$

故该位置是一临界位置。该位置对应的支座 B 反力值为:

$$F_{RB} = 82 \times \frac{5.5}{9} \times 1 + 82 \times 1 + 82 \times \frac{7.5}{9} \times 1 + 82 \times \frac{4}{9} \times 1 = 237\text{kN}$$

同理,可以验算中间右轮移动到支座 B 反力的影响线顶点时,该位置亦为一临界位置,其对应的支座 B 反力值为 237kN。故支座 B 反力值的最大值为 237kN。

第 4 章 影响线

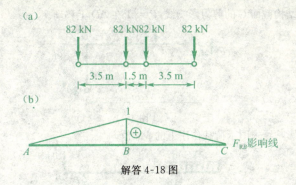

解答 4-18 图

同步自测题及参考答案

同步自测题

1. 图示结构截面 C 的弯矩影响线最大竖标为（　　）。

   A. $ab/(2l)$ B. ab/l C. a/l D. b/l

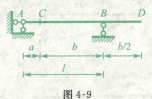

图 4-9

2. 图示结构某截面的弯矩影响线已作出如图所示，其中竖标 y_c 是表示_____。

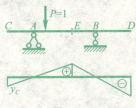

图 4-10

113

第 4 章 影响线

3. 作图示结构截面 C 的剪力影响线。$P=1$ 在 AD 上移动。

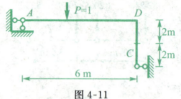

图 4-11

4. 试利用影响线求图示荷载作用下的 M_E 值。

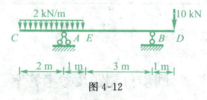

图 4-12

参考答案

1. B
2. $P=1$ 在 C 时，E 截面的弯矩值.
3.

图 4-13

4.

图 4-14

$M_E = -4.75 \text{kN} \cdot \text{m}$

第 5 章　虚功原理与结构位移计算

本章知识结构及内容小结

【本章知识结构】

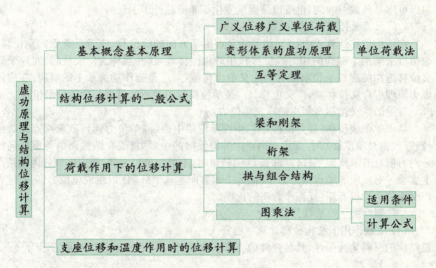

【本章内容小结】
1. 应用虚力原理求刚体体系的位移
（1）刚体体系虚功原理

设具有理想约束的刚体体系上作用有任意平衡力系,又设体系发生符合约束条件的任意无限小位移。则力系在位移上所作的总虚功恒等于零。

（2）刚体体系位移的计算方法——单位荷载法

刚体体系的位移导致刚体体系的各杆件产生刚体平移或刚体转动。计算方法是采用虚力原理——虚功原理的一种应用形式。静定结构在支座移动时求位移的虚功方程为

$$1 \cdot \Delta + \sum \overline{F}_{RK} c_K = 0 \tag{5-1}$$

式中:Δ——刚体体系某点的待求位移值;

c_K——已知第 K 个支座位移值;

$\overline{F}_{RK}$ —— 待求位移 Δ 方向上虚设单位荷载引起第 K 支座位移方向的支座反力。

2. 结构位移计算的一般公式

将静定结构视为变形体,在荷载作用或支座移动等因素影响下,静定结构发生变形和位移。结构位移计算公式是利用虚力原理和叠加原理导出的。

$$\Delta = \sum\int(\overline{M}\kappa + \overline{F}_N\varepsilon + \overline{F}_Q\gamma_0)\mathrm{d}s - \sum\overline{F}_{RK}c_K$$

或 $\Delta = \sum\int\overline{M}\mathrm{d}\theta + \sum\int\overline{F}_N\mathrm{d}\lambda + \sum\int\overline{F}_Q\mathrm{d}\eta - \sum\overline{F}_{RK}c_K$ (5-2)

式中:$\overline{M}, \overline{F}_N, \overline{F}_Q, \overline{F}_{RK}$ —— 在结构上沿待求位移方向虚设单位荷载时,根据平衡关系求得的弯矩、轴力、剪力和支座反力。

$\kappa, \varepsilon, \gamma_0, c_K$ —— 结构实际产生的变形(曲率、正应变、切应变)和支座移动。产生的原因可以是荷载引起的,也可以是温度变化等非荷载外因引起的。

3. 广义位移和广义单位荷载

在结构位移计算式中,Δ 可以是求某点沿某方向的线位移、或者某截面的角位移,也可以求某两个截面的相对线位移和相对角位移等,这些通称为广义位移。对应于广义位移施加的虚拟单位荷载称为广义单位荷载,对应是指作功关系上的对应。在应用虚力原理求广义位移时,广义位移与广义单位荷载的乘积的量纲与功的量纲相同。

常见的广义位移与相应的广义单位力:

欲求单个线位移(或角位移)时,虚设单位集中力(或单位力偶);欲求两点相对线位移(或相对角位移)时,虚设在两点的等值反向的一对力(或在两截面的等值反向的一对力偶)。若求桁架某杆件(杆长 l)的转角时,不可加单位力偶,而应在该杆两端结点上虚设一对反向的结点集中力(其值为 $1/l$,方向垂直于杆轴)以组成单位力偶。上述各广义单位力均可有正、反两个方向的选择。

4. 荷载作用下位移计算公式

(1) 荷载作用下结构位移计算一般公式

设结构的材料为线弹性,且各杆件的变形由荷载产生。则杆件的各应变可表示为

$$\kappa = \frac{M_P}{EI}, \varepsilon = \frac{F_{NP}}{EA}, \gamma_0 = k\frac{F_{QP}}{GA}$$

式中:M_P, F_{NP}, F_{QP} —— 荷载引起杆件的弯矩、轴力和剪力;

EI, EA, GA —— 分别是杆件截面的抗弯、抗拉、抗剪刚度;

k —— 截面的切应力分布不均匀系数,它只与截面的形状有关,当截面为矩形时,$\kappa = 1.2$。

将上述各应变表达式代入结构位移计算一般公式,当不考虑支座移动时可得

$$\Delta = \sum\int\frac{\overline{M}M_P}{EI}\mathrm{d}s + \sum\int\frac{\overline{F}_N F_{NP}}{EA}\mathrm{d}s + \sum\int\frac{k\overline{F}_Q F_{QP}}{GA}\mathrm{d}s$$ (5-3)

公式适用条件:线弹性材料,微小变形。

(2) 各类结构常用的位移计算公式

① 梁和刚架的位移计算公式

由于梁和刚架这类结构的变形是以受弯为主,轴向变形和剪切变形的影响甚小,可以略去,位移计算公式近似取式(5-3)的第一项,即

$$\Delta = \sum \int \frac{\overline{M} M_P}{EI} ds \qquad (5-4)$$

② 桁架结构的位移计算公式

桁架结构各杆为直杆且均为二力杆,变形仅有杆的轴向变形。位移公式为

$$\Delta = \sum \frac{\overline{F}_N F_{NP} l}{EA} \qquad (5-5)$$

③ 组合结构的位移计算公式

组合结构的杆件包含了梁式杆和桁架杆,位移公式为

$$\Delta = \sum \int \frac{\overline{M} M_P}{EI} ds + \sum \frac{\overline{F}_N F_{NP} l}{EA} \qquad (5-6)$$

④ 拱的位移计算公式

在拱中,当压力线与拱的轴线相近(即二者的距离与杆件的截面高度为同量级)时,应考虑弯曲变形和拉伸变形的影响,即

$$\Delta = \sum \int \frac{\overline{M} M_P}{EI} ds + \sum \int \frac{\overline{F}_N F_{NP}}{EA} ds \qquad (5-7)$$

当压力线与拱的轴线不相近时,则只需考虑弯曲变形的影响,按式(5-4)计算位移。

由公式计算位移,计算结果为正,表示所求位移与虚设单位力同方向;计算结果为负,表示与单位力反向。

5. 图乘法

梁和刚架在荷载作用下的位移计算公式取为分段积分并求和,即

$$\Delta = \sum \int \frac{\overline{M} M_P}{EI} ds。$$

如果在分段积分中,每段杆件内满足下列条件:

(1) EI 为常数。
(2) 杆轴为直线。
(3) $\overline{M}$、M_P 两个弯矩图中,至少有一个为直线图形。则位移可按下式计算:

$$\Delta = \sum \int \frac{\overline{M} M_P}{EI} ds = \sum \frac{1}{EI} \omega y_0 \qquad (5-8)$$

式中:ω——$\overline{M}$ 或 M_P 图的面积;

y_0——取面积的图形的形心对应下的另一 M 图中的竖标。

应用图乘法应注意的事项:

(1) 在公式中,$\Delta = \sum \frac{1}{EI} \omega y_0$ 中,y_0 必须取自直线 M 图的纵坐标。当面积 ω 与竖标 y_0 在杆的同一侧时,乘积 ωy_0 取正号;当 ω 与竖标 y_0 在杆的不同侧时,乘积 ωy_0 取负号。

(2) 均布荷载作用下,二次抛物线 M 图的面积与形心位置公式应牢记并注意其应用条件。要特别注意抛物线非标准图形的分解。

(3) M 图为折线图形,或各杆段 EI 值不同时,应分段计算。复杂的组合图形应先分块计算然后再叠加。

第 5 章 虚功原理与结构位移计算

6. 温度作用时的位移计算

温度改变不引起静定结构内力。这是静定结构与超静定结构区别的一个重要特性。

假设平面静定结构杆件的截面是对称截面,杆件截面高度为 h,杆件两侧温度分别变化 t_1 和 t_2,设温度变化沿杆截面厚度为线性分布,则杆件轴线温度改变值 t_0 与杆件两侧温度变化之差 Δ_t 分别为

$$t_0 = \frac{1}{2}(t_2 + t_1), \Delta t = t_2 - t_1$$

在温度变化时,杆件不引起切应变,即 $\gamma = 0$,则 $dv = 0$;引起的轴向伸长应变 $\varepsilon = \alpha t_0$,则 $du = \varepsilon ds = \alpha t_0 ds$;另外曲率为 $\kappa = \dfrac{d\theta}{ds} = \dfrac{\alpha \Delta t}{h}$,式中 α 为材料的线膨胀系数。

由温度变化引起静定结构的位移计算公式为

$$\Delta = \sum \alpha t_0 \int \overline{F}_N ds + \sum \frac{\alpha \Delta t}{h} \int \overline{M} ds \tag{5-9}$$

式中:轴力 $\overline{F}_N$ 以拉伸为正,t_0 以升高为正;弯矩 $\overline{M}$ 和温差 Δt 引起的弯曲为同一方向时,其乘积取正值。

7. 变形体虚功原理与两种应用

(1) 变形体的虚功原理

设变形体系在力系作用下处于平衡状态,又设变形体系由于其他原因产生符合约束条件的微小连续变形,则外力在位移上所作的外虚功 W 恒等于各个微段的应力合力在变形上所作的内虚功之和 W_i,即

$$W = W_i$$

变形体虚功原理的应用条件:力系满足平衡条件;变形满足协调条件。注意:作虚功的力系与变形没有因果关系。

(2) 变形体虚功原理的两种应用

变形体虚功原理存在着两种应用方程,一个为虚力方程,另一个为虚位移方程。

① 虚力方程

平衡力系状态是虚设的,而另一种状态的变形是实际存在的。即

$$\sum F_P^* \Delta + \sum F_{RK}^* c_K = \sum \int (M^* \kappa + F_N^* \varepsilon + F_Q^* \gamma_0) ds$$

它是用虚功形式表示变形体实际变形状态的几何关系。单位荷载法是虚力方程的典型运用,用于求实际结构的某点位移 Δ。

② 虚位移方程

变形状态为虚拟的,而另一状态为变形体受到的实际平衡力系。即

$$\sum F_P \Delta^* + \sum F_{RK} c_K^* = \sum \int (M \kappa^* + F_N \varepsilon^* + F_Q \gamma_0^*) ds$$

它是用虚功形式表示变形体所处于的力系状态为平衡形式。对于变形体用虚位移表示的平衡方程为积分形式,而对于刚体的虚位移方程表达式为非积分的。

8. 互等定理

互等定理是在虚功方程中限定变形体的材料性质为线弹性这一条件而导出的。

在四个互等定理中,功的互等定理是基础,位移互等定理、反力互等定理、位移反力互等定理是功的互等定理的特例。其中,反力互等定理须由超静定体系的虚功原理导出,另三个互等定理可用于静定或超静定结构。

经典例题解析

例1 试求图5-1所示刚架C、D两点之间的相对水平位移$\Delta_{(C-D)H}$。各杆抗弯刚度均为EI。

解答: 先作出M_P图(图5-1(b)),其中AC、BD两杆的弯矩图是三次标准抛物线图形。

然后沿C、D两点连线加上一对方向相反的单位荷载作为虚拟状态,并绘出$\overline{M}$图(图5-1(c))。将图5-1(b)与图5-1(c)相乘,得

$$\Delta_{(C-D)H} = \frac{2}{EI}(\frac{1}{3}l \times \frac{ql^2}{6}) \times \frac{4l}{5} + \frac{1}{EI}(2l \times \frac{ql^2}{6}) \cdot l - \frac{1}{EI}(\frac{2}{3} \times 2l \times \frac{ql^2}{2}) \cdot l$$

$$= -\frac{4ql^4}{15EI}(\rightarrow\leftarrow)$$

计算结果是负值,说明两点C、D实际的相对水平位移与虚拟力的指向相反,即C、D两点是相互靠近而不是远离。

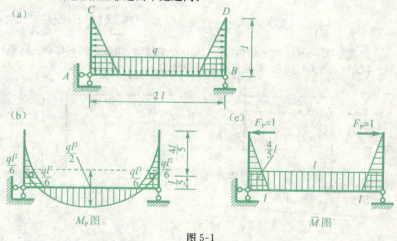

图 5-1

例2 求如图5-2(a)所示组合结构C点的竖向位移Δ_V。设受弯杆件AC的弯曲刚度为EI,BD杆的轴向刚度为EA。

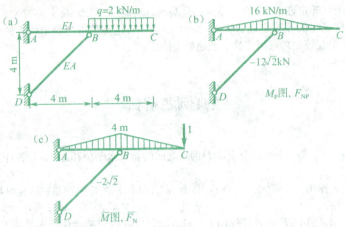

图 5-2

解答: 图 5-2(b)、(c) 分别给出了组合结构受荷载作用和点 C 受竖向单位力作用时,杆 AC 的弯矩图和杆 BD 的轴力值。

C 点的竖向位移为

$$\Delta = \sum \int \frac{\overline{M} M_\mathrm{P}}{EI} \mathrm{d}s + \sum \int \frac{\overline{F}_\mathrm{N} F_\mathrm{NP}}{EA} l$$

$$= \frac{1}{EI} \left[\frac{1}{2} \times 16 \times 4 \times \frac{2}{3} \times 4 + \frac{1}{3} \times 16 \times 4 \times \frac{3}{4} \times 4 \right]$$

$$+ \frac{1}{EA} [-12\sqrt{2} \times (-2\sqrt{2})] \times 4\sqrt{2} = \frac{488 \mathrm{kN} \cdot \mathrm{m}^3}{3EI} + \frac{192\sqrt{2} \mathrm{kN} \cdot \mathrm{m}}{EA} (\downarrow)$$

例 3 图 5-3(a) 所示结构,若支座 B 发生移动,即 B 点向右移动一间距 a,向下移动一间距 b,试求 C 铰左、右两截面的相对转角 φ。

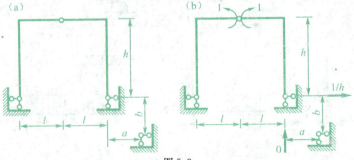

图 5-3

解答: 求 C 相对转角 φ 的虚拟状态及其所引起的虚拟反力如图 5-3(b) 所示。

$$\varphi = -\sum \overline{F}_{\mathrm{RK}} c_\mathrm{K} = -\left(\frac{1}{h} \cdot a \right) = -\frac{a}{h} (\downarrow\uparrow)$$

负号表明,C 铰左、右两截面相对转角的实际方向与所设虚单位广义力的方向相反。

第 5 章 虚功原理与结构位移计算

例 4 试求图 5-4(a) 所示刚架 C 点的竖向位移 Δ_{CV}。梁下侧和柱右侧温度升高 10℃，梁上侧和柱左侧温度无改变。各杆截面为矩形，截面高度 $h = 60\text{cm}, a = 6\text{m}, \alpha = 0.00001℃^{-1}$。

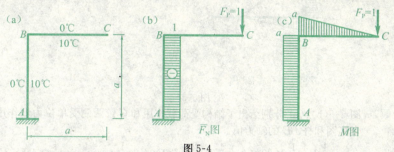

图 5-4

解答：在 C 点加单位竖向荷载，作相应的 $\overline{F}_N$ 图和 $\overline{M}$ 图 (图 5-4(b)、(c))。
杆轴线处的温度升高值为
$$t_0 = \frac{10℃ + 0℃}{2} = 5℃$$

上、下(左、右)边缘温差为
$$\Delta t = 10℃ - 0℃ = 10℃$$

$$\Delta_{CV} = \sum \alpha t_0 \int \overline{F}_N ds + \sum \frac{\alpha \Delta t}{h} \int \overline{M} ds = 5\alpha(-a) - \frac{10\alpha}{h} \times \frac{3}{2} a^2$$
$$= 5\alpha a \times \left(1 + \frac{3a}{h}\right) = -0.93\text{cm}(\uparrow)$$

因 Δt 与 $\overline{M}$ 所产生的弯曲方向相反，故上式第二项取负号。

考研真题评析

例 1 求图 5-5(a) 结构 C 点两截面的相对转角。(弹性模量 E 为常量，杆件截面几何特性示于括号内)

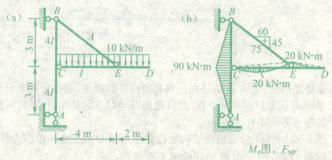

M_P图，F_{NP}

第 5 章 虚功原理与结构位移计算

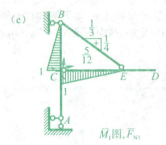

图 5-5

解答: 图 5-5(b)、(c) 分别给出了结构受荷载作用和 C 铰两侧受单位力偶作用时,弯矩图和杆 BE 的轴力值。

$$\varphi_C = \frac{1}{EI}(-\frac{1}{2}\times 20\times 4\times \frac{1}{3}+\frac{2}{3}\times 20\times 4\times \frac{1}{2})+\frac{1}{4EI}\times \frac{1}{2}\times 90\times 3\times \frac{2}{3}$$
$$+\frac{1}{EA}\times 75\times \frac{5}{12}\times 5$$
$$=\frac{35.83}{EI}+\frac{156.25}{EA}(\curvearrowright \curvearrowright)$$

例2 求图 5-6(a) 所示为等截面梁,设已知其支座 A 下沉了 $\Delta_A = 2\text{cm}$ 并发生了转动,同时受图示荷载作用,各杆 $EI = 500\text{kN}\cdot\text{m}^2$。试问欲使梁 D 端的竖向位移为零,A 端的转角 φ_A 应等于多少?

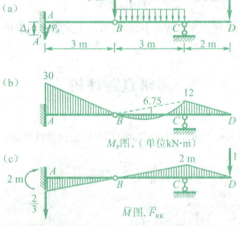

图 5-6

解答: 该梁受荷载、支座 A 的竖向位移和角位移的影响,可先分别求出各种因素单独影响下的 D 点竖向位移,然后叠加得到 D 点的竖向总位移,再根据 D 端位移等于零的条件求得 φ_A。

图 5-6(b)、(c) 分别给出结构受荷载作用和 D 点受竖向单位力作用时的 M_P 图和 $\overline{M}$ 图,图 5-6(c) 中还给出了反力 $\overline{F}_{RK}$。

第 5 章 虚功原理与结构位移计算

(1) 荷载作用下的 D 点的竖向位移

$$\Delta_{DV}^P = \frac{1}{EI}(-\frac{1}{2} \times 3 \times 30 \times \frac{2}{3} \times 2 + \frac{1}{2} \times 3 \times 12 \times \frac{2}{3} \times 2 - \frac{2}{3} \times 3 \times 6.75 \times \frac{1}{2} \times 2 + \frac{1}{2} \times 2 \times 12 \times \frac{2}{3} \times 2)$$

$$= -\frac{33.5}{EI} = -\frac{33.5}{500}$$

$$= -0.067 \text{m}$$

(2) 支座 A 的下沉和转动所引起的 D 点的竖向位移

$$\Delta_{DV}^C = -\sum \overline{F}_{RK} c_K = -(\frac{2}{3} \times 0.02 + 2 \cdot \varphi_A) = -(0.0133 + 2 \cdot \varphi_A) \text{m}$$

(3) D 点的竖向总位移

$$\Delta_{DV} = \Delta_{DV}^P + \Delta_{DV}^C = -(0.067 + 0.0133 + 2 \cdot \varphi_A) \text{m}$$

(4) 令 D 点的竖向总位移为零,求 A 端的转角 φ_A

令 $\Delta_{DV} = 0$,得 $\varphi_A = -0.04015 \text{rad}$

即支座 A 应逆时针转动 0.04015rad。

本章教材习题精解

5-1 试用刚体体系虚力原理求图示结构 D 点的水平位移:
(a) 设支座 A 向左移动 1cm。
(b) 设支座 A 下沉 1cm。
(c) 设支座 B 下沉 1cm。

题 5-1 图

解答: 设单位力状态如解答 5-1 图,计算各支座反力。

(a) $\Delta_{DH} = -\sum \overline{F}_{RK} c_K = -1 \times 1 = -1 \text{cm}(\leftarrow)$

(b) $\Delta_{DH} = -\sum \overline{F}_{RK} c_K = -\frac{1}{4} \times 1 = -0.25 \text{cm}(\leftarrow)$

(c) $\Delta_{DH} = -\sum \overline{F}_{RK} c_K = -(-\frac{1}{4} \times 1) = 0.25 \text{cm}(\rightarrow)$

解答 5-1 图

第 5 章 虚功原理与结构位移计算

5－2 设图示支座 A 有给定位移 Δ_x、Δ_y、Δ_φ。试求 K 点竖向位移 Δ_V、水平位移 Δ_H 和截面转角 φ。

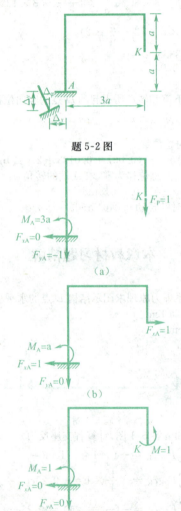

题 5-2 图

解答 5-2 图

解答:（1）求 Δ_V，如解答 5-2 图（a）所示，设竖向单位力，计算支座反力，

$$\Delta_V = -\sum \overline{F}_{RK} c_K = -(-1 \times \Delta_y) - (3a \times \Delta_\varphi) = \Delta_y - 3a\Delta_\varphi (\downarrow)$$

（2）求 Δ_H，如解答 5-2 图（b）所示，设水平方向单位力，计算支座反力，

$$\Delta_H = -\sum \overline{F}_{RK} c_K = -(1 \times \Delta_x) - (a \times \Delta_\varphi) = -\Delta_x - a\Delta_\varphi (\leftarrow)$$

第 5 章 虚功原理与结构位移计算

(3) 求 θ, 如解答 5-2 图(c) 所示, 设单位力偶, 计算支座反力,
$$\theta = -(-1 \times \Delta_\varphi) = \Delta_\varphi(\uparrow)$$

5－3 设图示三铰拱支座 B 向右移动单位距离, 试求 C 点的竖向位移 Δ_1、水平位移 Δ_2 和两个半拱的相对转角 Δ_3。

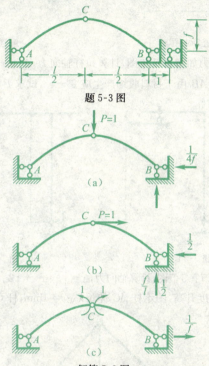

题 5-3 图

解答 5-3 图

解答: 由解答 5-3 图(a), 设竖向单位力, 计算支座反力,
$$\Delta_1 = -\sum \overline{F}_{RK} c_K = -\left(-\frac{l}{4f} \times 1\right) = \frac{l}{4f}(\downarrow)$$

由解答 5-3 图(b), 设水平方向单位力, 计算支座反力,
$$\Delta_2 = -\sum \overline{F}_{RK} c_K = -\left(-\frac{1}{2} \times 1\right) = \frac{1}{2}(\rightarrow)$$

由解答 5-3 图(c), 设相对方向单位力偶, 计算支座反力,
$$\Delta_3 = -\sum \overline{F}_{RK} c_K = -\left(\frac{1}{f} \times 1\right) = -\frac{1}{f}(\downarrow\downarrow)$$

5－4 设图示三铰拱中的拉杆 AB 在 D 点装有花篮螺栓, 如果螺栓拧紧, 使得截面 D_1 和 D_2 彼此靠近的距离为 λ, 试求 C 点的竖向位移 Δ。

第 5 章 虚功原理与结构位移计算

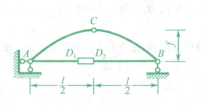
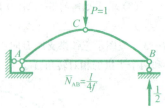

题 5-4 图　　　　　　　　解答 5-4 图

解答：设竖向单位力如解答 5-4 图，计算拉杆轴向力，$\Delta = -\dfrac{1}{4f} \times \lambda = -\dfrac{\lambda}{4f}(\uparrow)$

5 − 5　设图示柱 AB 由于材料收缩产生应变 $-\varepsilon_1$，试求 B 点的水平位移 Δ。

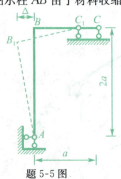

题 5-5 图　　　　　　　　解答 5-5 图

解答：设单位力如解答 5-5 图，计算轴向力，$\Delta = \int \overline{F}_N \varepsilon \mathrm{d}s = \int 2\varepsilon_1 \mathrm{d}s = 2\varepsilon_1 \times 2a = 4a\varepsilon_1 (\leftarrow)$

5 − 6　设由于温度升高，图示杆 AC 伸长 $\lambda_{AC}=1\mathrm{mm}$，杆 CB 伸长 $\lambda_{CB}=1.2\mathrm{mm}$，试求 C 点的竖向位移 Δ。

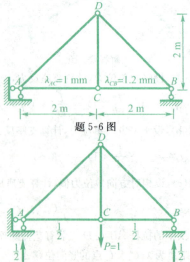

题 5-6 图

解答 5-6 图

第 5 章 虚功原理与结构位移计算

解答：设单位力如解答 5-6 图，计算 AC、BC 杆轴向力，

$$\Delta = \frac{1}{2} \times (\lambda_{AB} + \lambda_{AC}) = \frac{1}{2} \times (1 + 1.2) = 1.1 \text{mm}(\downarrow)$$

5－7 试用积分法求图示悬臂梁 A 端和跨中 C 点的竖向位移和转角（忽略剪切变形的影响）。

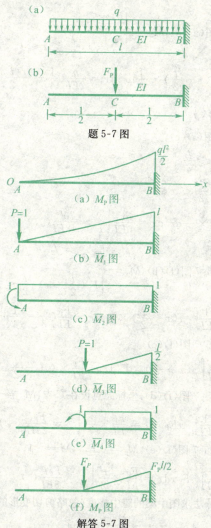

题 5-7 图

解答 5-7 图

解答：如解答 5-7 图(a)(b)，设坐标原点在 A，则 $M_p = -\dfrac{qx^2}{2}$，$\overline{M}_1 = -x$，

$$\Delta_{AV} = \frac{1}{EI}\int_0^l x \cdot \frac{1}{2}qx^2 \mathrm{d}x = \frac{q}{2EI} \times \frac{1}{4}x^4 \Big|_0^l = \frac{ql^4}{8EI}(\downarrow)$$

如解答 5-7 图(a)(c)，$\overline{M}_2 = -1$

$$\theta_A = \frac{1}{EA}\int_0^l 1 \times \frac{1}{2}qx^2 \mathrm{d}x = \frac{qx^3}{6EI}\Big|_0^l = \frac{ql^3}{6EI}(\curvearrowleft)$$

由解答 5-7 图(a)(d)，$\overline{M}_3 = \begin{cases} 0, x \leqslant \dfrac{l}{2} \\ \dfrac{l}{2} - x, \dfrac{l}{2} < x \leqslant l \end{cases}$

$$\Delta_{CV} = \frac{1}{EI}\int_{\frac{l}{2}}^l (x - \frac{l}{2}) \times \frac{1}{2}qx^2 \mathrm{d}x = \frac{q}{2EI}(\frac{1}{4}x^4 - \frac{l}{2} \times \frac{x^3}{3})\Big|_{\frac{l}{2}}^l$$

$$= \frac{17ql^4}{384EI}(\downarrow)$$

由解答 5-7 图(a)(e)，

$\overline{M}_4 = \begin{cases} 0, x \leqslant \dfrac{l}{2} \\ -1, \dfrac{l}{2} < x \leqslant l \end{cases}$

$$\theta_C = \frac{1}{EI}\int_{\frac{l}{2}}^l 1 \times \frac{1}{2}qx^2 \mathrm{d}x = \frac{qx^3}{6EI}\Big|_{\frac{l}{2}}^l = \frac{7ql^3}{48EI}(\curvearrowleft)$$

(b) **解答**：由解答 5-7 图(f)(b)，$M_P = \begin{cases} 0, x \leqslant \dfrac{l}{2} \\ F_P(\dfrac{l}{2} - x), \dfrac{l}{2} \leqslant x \leqslant l \end{cases}$

$$\Delta_{AV} = \frac{1}{EI}\int_{\frac{l}{2}}^l x(x - \frac{l}{2}) \times F_P \mathrm{d}x = \frac{F_P}{EI}(\frac{x^3}{3} - \frac{1}{4}x^2)\Big|_{\frac{l}{2}}^l = \frac{5F_Pl^3}{48EI}(\downarrow)$$

由解答 5-7 图(f)(c)

$$\theta_A = \frac{1}{EI}\int_{\frac{l}{2}}^l (x - \frac{l}{2}) \times F_P \mathrm{d}x = \frac{F_P}{EI} \times (x^2 - \frac{l}{2}x)\Big|_{\frac{l}{2}}^l = \frac{F_Pl^2}{8EI}(\curvearrowright)$$

由解答 5-7 图(f)(d)，坐标原点设在 C 点，$M_P = -F_Px, \overline{M} = -x$，

$$\Delta_{CV} = \frac{1}{EI}\int_0^{\frac{l}{2}} xF_Px\mathrm{d}x = \frac{F_P}{EI} \times \frac{x^3}{3}\Big|_0^{\frac{l}{2}} = \frac{F_Pl^3}{24EI}(\downarrow)$$

由解答 5-7 图(f)(e)，$M_P = -F_Px, \overline{M} = -1$，

$$\theta_C = \frac{1}{EI}\int_0^{\frac{l}{2}} F_Px\mathrm{d}x = \frac{F_P}{EI} \times \frac{x^2}{2}\Big|_0^{\frac{l}{2}} = \frac{F_Pl^2}{8EI}(\curvearrowleft)$$

5-8(a) 用积分法求图中梁的跨中挠度(忽略剪切变形的影响)。

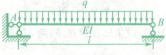

题 5-8(a) 图

第 5 章 虚功原理与结构位移计算

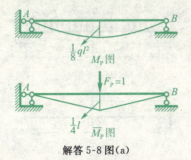

解答 5-8 图(a)

解答: 利用对称性,只计算左边半跨后乘以 2 即可,如解答 5-8(a)图,$M_P = \dfrac{qx}{2}(l-x)$,$\overline{M} = \dfrac{x}{2}$,

$$\Delta = 2 \times \frac{1}{EI} \times \int_0^{\frac{l}{2}} \frac{x}{2} \times \left(\frac{ql}{2}x - \frac{qx^2}{2}\right)\mathrm{d}x = \frac{1}{EI}\left[\frac{ql}{6}x^3 - \frac{q}{8}x^4\right]_0^{\frac{l}{2}} = \frac{5ql^4}{384EI}(\downarrow)$$

5－8(b) 用积分法求图中梁的跨中挠度(忽略剪切变形的影响)。

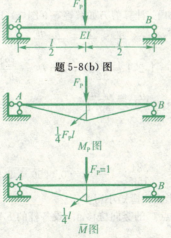

题 5-8(b) 图

解答 5-8(b) 图

解答: 利用对称性,只计算左边半跨后 2 倍,如解答 5-8(b)图,$M_P = \dfrac{F_P x}{2}$,$\overline{M} = \dfrac{x}{2}$,

$$\Delta = 2 \times \frac{1}{EI} \times \int_0^{\frac{l}{2}} \frac{x}{2} \times \frac{F_P}{2}x\mathrm{d}x = \frac{F_P l^3}{48EI}(\downarrow)$$

5－9 试求图示简支梁中点 C 的竖向位移 Δ,并将剪力和弯矩对位移的影响加以比较。设截面为矩形,h 为截面高度,$G = \dfrac{3}{8}E$,$k = 1.2$,$\dfrac{h}{l} = \dfrac{1}{10}$。

第 5 章 虚功原理与结构位移计算

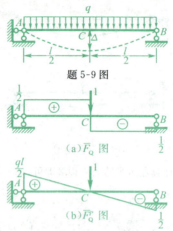

题 5-9 图

解答 5-9 图

解答：如果不考虑剪力的影响，由题 5-8(a) 可知 $\Delta = \dfrac{5ql^4}{384EI}$，考虑剪力的影响并加以比较计算如下：计算剪刀如解答 5-9 图(a)(b)，

$$\Delta_Q = \frac{2k}{GA} \times \frac{1}{2} \times \frac{l}{2} \times \frac{ql}{2} \times \frac{1}{2} = \frac{k}{GA} \cdot \frac{ql^2}{8}(\downarrow)$$

又 $G = \dfrac{3}{8}E, k=1.2, I = \dfrac{1}{12}bh^3, A = bh = \dfrac{12I}{h^2}$

$$\Delta_Q = \frac{1.2}{\dfrac{3}{8}E \times \dfrac{12I}{h^2}} \times \frac{ql^2}{8} = \frac{ql^2 h^2}{30EI}$$

当 $\dfrac{h}{l} = \dfrac{1}{10}$ 时

$$\frac{\Delta_Q}{\Delta_M} = \frac{h^2}{30} \times \frac{384}{5l^2} = \frac{384}{150} \times \left(\frac{h}{l}\right)^2 = 0.0256 = 2.56\%$$

剪力对位移的影响比弯矩小得多。

5—10 试求图示结点 C 的竖向位移 Δ_C，设各杆的 EA 相等。

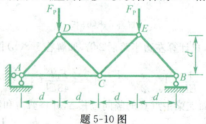

题 5-10 图

第 5 章 虚功原理与结构位移计算

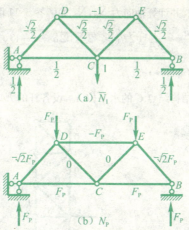

(a) $\overline{N}_1$

(b) N_P

解答 5-10 图

解答：设单位力状态如解答 5-10 图(a)，并计算轴向力 $\overline{N}_1$，N_P 如解答 5-10 图(a)(b)，

$$\Delta_{CV} = \sum \frac{\overline{N}N_P l}{EA} = \frac{1}{EA} \times \left[2 \times \frac{1}{2} \times F_P \times 2d + 2 \times \left(-\frac{\sqrt{2}}{2}\right) \times (-\sqrt{2}F_P) \times \sqrt{2}d \right.$$
$$\left. + (-1) \times (-F_P) \times 2d \right]$$
$$= 6.828 \frac{F_P d}{EA} (\downarrow)$$

5-11 试求图示结构结点 C 的水平位移 Δ_C，设各杆的 EA 相等。

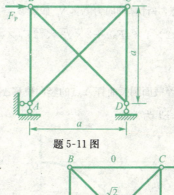

题 5-11 图

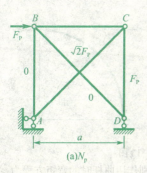

(a) N_P

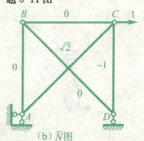

(b) $\overline{N}$ 图

解答 5-11 图

解答：设单位力状态,并计算轴向力 N_P, $\overline{N}_1$ 如解答 5-11 图(a)(b)

$$\Delta = \sum \frac{N_P \overline{N}l}{EA} = \frac{1}{EA}[\sqrt{2}F_P \times \sqrt{2} \times \sqrt{2}a + (-1) \times (-F_P) \times a]$$

$$= \frac{2\sqrt{2}+1}{EA}F_P a(\rightarrow)$$

5－12 试求图示结构结点 C 的水平位 Δ_C,设各杆的 EA 相等。

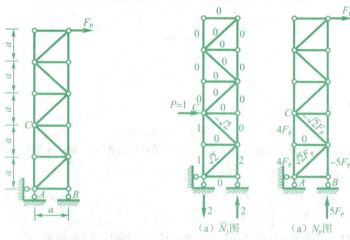

题 5-12 图　　　　　　　解答 5-12 图

解答：设单位力状态,并计算轴向力 $\overline{N}_1$, N_P 如解答 5-12 图(a)(b),

$$\Delta_C = \frac{1}{EA} \times [2 \times 1 \times 4F_P a + 2 \times \sqrt{2} \times \sqrt{2}F_P \times \sqrt{2}a + (-2) \times (-5F_P) \times a]$$

$$= 23.66 \frac{F_P a}{EA}(\rightarrow)$$

5－13 试求图示等截面圆弧曲杆 A 点的竖向位移 Δ_V 和水平位移 Δ_H,设圆弧 AB 为 $\frac{1}{4}$ 个圆弧,半径为 R, EI 为常数。

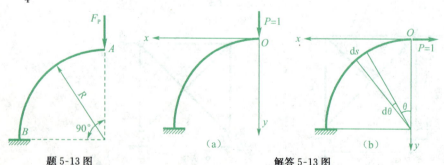

题 5-13 图　　　　　　　解答 5-13 图

解答：由解答 5-13 图(a)、(b) 得荷载和虚设单位力分别作用曲杆时的弯矩方程为

$$M_P = F_P R\sin\theta, \overline{M}_V = R\sin\theta, \overline{M}_H = R - R\cos\theta, ds = Rd\theta$$

$$\Delta_{AV} = \frac{1}{EI}\int_0^{\frac{\pi}{2}} F_P R^2 \sin^2\theta \cdot Rd\theta = \frac{\pi}{4}\frac{F_P R^3}{EI}(\downarrow)$$

$$\Delta_{AH} = \frac{1}{EI}\int_0^{\frac{\pi}{2}} F_P R\sin\theta \cdot R(1-\cos\theta)Rd\theta = \frac{1}{2}\frac{F_P R^3}{EI}(\rightarrow)$$

5−14 试求图示曲梁 B 点的水平位移 Δ_B。已知曲梁轴线为抛物线,方程为 $y = \frac{4f}{l^2}x(l-x)$,EI 为常数,承受均布荷载 q。计算时可只考虑弯曲变形。设拱比较平,可取 $ds = dx$。

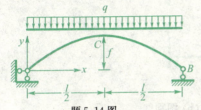

题 5-14 图　　　　　解答 5-14 图

解答: 设单位力如解答 5-14 图,

$$\overline{M} = y = \frac{4f}{l^2}x(l-x), M_P = \frac{qlx}{2} - \frac{qx^2}{2}$$

$$\Delta_B = \frac{1}{EI}\int_0^l \frac{2qf}{l^2}x(l-x)(lx-x^2)dx$$

$$= \frac{1}{EI} \times \frac{2qf}{l^2} \times [\frac{l^2}{3}x^3 + \frac{1}{5}x^5 - \frac{l}{2}x^4]_0^l = \frac{qfl^3}{15EI}(\rightarrow)$$

5−15 试用图乘法解习题 5−7。

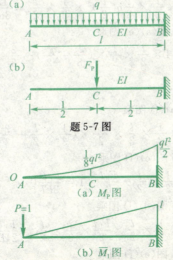

题 5-7 图

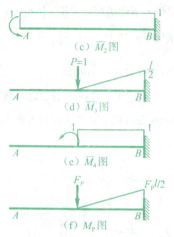

解答 5-15 图

(a) **解答：** 作相应弯矩图，由解答 5-15 图(a)(b) 图乘

$$\Delta_{AV} = \frac{1}{EI} \times \frac{1}{3} \times l \times \frac{ql^2}{2} \times \frac{3}{4} \times l = \frac{ql^4}{8EI}(\downarrow)$$

由解答 5-15 图(a)(c) 图乘

$$\theta_A = \frac{1}{EI} \times \frac{1}{3} \times l \times \frac{ql^2}{2} \times 1 = \frac{ql^3}{6EI}(\circlearrowleft)$$

由解答 5-15 图(a)(d) 图乘

$$\Delta_{CV} = \frac{1}{EI} \times \frac{1}{2} \times \frac{l}{2} \times \frac{l}{2} \times (\frac{1}{3} \times \frac{ql^2}{8} + \frac{2}{3} \times \frac{ql^2}{2})$$
$$- \frac{1}{EI} \times \frac{2}{3} \times \frac{l}{2} \times \frac{1}{8}q(\frac{l}{2})^2 \times \frac{1}{2} \times \frac{l}{2} = \frac{17ql^4}{384EI}(\downarrow)$$

由解答 5-15 图(a)(e) 图乘

$$\theta_C = \frac{1}{EI} \times [1 \times \frac{l}{2} \times \frac{1}{2} \times (\frac{ql^2}{8} + \frac{ql^2}{2}) - \frac{2}{3} \times \frac{l}{2} \times \frac{1}{8}q(\frac{l}{2})^2 \times 1]$$
$$= \frac{7ql^3}{48EI}(\circlearrowleft)$$

(b) **解答：** 由图 5-15(b)(f) 图乘

$$\Delta_{AV} = \frac{1}{EI} \times \frac{1}{2} \times \frac{l}{2} \times \frac{F_P l}{2} \times (\frac{1}{3} \times \frac{l}{2} + \frac{2}{3}l) = \frac{5F_P l^3}{48EI}(\downarrow)$$

由解答 5-15 图(c)(f) 图乘

$$\theta_A = \frac{1}{EI} \times \frac{1}{2} \times \frac{l}{2} \times \frac{F_P l}{2} \times 1 = \frac{F_P l^2}{8EI}(\circlearrowleft)$$

由解答 5-15 图(d)(f) 图乘

$$\Delta_{CV} = \frac{1}{EI} \times \frac{1}{2} \times \frac{l}{2} \times \frac{F_P l}{2} \times \frac{2}{3} \times \frac{l}{2} = \frac{F_P l^3}{24EI}(\downarrow)$$

由解答 5-15 图(e)(f) 图乘

$$\theta_C = \frac{1}{EI} \times \frac{1}{2} \times \frac{l}{2} \times \frac{F_P l}{2} \times 1 = \frac{F_P l^2}{8EI}(\circlearrowleft)$$

5－16 试用图乘法解习题 5－8。

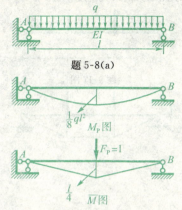

题 5-8(a) 图

解答 5-16(a) 图

(a) **解答**：由解答 5-16(a) 图 M_P 图及 $\overline{M}$ 图图乘得

$$\Delta_{CV} = 2 \times [\frac{1}{EI} \times \frac{1}{2} \times \frac{l}{2} \times \frac{ql^2}{8} \times \frac{2}{3} \times \frac{l}{4} + \frac{1}{EI} \times \frac{2}{3} \times \frac{l}{2} \times \frac{1}{8}q \times (\frac{l}{2})^2 \times \frac{1}{2} \times \frac{l}{4}]$$

$$= \frac{5ql^4}{384EI}(\downarrow)$$

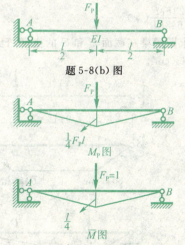

题 5-8(b) 图

解答 5-16(b) 图

(b) **解答**：由解答 5-16(b) 图 M_P 图及 $\overline{M}$ 图图乘得

$$\Delta_{CV} = \frac{1}{EI} \times 2 \times \frac{1}{2} \times \frac{l}{2} \times \frac{F_P l}{4} \times \frac{2}{3} \times \frac{l}{4} = \frac{F_P l^3}{48EI}(\downarrow)$$

5-17 试用图乘法求图示梁的最大挠度 $f_{\max}$。

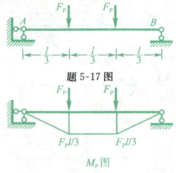

题 5-17 图

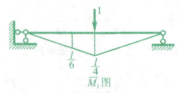

解答 5-17 图

解答：最大挠度在跨中，设单位力由解答 5-17 图 M_P 图及 $\overline{M}_1$ 图图乘得

$$f_{\max} = \frac{1}{EI} \times 2 \times [\frac{1}{2} \times \frac{l}{3} \times \frac{F_P l}{3} \times \frac{2}{3} \times \frac{l}{6} + \frac{1}{2} \times (\frac{l}{6} + \frac{l}{4}) \times \frac{l}{6} \times \frac{F_P l}{3}]$$

$$= \frac{23 F_P l^3}{648 EI}(\downarrow)$$

5-18 试求图示梁在截面 C 和 E 的挠度，已知 $EI = 2.0 \times 10^5 \text{MPa}$, $I_1 = 6560 \text{cm}^4$, $I_2 = 12430 \text{cm}^4$。

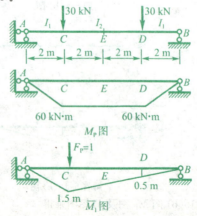

第 5 章 虚功原理与结构位移计算

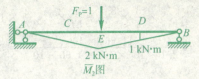

解答 5-18 图

解答: 分别在 C、E 截面处设单位力,并作 M_P,$\overline{M}_1$,$\overline{M}_2$ 如解答 5-15 图,

$1\text{MPa} = 10^6 \times \text{N/m}^2$
$= 10^7 \times \text{kN/cm}^2 = 10^3 \times \text{kN/m}^2$

由解答 5-18 图 M_P 图及 $\overline{M}_1$ 图图乘得

$$\Delta_C = \frac{1}{EI_1}\left(\frac{1}{2}\times 60\times 2\times \frac{2}{3}\times 1.5\right) + \frac{1}{EI_1}\left(\frac{1}{2}\times 60\times 2\times \frac{2}{3}\times 0.5\right)$$
$$+ \frac{1}{EI_2}\cdot\frac{4}{6}(2\times 60\times 1.5 + 2\times 60\times 0.5 + 60\times 1.5 + 60\times 0.5)$$
$$= \frac{80}{EI_1} + \frac{240}{EI_2} = 1.57\text{cm}(\downarrow)$$

由解答 5-18 图 M_P 图及 $\overline{M}_2$ 图图乘得

$$\Delta_E = \frac{1}{EI_1}\left(\frac{1}{2}\times 60\times 2\times \frac{2}{3}\times 1\right)\times 2$$
$$+ \frac{1}{EI_2}\cdot\frac{2}{6}(2\times 60\times 2 + 2\times 60\times 1 + 60\times 2 + 60\times 1)\times 2$$
$$= \frac{80}{EI_1} + \frac{360}{EI_2} = 2.06\text{cm}(\downarrow)$$

5-19 试求图示梁 C 点的挠度,已知 $F_P = 9000\text{N}, q = 15000\text{N/m}$,梁为 18 号工字钢,$I = 1660\text{cm}^4, h = 18\text{cm}, E = 2.1\times 10^5 \text{MPa}$。

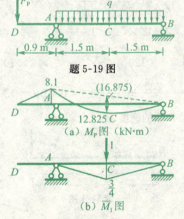

题 5-19 图

解答 5-19 图

解答: 设单位力状态,并作弯矩图,由解答 5-19 图 M_P 图及 $\overline{M}_1$ 图图乘得

$$\Delta_C = -\frac{1}{EI} \times \frac{1}{2} \times 3 \times \frac{3}{4} \times \frac{8.1}{2} + \frac{1}{EI} \times 2 \times \frac{2}{3} \times 1.5 \times 16.875 \times \frac{5}{8} \times \frac{3}{4}$$

$$= \frac{11.264}{EI} = \frac{11.264 \times 10^3}{2.1 \times 10^5 \times 10^6 \times 1.66 \times 10^{-5}} = 3.23 \times 10^{-3} \text{m}$$

$$= 0.32 \text{cm}(\downarrow)$$

5-20 试求图示梁 C 点的挠度,已知 $EI = 2 \times 10^8 \text{kN} \cdot \text{cm}^2$。

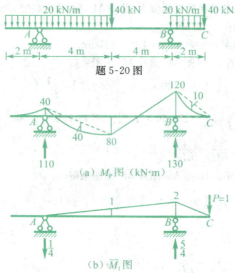

题 5-20 图

解答 5-20 图

解答: 设单位力状态、并作弯矩图,由解答 5-20 图 M_P 图及 $\overline{M}_1$ 图图乘得

$$\Delta_C = \frac{1}{EI} \times (\frac{1}{2} \times 4 \times 40 \times \frac{1}{3} \times 1 - \frac{1}{2} \times 4 \times 80 \times \frac{2}{3} \times 1 - \frac{2}{3} \times 4 \times 40 \times \frac{1}{2} \times 1)$$

$$+ \frac{1}{EI} \times [\frac{1}{2} \times 4 \times 120 \times (\frac{1}{3} \times 1 + \frac{2}{3} \times 2) - \frac{1}{2} \times 4 \times 80 \times (\frac{2}{3} \times 1 + \frac{1}{3} \times 2)]$$

$$+ \frac{1}{EI} \times (\frac{1}{2} \times 2 \times 120 \times \frac{2}{3} \times 2 - \frac{2}{3} \times 2 \times 10 \times \frac{1}{2} \times 2)$$

$$= \frac{200}{EI} = \frac{200 \times 10^3}{2 \times 10^8 \times 10^3 \times 10^{-4}} = 0.01 \text{m} = 1.00 \text{cm}(\downarrow)$$

5-21 试求图示梁 B 端的挠度。

题 5-21 图

第 5 章 虚功原理与结构位移计算

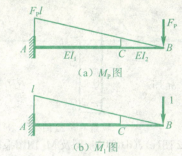

解答 5-21 图

解答: 设单位力状态并作弯矩图如解答 5-21 图,因为 EI 不同,将结构分为 AC 和 CB 两部分进行计算。

$$\Delta_B = \frac{1}{EI_1} \times [\frac{F_P l}{2} \times (l-a) \times (\frac{2l}{3} + \frac{a}{3}) + \frac{F_P a}{2} \times (l-a) \times (\frac{2a}{3} + \frac{l}{3})]$$
$$+ \frac{1}{EI_2} \times \frac{1}{2} \times F_P a \times a \times \frac{2}{3}a$$
$$= \frac{F_P(l^3 - a^3)}{3EI_1} + \frac{F_P a^3}{3EI_2}(\downarrow)$$

5-22 试求图示刚架 A 点和 D 点的竖向位移。已知梁的惯性距为 $2I$,柱的惯性距为 I。

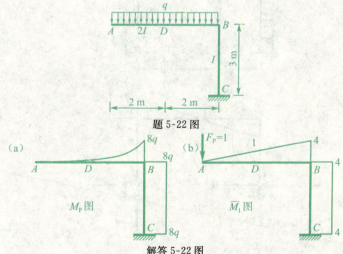

题 5-22 图

解答 5-22 图

解答: 分别在 A、D 点设单位力,作弯矩图,由解答 5-22 图(a)、(b)即 M_P 图及 $\overline{M}_1$ 图图乘得

$$\Delta_{AV} = \frac{1}{2EI}[\frac{1}{3} \times 8q \times 4 \times \frac{3}{4} \times 4] + \frac{1}{EI}[3 \times 4 \times 8q]$$
$$= \frac{112}{EI}q(\downarrow)$$

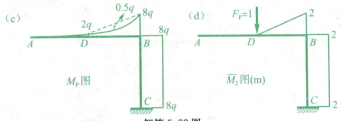

解答 5-22 图

由解答 5-22 图(c)、(d) 即 M_P 图及 $\overline{M}_2$ 图图乘得

$$\Delta_{DV} = \frac{1}{2EI}\left[\frac{1}{2}\times 2\times 2\times \left(\frac{2}{3}\times 8q+\frac{1}{3}\times 2q\right)-\frac{2}{3}\times 0.5q\times 2\times 1\right]$$
$$+\frac{1}{EI}(3\times 2\times 8q)$$
$$=\frac{53.67}{EI}q(\downarrow)$$

5—23 试求图示三铰刚架 E 点的水平位移和截面 B 的转角。设各杆 EI 等于常数。

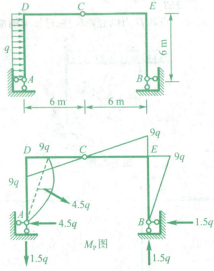

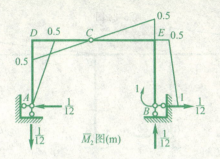

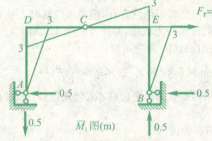

解答 5-23 图

解答：分别在 E 设水平单位力，在 B 设单位力偶，作弯矩图，

由解答 5-23 图 M_P 图及 $\overline{M}_1$ 图图乘得

$$\Delta_E = \frac{1}{EI}(\frac{1}{2}\times 9q \times 6 \times \frac{2}{3} \times 3 \times 4) + \frac{1}{EI}(\frac{2}{3} \times 4.5q \times 6 \times \frac{1}{2} \times 3)$$

$$= \frac{243}{EI}q(\rightarrow)$$

由解答 5-23 图 M_P 图及 $\overline{M}_2$ 图图乘得

$$\Delta_B = \frac{1}{EI}(\frac{1}{2}\times 9q \times 6 \times \frac{2}{3} \times 0.5 \times 3) + \frac{1}{EI}[\frac{1}{2}\times 9q \times 6 \times (\frac{1}{3}\times 1$$

$$+ \frac{2}{3} \times 0.5)] + \frac{1}{EI}(\frac{2}{3} \times 4.5q \times 6 \times \frac{1}{2} \times 0.5)$$

$$= \frac{49.5}{EI}q(\uparrow)$$

5—24 试求图示结构 B 点的水平位移。

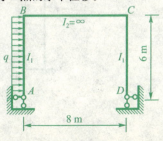

题 5-24 图

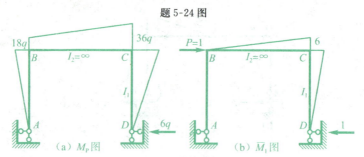

解答 5-24 图

解答: BC 杆 $I_1 \to \infty$,但是弯矩依然存在,但是求位移时 I_2 位于分母,所以 BC 杆对位移贡献为零。设单位力状态,并作弯矩图 M_p、$\overline{M}_1$,

如解答 5-24 图(a)、(b) 图乘可得:

$$\Delta_B = \frac{1}{EI_1} \times \frac{1}{2} \times 6 \times 36q \times \frac{2}{3} \times 6 = \frac{432q}{EI}(\to)$$

5-25 试求图示结构 C 点的水平位移 Δ_H、竖向位移 Δ_V、转角 θ。设各杆 EI 与 EA 等于常数。

(a) 忽略轴向变形的影响。

(b) 考虑轴向变形的影响。

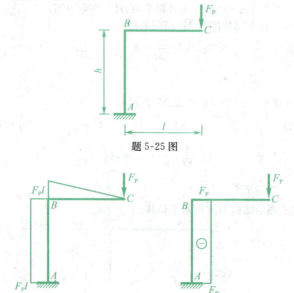

题 5-25 图

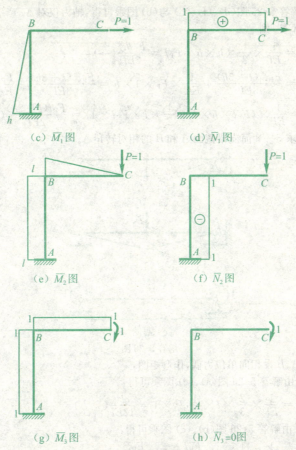

解答 5-25 图

解答：分别在 C 设水平单位力、竖向单位力、单位力偶，并分别作弯矩图轴力图。

(a) 忽略轴向变形影响

由解答 5-25 图(a)、(c) 图乘可得：

$$\Delta_H = \frac{1}{EI} \times \frac{1}{2} \times h \times h \times F_P l = \frac{F_P l h^2}{2EI}(\rightarrow)$$

由解答 5-25 图(a)、(e) 图乘可得：

$$\Delta_V = \frac{1}{EI} \times (h \times l \times F_P l + \frac{1}{2} \times l \times l \times \frac{2}{3} F_P l) = \frac{F_P l^2 (l+3h)}{3EI}(\downarrow)$$

由解答 5-25 图(a)、(g) 图乘可得：

$$\theta_C = \frac{1}{EI} \times (F_P l \times h \times 1 + \frac{1}{2} \times l \times F_P l \times 1) = \frac{F_P l(l+2h)}{2EI}(\downarrow)$$

(b) 考虑轴向变形影响

由解答 5-25 图(d)、(f)、(h) 与(b) 图乘可得:轴力仅对 Δ_V 产生影响,而 Δ_H、θ_C 不变,则

$$\Delta_H = \frac{1}{EI} \times \frac{1}{2} \times h \times h \times F_P l = \frac{F_P l h^2}{2EI}(\rightarrow)$$

$$\Delta_V = \frac{F_P l^2(l+3h)}{3EI} + \frac{1}{EA} \times F_P \times 1 \times h = \frac{F_P l^2(l+3h)}{3EI} + \frac{F_P h}{EA}(\downarrow)$$

$$\theta_C = \frac{1}{EI} \times (F_P l \times h \times 1 + \frac{1}{2} \times l \times F_P l \times 1) = \frac{F_P l(l+2h)}{2EI}(\downarrow)$$

5-26 求 5-8 简支梁截面 A 和 B 的相对转角 Δ。

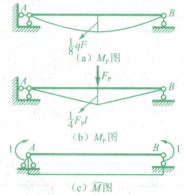

解答 5-26 图

解答:在 A、B 设相向单位力偶,作弯矩图,
(a) 由解答 5-26 图(a)、(c) 图乘可得:

$$\Delta_{AB} = \frac{1}{EI} \times \frac{2}{3} \times l \times \frac{1}{8}ql^2 \times 1 = \frac{ql^3}{12EI}(\uparrow\uparrow)$$

(b) 由解答 5-26 图(b)、(c) 图乘可得:

$$\Delta_{AB} = \frac{1}{EI} \times \frac{1}{2} \times l \times \frac{F_P l}{4} \times 1 = \frac{F_P l^2}{8EI}(\uparrow\uparrow)$$

5-27 图示框形刚架,在顶部横梁中点被切开。试求切口处两侧截面 A 和 B 的竖向相对位移 Δ_1、水平相对位移 Δ_2 和相对转角 Δ_3。设各杆 EI 为常数。

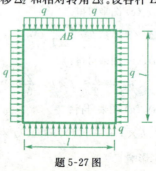

题 5-27 图

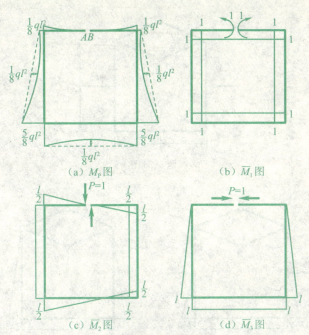

解答 5-27 图

解答： 分别在 A、B 设相向的水平单位力、竖向单位力、单位力偶，作弯矩图，注意图乘法中对称性的应用。

由解答 5-27 图(a)、(c) 图乘可得：$\Delta_1 = 0$

由解答 5-27 图(a)、(d) 图乘可得：

$$\Delta_2 = 2 \times \frac{1}{EI} \times [\frac{1}{2} \times l \times l \times (\frac{1}{3} \times \frac{1}{8}ql^2 + \frac{2}{3} \times \frac{5}{8}ql^2) - \frac{2}{3} \times l \times \frac{1}{8}ql^2 \times$$

$$\frac{1}{2}l + \frac{l}{2} \times \frac{5}{8}ql^2 \times l \times - \frac{2}{3} \times \frac{l}{2} \times \frac{1}{8}ql^2 \times l]$$

$$= \frac{11ql^4}{12EI} = 0.917 \frac{ql^4}{EI} (\rightarrow\leftarrow)$$

由解答 5-27 图(a)、(b) 图乘可得：

$$\Delta_3 = \frac{-1}{EI} \times 2 \times [\frac{1}{3} \times \frac{l}{2} \times \frac{1}{8}ql^2 \times 1 + \frac{1}{2} \times (\frac{1}{8}ql^2 + \frac{5}{8}ql^2) \times l - \frac{2}{3} \times l$$

$$\times \frac{1}{8}ql^2 \times 1 + \frac{l}{2} \times 1 + \frac{l}{2} \times \frac{5}{8}ql^2 \times 1 - \frac{2}{3} \times \frac{l}{2} \times \frac{1}{8}ql^2 \times 1]$$

$$= -\frac{7ql^3}{6EI} = -1.17 \frac{ql^3}{EI} (\downarrow\downarrow)$$

5-28 试求图示结构中 A、B 两点距离的改变值 Δ。设各杆截面相同。

第 5 章 虚功原理与结构位移计算

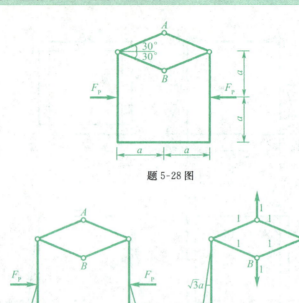

题 5-28 图

（a）M_P 图　　（b）$\overline{M}_1$ 图

解答 5-28 图

解答：在 A、B 设相向单位力，作弯矩图，由解答 5-28 图(a)、(b)图乘可得：

$$\Delta = \frac{1}{EI} \times [\frac{1}{2} \times a \times F_P a \times (\frac{\sqrt{3}a}{3} + \frac{2}{3} \times 2\sqrt{3}a) \times 2 + 2a \cdot F_P a \times 2\sqrt{3}a]$$

$$= \frac{17\sqrt{3}}{3} \times \frac{F_P a^3}{EI} = 9.81 \frac{F_P a^3}{EI}(\updownarrow)$$

5－29　设图示三铰拱内部升温 30 度，各杆截面为矩形，截面高度 h 相同。试求 C 点的竖向位移 Δ。

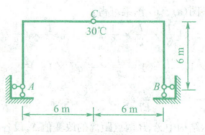

题 5-29 图

第 5 章 虚功原理与结构位移计算

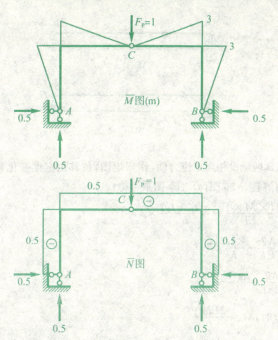

解答 5-29 图

解答：在 C 设竖向单位力，作弯矩图和轴力图，如解答 5-29 图，

$$\Delta = \sum \frac{\alpha \Delta t}{h} \int \overline{M} ds + \sum \alpha t_0 \int \overline{F}_N ds$$

$$= -\frac{\alpha \times 30}{h}(\frac{1}{2} \times 3 \times 6 \times 4) - \alpha \times 15(0.5 \times 6 \times 4)$$

$$= \frac{-1080\alpha}{h} - 180\alpha (\uparrow)$$

5-30 在简支梁两端作用一对力偶 M，同时梁上边温度升高 t_1，下边温度下降 t_1。试求端点的转角 θ。如果 $\theta = 0$，问力偶 M 应是多少？设梁为矩形截面，截面尺寸为 $b \cdot h$。

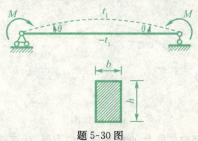

题 5-30 图

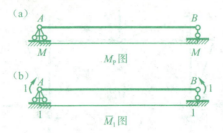

解答 5-30 图

解答：在 A、B 两端设相向单位力偶，作弯矩图，位移由温度变化差及弯矩共同影响，由解答 5-30 图(a)、(b)图乘可得：

$$2\theta = \frac{l \times M \times 1}{EI} - \frac{\alpha(t_1+t_2)}{h} \times l \times 1$$

$$= \frac{Ml}{EI} - \frac{2\alpha t_1 l}{h}(\uparrow\uparrow)$$

$$\theta = \frac{Ml}{2EI} - \frac{\alpha t_1 l}{h}$$

$$\theta = 0 \text{ 时}, M = \frac{2EI\alpha t_1}{h}$$

5－31 题 5－3 中的三铰拱温度均匀上升 t，试求 C 点的竖向位移 Δ_1 和 C 铰两侧截面的相对转角 Δ_2。拱轴方程为 $y = \dfrac{4f}{l^2}x(l-x)$。

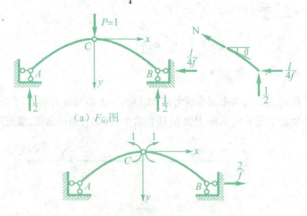

解答 5-31 图

解答：分别在 C 设竖向单位力、两侧相向单位力偶，计算轴向力，因为三铰拱温度是均匀上升的，所以 $\Delta t = 0$，只计轴向变形量，

$$\overline{F}_{N1} = \frac{-l}{4f}\cos\theta - \frac{1}{2}\sin\theta$$

$$\Delta_1 = \sum \alpha t \int_0 \overline{F}_{N1}\,ds = \alpha t \times 2 \times \int -\left(\frac{l}{4f} + \frac{1}{2}tg\theta\right)ds \cdot \cos\theta$$

因为 $ds \cdot \cos\theta = dx$

所以 $\Delta_1 = -2\alpha t \int_0^{\frac{l}{2}} \left(\frac{l}{4f} + \frac{1}{2}y'\right)dx$

由 $y = \frac{4f}{l^2}x(l-x)$,$y' = \frac{4f}{l^2}(l-2x)$ 代入积分。

$$\Delta_1 = -2\alpha t \int_0^{\frac{l}{2}}\left(\frac{l}{4f} + \frac{2f}{l} - \frac{4f}{l^2}x\right)dx = -\alpha t\left(f + \frac{l^2}{4f}\right)(\downarrow)$$

$$\overline{F}_{N2} = \frac{l}{f} \cdot \cos\theta$$

$$\Delta_2 = \alpha t \times 2 \times \int \overline{F}_{N2}\,ds = 2\alpha t \int_0^{\frac{l}{2}} \frac{1}{f}\cos\theta\,ds$$

$$= 2\alpha t \int_0^{\frac{l}{2}} \frac{1}{f}dx = \frac{\alpha t l}{f}(\uparrow\uparrow)$$

5-32 题 5-10 中桁架的下弦杆温度上升 t,试求 C 点的竖向位移 Δ_C。

解答: $\Delta_C = \sum \alpha t \int \overline{F}_N\,ds = \alpha t \times 2 \times \frac{1}{2} \times 2d = 2\alpha t d(\downarrow)$

同步自测题及参考答案

同步自测题

1. 静定结构因为温度改变会产生:
   A. 反力 B. 内力 C. 变形 D. 应力
2. 求图示刚架 B 点的水平位移。

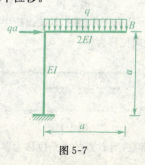

图 5-7

3.

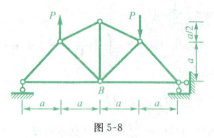

图 5-8

图示桁架 B 点的竖向位移（向下为正）Δ_{BV} 为

A. $\dfrac{4+2\sqrt{2}}{EA}Pa$　　B. $\dfrac{-4+2\sqrt{2}}{EA}Pa$　　C. $\dfrac{2+\sqrt{2}}{EA}Pa$　　D. 0

4. 用图乘法求位移的必要应用条件之一是：
A 单位荷载下的弯矩图为一直线　　　B 结构可分为等截面直杆段
C 所有杆件 EI 为常数且相同　　　　D 结构必须是静定的

5. 位移互等及反力互等定理适用的结构是：
A 刚体　　　B 任意变形体　　　C 线性弹性结构　　　D 非线性结构

6. 图(a)、(b) 两种状态中，梁的转角 φ 与竖向位移 δ 间的关系为（　　　）。

图 5-9

7. 已知图示结构 EI 为常数，求 A、B 两点的相对水平线位移。

图 5-10

8. 图示结构当 E 点有 $P=1$ 向下作用时，B 截面产生逆时针转角 φ，则当 A 点有图示荷载作用时，E 点产生的竖向位移为（　　　）。

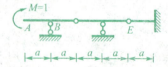

图 5-11

9. 已知图示结构 EI 为常数，当 B 点的水平位移为零时，求 P_1/P_2。

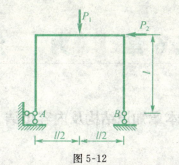

图 5-12

10. 图示桁架在 P 作用下的内力如图示,EA 为常数,求 C 点的水平位移。

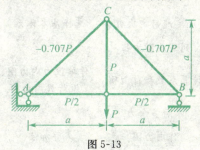

图 5-13

参考答案

1. C

2. 应用图乘法计算得:$\dfrac{7qa^4}{12EI}(\rightarrow)$

3. D 分析:去掉水平支杆,为反对称受力状态,相应产生反对称位移状态,水平支杆的作用是限制水平刚体位移。

4. B 分析:图乘法的应用条件是:直杆结构、分段等截面、相乘的两个弯矩图中至少有一个为直线型。

5. C

6. $\delta = \varphi$,根据位移互等定理。

7. 应用图乘法计算得:$\dfrac{5qa^4}{3EI}$

8. φ

9. 20/3。图乘法求 B 点水平位移,令其等于零。

10. $\dfrac{Pa}{2EA}(\rightarrow)$

第6章 力 法

本章知识结构及内容小结

【本章知识结构】

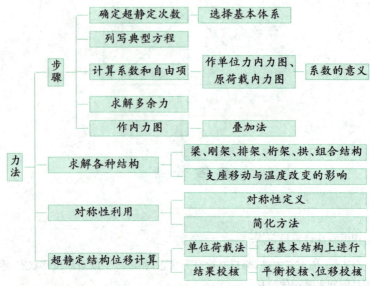

【本章内容小结】

力法是以多余约束力作为基本未知量求解超静定结构的方法,是利用已学过的静定结构的内力计算和位移计算来解决新的超静定结构的内力、位移计算问题。用力法计算超静定结构,要点包括:

1. 超静定结构的组成和超静定次数

超静定结构是具有多余约束的几何不变体系,超静定次数是指超静定结构中多余约束的个数。将超静定结构中多余约束去掉,可变为相应的静定结构,结构去掉多余约束的方式有几种,但必须注意,去掉多余约束后,剩下的必须是静定结构。

2. 力法的基本概念

将超静定结构去掉多余约束、并用多余未知力代替,这样得到的体系就是力法的基本体系。利用基本体系与原结构之间在多余约束方向的位移一致性和变形叠加列出力法典型方程,最后求出多余未知力和原结构的内力。

3. 力法计算各种类型的超静定结构
对于各种超静定结构,力法计算的基本原理和步骤是相同的,但各种结构有各自特点,所以具体计算有所不同。

4. 对称结构的计算
利用结构的对称性可以使问题简化,减少计算量。对于对称结构应选择对称的基本体系,并取对称力或反对称力作为多余未知力。在正对称荷载作用下,只考虑正对称未知力;在反对称荷载作用下,只考虑反对称未知力。

5. 支座移动和温度改变时的计算
当支座移动和温度变化时,超静定结构虽然没有荷载的作用,但是也能产生内力。用力法计算时,计算步骤与荷载作用的情形基本相同。不同之处在于力法方程的自由项是由支座移动或温度变化产生的,力法方程中等号右侧可能不为零,应等于原结构上多余未知力处的相应的位移。

6. 位移计算和力法校核
计算超静定结构的位移,可以利用基本体系来求原结构位移。因为基本体系的受力和变形与原结构完全相同。虚拟的单位荷载可以加在任一基本体系上,单位弯矩图虽然不同,但求得的位移相同。所以,应选一个便于计算的基本体系虚拟单位荷载。超静定结构的最后内力图校核要从平衡条件和变形条件两方面进行。

经典例题解析

例 1 如图 6-1(a) 所示为一三次超静定刚架,试作刚架的弯矩图。

解:(1) 选取基本体系

这个刚架是三次超静定刚架,如果在横梁中部切开,并代替以三对多余未知力 X_1、X_2、X_3,则得到如图 6-1(b) 所示的基本体系。因为原结构中横梁是连续的,所以在横梁中心处左右两边的截面,没有相对的转动,也没有上下和左右的相对移动,据此位移条件,可写出力法典型方程。

(2) 列出力法方程

$$\begin{cases} \delta_{11}X_1 + \delta_{12}X_2 + \delta_{13}X_3 + \Delta_{1P} = 0 \\ \delta_{21}X_1 + \delta_{22}X_2 + \delta_{23}X_3 + \Delta_{2P} = 0 \\ \delta_{31}X_1 + \delta_{32}X_2 + \delta_{33}X_3 + \Delta_{3P} = 0 \end{cases}$$

以上方程组的第一式表示基本体系中切口两边截面沿水平方向的相对位移应为零;第二式表示切口两边截面沿竖直方向的相对位移应为零;第三式表示切口两边截面的相对转角位移应为零。典型方程中的系数和自由项都代表基本结构中切口两边截面的相对位移。

(3) 求系数和自由项

第6章 力法

为此,绘制基本结构在荷载作用下的弯矩图 M_P 图(图 6-1(c)),基本结构在单位力 $\overline{X}_1 = 1$ 作用下的弯矩图 $\overline{M}_1$ 图(图 6-1(d)),基本结构在单位力 $\overline{X}_2 = 1$ 作用下的弯矩图 $\overline{M}_2$ 图(图 6-1(e)),基本结构在单位力 $\overline{X}_3 = 1$ 作用下的弯矩图 $\overline{M}_3$ 图(图 6-1(f))。

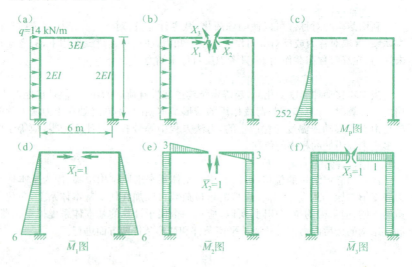

图 6-1

计算位移时采用图乘法,$\delta_{12} = \delta_{21} = 0 \quad \delta_{32} = \delta_{23} = 0$

$$\delta_{11} = \frac{2}{2EI}(\frac{1}{2} \times 6 \times 6) \times (\frac{2}{3} \times 6) = \frac{72}{EI}$$

$$\delta_{22} = \frac{2}{3EI}(\frac{1}{2} \times 3 \times 3) \times (\frac{2}{3} \times 3) + \frac{2}{2EI}(3 \times 6) \times 3 = \frac{60}{EI}$$

$$\delta_{33} = \frac{2}{3EI}(1 \times 3 \times 1) + \frac{2}{2EI}(1 \times 6 \times 1) = \frac{8}{EI}$$

$$\delta_{13} = \delta_{31} = \frac{2}{2EI}(\frac{1}{2} \times 6 \times 6) \times 1 = \frac{18}{EI}$$

$$\Delta_{1P} = \frac{1}{2EI}(\frac{1}{3} \times 252 \times 6) \times (\frac{3}{4} \times 6) = \frac{1134}{EI}$$

$$\Delta_{2P} = \frac{1}{2EI}(\frac{1}{3} \times 252 \times 6) \times 3 = \frac{756}{EI}$$

$$\Delta_{3P} = \frac{1}{2EI}(\frac{1}{3} \times 252 \times 6) \times 1 = \frac{252}{EI}$$

(4) 求解多余未知力

整理力法方程组,求解得 $X_1 = -18$kN $\quad X_2 = -12.6$kN $\quad X_3 = 9$kN·m

因为力法方程的各项都有 EI,可以消去。因此计算超静定刚架在荷载作用下的内力时,可只需要知道各杆 EI 的相对值,而不需要各杆 EI 的绝对值。

(5) 作弯矩图

第 6 章 力 法

通常作弯矩图,可利用叠加原理 $M = \overline{M}_1 X_1 + \overline{M}_2 X_2 + \overline{M}_3 X_3 + M_P$

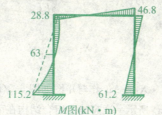

图 6-2

例2 计算下图 6-3(a) 所示排架,画弯矩图

解:(1) 选取基本体系

用力法计算排架时,去掉链杆,代以一对等值反向的多余未知力得到如图 6-3(c) 所示的基本体系。

(2) 列出力法方程

$$\delta_{11} X_1 + \Delta_{1P} = 0$$

(3) 求系数和自由项

为此,绘制基本结构在单位力 $\overline{X}_1 = 1$ 作用下的弯矩图 $\overline{M}_1$ 图(图 6-3(d)),基本结构在荷载作用下的弯矩图 M_P 图(图 6-3(e))。

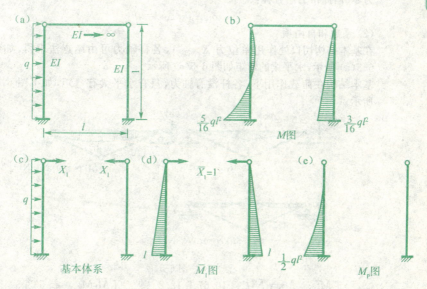

图 6-3

$$\delta_{11} = \frac{2}{EI}(\frac{1}{2} \times l^2) \times (\frac{2}{3} l) = \frac{2l^3}{3EI}$$

$$\Delta_{1P} = \frac{1}{EI}(\frac{1}{3} \times \frac{ql^2}{2} \times l) \times (\frac{3}{4} \times l) = \frac{ql^4}{8EI}$$

(4) 求解多余未知力

$$X_1 = -\frac{3}{16}ql$$

(5) 作弯矩图

按叠加法，$M = \overline{M}_1 \cdot X_1 + M_P$ 作弯矩图如图 6-3(b) 所示。

例 3 试求下图 6-4(a) 所示一次超静定组合结构在荷载作用下的内力。
$I = 1 \times 10^{-4} \mathrm{m}^4, A = 1 \times 10^{-3} \mathrm{m}^2$

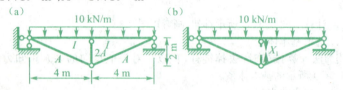

图 6-4

解：(1) 基本体系和力法方程

本题为一次超静定组合结构，切断竖向的链杆，在切口处代以未知轴力 X_1，得到图 6-4(b) 所示的基本体系。基本体系在荷载和未知力 X_1 共同作用下位移应为零。由此得力法方程：

$$\delta_{11}X_1 + \Delta_{1P} = 0$$

(2) 系数和自由项

在基本结构切口处作用单位力 $X_1 = 1$，各杆轴力可由结点法求得，如下图 6-5(a) 所示，水平梁的弯矩如图 6-5(a) 所示。

基本结构在荷载作用下，各杆没有轴力，只有水平梁有弯矩，如下图 6-5(b) 所示。

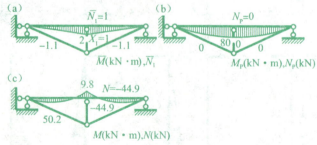

图 6-5

$$\delta_{11} = \int \frac{\overline{M}_1^2}{EI} \mathrm{d}x + \sum \frac{\overline{N}_1^2 l}{EA} = \frac{10.67}{EI} + \frac{12.2}{EA}, \Delta_{1P} = \int \frac{\overline{M}_1 M_P}{EI} \mathrm{d}x = \frac{533.3}{EI}$$

(3) 求多余未知力

$X_1 = -44.9 \mathrm{kN}$

(4) 求内力

内力叠加公式为

$$M = \overline{M}_1 X_1 + M_P, \quad N = \overline{N}_1 X_1 + N_P$$

各杆轴力及水平梁弯矩如图 6-5(c) 所示。

例 4 求解下图 6-6(a) 所示结构的弯矩图 $EI = $ 常数

解：结构上所作用的荷载是反对称荷载，原结构是 4 次超静定结构，切开上梁中央截面，代替以 3 对多余未知力，把下梁中央的刚节点变成铰节点，得 1 对多余未知力。这 4 对多余未知力中，有 3 对为正对称未知力，值应为零，只余上梁中央切口截面的剪力不为零。基本体系如图 6-6(b) 所示。这是一次超静定结构，力法典型方程为：

$$\delta_{11} X_1 + \Delta_{1P} = 0$$

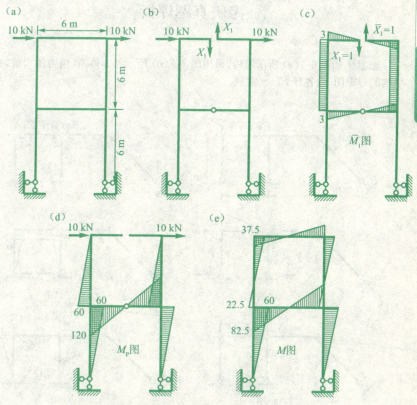

图 6-6

绘出 $\overline{X}_1 = 1$ 和荷载单独作用在基本结构上的弯矩图 $\overline{M}_1$ 和 M_P 图（图

6-6(c)(d)),然后求出

$\delta_{11} = \dfrac{2}{EI}$

$\left[\left(\dfrac{1}{2} \times 3 \times 3\right) \times \left(\dfrac{2}{3} \times 3\right) + (3 \times 6) \times 3 + \left(\dfrac{1}{2} \times 3 \times 3\right) \times \left(\dfrac{2}{3} \times 3\right) \right]$

$= \dfrac{144}{EI}$

$\Delta_{1P} = \dfrac{2}{EI} \left[\left(\dfrac{1}{2} \times 60 \times 6\right) \times 3 + \left(\dfrac{1}{2} \times 120 \times 3\right) \times \left(\dfrac{2}{3} \times 3\right) \right] = \dfrac{1800}{EI}$

将系数和自由项代入典型方程,得 $X_1 = -12.5$

按式 $M = \overline{M}_1 \cdot X_1 + M_P$,即可得出原结构的弯矩图,如图 6-6(e) 所示。

考研真题评析

例 1 如图 6-7(a) 所示结构,采用图 6-7(b) 所示基本体系,用力法求解,并绘出结构的弯矩图。设各杆 $EI =$ 常数。

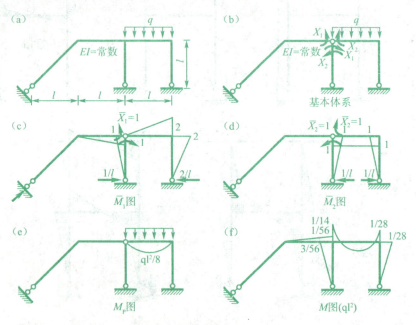

图 6-7

解答:力法方程:

第 6 章 力 法

$$\begin{cases} \delta_{11}X_1 + \delta_{12}X_2 + \Delta_{1P} = 0 \\ \delta_{21}X_1 + \delta_{22}X_2 + \Delta_{2P} = 0 \end{cases}$$

画出 $\overline{M}_1$、$\overline{M}_2$、M_P 图(注意右侧三铰刚架是基本部分,左侧是附属部分),求系数:

$$\delta_{11} = \frac{1}{EI}(\frac{1}{2} \times l \times 1 \times \frac{2}{3} \times 2 + \frac{1}{2} \times l \times 2 \times 2 \times \frac{2}{3} \times 2) = \frac{10l}{3EI}$$

$$\delta_{12} = \delta_{21} = -\frac{2l}{EI}, \delta_{22} = \frac{5l}{3EI},$$

$$\Delta_{1P} = -\frac{ql^3}{12EI}, \Delta_{2P} = \frac{ql^3}{12EI}, 代入力法方程解得 X_1 = -\frac{ql^2}{56}, X_2 = -\frac{ql^2}{14}$$

由 $M = \overline{M}_1 X_1 + \overline{M}_2 X_2 + M_P$,画出弯矩图如图 6-7(f)。

例 2 采用图 6-8(b) 所示基本体系,用力法求解,计算出副系数和自由项、Δ_1、Δ_2。设各杆 $EI = $ 常数。

解答:力法方程为 $\begin{cases} \delta_{11}X_1 + \delta_{12}X_2 + \Delta_{1P} + \Delta_{1C} = \Delta_1 \\ \delta_{21}X_1 + \delta_{22}X_2 + \Delta_{2P} + \Delta_{2C} = \Delta_2 \end{cases}$

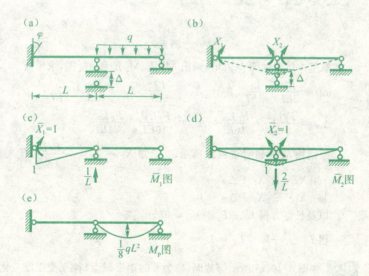

图 6-8

绘出 $\overline{M}_1$ 图和 $\overline{M}_2$ 图,并计算出发生位移的支座的支座反力,绘出 M_P 图

$$\delta_{12} = \delta_{21} = \frac{1}{EI} \times \frac{1}{2} \times 1 \times L \times \frac{1}{3} = \frac{L}{6EI}$$

$$\Delta_{1P} = 0, \Delta_{2P} = \frac{1}{EI} \times \frac{2}{3} \times L \times \frac{qL^2}{8} \times \frac{1}{2} = \frac{qL^3}{24EI},$$

$$\Delta_{1C} = -\sum \overline{R}C = \frac{\Delta}{L}, \Delta_{2C} = -\frac{2\Delta}{L}$$

$$\Delta_1 = \varphi, \Delta_2 = 0$$

第 6 章 力 法

例 3 图 6-9(a) 所示连续梁，EI 为常数，梁全长为 $3L$，当在各跨中点承受集中荷载 F_P，在 D 点作用有集中力偶 $\dfrac{F_P L_3}{8}$ 时，已知 $M_B = -\dfrac{F_P L_3}{8}$，$M_C = -\dfrac{F_P L_3}{8}$，求各跨长度（用力法求解）

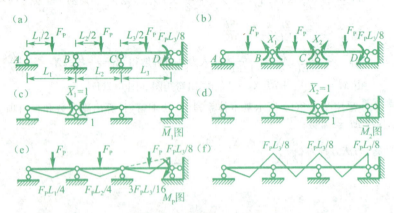

图 6-9

解答： 取基本体系如图 6-9(b)，画出 $\overline{M}_1$ 图、$\overline{M}_2$ 图和 M_P 图，求系数

$$\delta_{11} = \frac{L_1}{3EI} + \frac{L_2}{3EI} \quad \delta_{12} = \delta_{21} = \frac{L_2}{6EI} \quad \delta_{22} = \frac{L_2}{3EI} + \frac{L_3}{3EI}$$

$$\Delta_{1P} = \frac{F_P L_1^2}{16EI} + \frac{F_P L_2^2}{16EI} \quad \Delta_{2P} = \frac{F_P L_2^2}{16EI} + \frac{F_P L_3^2}{24EI}$$

原结构 M 图如图 6-9(f) 所示，又已知 $X_1 = X_2 = -\dfrac{F_P L_3}{8}$，代入力法方程

$$\begin{cases} \delta_{11} X_1 + \delta_{12} X_2 + \Delta_{1P} = 0 \\ \delta_{21} X_1 + \delta_{22} X_2 + \Delta_{2P} = 0 \end{cases}$$

以及长度方程 $L_1 + L_2 + L_3 = 3L$

得 $L_1 = \dfrac{3}{4}L$，$L_2 = L_3 = \dfrac{9}{8}L$

例 4 如图 6-10(a) 所示等截面（高为 h 的矩形截面）刚架受温度变化作用，试求出结构的弯矩图，并算出梁中心 K 点的竖向位移。

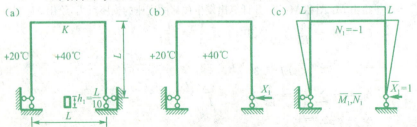

第 6 章 力 法

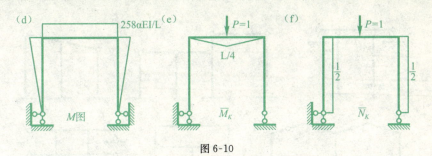

图 6-10

解答：原结构为一次超静定结构，取图 6-10(b) 所示的基本体系，可写出力法典型方程为

$$\delta_{11}X_1 + \Delta_{1t} = 0$$

绘出 $\overline{M}_1$ 图（图 6-10(c)），然后求出

$$\delta_{11} = \frac{5L^3}{3EI}$$

$$\Delta_{1t} = \sum \overline{N}_1 \alpha t_0 L + \sum \frac{\alpha \Delta t}{h}\int \overline{M}_1 dx$$

$$= -1 \times \alpha \times \frac{(20+40)}{2} \times L - \alpha \times \frac{(40-20)}{h} \times (2 \times \frac{L^2}{2} + L^2)$$

$$= -30\alpha L - \alpha \frac{40}{h}L^2 = -30\alpha L(1+\frac{4L}{3h}) = -430\alpha L$$

解得

$$X_1 = -\frac{\Delta_{1t}}{\delta_{11}} = \frac{258\alpha EI}{L^2}$$

作弯矩图如图 6-10(d) 所示。
计算原结构上 K 点的竖向位移，可以在基本结构上虚设力状态，绘出 $\overline{M}_K$、$\overline{N}_K$ 图（图 6-10(e)、(f)）

$$\Delta_K = \sum \int \frac{\overline{M}_K M}{EI}dx + \sum \overline{N}_K \alpha t_0 L + \sum \frac{\alpha \Delta t}{h}\int \overline{M}_K dx$$

$$= -32.25\alpha L - 30\alpha L + 25\alpha L = -37.25\alpha L(\uparrow)$$

本章教材习题精解

6-1 试确定下列图示结构的超静定次数。

(a)
(b)

第 6 章 力 法

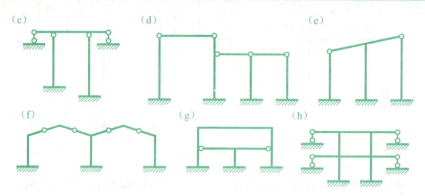

题 6-1 图

解答: (a)$n=2$ (b)$n=7$ (c)$n=3$ (d)$n=3$ (e)$n=4$ (f)$n=2$ (g)$n=7$ (h)$n=10$

6-2 试用力法计算下列图示结构,作 M、F_Q 图。除图 b 为变截面外,其余各图 EI = 常数。

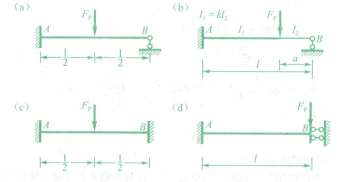

题 6-2 图

解答: (a)(1) 取基本体系如解答 6-2 图(b),

(2) 列出力法方程

$$\delta_{11}X_1 + \Delta_{1P} = 0$$

(3) 求系数和自由项,绘出 $\overline{M}_1$、M_P 图,求系数和自由项

$$\delta_{11} = \frac{1}{EI} \times \frac{l^2}{2} \times \frac{2l}{3} = \frac{l^3}{3EI}$$

$$\Delta_{1P} = -\frac{1}{EI}\left(\frac{1}{2} \times \frac{l}{2} \times \frac{F_P l}{2}\right) \times \frac{5l}{6} = -\frac{5F_P l^3}{48EI}$$

(4) 求解多余未知力

$$X_1 = \frac{5}{16}F_P$$

(5) 作弯矩图按叠加法,$M = \overline{M}_1 \cdot X_1 + M_P$,绘出 M 图、F_Q 图

第 6 章 力 法

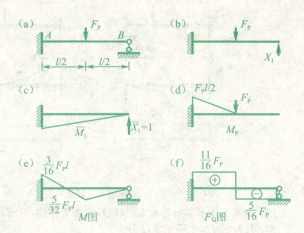

解答 6-2 图

(b)(1) 取基本体系如解答 6-2 图(b_1),
(2) 列出力法方程
$\delta_{11}X_1 + \Delta_{1P} = 0$
(3) 绘出 $\overline{M}_1$、M_P 图,注意按 I 值不同分段

$\delta_{11} = \dfrac{1}{EI_2}(\dfrac{a^2}{2} \times \dfrac{2}{3}a) + \dfrac{1}{EI_1} \cdot$

$\left[\dfrac{a}{2}(l-a) \times (\dfrac{2}{3}a + \dfrac{1}{3}l) + \dfrac{l}{2}(l-a) \times (\dfrac{1}{3}a + \dfrac{2}{3}l)\right]$

$= \dfrac{1}{EI_2}(\dfrac{1}{k} \times \dfrac{l^3 - a^3}{3} + \dfrac{a^3}{3})$

$\Delta_{1P} = -\dfrac{1}{kEI_2}\left[\dfrac{1}{2}(l-a) \times F_P(l-a) \times \dfrac{2l+a}{3}\right] = -\dfrac{F_P(2l^3 - 3l^2a + a^3)}{6kEI_2}$

(4) 求解多余未知力

$$X_1 = \dfrac{F_P(2l^3 - 3l^2a + a^3)}{2[l^3 - (1-k)a^3]}$$

其中 $M_A = F_P \dfrac{l^3a + 2(1-k)a^4 - (3-2k)la^3}{2[l^3 - (1-2k)a^3]}$

$M_C = \dfrac{F_Pa}{2} \dfrac{2l^3 - 3l^2a + a^3}{l^3 - (1-k)a^3}$

$F_2 = X_1$ $F_1 = F_P - F_2$(注:$F_1 F_2$ 只表示大小,正负如图(f) 所示)
(5) 作弯矩图按叠加法,$M = \overline{M}_1 \cdot X_1 + M_P$,绘出 M 图、F_Q 图

第6章 力 法

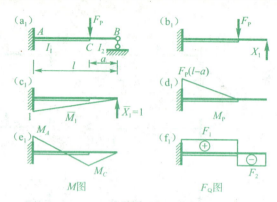

解答 6-2 图

(c)(1) 取基本体系如解答 6-2 图(b_2),考虑对称性,可求得两固定支座竖向支座反力为 $F_P/2$,水平支座反力为 0,

(2) 列出力法方程　　$\delta_{11} X_1 + \Delta_{1P} = 0$

(3) 绘出 $\overline{M}_1$　M_P 图,求系数和自由项

$$\delta_{11} = \frac{1}{EI} \times l \times 1 \times 1 = \frac{l}{EI}$$

$$\Delta_{1P} = \frac{1}{EI}(\frac{1}{2} \times l \times \frac{F_P l}{4}) \times 1 = \frac{F_P l^2}{8EI}$$

(4) 求解多余未知力　　$X_1 = -\frac{1}{8} F_P l$

(5) 作弯矩图按叠加法,$M = \overline{M}_1 \cdot X_1 + M_P$,绘出 M 图、F_Q 图

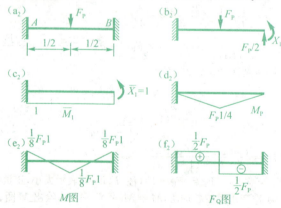

解答 6-2 图

(d)(1) 显然,滑动支座的水平支座反力为 0,所以取基本体系如解答 6-2 图(b_3),

(2) 列出力法方程　　$\delta_{11} X_1 + \Delta_{1P} = 0$

(3) 绘出 $\overline{M}_1$ 图和 M_P 图,求系数和自由项

第 6 章 力 法

$$\delta_{11} = \frac{1}{EI} \times l \times 1 \times 1 = \frac{l}{EI}$$

$$\Delta_{1P} = -\frac{1}{EI}(\frac{1}{2} \times F_P l \times l) \times 1 = -\frac{F_P l^2}{2EI}$$

(4) 求解多余未知力 $X_1 = \dfrac{F_P l}{2}$

(5) 作弯曲矩图按叠加法，$M = \overline{M}_1 \cdot X_1 + M_P$ 绘出 M 图、F_Q 图

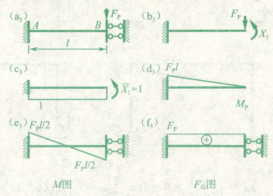

解答 6-2 图

6－3 试用力法计算下列图示刚架，作 M 图。

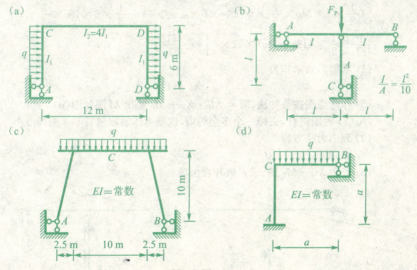

题 6-3 图

解答：(a)(1) 取基本体系如解答 6-3 图(a)，
(2) 列出力法方程

$$\delta_{11}X_1 + \Delta_{1P} = 0$$

(3) 绘出 $\overline{M}_1$、M_P 图,求系数和自由项

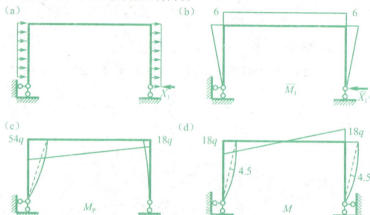

解答 6-3 图

$$\delta_{11} = \frac{2}{EI_1}(\frac{1}{2}\times 6\times 6)\times \frac{2}{3}\times 6 + \frac{1}{4EI_1}(6\times 12\times 6) = \frac{252}{EI_1}$$

$$\Delta_{1P} = -\frac{1}{EI_1}\left[(\frac{1}{2}\times 6\times 54q\times \frac{2}{3}\times 6 + \frac{2}{3}\times 6\times 4.5q\times 3) + \frac{1}{3}\times 6\times 18q\times \frac{3}{4}\times 6\right] -$$
$$\frac{1}{4EI_1}\left[\frac{1}{2}\times (18q+54q)\times 12\times 6\right] = -\frac{1512}{EI_1}q$$

(4) 求解多余未知力

$$X_1 = 6q$$

(5) 作弯矩图按叠加法,$M = \overline{M}_1 \cdot X_1 + M_P$ 绘出 M 图如图(d)

(b)(1) 截断链杆,去掉一个多余约束,取基本体系如解答 6-3 图(a_1),

(2) 列出力法方程

$$\delta_{11}X_1 + \Delta_{1P} = 0$$

(3) 绘出 $\overline{M}_1$ M_P 图,求系数和自由项

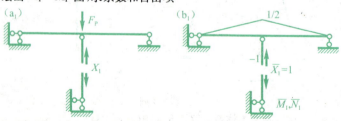

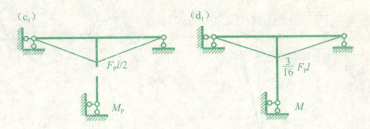

解答 6-3 图

$$\delta_{11} = \frac{l^3}{6EI} + \frac{l}{EA} = \frac{8l}{3EA}$$

$$\Delta_{1P} = -\frac{F_P l^3}{6EI} = -\frac{5F_P l}{3EA}$$

(4) 求解多余未知力

$$X_1 = \frac{5}{8}F_P$$

(5) 作弯矩图按叠加法，$M = \overline{M} \cdot X_1 + M_P$ 绘出 M 图如图(d_1)

(c)(1) 原结构是对称结构上作用对称荷载，取半结构分析，然后去掉多余约束得基本结构如解答 6-3 图(b_2)，

(2) 列出力法方程

$$\delta_{11} X_1 + \Delta_{1P} = 0$$

(3) 绘出 $\overline{M}_1$ ，M_P 图，求系数和自由项

$$\delta_{11} = \frac{1}{EI}(1 \times 5 \times 1 + \frac{1}{2} \times 10.308 \times 1 \times \frac{2}{3} \times 1) = \frac{8.436}{EI}$$

$$\Delta_{1P} = -\frac{1}{EI}(\frac{1}{3} \times 5 \times 12.5q \times 1 + \frac{1}{2} \times 10.308 \times 9.375q \times \frac{2}{3} \times 1)$$

$$= -\frac{53.046}{EI}q$$

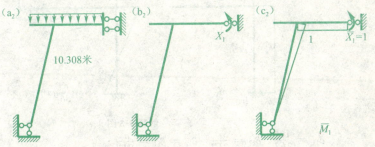

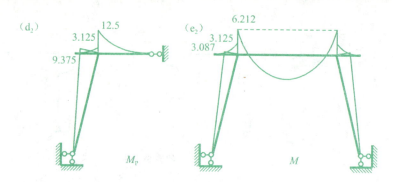

解答 6-3 图

(4) 求解多余未知力
$$X_1 = 6.288q$$
(5) 作弯矩图按叠加法，$M = \overline{M}_1 \cdot X_1 + M_P$，绘出 M 图如图(e_2)

(d)(1) 取基本体系如解答 6-3 图(a_3)，

(2) 列出力法方程
$$\begin{cases} \delta_{11}X_1 + \delta_{12}X_2 + \Delta_{1P} = 0 \\ \delta_{21}X_1 + \delta_{22}X_2 + \Delta_{2P} = 0 \end{cases}$$

(3) 绘出 $\overline{M}_1$、$\overline{M}_2$、M_P 图，求系数和自由项

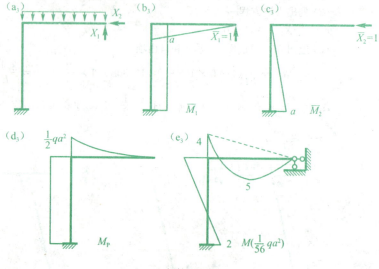

解答 6-3 图

$$\delta_{11} = \frac{4a^3}{3EI} \quad \delta_{22} = \frac{a^3}{3EI} \quad \delta_{12} = \delta_{21} = \frac{a^3}{2EI}$$

$$\Delta_{1P} = -\frac{5qa^4}{8EI} \quad \Delta_{2P} = -\frac{qa^4}{4EI}$$

(4) 求解多余未知力　　$X_1 = \dfrac{3}{7}qa$　　　$X_2 = \dfrac{3}{28}qa$

(5) 作弯矩图利用叠加原理 $M = \overline{M}_1 X_1 + \overline{M}_2 X_2 + M_P$

6-4　试用力法计算下列图示排架，作 M 图（图 c 中圆圈内的数字代表各杆 EI 的相对值）。

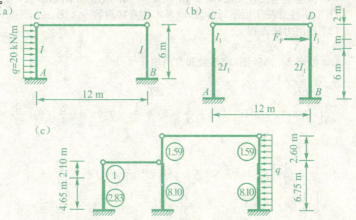

题 6-4 图

解答：(a)(1) 排架结构，取基本体系如解答 6-4 图(a)，

(2) 列出力法方程

$$\delta_{11} X_1 + \Delta_{1P} = 0$$

(3) 绘出 $\overline{M}_1$、M_P 图，求系数和自由项

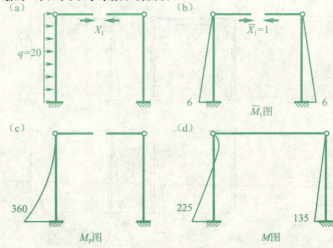

解答 6-4 图

$$\delta_{11} = \frac{144}{EI} \quad \Delta_{1P} = \frac{3240}{EI}$$

(4) 求解多余未知力
$$X_1 = -22.5$$

(5) 作弯矩图按叠加法,$M = \overline{M}_1 \cdot X_1 + M_P$ 绘出 M 图如图(d)

(b)(1) 注意按 I 值不同分段,取基本体系如解答 6-4 图(a_1),

(2) 列出力法方程
$$\delta_{11} X_1 + \Delta_{1P} = 0$$

(3) 绘出 $\overline{M}_1$、M_P 图,求系数和自由项

$$\delta_{11} = \frac{2}{EI_1}(\frac{1}{2} \times 3 \times 3 \times \frac{2}{3} \times 3) + \frac{2}{2EI_1} \cdot$$
$$[\frac{1}{2} \times 3 \times 6 \times (\frac{2}{3} \times 3 + \frac{1}{3} \times 9) + \frac{1}{2} \times 9 \times 6 \times (\frac{2}{3} \times 9 + \frac{1}{3} \times 3)]$$
$$= \frac{252}{EI_1}$$

$$\Delta_{1P} = -\frac{1}{EI_1}[\frac{1}{2} \times F_P \times 1 \times (\frac{2}{3} \times 3 + \frac{1}{3} \times 2)] - \frac{1}{2EI_1} \cdot$$
$$[\frac{1}{2} F_P \times 6 \times (\frac{2}{3} \times 3 + \frac{1}{3} \times 9) + \frac{1}{2} \times 7F_P \times 6 \times (\frac{2}{3} \times 9 + \frac{1}{3} \times 3)]$$
$$= -\frac{247 F_P}{3EI_1}$$

(4) 求解多余未知力
$X_1 = 0.3267 F_P$

(5) 作弯矩图按叠加法,$M = \overline{M}_1 \cdot X_1 + M_P$ 绘出 M 图如图(d_1)

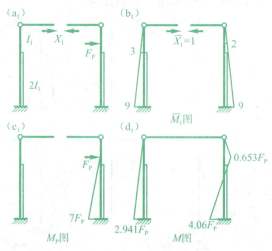

解答 6-4 图

(c)(1) 取基本体系如解答 6-4 图(a_2),

(2) 列出力法方程
$$\begin{cases} \delta_{11}X_1 + \delta_{12}X_2 + \Delta_{1P} = 0 \\ \delta_{21}X_1 + \delta_{22}X_2 + \Delta_{2P} = 0 \end{cases}$$

(3) 绘出 $\overline{M}_1$ $\overline{M}_2$ M_P 图,求系数和自由项

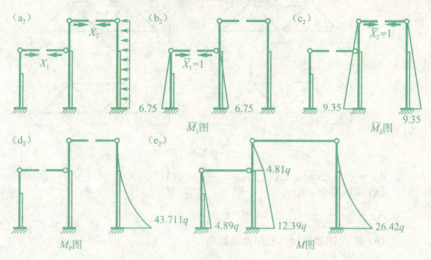

解答 6-4 图

$\delta_{11} = 50.877$ $\delta_{22} = 73.199$ $\delta_{12} = \delta_{21} = -19.969$
$\Delta_{1P} = 0$ $\Delta_{2P} = 120.83q$

(4) 求解多余未知力

解方程组 $\begin{cases} 50.877X_1 - 19.969X_2 = 0 \\ -19.969X_1 + 73.199X_2 + 120.83q = 0 \end{cases}$

得 $X_1 = -0.725q$ $X_2 = -1.849q$

(5) 作弯矩图利用叠加原理,$M = \overline{M}_1 \cdot X_1 + \overline{M}_2 X_2 + M_P$

6—5 试用力法计算下列图示桁架的轴力。各杆 $EA = $ 常数。

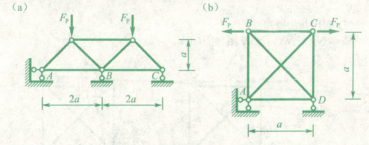

题 6-5 图

解答:(a)(1) 桁架结构,注意左右对称性,取基本体系如解答 6-5 图(a),
(2) 列出力法方程

$$\delta_{11}X_1 + \Delta_{1P} = 0$$

(3) 绘出 $\overline{N}_1$、N_P 图,求系数和自由项

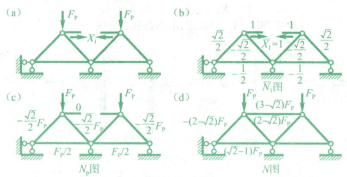

解答 6-5 图

$\delta_{11} = (3+2\sqrt{2})a/EA \qquad \Delta_{1P} = -F_P a/EA$

(4) 求解多余未知力

$$X_1 = \frac{F_P}{3+2\sqrt{2}}$$

(5) 画 N 图如图(d),利用叠加原理

$N = N_P + \overline{N}_1 X_1$

(b)(1) 注意左右对称性,取基本体系如解答 6-5 图(a_1),

(2) 列出力法方程

$$\delta_{11}X_1 + \Delta_{1P} = 0$$

(3) 求系数和自由项,绘出 $\overline{N}_1$、N_P 图

$$\delta_{11} = \frac{1}{EA}[4\times 1\times 1\times a + 2\times(-\sqrt{2})^2\times\sqrt{2}a] = \frac{4(1+\sqrt{2})a}{EA}$$

$$\Delta_{1P} = -\frac{1}{EA}[3\times 1\times F_P\times a + 2\times\sqrt{2}\times\sqrt{2}F_P\times\sqrt{2}a] = -\frac{(3+4\sqrt{2})F_P a}{EA}$$

(4) 求解多余未知力

$X_1 = 0.896F_P$

(5) 利用叠加原理

$N = N_P + \overline{N}X_1$,画 N 图如图(d_2)

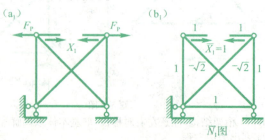

第 6 章 力 法

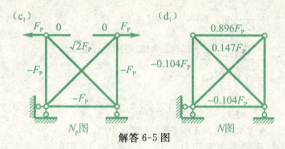

解答 6-5 图

6—6 图示一组合式吊车梁上,上弦横梁截面 $EI = 1\,400\ \text{kN}\cdot\text{m}^2$,腹杆和下弦的 $EA = 2.56 \times 10^5\ \text{kN}$。试计算各杆内力,作横梁的弯矩图。

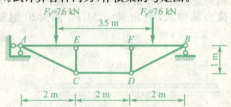

题 6-6 图

解答：(1) 切断多余链杆,取基本体系如解答 6-6 图(a),
(2) 列出力法方程
$$\delta_{11} X_1 + \Delta_{1P} = 0$$
(3) 求系数和自由项,绘出 $\overline{M}_1 \overline{N}_1$、$M_P N_P$ 图

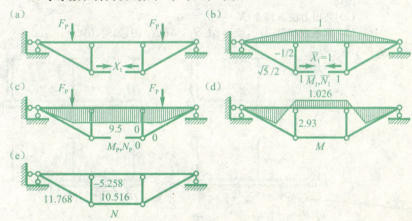

解答 6-6 图

$$\delta_{11} = \int \frac{\overline{M}_1^2}{EI} dx + \sum \frac{\overline{N}_1^2 l}{EA}$$
$$= \frac{1}{EA}(2 \times \frac{1}{2} \times 2 \times 1 \times \frac{2}{3} \times 1 + 2 \times 1 \times 1)$$

$$+\frac{1}{EA}\left[2\times(-\frac{1}{2})^2\times1+2\times(\frac{\sqrt{5}}{2})^2\times\sqrt{5}+2\times(1)^2\times1\right]$$

$$=\frac{10}{3EI}+\frac{8.090}{EA}=2.413\times10^{-3}\,\mathrm{m/kN}$$

$$\Delta_{1P}=\int\frac{\overline{M}_1 M_P}{EI}\mathrm{d}x$$

$$=-\frac{1}{EI}(2\times\frac{1}{2}\times1.25\times9.5\times\frac{2}{3}\times0.625+2\times0.75\times9.5\times\frac{1+0.625}{2}$$

$$+2\times9.5\times1)=-2.538\times10^{-2}\,\mathrm{m}$$

(4) 求解多余未知力 $X_1=10.516$

(5) 作弯矩图画 M 图，N 图如图(d)(e)

6-7 图示连续两跨悬挂式吊车梁，承受吊车荷载 $F_P=4.5\,\mathrm{kN}$，考虑吊杆的轴向变形。试计算吊杆的拉力和伸长，画出梁的 M、F_Q 图。$\Phi20$ 钢筋每根截面积 $A=3.14\,\mathrm{cm}^2$，I20a 钢梁 $I=2\,370\,\mathrm{cm}^4$。

题 6-7 图

解答: (1) 注意选择对称的基本结构，可以使后面的计算更简单，取基本体系如解答 6-7 图(a)，

(2) 列出力法方程 $\delta_{11}X_1+\Delta_{1P}=0$

(3) 求系数和自由项，绘出 $\overline{M}_1\,\overline{N}_1$　 $M_P N_P$ 图，如图(b)(c)

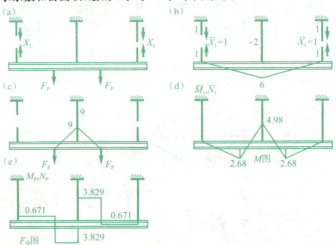

解答 6-7 图

$$\delta_{11} = \int \frac{\overline{M}_1^2}{EI}dx + \sum \frac{\overline{N}_1^2 l}{EA}$$

$$= \frac{1}{EI}(2 \times \frac{1}{2} \times 6 \times 6 \times \frac{2}{3} \times 6) + \frac{1}{EA}[(-2)^2 \times 1.2 + 2 \times 1^2 \times 1.2]$$

$$= \frac{6.087 \times 10^6}{E} \text{m/kN}$$

$$\Delta_{1P} = \int \frac{\overline{M}_1 M_P}{EI}dx + \sum \frac{\overline{N}_1 N_P l}{EA}$$

$$= -\frac{1}{EI}[2 \times \frac{1}{2} \times 2 \times 9 \times (4 + \frac{2}{3} \times 2)] + \frac{1}{EA}[(-2) \times 9 \times 1.2]$$

$$= -\frac{4.085 \times 10^6}{E} \text{m}$$

(4) 求解多余未知力

$X_1 = 0.671$

(5) 画出 M, F_Q 图,如图(d),(e)

6-8 试作下列图示对称刚架的 M 图。

(a)

(b)

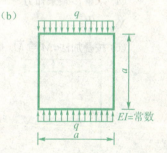

(c)

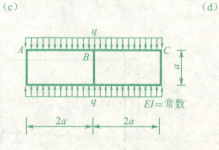

(d)

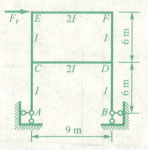

题 6-8 图

解答:(a)4 根立柱 $F_Q = F_P/4$,所以弯矩可以由 $\frac{dM}{dx} = F_Q$ 得出

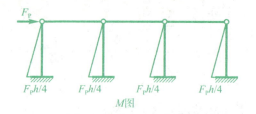

解答 6-8 图

(b)(1) 利用对称性,取 1/4 结构如解答 6-8 图(a) 进行分析,取基本体系如图(b)

(2) 列出力法方程

$$\delta_{11}X_1 + \Delta_{1P} = 0$$

(3) 求系数和自由项,绘出 $\overline{M}_1$、M_P 图,

$$\delta_{11} = \frac{1}{EI} \times 2 \times \frac{a}{2} \times 1 \times 1 = \frac{a}{EI}$$

$$\Delta_{1P} = -\frac{1}{EI}(\frac{1}{3} \times \frac{a}{2} \times \frac{qa^2}{8} \times 1 + \frac{a}{2} \times \frac{qa^2}{8} \times 1) = -\frac{qa^3}{12EI}$$

(4) 求解多余未知力

$$X_1 = \frac{qa^2}{12}$$

(5) 按叠加法,$M = \overline{M}_1 \cdot X_1 + M_P$ 绘出 M 图如图(e)

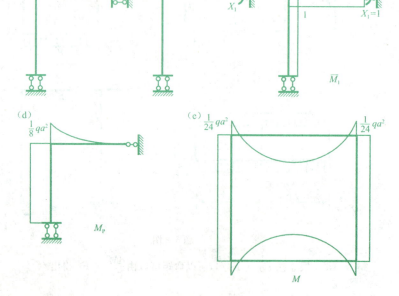

解答 6-8 图

(c)(1) 利用对称性,取 1/4 结构如解答 6-8 图(a_1)进行分析,取基本体系如图(b_1),

(2) 列出力法方程

$$\begin{cases} \delta_{11}X_1 + \delta_{12}X_2 + \Delta_{1P} = 0 \\ \delta_{21}X_1 + \delta_{22}X_2 + \Delta_{2P} = 0 \end{cases}$$

(3) 绘出 $\overline{M}_1$ $\overline{M}_2$ M_P 图,求系数和自由项

$$\delta_{11} = \frac{1}{EI}(\frac{1}{2} \times 2a \times 2a) \times (\frac{2}{3} \times 2a) = \frac{8a^3}{3EI}$$

$$\delta_{22} = \frac{1}{EI}\left[(1 \times 2a \times 1) + (1 \times \frac{a}{2} \times 1)\right] = \frac{5a}{2EI}$$

$$\delta_{12} = \delta_{21} = \frac{1}{EI}(\frac{1}{2} \times 2a \times 2a) \times 1 = \frac{2a^2}{EI}$$

$$\Delta_{1P} = -\frac{1}{EI}(\frac{1}{3} \times 2a \times 2qa^2) \times (\frac{3}{4} \times 2a) = -\frac{2qa^4}{EI}$$

$$\Delta_{2P} = -\frac{1}{EI}(\frac{1}{3} \times 2a \times 2qa^2) \times 1 = -\frac{4qa^3}{3EI}$$

$$\frac{8}{3}a^3 X_1 + 2a^2 X_2 - 2qa^4 = 0$$

$$2a^2 X_1 + \frac{5}{2}a X_2 - \frac{4}{3}qa^3 = 0$$

(4) 解方程,得:$X_1 = \frac{7}{8}qa$ $X_2 = -\frac{1}{6}qa^2$

(5) 作弯矩图利用叠加原理,$M = \overline{M}_1 \cdot X_1 + \overline{M}_2 \cdot X_2 + M_P$

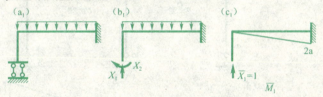

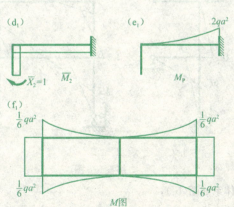

解答 6-8 图

(d) 原结构荷载可以看作由解答 6-8 图(b_2) 和图(c_2) 叠加形成

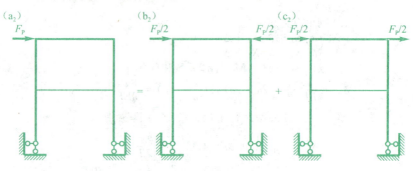

解答 6-8 图

图(b_2) 所示结构 M 为零，图(c_2) 所示结构根据对称性取半结构图(a_3) 分析

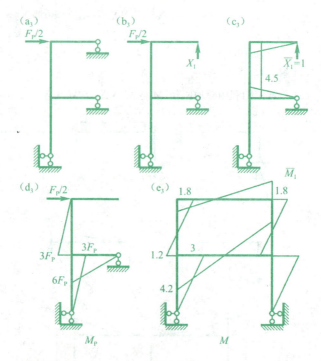

解答 6-8 图

(1) 取基本体系如图(b_3)，
(2) 列出力法方程
$$\delta_{11} X_1 + \Delta_{1P} = 0$$

(3) 求系数和自由项

$$\delta_{11} = \frac{2}{2EI}(\frac{1}{2}\times 4.5\times 4.5\times \frac{2}{3}\times 4.5) + \frac{1}{EI}(6\times 4.5\times 4.5) = \frac{151.875}{EI}$$

$$\Delta_{1P} = -\frac{1}{EI}(\frac{1}{2}\times 6\times 3F_P\times 4.5) - \frac{1}{2EI}(\frac{1}{2}\times 4.5\times 6F_P\times \frac{2}{3}\times 4.5)$$

$$= -\frac{60.75}{EI}F_P$$

(4) 求解多余未知力

$$X_1 = 0.4F_P$$

(5) 作弯矩图,绘出 M 图,如图(e_3)所示。

6—9 试求解下列具有弹性支座的结构(图 a 中弹性支座刚度 $k = \frac{3EI}{l^3}$,图 b 中弹性支座抗转动刚度 $k_\theta = \frac{EI}{l}$),并作 M 图。

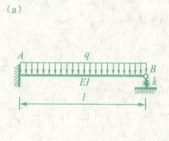
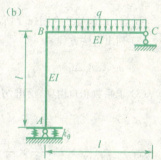

题 6-9 图

解答:(a)(1) 取解答 6-9 图(a) 所示的基本体系,
(2) 列出力法方程

$$\delta_{11}X_1 + \Delta_{1P} = 0$$

(3) 求系数和自由项,绘出 $X_1 = 1$ 和荷载单独作用在基本结构上的弯矩图 $\overline{M}_1$ 和 M_P 图,然后求出

$$\delta_{11} = \sum\int \frac{\overline{M}_1^2}{EI}dx + \frac{1}{K} = \frac{1}{EI}\times \frac{l^2}{2}\times \frac{2l}{3} + \frac{l^3}{3EI} = \frac{2l^3}{3EI}$$

$$\Delta_{1P} = \sum\int \frac{\overline{M}_1 M_P}{EI}dx = -\frac{1}{EI}(\frac{1}{3}\times l\times \frac{ql^2}{2})\times \frac{3l}{4} = -\frac{ql^4}{8EI}$$

(4) 求解多余未知力

$$X_1 = -\frac{\Delta_{1P}}{\delta_{11}} = \frac{3}{16}ql$$

(5) 作弯矩图按叠加法,$M = \overline{M}_1 \cdot X_1 + M_P$,绘出 M 图如图(d)

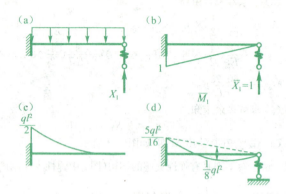

解答 6-9 图

(b)(1) 取解答 6-9 图(a_1) 所示的基本体系,

(2) 列出力法方程

$$\delta_{11} X_1 + \Delta_{1P} = -\frac{x_1}{k_\theta}$$

(3) 求系数和自由项,绘出 $\overline{M}_1$ 和 M_P 图,

$$\delta_{11} = \frac{1}{EI}(\frac{1}{2} \times l \times 1 \times \frac{2}{3} \times 1 + l \times 1 \times 1) = \frac{4l}{3EI}$$

$$\Delta_{1P} = \frac{1}{EI}(\frac{2}{3} \times l \times \frac{ql^2}{8} \times \frac{1}{2}) = \frac{ql^3}{24EI}$$

解方程 $\quad \delta_{11} + \Delta_{1P} = -\dfrac{X_1}{k_\theta}$

(4) 求解多余未知力

$$X_1 = -\frac{1}{56}ql^2$$

(5) 作弯矩图按叠加法,$M = \overline{M}_1 \cdot X_1 + M_P$ 绘出 M 图如图(d_1)

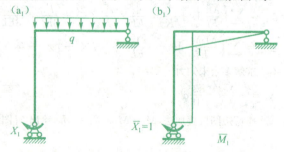

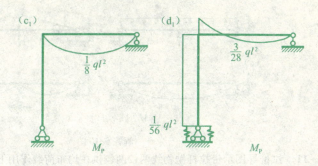

解答 6-9 图

6—10 为使图示梁截面 B 的弯矩为零,试问弹性支座刚度 k 应取多大?并求此时 B 点的挠度。

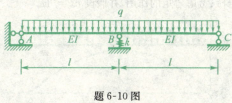

题 6-10 图

解答: 取解答 6-10 图(a)所示的基本体系,绘出 $\overline{M}_1$ 和 M_P 图。

显然 $M_B = \dfrac{1}{2}ql^2 - \dfrac{l}{2}X_1$,当 $M_B = 0$ 时, $X_1 = ql$

列力法方程 $\delta_{11}X_1 + \Delta_{1P} = -\dfrac{X_1}{k}$

其中

$\delta_{11} = \dfrac{2}{EI}(\dfrac{1}{2} \times \dfrac{1}{2}l \times l \times \dfrac{2}{3} \times \dfrac{1}{2}l) = \dfrac{l^3}{6EI}$

$\Delta_{1P} = -\dfrac{2}{EI}(\dfrac{2}{3} \times l \times \dfrac{ql^2}{2} \times \dfrac{5}{8} \times \dfrac{1}{2}l) = -\dfrac{5ql^4}{24EI}$

$\dfrac{l^3}{6EI} \times ql - \dfrac{5ql^4}{24EI} = -\dfrac{ql}{k}$

得 $k = \dfrac{24EI}{l^3}$

画出原结构弯矩图如图(d),求 B 点挠度时,可以用基本结构上的单位弯矩图(图 b)与原结构弯矩图图乘计算

$\Delta_B = -\dfrac{2}{EI}(\dfrac{2}{3} \times l \times \dfrac{ql^2}{8} \times \dfrac{1}{4}l) = -\dfrac{ql^4}{24EI}(\downarrow) = -\dfrac{X_1}{k}$

第 6 章 力 法

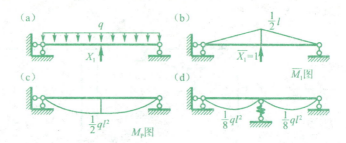

解答 6-10 图

6-11 试推导图示带拉杆抛物线两铰两铰拱在均布荷载作用下拉杆内力的表达式。拱截面 EI 为常数,拱轴方程为

$$y = \frac{4f}{l^2}x(l-x)$$

计算位移时,拱身只考虑弯矩的作用,并假设 $\mathrm{d}s = \mathrm{d}x$。

题 6-11 图

解答:取如图所示的基本体系

基本结构在 $X_1 = 1$ 作用下,$\overline{M}_1 = y$

基本结构在外荷载作用下,$M_P = \dfrac{1}{2}qlx - \dfrac{qx^2}{2}$

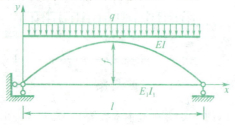

解答 6-11 图

列力法方程　　$\delta_{11}X_1 + \Delta_{1P} = 0$

$$\delta_{11} = \int \frac{\overline{M}_1^2}{EI}\mathrm{d}x + \sum \frac{\overline{N}_1^2 l}{E_1 A_1} = \int_0^l \frac{y^2}{EI}\mathrm{d}x + \frac{1 \times 1 \times l}{E_1 A_1} = \frac{16f^2}{EIl^4}\int_0^l x^2(l-x)^2 \mathrm{d}x + \frac{l}{E_1 A_1} = \frac{8f^2 l}{15EI} + \frac{l}{E_1 A_1}$$

$$\Delta_{1P} = \int \frac{\overline{M}_1 M_P}{EI}\mathrm{d}x$$

$$= -\frac{1}{EI} \times \frac{2qf}{l^2}\int_0^l x^2(l-x)^2 \mathrm{d}x = -\frac{qfl^3}{15EI}$$

解方程,得　　$X_1 = \dfrac{ql^2}{8f} \dfrac{1}{1 + \dfrac{15EI}{8E_1 A_1 f^2}}$

X_1 即为拉杆内力

6—12 略

6—13 试求等截面圆管在图示荷载作用下的内力。圆管半径为 R。

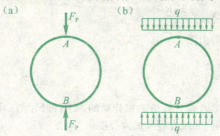

题 6-13 图

解答:(a)根据对称性取四分之一结构如图(a)进行分析,取图(b)所示的基本体系

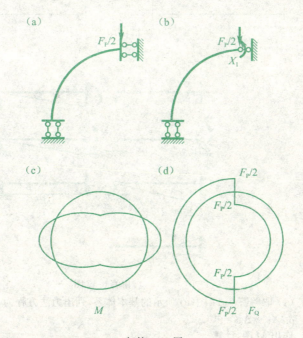

解答 6-13 图

列力法方程 $\delta_{11} X_1 + \Delta_{1P} = 0$

基本结构在 $X_1 = 1$ 作用下,$\overline{M}_1 = 1$

基本结构在外荷载作用下,$M_P = \dfrac{F_P x}{2}$

$$\delta_{11} = \dfrac{1}{EI} \times \dfrac{\pi}{2} R \times 1 \times 1 = \dfrac{\pi R}{2EI}$$

第 6 章 力 法

$$\Delta_{1P} = -\int \frac{\overline{M}_1 M_P}{EI} dx = -\frac{1}{EI}\int_0^{\frac{\pi}{2}} \frac{F_P}{2} R \cdot \sin\theta \cdot R d\theta = -\frac{F_P R^2}{2EI}$$

解方程,得 $X_1 = \dfrac{F_P R}{\pi}$

画弯矩图,剪力图

6－14 略

6－15 略

6－16 略

6－17 设图示梁 A 端有转角 α,试作梁的 M 图和 F_Q 图;对每一个梁选用两种基本体系计算,并求梁的挠曲线方程和最大挠度。

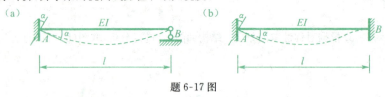

题 6-17 图

解答:

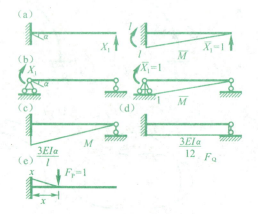

解答 6-17 图

(1) 取解答 6-17 图(a)所示的基本体系,列出力法方程为

$$\delta_{11} X_1 + \Delta_{1C} = 0$$

作出 $\overline{M}$ 图,计算

$$\delta_{11} = \frac{1}{EI}\left(\frac{1}{2} \times l \times l \times \frac{2}{3} \times l\right) = \frac{l^3}{3EI}$$

$$\Delta_{1C} = -\sum \overline{R} C = -l\alpha$$

所以 $\quad X_1 = \dfrac{3EI\alpha}{l^2}$

(2) 取解答 6-17 图(b)所示的基本体系,列出力法方程为

$\delta_{11} X_1 = \alpha$

作出 $\overline{M}$ 图,计算

$\delta_{11} = \frac{1}{EI}(\frac{1}{2} \times 1 \times l \times \frac{2}{3} \times 1) = \frac{l}{3EI}$

所以　　$X_1 = \frac{3EI\alpha}{l}$

(3) 作出弯矩图和剪力图如图(c、d)所示。

(4) 求挠曲线,虚设力状态(图(e))。c 与 e 图乘得到

$y(x) = -\frac{1}{EI}(\frac{1}{2}x^2)(\frac{l-\frac{1}{3}x}{l})\frac{3EI\alpha}{l} - (-x \cdot \alpha) = \frac{\alpha}{2l^2}(2l^2 x - 3lx^2 + x^3)$

由最大挠度 $y'(x) = 3x^2 - 6lx + 2l^2 = 0$,得最大挠度位置:

$x = (1 - \frac{\sqrt{3}}{3})l = 0.423l$

代入 $y(x)$ 表达式可得: $y_{\max} = 0.385\alpha l$

(b) (1)

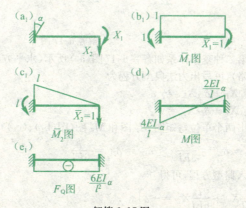

解答 6-17 图

取解答 6-17 图(a_1)所示的基本体系(水平方向未知力不影响弯矩,故省略),可写出力法典型方程为

$\begin{cases} \delta_{11} X_1 + \delta_{12} X_2 + \Delta_{1C} = 0 \\ \delta_{21} X_1 + \delta_{22} X_2 + \Delta_{2C} = 0 \end{cases}$

作出两个单位弯矩图 $\overline{M}_1$ 图和 $\overline{M}_2$ 图(图(b_1)、(c_1))

$\delta_{11} = \frac{l}{EI} \qquad \delta_{22} = \frac{l^3}{3EI} \qquad \delta_{12} = \delta_{21} = \frac{l^2}{2EI}$

$\Delta_{1C} = -\sum \overline{R} C = -(-1 \times \alpha) = \alpha$

$\Delta_{1C} = -\sum \overline{R} C = -(-1 \times \alpha) = l\alpha$

计算系数和自由项代入典型方程,可得

$$\left.\begin{array}{l}\dfrac{l}{EI}X_1+\dfrac{l^2}{2EI}X_2+\alpha=0\\ \dfrac{l^2}{2EI}X_1+\dfrac{l^3}{3EI}X_2+l\alpha=0\end{array}\right\}$$

解得

$$X_1=\dfrac{2EI}{l}\alpha,\quad X_2=-\dfrac{6EI}{l^2}\alpha$$

最后弯矩图和剪力图如解答 6-17 图(d_1)、(e_1) 所示。

(2)

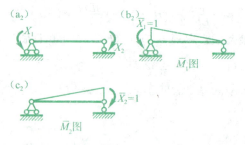

解答 6-17 图

取第二种基本体系如解答 6-17 图(a_2)所示(水平方向未知力不影响弯矩,故省略),可写出力法典型方程为

$$\begin{cases}\delta_{11}X_1+\delta_{12}X_2=-\alpha\\ \delta_{21}X_1+\delta_{22}X_2=0\end{cases}$$

作出两个单位弯矩图 $\overline{M}_1$ 图和 $\overline{M}_2$ 图(图(b_2)、(c_2))

$$\delta_{11}=\delta_{22}=\dfrac{l}{3EI}\qquad \delta_{12}=\delta_{21}=\dfrac{l}{6EI}$$

代入典型方程,可得

$$\left.\begin{array}{l}\dfrac{l}{3EI}X_1+\dfrac{l}{6EI}X_2=-\alpha\\ \dfrac{l}{6EI}X_1+\dfrac{l}{3EI}X_2=0\end{array}\right\}$$

解得

$$X_1=-\dfrac{4EI}{l}\alpha,X_2=\dfrac{2EI}{l}\alpha$$

最后内力图与前法同。

(3) 求挠曲线,虚设出力状态(图 b_3)。与(a_3)M 图乘得到

$$y(x)=-\dfrac{1}{EI}(\dfrac{1}{2}x^2)$$

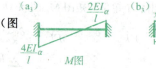

解答 6-17 图

$$\left[\left(l-\frac{1}{3}x\right)\frac{4EI\alpha}{l} - \left(\frac{1}{3}x\right)\frac{2EI\alpha}{l}\right] - (-x \cdot \alpha) = \frac{\alpha}{l^2}(l^2 x - 2lx^2 + x^3)$$

最大挠度，由 $y'(x) = 3x^2 - 4lx + l^2 = 0$ 得最大挠度位置，$x = \frac{1}{3}l$

代入 $y(x)$ 表达式可得：$y_{max} = \frac{4}{27}\alpha l = 0.148\alpha l$

6-18 设图示梁 B 端下沉 c，试作梁的 M 图和 F_Q 图。

题 6-18 图

解答：取基本体系如解答 6-18 图(a)，

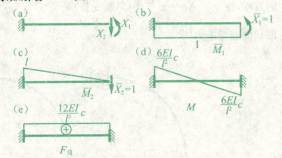

解答 6-18 图

列力法方程 $\begin{cases} \delta_{11}X_1 + \delta_{12}X_2 = 0 \\ \delta_{21}X_1 + \delta_{22}X_2 = c \end{cases}$

绘出 $\overline{M}_1 \overline{M}_2$ 图，计算 $\delta_{11} = \frac{1}{EI}(1 \times l \times 1) = \frac{l}{EI}$

$$\delta_{22} = \frac{1}{EI}\left(\frac{1}{2} \times l \times l \times \frac{2}{3} \times l\right) = \frac{l^3}{3EI}$$

$$\delta_{12} = \delta_{21} = -\frac{1}{EI}\left(\frac{1}{2} \times l \times l \times 1\right) = -\frac{l^2}{2EI}$$

代入方程，计算得

最后弯矩图和剪力图如图(d)(e)所示

$$X_1 = \frac{6EI}{l^2}c \qquad X_2 = \frac{12EI}{l^3}c$$

6-19 图示钢筋混凝土烟囱平均半径为 R，壁厚 h，温度膨胀系数为 α。当内壁温度与外壁温度差值为 t 时，试求烟囱内力。

第 6 章 力 法

题 6-19 图

解答: 根据对称性取四分之一结构如解答 6-19 图(a)进行分析,取图(b)所示的基本体系

列力法方程 $\delta_{11}X_1 + \Delta_{1t} = 0$

基本结构在 $X_1=1$ 作用下,$\overline{M}_1 = 1$

$$\delta_{11} = \frac{1}{EI} \times \frac{\pi}{2}R \times 1 \times 1 = \frac{\pi R}{2EI}$$

$$\Delta_{1t} = \frac{\alpha t}{h}\int \overline{M}_1 \mathrm{d}x = \frac{\alpha t}{h} \frac{\pi}{2}R$$

解方程,得 $X_1 = -\frac{EI\alpha t}{h}$ (外部受拉)

即烟囱的弯矩为 $\frac{EI\alpha t}{h}$

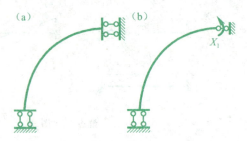

解答 6-19 图

6-20 图示梁上、下侧温度变化分别为 $+t_1$ 与 $+t_2(t_2 > t_1)$,梁截面高 h,温度膨胀系数 α。试求作 M 图及挠曲线方程。

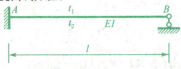

题 6-20 图

解答: 取解答 6-20 图(a)所示的基本体系,列力法方程 $\delta_{11}X_1 + \Delta_{1t} = 0$

作出 $\overline{M}$ 图,计算

$$\delta_{11} = \frac{1}{EI}(\frac{1}{2} \times l \times l \times \frac{2}{3} \times l) = \frac{l^3}{3EI}$$

$$\Delta_{1t} = \frac{\alpha(t_2-t_1)}{h}\int \overline{M}_1 \mathrm{d}x = \frac{\alpha(t_2-t_1)}{h}\frac{1}{2}l^2$$

第 6 章 力 法

$$X_1 = -\frac{3EI\alpha(t_2-t_1)}{2hl}$$

做 M 图如图(c),要计算挠曲线方程,先在基本结构上虚设力状态(图(d)),单位力的位置用 x 来代替,注意基本结构可以是不同的,所以这里的基本结构是简支梁。

$$y(x) = \int \frac{\overline{M}M}{EI}dx + \sum \frac{\alpha(t_2-t_1)}{h}\int \overline{M}k\,dx = -\frac{1}{EI}\left[\frac{1}{2}\times l \times \frac{x(l-x)}{L}\right]$$

$$\left[(\frac{l+l-x}{3}/l)\frac{3EI\alpha}{2h}(t_2-t_1)\right]+\frac{\alpha(t_2-t_1)}{h}\left[\frac{1}{2}\times l \times \frac{x(l-x)}{l}\right]$$

$$=\frac{\alpha(t_2-t_1)}{4h}(x^2-\frac{x^3}{l})$$

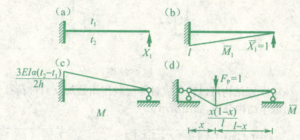

解答 6-20 图

6-21 图示桁架,各杆长度均为 l,EA 相同。杆 AB 制作时短了 Δ,将其拉伸(在弹性极限内)后进行装配。试求装配后杆 AB 的长度。

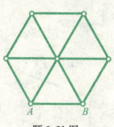

题 6-21 图

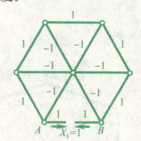

解答 6-21 图

解答:设装配后 AB 杆的轴力为 X_1,取 X_1 为多余未知力,在 $\overline{X}_1=1$ 作用下结构的轴力如解答 6-21 图所示。$\delta_{11}=\frac{1}{EA}(12\times 1^2 \times l)=\frac{12l}{EA}$

列力法方程,$\delta_{11}X_1=\Delta$,

解方程,得 $X_1=\frac{EA\Delta}{12l}$

即 AB 杆的实际轴力为 $\frac{EA\Delta}{12l}$,那么 AB 杆的轴向变形为 $\frac{EA\Delta}{12l}l/EA=\frac{\Delta}{12}$,所以

第 6 章 力 法

AB 杆的长度为 $l - \Delta + \dfrac{\Delta}{12} = l - \dfrac{11\Delta}{12}$

6－22 图示门式刚架,梁的 I_2 是柱的 I_1 的 s 倍,即 $I_2 = sI_1$,s 值分三种情况:$s = 0.2, 1, 5$;屋顶矢高有四种取值:$f = 0 \text{ m}, 0.6 \text{ m}, 2 \text{ m}, 4 \text{ m}$。试求:

(a)固定 $f = 2 \text{ m}$,各种 s 值时内力的变化。
(b)固定 $s = 1$,各种 f 值时内力的变化。

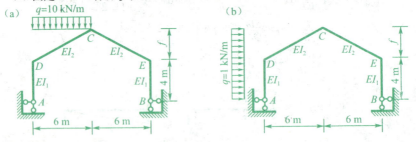

题 6-22 图

解答:(a)(1) 原结构可以转化成对称荷载作用叠加反对称荷载作用两种情况,在每种情况下,取半结构分析,如图所示。

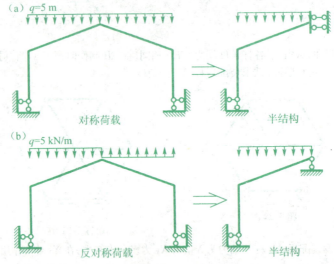

解答 6-22 图

(2) 在反对称荷载作用下,半结构为静定结构,弯矩图如图所示

解答 6-22 图

(3) 在正对称荷载作用下，取力法基本体系如图(a_1)，列出力法方程为

$$\delta_{11}X_1 + \Delta_{1P} = 0$$

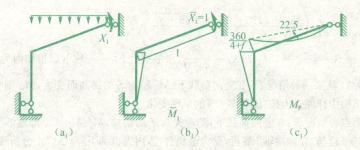

解答 6-22 图

绘出 $\overline{M}_1$、M_P 图，计算

$$\delta_{11} = \frac{1}{sEI_1} \times \sqrt{36+f^2} \times 1 \times 1 + \frac{1}{EI_1} \times \frac{1}{2} \times 4 \times 1 \times \frac{2}{3} \times 1$$

$$= \frac{1}{EI_1}\left(\frac{\sqrt{36+f^2}}{s} + \frac{4}{3}\right)$$

$$-\Delta_{1P} = \frac{1}{sEI_1}\left(\frac{1}{2} \times \sqrt{36+f^2} \times \frac{360}{4+f} - \frac{2}{3} \times \sqrt{36+f^2} \times 22.5\right) \times 1 + \frac{1}{EI_1} \times \frac{1}{2}$$

$$\times 4 \times 1 \times \frac{2}{3} \times \frac{360}{4+f} = \frac{1}{sEI_1} \times \sqrt{36+f^2} \times \frac{120-15f}{4+f} + \frac{1}{EI_1} \times \frac{480}{4+f}$$

(4) 分析题中各种情况

• 固定 $f = 2$ m，$s = 0.2, 1.0, 5.0$，分析结构主要内力的变化情况，$M_C = X_1$，$M_D = X_1 - \frac{360}{4+f}$。水平推力 $F_H = -\frac{M_D}{4}$，从而可计算它们的变化。

$f=2$ \ s	0.2	1.0	5.0
M_C(KN·m)	16.82	22.835	38.093
M_D(KN·m)	−43.18	−37.165	−21.907
F_H(KN)	10.80	9.291	5.477

• 固定 $s = 1$，$f = 0$ m，0.6 m，2 m，4 m

第 6 章 力 法

$s=1$ \ f	0 m	0.6 m	2 m	4 m
M_C(KN·m)	40.911	33.934	22.835	13.352
M_D(KN·m)	−49.089	−44.327	−37.165	−31.648
F_H(KN)	12.272	11.082	9.291	7.912
δ_{11}	7.333	7.363	7.658	8.544
$-\Delta_{1P}$	300	249.853	174.868	114.083

$$\delta_{11} = \frac{1}{EI_1}(\sqrt{36+f^2} + \frac{4}{3})$$

$$-\Delta_{1P} = \frac{1}{EI_1}(\sqrt{36+f^2} \times \frac{120-15f}{4+f} + \frac{480}{4+f})$$

$$= \frac{1}{EI_1}(\frac{480 + (120-15f)\sqrt{36+f^2}}{4+f})$$

$$M_C = X_1 = \frac{-\Delta_{1P}}{\delta_{11}}, M_D = X_1 - \frac{360}{4+f}, \text{水平推力 } F_H = -\frac{M_D}{4}(\text{以推向内为正})$$

(小结)从第一种情况看:在竖向荷载下:M_C 随着 S 的提高而变大,M_D 则相反,这体现了结构中杆件受力按"能者多劳"的原则变化。

从第二种情况看:在竖向荷载下:随着矢高 f 的增加,M_C、M_D、F_H 都逐渐变小,因为结构越来越与"合理拱轴"靠近,受力渐趋合理,内力也都下降。从以上分析还可以看到,M_C、M_D、F_H 都由正对称荷载作用下产生,而反对称荷载作用时只影响斜杆内力。

(b)同理 6-22(a)中分析

(1)在反对称荷载下,如图(a_2)所示

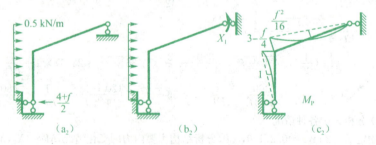

解答 6-22 图

(2)在正对称荷载下,取基本体系如图(b_2)

$$\delta_{11} = \frac{1}{EI_1}(\frac{\sqrt{36+f^2}}{s} + \frac{4}{3})$$

$$-\Delta_{1P} = \frac{1}{sEI_1}\left[\frac{1}{2} \times \sqrt{36+f^2} \times (3-\frac{f}{4}) \times 1 - \frac{2}{3} \times \sqrt{36+f^2} \times \frac{f^2}{16} \times 1\right]$$

$$+ \frac{1}{EI_1}\left[\frac{1}{2} \times 4 \times (3-\frac{f}{4}) \times \frac{2}{3} \times 1 - \frac{2}{3} \times 4 \times 1 \times \frac{1}{2} \times 1\right]$$

$$= \frac{1}{sEI_1}\left[\sqrt{36+f^2} \times \frac{(36-3f-f^2)}{4}\right] + \frac{1}{EI_1} \times \frac{8-f}{3}$$

(3) 分析题中各种情况
- 固定 $f=2$ m, $s=0.2, 1.0, 5.0$,给出 M_C 的变化情况,其他主要内力变化情况同理可以分析

$f=2 \diagdown s$	0.2	1.0	5.0
δ_{11}	32.956	7.658	2.598
$-\Delta_{1P}$	207.548	43.110	10.222
M_C(kN·m)	6.298	5.629	3.935

- 固定 $s=1, f=0$ m, 0.6 m, 2 m, 4 m

$s=1 \diagdown f$	0 m	0.6 m	2 m	4 m
δ_{11}	7.333	7.363	7.658	8.544
$-\Delta_{1P}$	56.667	53.413	43.110	15.756
M_C(kN·m)	7.728	7.254	5.629	1.844

(小结)可见,在水平荷载作用下,在上面两种情况中,M_C 随 s 提高而降低,随 f 增大而降低,同理可以分析其他内力变化情况。

同步自测题及参考答案

同步自测题

1. 用力法求解超静定结构时,采用(　　)作为基本未知量。
2. 力法方程各项的物理意义是(　　),整个方程的物理意义是(　　)。
3. 图 6-11 所示结构的超静定次数是(　　)。

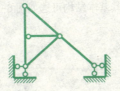

图 6-11

4. 图 6-12 所示连续梁的弯矩图,B 支座的约束力为(　　)。

第 6 章 力 法

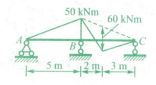

图 6-12

5. 图 6-13 所示超静定刚架以去除 C 支座加向上的反力为基本体系,各杆 EI 等于常数,δ_{11} 和 Δ_{1P} 为(   )。

A. $EI\delta_{11} = 288;EI\Delta_{1P} = 8\,640$ B. $EI\delta_{11} = 216;EI\Delta_{1P} = 8\,640$
C. $EI\delta_{11} = 288;EI\Delta_{1P} = -8\,640$ D. $EI\delta_{11} = 216;EI\Delta_{1P} = -8\,640$

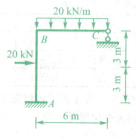

图 6-13

6. 连续梁和 M 图如图 6-14,6-15 所示,则支座 B 的竖向反力 F_{By} 是(   )

A. 1.21(↑)   B. 5.07(↑)
C. 11.07(↓)   D. 17.07(↑)

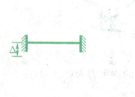

图 6-14

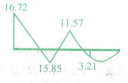

图 6-15

7. 图 6-16 所示超静定梁,其基本结构可选如图 6-17 中所示四种情况,其中力法方程右端项完全相同的是(   )

图 6-16   图 6-17

A. (1)、(2)与(3) B. (1)、(2)与(4)
C. (2)、(3)与(4) D. (1)、(3)与(4)

8. 欲求图6-18所示各结构的内力图,用什么方法最为简捷?为什么?

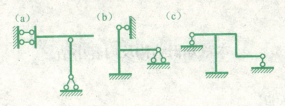

图 6-18

参 考 答 案

1. 多余约束力
2. 位移;各未知力方向的位移与原结构的位移一致(或变形协调)
3. 1
4. 50
5. C
6. D
7. A
8. (a) 截面法,静力平衡方程
(b) 位移法
(c) 力法
未知量个数越少越容易求解。

第7章 位 移 法

本章知识结构及内容小结

【本章知识结构】

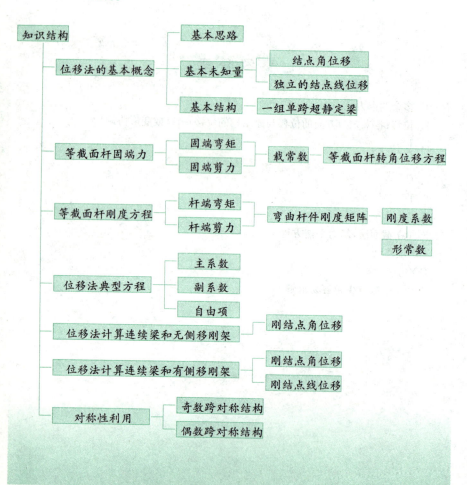

第7章 位移法

【本章内容小结】

1. 位移法的基本思路

位移法以结构中的某些结点位移作为基本未知量,可按两种思路求解结点位移和内力。主要用于超静定结构,也可用于静定结构。

第一种思路是把结构分离成单根杆件,建立杆端位移与杆端力之间的物理关系,利用杆件隔离处的杆端力应满足的平衡条件形成位移法方程。求出杆端位移后,再求杆端力。

第二种思路是先对结点施加约束,阻止位移,形成基本结构,然后放松结点,消除附加约束,恢复原有位移。通过这一过程,建立位移法方程,求出结点位移和杆端力。

2. 位移法的理论依据

(1) 在线弹性范围内的小变形结构,其变形可以像内力一样应用叠加原理;

(2) 力与变形之间为线性关系,可由力求相应的变形和内力,也可由变形和位移求相应的内力。

3. 基本未知量

位移法的基本未知量取为独立的结点角位移和结点线位移。

结点角位移指刚结点和半铰联结的结点转角;结点线位移指在原结构的全部固定端和刚结点上加铰后,使该铰结图形保持几何不变所需增添的最少连杆方向的位移。

确定结点线位移所作的假设为:

(1) 弯曲变形微小,受弯直杆弯曲后两段之间距离不改变;

(2) 受弯直杆忽略轴向变形和剪切变形。

4. 基本结构

在确定结构基本未知量的同时,设置附加刚臂阻止结点转动,设置附加连杆阻止结点发生线位移,所得到的单跨超静定梁组合体即为位移法的基本结构。

5. 有侧移斜杆刚架的两类直杆

(1) 第一类杆(图(a))

杆件一端为无线位移,另一端有线位移。其运动是绕不动端转动,而另一端的方向认为是垂直于杆件原来的轴线;

(2) 第二类杆(图(b))

杆件两端都有线位移。根据它和其他杆件的联系,先确定其一端的线位移,并假设在这个端点作线位移的过程中,杆件仅作平行移动,在完成平动后,再令杆件绕该端点转动。此时,杆件的另一端的线位移绕垂直于杆件原轴线方向。

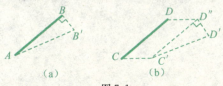

图 7-1

第 7 章 位移法

6. 位移法典型方程

对于具有 n 个独立结点位移的结构,位移法典型方程的形式如下:

$$\left.\begin{array}{l} k_{11}\Delta_1 + k_{12}\Delta_2 + \cdots + k_{1n}\Delta_n + F_{1F}(F_{1t}, F_{1c}) = 0 \\ k_{21}\Delta_1 + k_{22}\Delta_2 + \cdots + k_{2n}\Delta_n + F_{2F}(F_{2t}, F_{2c}) = 0 \\ \cdots\cdots \\ k_{n1}\Delta_1 + k_{n2}\Delta_2 + \cdots + k_{nn}\Delta_n + F_{nF}(F_{nt}, F_{nc}) = 0 \end{array}\right\}$$

上式反映了原结构的静力平衡条件,每一个方程式都表示在相应的约束中,约束反力应为零。

式中:

主系数 k_{ii}——在基本结构中,约束 i 发生在单位位移 $\Delta_i = 1$ 时,在约束 i 中产生反力或反力矩,恒为正值;

副系数 $k_{ij}(= k_{ji}$——在基本结构中,约束 $i(j)$ 由于约束 $j(i)$ 发生单位位移 $\Delta_j = 1(\Delta_i = 1)$ 所引起的反力或反力矩。与所设 $\Delta_i(\Delta_j)$ 方向一致者为正,与所设 $\Delta_i(\Delta_j)$ 方向相反者为负;

自由项 $F_{iF}(F_{it}, F_{ic})$——在基本结构中,由于荷载(温度变化、支座沉陷)作用,在约束 i 中引起的反力或反力矩。与所设 Δ_i 方向相同者为正,相反者为负。

7. 用结点和截面平衡条件求结点位移和内力

(1) 确定基本未知量;

(2) 写杆端弯矩表达式;

(3) 取每一个刚结点 $A, B, \cdots\cdots$ 写出力矩平衡方程

$$\left.\begin{array}{l} \sum M_A = 0 \\ \sum M_B = 0 \\ \vdots \end{array}\right\}$$

用截面法截出结构的一部分,建立线位移方向 X(或 Y)的剪力平衡方程

$$\left.\begin{array}{l} \sum X_i = 0 (或 \sum Y_i = 0) \\ \sum X_K = 0 (或 \sum Y_K = 0) \\ \vdots \end{array}\right\}$$

(4) 联立求解组成的位移法方程,求出结点角位移和结点线位移;

(5) 将所求结点位移(连同符号)代入转角位移方程,求杆端弯矩,按静力法绘内力图。

第 7 章 位 移 法

8. 用建立基本结构的方法求结点位移和内力

(1) 确定基本未知量,加入附加约束,取位移法基本结构;

(2) 令各附加约束发生和原结构相同的结点位移,根据基本结构在荷载等外因和各结点位移共同影响下,附加约束内反力和内力矩为零的条件建立位移法方程;

(3) 绘出单位弯矩图和荷载弯矩图,由平衡条件求出各系数和自由项;

(4) 解位移法方程,求各基本未知量;

(5) 按叠加公式 $M = \overline{M}_1\Delta_1 + \overline{M}_2\Delta_2 + \cdots + M_F$ 绘弯矩图。

9. 对称结构的简化计算

对称结构在对称荷载作用下产生对称的变形和位移,在反对称荷载作用下产生反对称的变形和位移。在位移法中可以利用位移的对称性和反对称性以求简化。一般的计算方法如下:

(1) 解为正对称和反对称两组;

(2) 取半边结构计算;

(3) 将两种计算结果叠加。

经典例题解析

例 1 试用位移法作图 7-2 所示结构的弯矩图。设 $EI = $ 常数。

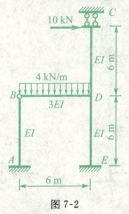

图 7-2

解答:此刚架的基本未知量为节点 D 的转角 Δ_1 和横梁 BD 的水平位移 Δ_2。取基本体系,如图 7-3 所示。

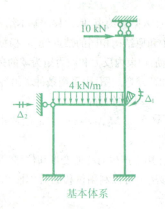

基本体系

图 7-3

位移法典型方程为

$$k_{11}\Delta_1 + k_{12}\Delta_2 + F_{1F} = 0 \atop k_{21}\Delta_1 + k_{22}\Delta_2 + F_{2F} = 0 \Bigr\}$$

绘出基本结构的 $\overline{M}_1$、$\overline{M}_2$、M_F 图（图 7-4(a)、(b)、(c)），取 $i = \dfrac{EI}{6}$。

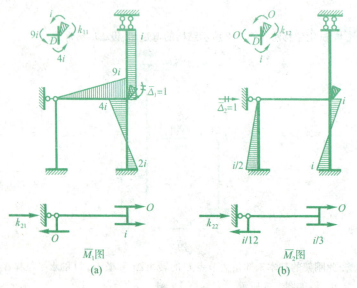

图 7-4

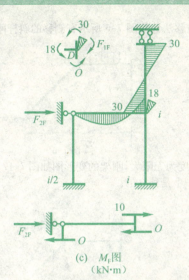

(c) M_F图
(kN·m)

图 7-4

可求得

$$k_{11}=14i, k_{12}=k_{21}=-i, k_{22}=\frac{5}{12}i$$

$$F_{1F}=-12, F_{2F}=-10$$

将求得的各系数和自由项代入典型方程，得

$$\left.\begin{array}{r}14i\Delta_1-i\Delta_2-12=0\\-i\Delta_1+\dfrac{5}{12}i\Delta_2-10=0\end{array}\right\}$$

解以上两式可得

$$\Delta_1=\frac{90}{29i}, \Delta_2=\frac{912}{29i}$$

由叠加法 $M=\overline{M}_1\Delta_1+\overline{M}_2\Delta_2+M_F$ 作出最后弯矩图，如图 7-5 所示。

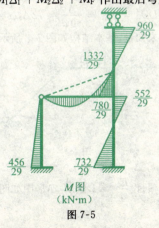

M图
(kN·m)
图 7-5

例2 试用位移法计算图7-6所示有侧移的斜杆刚架,绘制弯矩图。

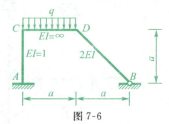

图 7-6

解答: CD 杆刚度为无限大,刚架的变形图如图7-17所示。图中 Δ 和 φ 为结点位移,但只有一个是独立的。

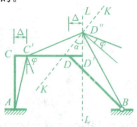

图 7-7

AC 杆和 DB 杆为第一类杆件,CD 杆为第二类杆件。点 A 不动,点 C 产生水平位移 Δ,到达 C' 时,第二类杆 CD 首先作平动至新位置 $C'D'$,然后绕 C 点作转动。端点 D 的轨迹为 L-L。DB 杆绕 B 点作转动,D 点在垂直于 DB 方向作移动,端点 D 的轨迹为 K-K。由于 D 点既是 CD 杆的端点,又是 DB 杆的端点,所以 D 点最后到达的位置必为 L-L 和 K-K 两轨迹的交点 D''。

根据几何图形,可求出

$$DD' = \Delta, D'D'' = \Delta_{CD} = \frac{\Delta}{\tan\alpha} = \Delta$$

$$DD'' = \Delta_{DB} = \frac{\Delta}{\sin\alpha} = \sqrt{2}\Delta, \varphi = \frac{\Delta_{CD}}{a} = \frac{\Delta}{a}$$

取线位移为基本未知量,基本结构如图7-8所示。

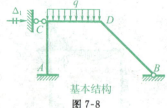

基本结构
图 7-8

建立位移法方程 $k_{11}\Delta_1 + F_{1F} = 0$。

计算系数和自由项。设 $\dfrac{EI}{a} = i$,绘 $\overline{M}_1$,M_P 图如图7-9(a),(b) 所示。

第 7 章 位 移 法

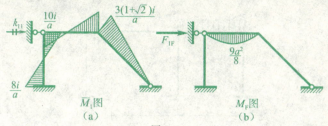

图 7-9

对图 7-10 所示两隔离体,用力矩方程 $\sum M_O = 0$,求得

$$k_{11} = \frac{1}{a}\left[\frac{10i}{a} + \frac{3(1+\sqrt{2})i}{a} + \frac{18i}{a^2} \times a + \frac{3(2+\sqrt{2})}{2a^2} \times \sqrt{2}a\right] = \frac{42.484i}{a^2}$$

$$F_{1F} = \frac{1}{a}\left(qa \times \frac{a}{2}\right) = \frac{qa}{2}$$

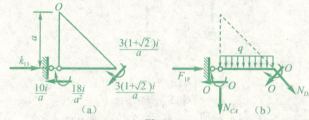

图 7-10

将 k_{11},F_{1F} 代入方程,解得

$$\Delta_1 = \frac{F_{1F}}{k_{11}} = -0.0118\frac{qa^3}{i}$$

按叠加公式 $M = \overline{M}_1\Delta_1 + M_F$ 绘弯矩图如图 7-11 所示。

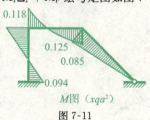

图 7-11

讨论:

1. 横梁为无限刚性,发生线位移 Δ 时,必发生刚性转动,转角为 φ,与其两端刚接的 CA 柱 C 端和 DB 柱 D 端也发生转角 φ。所以,在绘制基本结构发生单位线位移时的弯矩图 $\overline{M}$ 时,CA 和 DB 两柱的弯矩由垂直于杆轴的相对线位移 Δ_{CA} 和 Δ_{DB} 以及转角 φ 共同产生。

2. 绘制荷载弯矩图 M_P 时,由结点平衡条件求得 CD 梁两端弯矩 M_{CD} 和 M_{DC} 为零,所以 CD 梁弯矩图与简支梁弯矩图相同。

例 3 试对图 7-12 所示刚梁按基本结构建立位移法方程,绘制弯矩图。

第 7 章 位 移 法

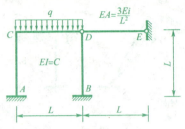

图 7-12

解答：取基本结构如图 7-13 所示。

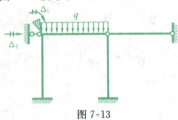

图 7-13

建立位移法典型方程：

$$\begin{cases} k_{11}\Delta_1 + k_{12}\Delta_2 + F_{1F} = 0 \\ k_{21}\Delta_1 + k_{22}\Delta_2 + F_{2F} = 0 \end{cases}$$

计算系数和自由项，设 $\dfrac{EI}{L} = i$，绘 $\overline{M}_1$，$\overline{M}_2$，M_P 图如图 7-14(a)、(b)、(c) 所示。

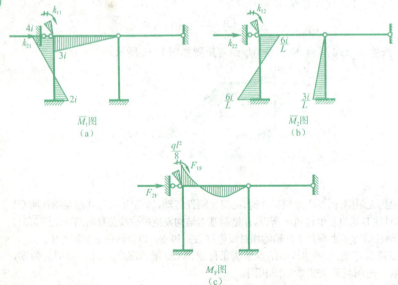

图 7-14

第 7 章 位 移 法

求得

$$k_{11} = 7i, k_{12} = k_{21} = -\frac{6i}{L}, k_{22} = \frac{15i}{L^2} + \frac{EA}{L} = \frac{18i}{L^2},$$

$$F_{1F} = -\frac{qL^2}{8} \quad F_{2F} = 0$$

将以上各值代入方程，得

$$\begin{cases} 7i\Delta_1 - \dfrac{6i}{L}\Delta_2 - \dfrac{qL^2}{8} = 0 \\ -\dfrac{6i}{L}\Delta_1 + \dfrac{18i}{L^2} = 0 \end{cases} \quad 解得 \Delta_1 = \frac{qL^2}{40i} \quad \Delta_2 = \frac{qL^3}{120i}$$

按叠加公式 $M = \overline{M}_1\Delta_1 + \overline{M}_2\Delta_2 + M_F$ 绘得弯矩图如图 7-15 相同。

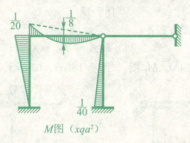

图 7-15

讨论：本例 DE 杆为轴力杆，且 EA 为常量，因此，在确定线位移未知量时，应考虑该杆的轴向变形，又 CD 为受弯杆，不计轴向变形，所以 C, D 两点有相同的水平线位移，即只有一个线位移未知量。

考研真题评析

例 1 试用位移法作图 7-16 所示结构的弯矩图。$EI = $ 常数，弹性支座刚度为 $k = \dfrac{EI}{L^3}$。

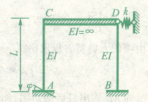

图 7-16

解答： 此刚架横梁 CD 为无限刚性，当刚架承受荷载（支座移动为广义荷载）作用时，梁不弯曲，仅发生平动。因此与横梁刚接的柱顶也无转角。此刚架的基本未知量只有结点 D 的水平线位移 Δ_1，取基本体系，如图 7-17 所示。

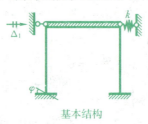

图 7-17

建立位移法典型方程：
$$k_{11}\Delta_1 + F_{1c} = 0$$

绘出基本结构的 $\overline{M}_1$、M_c 图，如图 7-18(a)、(b) 所示。

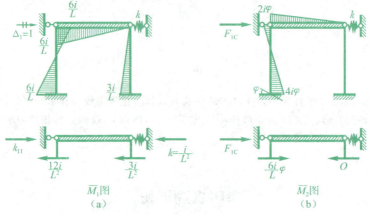

图 7-18

横梁 CD 的弯矩可由结点平衡求得。分别从 $\overline{M}$、M_c 图中取横梁为隔离体，由 $\sum X = 0$ 得

$$k_{11} = \frac{15i}{L^2} + k = \frac{16i}{L^2}, \quad F_{1c} = -\frac{6i}{L}\varphi$$

将求得的系数和自由项代入典型方程求得

$$\Delta_1 = \frac{3}{8}L\varphi$$

由叠加法 $M = \overline{M}_1\Delta_1 + M_c$ 作出最后弯矩图，如图 7-19 所示。

M 图

图 7-19

例 2 试求图 7-20 所示结构在支座 C 发生水平位移 Δ 作用下的 M 图。设杆件 BC 的 EI 值为无限大。

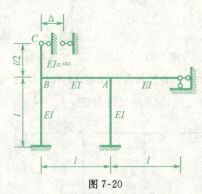

图 7-20

解答： 因杆件 BC 不发生弯曲，故结点 B 的角位移为已知，且等于 $\dfrac{2\Delta}{l}(\searrow)$。故实际上只需求出结点 A 的角位移 Δ_1，即可求得结构的最后 M 图。

选择如图 7-21 所示的基本结构，位移法基本方程为

$$k_{11}\Delta_1 + F_{1\Delta} = 0$$

设 $i = \dfrac{EI}{l}$，画出 $\overline{M_1}$ 图如图 7-22 所示。根据图 7-21 可得支座移动作用下基本结构的弯矩图，即 M_Δ 图如图 7-23 所示，

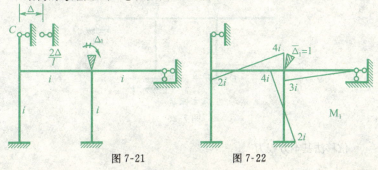

图 7-21　　　　图 7-22

可得：$k_{11} = 11i, R_{1\Delta} = \dfrac{4i}{l}\Delta$。

代入典型方程，解得

$$\Delta_1 = -\dfrac{4\Delta}{11l}$$

由 $M = \overline{M_1}\Delta_1 + M_\Delta$ 可作出最后 M 图如图 7-24 所示。

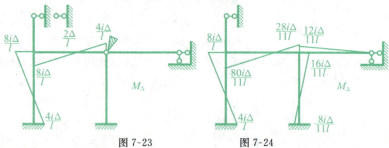

图 7-23　　　　　　图 7-24

例 3　图 7-25 所示刚架各杆长为 l，刚度 EI 均相等。已知支座 E 发生转角 $\theta = \dfrac{1}{100}$ rad，支座 F 下沉 $\Delta = \dfrac{l}{200}$，试求刚架的 M 图。

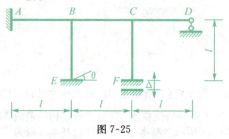

图 7-25

解答：基本未知量为结点 B、C 的角位移 Δ_1、Δ_2，在结点 B、C 加转动约束，取如图 7-26 所示的基本结构。

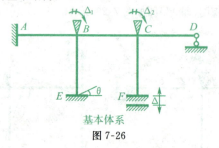

基本体系

图 7-26

位移法基本方程为

$$\begin{cases} k_{11}\Delta_1 + k_{12}\Delta_2 + F_{1C} = 0 \\ k_{21}\Delta_1 + k_{22}\Delta_2 + F_{2C} = 0 \end{cases}$$

式中，F_{1C}、F_{2C} 分别为基本结构中由已知支座位移引起的附加约束力矩。

求系数与自由项。分别作 $\Delta_1 = 1$、$\Delta_2 = 1$ 时的 $\overline{M_1}$、$\overline{M_2}$ 图如图 7-27 所示，其中 $i = \dfrac{EI}{l}$。

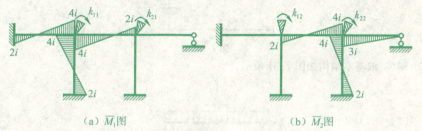

图 7-27

由结点力矩平衡条件得

$$k_{11} = 12i, k_{21} = k_{12} = 2i, k_{22} = 11i$$

基本结构由于支座已知位移引起的弯矩 M_C 图如图 7-28 所示。

由结点平衡条件得

$$F_{1C} = -\frac{6i}{l} - 2i\theta = -\frac{1}{20}i, \quad F_{2C} = \frac{3i}{l}\Delta - \frac{6i}{l}\Delta = -\frac{3}{200}i$$

代入基本方程，有

$$\begin{cases} 12i\Delta_1 + 2i\Delta_2 - \dfrac{1}{20}i = 0 \\ 2i\Delta_1 + 11i\Delta_2 - \dfrac{3}{200}i = 0 \end{cases}$$

解得

$$\Delta_1 = \frac{13}{3\,200}, \Delta_2 = \frac{1}{1\,600}$$

叠加法画 M 图，$M = \overline{M_1}\Delta_1 + \overline{M_2}\Delta_2 + M_C$，$M$ 图如图 7-29 所示。

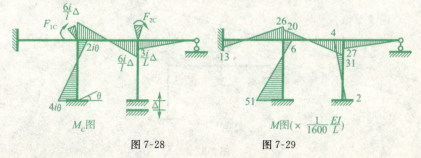

图 7-28 图 7-29

第 7 章 位 移 法

例4 试用位移法计算如图图 7-30 所示刚架,绘制弯矩图。$K = \dfrac{2EI}{l^3}$。

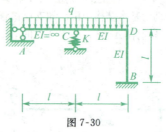

图 7-30

解答:取基本结构如图 7-31 所示。

基本结构
图 7-31

建立位移法方程:
$$\begin{cases} k_{11}\Delta_1 + k_{12}\Delta_2 + F_{1F} = 0 \\ k_{21}\Delta_1 + k_{22}\Delta_2 + F_{2F} = 0 \end{cases}$$

计算系数和自由项,设 $\dfrac{EI}{l} = i$ 绘 $\overline{M}_1, \overline{M}_2, M_P$ 图如图 7-32 所示。

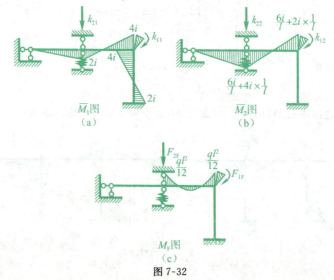

图 7-32

求得:
$$k_{11}=8i, k_{12}=k_{21}=-\frac{8i}{l}, k_{22}=\frac{28i}{l^2}+K=\frac{30i}{l^2},$$
$$F_{1F}=\frac{ql^2}{12} \quad F_{2F}=-\frac{ql}{2}$$

将以上各值代入方程得
$$\begin{cases} 8i\Delta_1+\dfrac{8i}{l}\Delta_2+\dfrac{ql^2}{12}=0 \\ -\dfrac{8i}{l}\Delta_1+\dfrac{30i}{l^2}\Delta_2-\dfrac{ql}{2}=0 \end{cases}$$

求得 $\Delta_1=-\dfrac{67ql^2}{1\,056i} \quad \Delta_2=\dfrac{7ql^3}{120i}$

按叠加公式 $M=\overline{M}_1\Delta_1+\overline{M}_2\Delta_2+M_F$ 绘得弯矩图如图 7-33 相同。

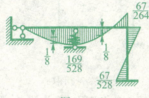

M图（×ql²）

图 7-33

讨论:

1. 本例 AC 杆刚度为无限大,所以 C 结点的转角与竖向位移中只有一个是独立的位移。若取竖向位移 Δ_2 为未知量,则 $\varphi_C=\dfrac{\Delta_2}{l}$。在绘制单位弯矩图 $\overline{M}_2$ 时,应考虑由于 Δ_2 而引起的转角 φ_C 对 $\overline{M}_2$ 的影响。

2. M_{CA} 按结点 C 的力矩平衡条件求。

本章教材习题精解

7-1 试确定图中基本未知量。

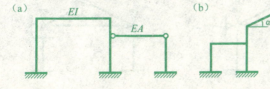

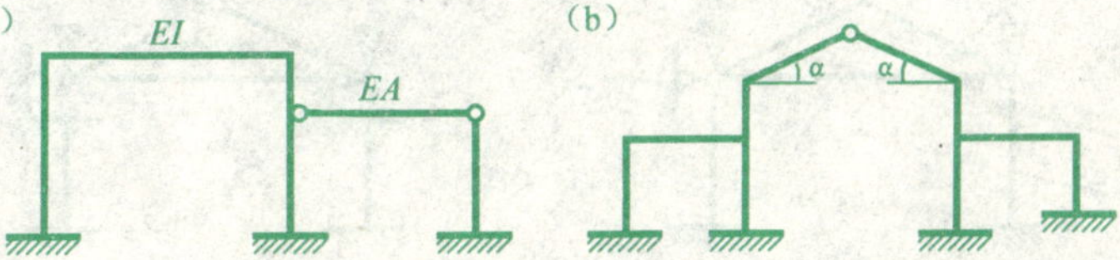

(1) 当 EI、$EA\to\infty$ 时
(2) 当 EI、EA 为有限值时

(1) 当 $\alpha\neq 0$ 时
(2) 当 $\alpha=0$ 时

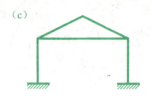
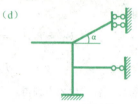

(1) 当 EI、$EA \to \infty$ 时
(2) 当 EI、EA 为有限值时

(1) 当 $\alpha \neq 0$ 时
(2) 当 $\alpha = 0$ 时

题 7-1 图

解答:(a) 当 EI、$EA \to \infty$ 时和当 EI、EA 为有限值时的基本未知量如图所示。

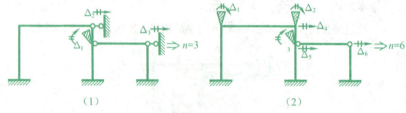

解答 7-1 图(a)

(b) 将图中原结构的各个角点都转换为铰点,需附加 4 个杆件,才能将其化为静定结构,原结构有 4 个水平侧移未知量,再加上 6 个转角,共有 10 个基本量。

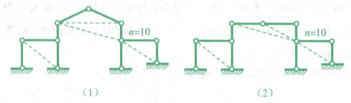

解答 7-1 图(b)

(c) 不考虑轴向变形时:有 1 个侧移,3 个转角,共四个基本未知量。当考虑轴向变形时,每个节点有三个未知量,共有 9 个基本未知量。

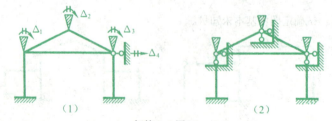

解答 7-1 图(c)

(d) $\alpha \neq 0$ 时:$n = 3$。而当 $\alpha = 0$ 时,Δ_3 可以不为未知量,$n = 2$。

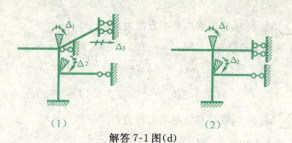

解答 7-1 图(d)

7-2 试写出图示杆端弯矩表达式及位移法基本方程。

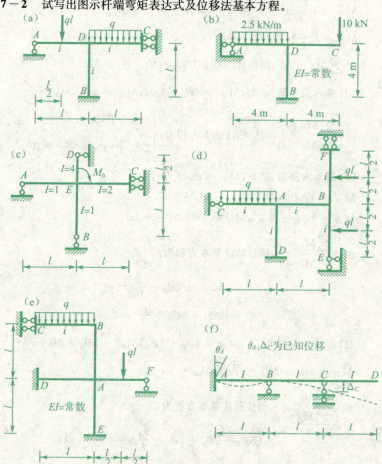

题 7-2 图

解答:(a) 基本未知量 θ_D,$M_{DA} = 3i\theta_D + \dfrac{3ql^2}{16}$,$M_{DC} = i\theta_D - \dfrac{ql^2}{3}$,$M_{DB} = 4i\theta_D$

213

由 $\sum M_D = 0$,得位移法基本方程为:$8i\theta_D - \dfrac{7ql^2}{48} = 0$

(b) 基本未知量 θ_D, $M_{DC} = -10 \times 4 = -40$ kN·m

$$M_{DB} = 4i\theta_D = 4 \times \dfrac{EI}{4}\theta_D = EI\theta_D$$

$$M_{DA} = 3i\theta_D + \dfrac{1}{8} \times 2.5 \times 16 = \dfrac{3}{4}EI\theta_D + 5$$

由 $\sum M_D = 0$,得位移法基本方程为:$1.75EI\theta_D = 35$

(c) 基本未知量 θ_E, $M_{EA} = 4\dfrac{EI}{L}\theta_E = 4\dfrac{E}{l}\theta_E$,

$M_{ED} = 3\dfrac{E \times 4}{l/2}\theta_E = 24\dfrac{E}{l}\theta_E$, $M_{EB} = 0$,

$M_{EC} = \dfrac{E \times 2}{l}\theta_E = 2\dfrac{E}{l}\theta_E$,

由 $\sum M_E = M_0$,得位移法基本方程为:$30\dfrac{E}{l}\theta_E = M_0$

(d) 基本未知量 θ_A、θ_B, $M_{AB} = 4i\theta_A + 2i\theta_B$, $M_{AD} = 4i\theta_A$, $M_{AC} = \dfrac{ql^2}{2}$

由 $\begin{cases} \sum M_A = 0 \\ \sum M_B = 0 \end{cases}$,得位移法基本方程为:$\begin{cases} 8i\theta_A + 20i\theta_B + \dfrac{ql^2}{2} = 0 \\ 2i\theta_A + 8i\theta_B + \dfrac{3ql^2}{16} = 0 \end{cases}$

(e) 基本未知量 θ_B、θ_C, $M_{BC} = i\theta_B + \dfrac{ql^2}{3}$,

$M_{BA} = 4i\theta_B + 2i\theta_A$, $M_{AB} = 4i\theta_A + 2i\theta_B$,

$M_{AF} = 3i\theta_A - \dfrac{3}{16}ql^2$, $M_{AE} = 4i\theta_A$, $M_{AD} = 4i\theta_A$

由 $\begin{cases} \sum M_A = 0 \\ \sum M_B = 0 \end{cases}$,得位移法基本方程为:

$$\begin{cases} 15i\theta_A + 2i\theta_B - \dfrac{3}{16}ql^2 = 0 \\ 2i\theta_A + 5i\theta_B + \dfrac{ql^2}{3} = 0 \end{cases}$$

(f) 基本未知量 θ_B、θ_C, $M_{BA} = 4i\theta_B + 2i\theta_A$, $M_{BC} = 4i\theta_B + 2i\theta_C + \left(\dfrac{-6i}{l}\right)\Delta_C$,

$M_{CB} = 4i\theta_C + 2i\theta_B - \dfrac{6i}{l}\Delta_C$, $M_{CD} = 0$,

由 $\begin{cases} \sum M_B = 0 \\ \sum M_C = 0 \end{cases}$,得位移法基本方程为:

$$\begin{cases} 8i\theta_B + 2i\theta_A + 2i\theta_C - \dfrac{6i}{l}\Delta_C = 0 & (1) \\ 4i\theta_C + 2i\theta_B - \dfrac{6i}{l}\Delta_C = 0 & (2) \end{cases}$$

将 $2i\theta_C = -i\theta_B + \dfrac{3i}{l}\Delta_C$ 代入(1)可得:$7i\theta_B + 2i\theta_A - \dfrac{3i}{l}\Delta_C = 0$

第7章 位移法

7－3 试对图示对称结构确定基本未知量和选取半边结构。

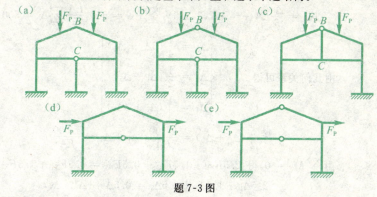

题 7-3 图

解答：各 $\frac{1}{2}$ 结构如图所示。

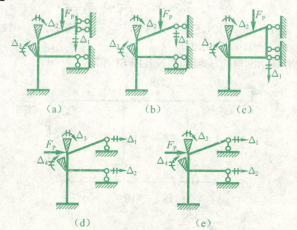

解答 7-3 图

7－4 图示刚性承台,各杆 EA 相同,试用位移法求各杆轴力。

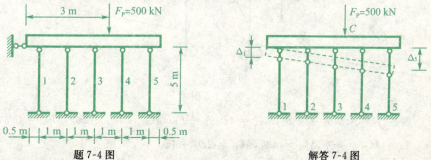

题 7-4 图　　　　　解答 7-4 图

· 215 ·

解答：取 Δ_1, Δ_5 为基本未知量，以受压为正。

$$F_{Ni} = \frac{\Delta_i}{5}EA(i=1,2,3,4,5), \sum F_{Ni} = 500, \frac{EA}{5}\sum \Delta_i = 500,$$

由几何关系可得
$$\begin{cases} \Delta_2 = \frac{1}{4}(3\Delta_1 + \Delta_5) \\ \Delta_3 = \frac{1}{2}(\Delta_1 + \Delta_5) \\ \Delta_4 = \frac{1}{4}(\Delta_1 + 3\Delta_5) \end{cases}$$

$$\frac{5}{2}(\Delta_1 + \Delta_5) = \frac{2\,500}{EA}, \Delta_1 + \Delta_5 = \frac{1\,000}{EA}$$

由 $\sum M_C = 0$，得：$2.5F_{N1} + 1.5F_{N2} + 0.5F_{N3} = 0.5F_{N4} + 1.5F_{N5}$，

$$2.5\Delta_1 + 1.5\Delta_2 + 0.5\Delta_3 = 0.5\Delta_4 + \Delta 1.5\Delta_5,$$

$\Delta_5 = 3\Delta_1$，代入得：

$$\Delta_1 = \frac{250}{EA}, \Delta_5 = \frac{750}{EA},$$

则 $F_{N1} = 50 \text{ kN}, F_{N2} = 75 \text{ kN}, F_{N3} = 100 \text{ kN}, F_{N4} = 125 \text{ kN}$，
$F_{N5} = 150 \text{ kN}$(压力)

7-5 试作图示刚架的弯矩图，假设各杆 EI 相同。

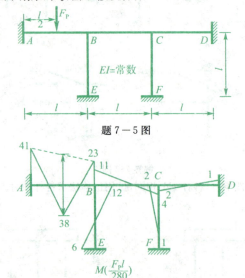

题 7-5 图

解答 7-5 图

解答：基本未知量为 θ_B, θ_C，$M_{BA} = 4i\theta_B + \frac{1}{8}F_P l, M_{BC} = 4i\theta_B + 2i\theta_C, M_{BE} = 4i\theta_B$，
$M_{CD} = 4i\theta_C, M_{CF} = 4i\theta_C, M_{CB} = 2i\theta_B + 4i\theta_C$

由 $\begin{cases} \sum M_B = 0 \\ \sum M_C = 0 \end{cases}$,

得 $\begin{cases} 12i\theta_B + 2i\theta_C + \dfrac{1}{8}F_P l = 0 \\ 12i\theta_C + 2i\theta_B = 0 \end{cases}$, 即 $\theta_C = \dfrac{F_P l}{560i}, \theta_B = -\dfrac{3F_P l}{280i}$

从而可作 M 图,如图所示。

$M_{BA} = -\dfrac{3F_P l}{70} + \dfrac{1}{8}F_P l = \dfrac{23}{280}F_P l, M_{BC} = -\dfrac{11}{280}F_P l$

7-6 试作图示刚架的弯矩图,设各杆 EI 相同。

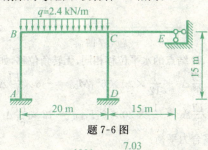

题 7-6 图

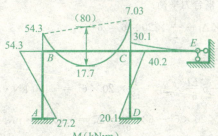

M (kN·m)

解答 7-6 图

解答:基本未知量为 $\theta_B, \theta_C, M_{BA} = \dfrac{4EI}{15}\theta_B, M_{BC} = 4 \times \dfrac{EI}{20}\theta_B + 2 \times \dfrac{EI}{20} \times \theta_C - \dfrac{1}{12} \times 2.4 \times 20^2$

$M_{BC} = \dfrac{EI}{5}\theta_B + \dfrac{EI}{10}\theta_C - 80, M_{CE} = 3 \times \dfrac{EI}{15} \times \theta_C, M_{CD} = 4 \times \dfrac{EI}{15}\theta_C$

$M_{CB} = 4 \times \dfrac{EI}{20} \times \theta_C + 2 \times \dfrac{EI}{20} \times \theta_B + 80 = \dfrac{EI}{5}\theta_C + \dfrac{EI}{10}\theta_B + 80$

由 $\begin{cases} \sum M_B = 0 \\ \sum M_C = 0 \end{cases}$

可得 $\begin{cases} \dfrac{5}{17}EI\theta_B + \dfrac{EI}{10}\theta_C - 80 = 0 \\ \dfrac{2}{3}EI\theta_C + \dfrac{EI}{10}\theta_B + 80 = 0 \end{cases}$

即 $\theta_B = \dfrac{203.69}{EI}$,$\theta_C = -\dfrac{150.55}{EI}$,$M_{AB} = 27.2 \text{ kN} \cdot \text{m}$,
$M_{BC} = -54.3 \text{ kN} \cdot \text{m}$,$M_{CB} = 70.3 \text{ kN} \cdot \text{m}$,$M_{CE} = -30.1 \text{ kN} \cdot \text{m}$,
从而可作 M 图,如图所示。

7-7 试作图示刚架的 M、F_Q、F_N 图。

题 7-7 图

解答: $EI \to \infty$ 时,C、D 结点的水平位移相同,无转角位移,如图(a)所示。

$M_{CA} = -6 \times \dfrac{EI}{6^2}\Delta_1 + \dfrac{1}{12} \times 20 \times 6^2$,$M_{DB} = -6 \times \dfrac{EI}{6^2}\Delta_1$,

$F_{QCA} = 12 \times \dfrac{EI}{6^3}\Delta_1 - \dfrac{1}{2} \times 20 \times 6$,$F_{QDB} = 12 \times \dfrac{EI}{6^3}\Delta_1$

由 CD 杆水平合力平衡:

$2 \times 12 \dfrac{EI}{6^3} \times \Delta_1 - \dfrac{1}{2} \times 20 \times 6 = 0$

可得:$\Delta_1 = \dfrac{540}{EI}$

则:$M_{AC} = -6 \dfrac{EI}{6^2} \times \Delta_1 - \dfrac{1}{12} \times 20 \times 6^2 = -150 \text{ kN} \cdot \text{m}$,

$M_{CA} = \dfrac{1}{12} \times 20 \times 6^2 - 6 \times \dfrac{EI}{6^2} \times \Delta_1 = -30 \text{ kN} \cdot \text{m}$,

$M_{BD} = M_{DB} = -\dfrac{6EI}{6^2} \times \Delta_1 = -90 \text{ kN} \cdot \text{m}$。

从而可作 M 图,如图(b)所示;由 M 图可得 F_Q 图,如图(c)所示;由 F_Q 图可得 F_N 图,如图(d)所示。

(a)

第 7 章 位 移 法

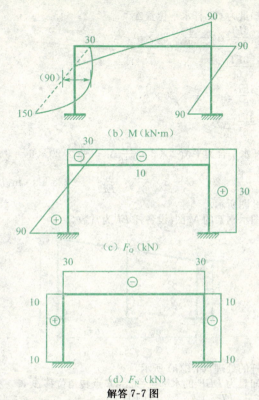

解答 7-7 图

7－8 试作图示排架的 M 图。

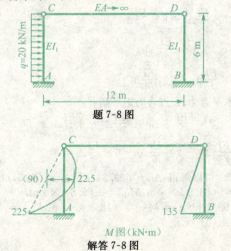

题 7-8 图

解答 7-8 图

第 7 章 位 移 法

解答：基本未知量为 CD 杆水平位置 Δ_1，

$$M_{AC} = -\frac{3EI_1}{6^2}\Delta_1 - \frac{1}{8}\times 20\times 6^2,$$

$$M_{BD} = -\frac{3EI_1}{6^2}\Delta_1,$$

$$F_{QCA} = \frac{3EI_1}{6^3}\Delta_1 - \frac{3}{8}\times 20\times 6,$$

$$F_{QDB} = \frac{3EI_1}{6^3}\Delta_1,$$

由 CD 杆水平合力平衡 $2\times 3\times \frac{EI}{216}\Delta_1 - \frac{3}{8}\times 20\times 6 = 0$ 即 $\Delta_1 = \frac{1620}{EI}$

$$M_{AC} = -\frac{1}{8}\times 20\times 6^2 - 3\times \frac{EI}{6^2}\times \frac{1620}{EI} = -225 \text{ kN}\cdot\text{m}，从而可得 M 图，如$$

解答 7-8 图所示。

7－9 试作图示刚架的 M 图。设各杆 EI 为常数。

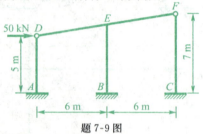

题 7-9 图

解答：注意斜杆的处理。如图(a) 所示，

基本未知量为 DEF 的水平位移 Δ_1，E 点转角位移 Δ_2，

$$F_{QDA} = 3\times \frac{EI}{5^3}\Delta_1, F_{QFC} = 3\times \frac{EI}{7^3}\Delta_1,$$

$$F_{QEB} = 12\times \frac{EI}{6^3}\Delta_1 - 6\times \frac{EI}{6^2}\Delta_2$$

$$M_{ED} = M_{EF} = 3\times \frac{EI}{\sqrt{37}}\Delta_2$$

$$M_{EB} = 4\times \frac{EI}{6}\Delta_2 - 6\times \frac{EI}{6^2}\Delta_1$$

由 DEF 水平合力、E 点合力矩平衡有：

$$3\times \frac{EI}{5^3}\Delta_1 + 2\times \frac{6EI}{6^3}\times \Delta_1 + \frac{3EI}{7^3}\Delta_1 - 6\times \frac{EI}{6^2}\Delta_2 = 50 \quad \cdots\cdots(1)$$

$$2\times 3\times \frac{EI}{\sqrt{37}}\Delta_2 + 4\times \frac{EI}{6}\Delta_2 - 6\times \frac{EI}{6^2}\Delta_1 = 0 \quad \cdots\cdots(2)$$

联立(1)(2) 可以解得：$\Delta_1 = 699.34/EI, \Delta_2 = 70.51/EI$

则：$M_{AD} = -83.9 \text{ kN}\cdot\text{m}, M_{EB} = -69.6 \text{ kN}\cdot\text{m}$，

$M_{BE} = -93.1 \text{ kN}\cdot\text{m}, M_{CF} = -42.8 \text{ kN}\cdot\text{m}, M_{ED} = 34.8 \text{ kN}\cdot\text{m}$。

弯矩图如图(b) 所示。

第 7 章 位 移 法

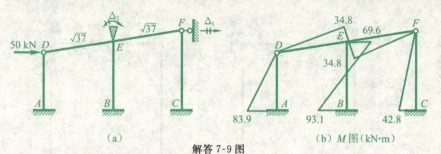

解答 7-9 图

7－10 试作图示刚架的 M 图。

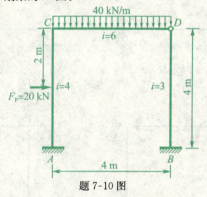

题 7-10 图

解答： 基本未知量 C 点转角位移 Δ_1，CD 水平位移 Δ_2，

分别作 $\overline{M}_1$、$\overline{M}_2$、M_P 图，并分别取相应隔离体计算系数，

由图(a)可得　　$k_{11} = 34, k_{21} = -6 = k_{12}$，

由图(b)可得　　$k_{22} = \dfrac{57}{16}$，

由图(c)可得　　$F_{1P} = -70, F_{2P} = -10$，

解方程组 $\begin{cases} 34\Delta_1 - 6\Delta_2 = 70 \\ -6\Delta_1 + \dfrac{57}{16}\Delta_2 = 10 \end{cases}$

可得：$\Delta_1 = 36.3, \Delta_2 = 8.93$

则 $M_{AC} = -34.4 \text{ kN} \cdot \text{m}, M_{CA} = 14.5 \text{ kN} \cdot \text{m}, M_{BD} = -20.1 \text{ kN} \cdot \text{m}$。

从而可作 M 图，如图(d)所示。

第7章 位移法

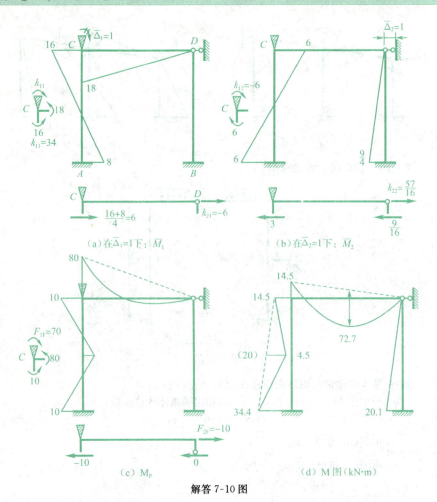

解答 7-10 图

7—11 试作图示刚架的内力图。

题 7-11 图

解答：对称结构，将荷载分成对称、反对称两组。

在对称荷载作用下，如图(a)所示。基本未知量为 C 点角位移。

$$M_{CA} = \frac{1}{12} \times 0.5 \times 6^2 + 4 \times 1 \times \Delta_1 = 4\Delta_1 + 1.5, M_{CE} = 2\Delta_1$$

由 $\sum M_C = 0$,得:$6\Delta_1 + 1.5 = 0$,即 $\Delta_1 = -0.25$,此时可作 M_1 图,如图(b)所示。

在反对称荷载作用下,如图(c)所示。用力法计算。由图(d)可知,由于 i 相同但 l 不相同,所以各杆 EI 不相同。图(e)为外力作用下的弯矩图。

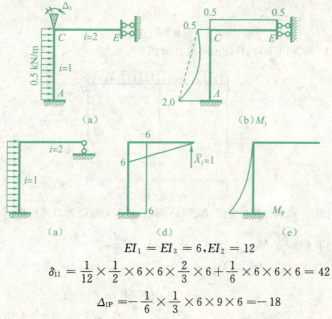

$$EI_1 = EI_3 = 6, EI_2 = 12$$

$$\delta_{11} = \frac{1}{12} \times \frac{1}{2} \times 6 \times 6 \times \frac{2}{3} \times 6 + \frac{1}{6} \times 6 \times 6 \times 6 = 42$$

$$\Delta_{1P} = -\frac{1}{6} \times \frac{1}{3} \times 6 \times 9 \times 6 = -18$$

由力法方程 $\delta_{11} X_1 + \Delta_{1P} = 0$ 得 $X_1 = -\dfrac{\Delta_{1P}}{\delta_{11}} = 0.43 \text{ kN}(\uparrow)$

作 M_2 图,如图(f)所示。叠加 M_1、M_2 可得结构 M 图,如图(g)所示,其他内力图如图(h)、(i)所示。

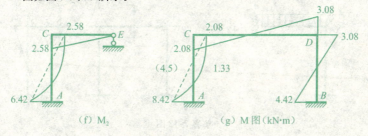

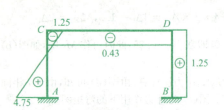
(h) F_Q 图 (kN)

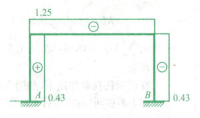
(i) F_N 图 (kN)

解答 7-11 图

7—12 试利用对称,作图示刚架的 M 图。

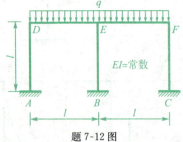

题 7-12 图

解答: 取 $\frac{1}{2}$ 结构计算和分析,如图(a) 所示。基本未知量为 D 角位移。

取 $i = \dfrac{EI}{l}$,$M_{DA} = 4i\Delta_1$,$M_{DE} = 4i\Delta_1 - \dfrac{ql^2}{12}$,

由 $\sum M_D = M_{DA} + M_{DE} = 0$,得:

$$8i\Delta_1 - \frac{1}{12}ql^2 = 0, \Delta_1 = \frac{ql^2}{96i},$$

$$M_{DA} = 4i\Delta_1 = \frac{ql^2}{24}, M_{DA} = -\frac{1}{12}ql^2 + 4i\Delta_1 = -\frac{1}{24}ql^2$$

可作 M 图,如图(b) 所示。

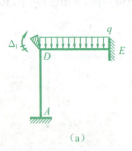
(a)

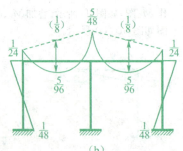
(b)

解答 7-12 图

7—13 试利用对称,作图示刚架 M 图。

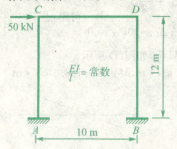

题 7-13 图

解答: 一般荷载,分解为正对称与反对称荷载的和,在正对称状态下,只有 CD 杆轴向压力 25kN,在反对称状态下,取 $\dfrac{1}{2}$ 结构计算,如图(a)所示。取图(b)所示的位移法基本体系,其中 $i = \dfrac{EI}{l}$。

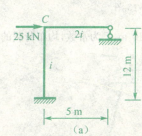

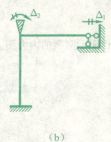

如图(c)(d)(e) 所示 $\overline{M}_1$、$\overline{M}_2$、M_P。

在 $\overline{\Delta}_1 = 1$ 下,$k_{11} = \dfrac{i}{12}$;$k_{21} = -\dfrac{i}{2}$;

在 $\overline{\Delta}_2 = 1$ 下,$k_{22} = 10i$,$k_{12} = -\dfrac{i}{2}$。

在荷载作用下,$F_{1P} = -25$ kN,$F_{2P} = 0$,

(c)

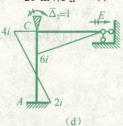

(d)

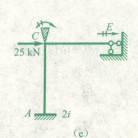

(e)

解方程组：$\begin{cases} \dfrac{i}{12}\Delta_1 - \dfrac{i}{2}\Delta_2 = 25 \\ -\dfrac{i}{2}\Delta_1 + 10i\Delta_2 = 0 \end{cases}$，可得：$\Delta_1 = \dfrac{3\,000}{7i}, \Delta_2 = \dfrac{150}{7i}$。

从而可作 M 图，如图(f)所示。
$M_{AC} = -171.4\ \text{kN}\cdot\text{m}, M_{CE} = -128.6\ \text{kN}\cdot\text{m}$

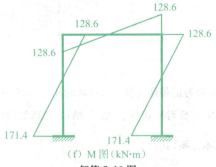

(f) M 图 (kN·m)

解答 7-13 图

7-14 试作图示刚架的内力图。$l = 10\ \text{m}, E$ 为常数，均布荷载的集度为 q。

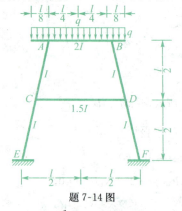

题 7-14 图

解答：对称结构，正对称荷载，取 $\dfrac{1}{2}$ 结构分析，如图(a)所示。注意斜杆及对称性的处理。

$\dfrac{EI}{l} = i,$

$M_{AG} = 2i\Delta_1 - \dfrac{1}{3}q(\dfrac{l}{4})^2,$

$M_{AC} = 4 \times \dfrac{i}{0.515\,4}\Delta_1 + 2 \times \dfrac{i}{0.515\,4}\Delta_2$

$$M_{CA} = 2 \times \frac{i}{0.5154}\Delta_1 + 4 \times \frac{i}{0.5154}\Delta_2$$

$$M_{CH} = \frac{1.5}{\frac{3}{8}}i\Delta_2 = 4i\Delta_2$$

$$M_{CE} = 4 \times \frac{i}{0.5154}\Delta_2$$

由 $\sum M_A = M_{AG} + M_{AC} + \frac{1}{2}q(\frac{l^2}{8}) = 0$

$\sum M_C = M_{CA} + M_{CH} + M_{CE} = 0$

得：
$$15.761i\Delta_1 + 3.880i\Delta_2 = 1.300q$$

即：$19.522i\Delta_2 + 3.880i\Delta_1 = 0$ (2)

将(1)(2)联立,解得：
$$\Delta_1 = \frac{0.08673q}{i}, \Delta_2 = -\frac{0.01724q}{i}$$

则：$M_{AG} = 8 \times 0.08673q - \frac{1}{3}q(\frac{10}{4})^2 = -1.389q,$

$$M_{CH} = \frac{1.5EI}{\frac{3}{8}l} \times \Delta_2 = -0.069q,$$

$$M_{CA} = \frac{4EI}{0.5154l}\Delta_2 + \frac{2EI}{0.5154l}\Delta_1 = 0.203q,$$

$$M_{AC} = 0.607q,$$

$$M_{CE} = \frac{4EI}{0.6124l}\Delta_2 = -0.134q$$

作 M 图,如图(b)所示。

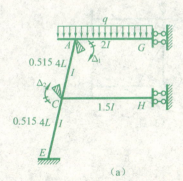
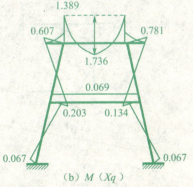

解答 7-14 图

7-15 试作图示刚架的内力图。$EI = $ 常数。

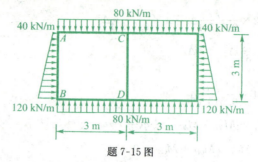

题 7-15 图

解答:(1) 用对称性,取 $\dfrac{1}{2}$ 结构,如图(a)所示。且注意处理梯形荷载。

(2) 取位移法基本体系,如图(b)所示。

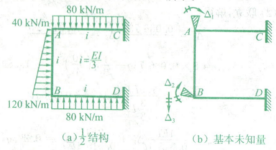

解答 7-15 图

(3) 分别作弯矩图 $\overline{M}_1$、$\overline{M}_2$、$\overline{M}_3$、M_P 如图(c)(d)(e)(f)并由相应平衡条件计算系数:$k_{11} = 8i, k_{21} = 2i, k_{31} = 2i$,

$k_{21} = k_{12} = 2i, k_{22} = 8i, k_{32} = 2i$

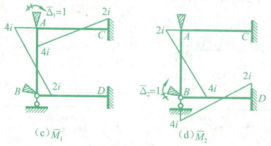

解答 7-15 图

$k_{13} = k_{31} = 2i, k_{23} = 2i, k_{33} = \dfrac{8i}{3}$

$F_{1P} = 54 - 60 = -6 \text{ kN} \cdot \text{m}$,

$F_{2P} = 60 - 66 = -6 \text{ kN} \cdot \text{m}, F_{3P} = 0$。

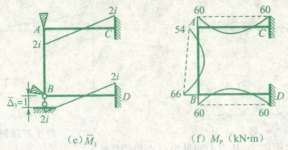

解答 7-15 图

(4) 解方程组
$$\begin{cases} 8i\Delta_1 + 2i\Delta_2 + 2i\Delta_3 = 6 \\ 2i\Delta_1 + 8i\Delta_2 + 2i\Delta_3 = 6 \\ 2i\Delta_1 + 2i\Delta_2 + \dfrac{8}{3}i\Delta_3 = 0 \end{cases}$$

可得：
$$\Delta_1 = \Delta_2 = \frac{6}{7i}, \Delta_3 = -\frac{9}{7i}$$

则：
$$M_{AC} = -60 + 4 \times \frac{6}{7} - 2 \times \frac{9}{7} = -59.14 \text{ kN·m}$$

$$M_{BA} = \frac{6 \times 6}{7} - 66 = -60.86 \text{ kN·m},$$

$$M_{CA} = 60 + 2 \times \frac{6}{7} - 2 \times \frac{9}{7} = 59.14 \text{ kN·m}$$

$$M_{DB} = -60 - 2 \times \frac{9}{7} + 2 \times \frac{6}{7} = -60.86 \text{ kN·m}$$

(5) 作 M 图，如图(g)所示。

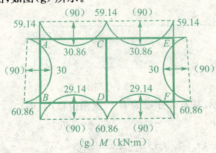

(g) M (kN·m)

解答 7-15 图

7-16 设支座 B 下沉 $\Delta_B = 0.5$ cm，试作图示刚架的内力图。

第7章 位移法

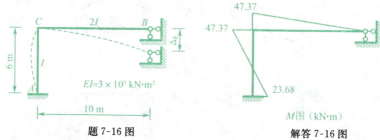

题 7-16 图　　　解答 7-16 图

解答： 用直接刚度法，基本未知量为 C 点角位移 θ_C，

$$M_{CA} = 4 \times i_{AC}\theta_C = 4 \times \frac{EI}{6}\theta_C = \frac{2}{3}EI\theta_C,$$

$$M_{CB} = 3i_{BC}\theta_C - 3\frac{i_{BC}}{10} \times \Delta_B = 3 \times \frac{2EI}{10}\theta_C - 3 \times \frac{2EI}{100}\Delta_B$$

由 $\sum M_C = 0$，可得：

$$\frac{19}{15}EI\theta_C = \frac{3}{50}EI\Delta_B,$$

即

$$\theta_C = -\frac{9}{190}\Delta_B$$

则：

$$M_{CB} = -\frac{3}{50}EI\Delta_B + 3 \times \frac{2EI}{10} \times \frac{9}{190}\Delta_B = -\frac{6}{190}EI\Delta_B$$

$$= -\frac{6}{190} \times 3 \times 10^5 \times 0.5 \times 10^{-2} = -47.37 \text{ kN} \cdot \text{m}$$

$$M_{CA} = -M_{CB} = 47.37 \text{ kN} \cdot \text{m}，作 M 图如图所示。$$

7-17 图示连续梁，设支座 C 下沉 1 cm，试作 M 图。

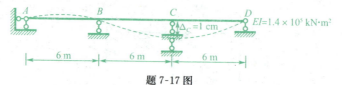

题 7-17 图

解答： 如图(a)所示。基本未知量为 B、C 点角位移 θ_B、θ_C。

$$M_{BA} = 3i\theta_B,$$

$$M_{BC} = 4i\theta_B + 2i\theta_C - \frac{6i}{6}\Delta_C = 4i\theta_B - 2i\theta_C - i\Delta_C,$$

$$M_{CB} = 2i\theta_B + 4i\theta_C - i\Delta_C,$$

$$M_{CD} = 3i\theta_C + \frac{3i}{6}\Delta_C = 3i\theta_C + \frac{i}{2}\Delta_C.$$

由 $\sum M_B = 0, \sum M_C = 0$，可得：

230

第 7 章 位 移 法

$$\begin{cases} 7\theta_B + 2\theta_C = \Delta_C \\ 2\theta_B + 7\theta_C = \dfrac{\Delta_C}{2} \end{cases}, \text{即} \begin{cases} \theta_B = \dfrac{2}{15}\Delta_C \\ \theta_C = \dfrac{1}{30}\Delta_C \end{cases}$$

作 M 图，如图(b)所示。

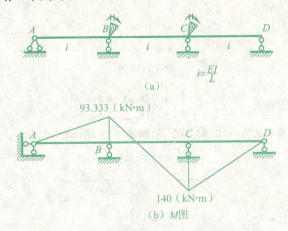

解答 7-17 图

7－18 试作图示弹性支座上刚架的弯矩图。i 为杆的线刚度，弹性支座刚度 $k = 4i/l^2$。

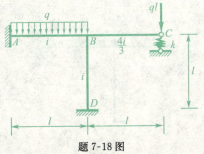

题 7-18 图

解答： 此超静定刚架存在弹性支座，在荷载作用下弹性支座产生位移，由于弹性支座反力未知，相应的支座位移也是未知的。因此把弹性支座方向的位移作为基本未知量处理。

此刚架用位移法求解时，基本未知量为结点 B 的转角 Δ_1 和结点 C 的竖向位移 Δ_2，取基本体系，如解答 7-18 图(a)所示。

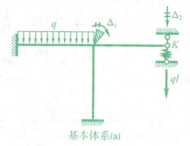

基本体系(a)

解答 7-18 图

典型方程为
$$k_{11}\Delta_1 + k_{12}\Delta_2 + F_{1F} = 0 \\ k_{21}\Delta_1 + k_{22}\Delta_2 + F_{2F} = 0$$

绘出基本结构的 $\overline{M_1}$、$\overline{M_2}$、M_F 图(解答 7-18 图(b)、(c)、(d))。

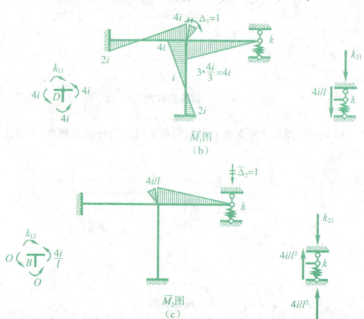

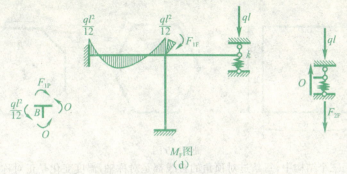

解答 7-18 图

可求得 $k_{11}=12i, k_{12}=k_{21}=-\dfrac{4i}{l}, k_{22}=\dfrac{4i}{l^2}+k=\dfrac{8i}{l^2}$

$$F_{1F}=\dfrac{ql^2}{12},\ F_{2F}=-ql$$

将求得的各系数和自由项代入位移法典型方程,得

$$\left.\begin{array}{r}12i\Delta_1-\dfrac{4i}{l}\Delta_2+\dfrac{ql^2}{12}=0\\[2mm] -\dfrac{4i}{l}\Delta_1+\dfrac{8i}{l^2}\Delta_2-ql=0\end{array}\right\}$$

解方程组得 $\Delta_1=\dfrac{ql^2}{24i}, \Delta_2=\dfrac{7ql^3}{48i}$

由叠加法 $M=\overline{M}_1\Delta_1+\overline{M}_2\Delta_2+M_F$ 可绘出最后弯矩图,如解答 7-18 图(e)所示。

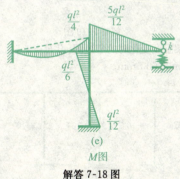

解答 7-18 图

7－19 图示等截面正方形、正六边形、正八边形刚架,内部温度升高 t,杆截面厚度为 δ,温度膨胀系数为 α,试作 M 图。

· 233 ·

第 7 章 位移法

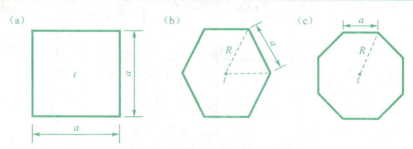

题 7-19 图

解答: 三个结构中,每条过对顶角的直线都是对称轴,温度变化是正对称的,所以每个杆端都可简化为走向支承,每个杆件都可简化为下图。

查表知:三种情况均是 $M_{外} = \dfrac{EI\alpha t}{\delta}$(外部受拉)。

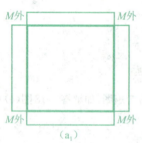

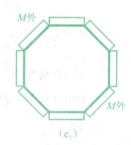

解答 7-19 图

7—20 试作图示刚架温度变化时的弯矩图。设 $E = 1.5 \times 10^3$ MPa,$\alpha = 1 \times 10^{-5}$ ℃$^{-1}$,各杆截面尺寸均为 500 mm × 600 mm。

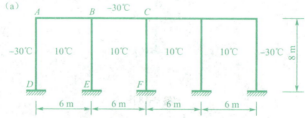

(b)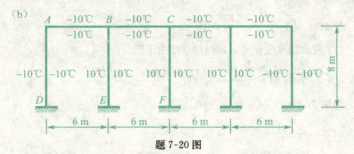

题 7-20 图

解答:(a) 对称结构,正对称温度变化,取简化半边结构如图

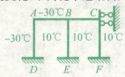

取 θ_A、θ_B 为位移法基本未知量,

则位移法方程:$\begin{cases} k_{11}\theta_A + k_{12}\theta_B + F_{1p} = 0 \\ k_{21}\theta_A + k_{22}\theta_B + F_{2p} = 0 \end{cases}$

刚度系数为:

$\begin{cases} k_{11} = 4i_{AD} + 4i_{AB} \\ k_{12} = k_{21} = 2i_{AB} \\ k_{22} = 4i_{AB} + 4i_{BE} + 4i_{BC} \end{cases}$

常数项由温度引起的轴向变形和弯曲变形产生,分别计算:

(1) 轴线平均温度变化变形,AD 伸长:

$8\alpha t_0 = 8 \times 1 \times 10^{-5} \times \dfrac{10-30}{2} = -8 \times 10^{-4}$ m

BE、CF 伸长:

$8\alpha t_0 = 8 \times 1 \times 10^{-5} \times \dfrac{10+10}{2} = 8 \times 10^{-4}$ m

AB、BC 伸长:$6\alpha t_0 = 6 \times 1 \times 10^{-5} \times \dfrac{10-30}{2} = -6 \times 10^{-4}$ m

导致杆件两端的相对横向位移,

$$\Delta_{AD} = 2 \times 6 \times 10^{-4} = 1.2 \times 10^{-3} \text{ m}$$

$$\Delta_{BE} = 6 \times 10^{-4} \text{ m}$$

$$\Delta_{AB} = (-8-8) \times 10^{-4} = -1.6 \times 10^{-3} \text{ m}$$

$\Delta_{BC} = 0$,$\Delta_{CF} = 0$

杆端固端弯矩(l):

$M_{AD}^{F_1} = M_{DA}^{F_1} = -6 \times \dfrac{EI}{8^2} \Delta_{AD}$

$M_{BE}^{F_1} = M_{EB}^{F_1} = -6 \times \dfrac{EI}{8^2} \Delta_{BE}$

$$M_{AB}^{F1} = M_{BA}^{F1} = -6 \times \frac{EI}{6^2}\Delta_{BA}$$

（2）两侧温度变化差导致固端弯矩由下图

$$M_{AB}^F = -M_{BA}^F = \frac{EI\alpha\Delta t}{h}$$

确定 $M_{AD}^{F2} = -M_{DA}^{F2} = \frac{EI\alpha 40}{0.6}$

$$M_{AB}^{F2} = -M_{BA}^{F2} = -\frac{EI\alpha 40}{0.6}$$

$$M_{BC}^{F2} = -M_{CB}^{F2} = -\frac{EI\alpha 40}{0.6}$$

最终位移法方程为：

$$\frac{7}{6}\theta_A + \frac{1}{3}\theta_B + 1.54 \times 10^{-4} = 0$$

$$\theta_A + 7\theta_B + 6.3 \times 10^{-4} = 0$$

得 $\theta_A = -1.104 \times 10^{-4}, \theta_B = -0.742 \times 10^{-4}$

最后杆端弯矩：

$M_{DA} = -10.84 \text{kN} \cdot \text{m}$

$M_{AD} = 6.82 \text{kN} \cdot \text{m}$

$M_{BC} = -9.81 \text{kN} \cdot \text{m}$

$M_{CB} = 8.62 \text{kN} \cdot \text{m}$

$M_{EB} = -1.07 \text{kN} \cdot \text{m}$

$M_{BE} = -1.4 \text{kN} \cdot \text{m}$

$M_{AB} = -6.82 \text{kN} \cdot \text{m}$

$M_{BA} = 11.21 \text{kN} \cdot \text{m}$

弯矩图

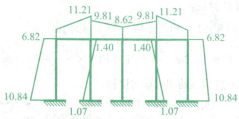

(b) 与(a)类似方法，计算各杆端弯矩，列位移法方程

$$\begin{cases} \dfrac{7}{6}\theta_A + \dfrac{1}{3}\theta_B = -15.42\alpha \\ \dfrac{1}{3}\theta_A + \dfrac{11}{6}\theta_B = -21.04\alpha \end{cases}, 得 \begin{cases} \theta_A = -10.483\alpha \\ \theta_B = -9.57\alpha \end{cases}$$

最后弯矩：

$$M_{AD} = -11.25EI\alpha + \frac{EI}{2}\theta_A = -2.23 \text{ kN} \cdot \text{m},$$

$$M_{DA} = -11.25EI\alpha + \frac{1}{4}EI\theta_A = -1.87 \text{ kN}\cdot\text{m},$$
$$M_{AB} = \frac{80}{3}EI\alpha + \frac{2}{3}EI\theta_A + \frac{1}{3}EI\theta_B = 2.23 \text{ kN}\cdot\text{m},$$
$$M_{BA} = 2.27 \text{ kN}\cdot\text{m},$$
$$M_{BC} = -0.862 \text{ kN}\cdot\text{m}, M_{CB} = -0.431 \text{ kN}\cdot\text{m},$$
$$M_{BE} = -1.408 \text{ kN}\cdot\text{m}, M_{EB} = -1.082 \text{ kN}\cdot\text{m}$$

作 M 图如图所示。

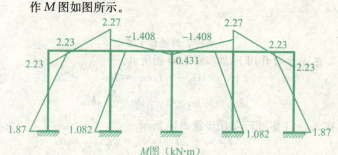

解答 7-20(b) 图

7-21 图(a)所示 2 跨 2 层刚架,梁的线刚度 i_b 为柱的线刚度 i_c 的 s 倍,即 $i_b = si_c$。试求 $s = 0.1, 0.5, 1.5, 10$ 五种情况时,柱的侧向位移和弯矩。图(b)是 $s \to \infty$ 时的极限情况,图(c)是 $s \to 0$ 时的极限情况。试问 s 的数值大(或小)到什么程度时,即可认为趋向极限值?

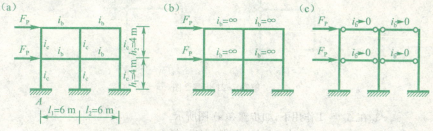

题 7-21 图

解答: 1. 取半边结构,如图(a)所示。基本未知量有 6 个,如图(b)所示。

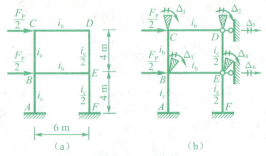

解答 7-21 步骤 1 图

2. 在 $\bar{\Delta}_1 = 1$ 作用下,如步骤 2(a) 图所示。

$$k_{11} = 4(i_b + i_c), k_{21} = 2i_b, k_{31} = 2i_c,$$
$$k_{41} = 0, k_{51} = -\frac{6i_c}{4} = -\frac{3i_c}{2}, k_{61} = \frac{3}{2}i_c$$

在 $\bar{\Delta}_2 = 1$ 作用下,如图步骤 2(b) 所示。

$$k_{12} = 2i_b, k_{22} = 4i_b + 2i_c, k_{32} = 0,$$
$$k_{42} = i_c, k_{52} = -\frac{3}{4}i_c, k_{62} = \frac{3}{4}i_c$$

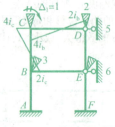 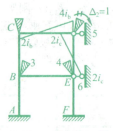

（a）$\Delta_1=1$ 作用下：$\bar{M}_1$ （b）在 $\Delta_2=1$ 作用下：$\bar{M}_2$

解答 7-21 步骤 2 图

3. 在 $\bar{\Delta}_3 = 1$ 作用下,如步骤 3(a) 图所示。

$$k_{13} = k_{31} = 2i_c, k_{23} = 0, k_{33} = 8i_c + 4i_b,$$
$$k_{43} = 2i_b, k_{53} = -\frac{3}{2}i_c, k_{63} = 0$$

在 $\bar{\Delta}_4 = 1$ 作用下,如步骤 3(b) 图所示。

$$k_{14} = k_{41} = 0, k_{24} = i_c, k_{34} = 2i_b,$$
$$k_{44} = 4(i_b + i_c), k_{54} = -\frac{3}{4}i_c, k_{64} = 0$$

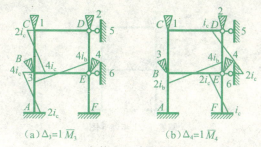

解答 7-21 步骤 3 图

4. 在 $\overline{\Delta}_5 = 1$ 作用下,如步骤 4(a) 图所示。

$$k_{15} = -\frac{3}{2}, k_{25} = -\frac{3}{4}i_c, k_{35} = -\frac{3}{2}i_c,$$

$$k_{45} = -\frac{3}{4}i_c, k_{55} = \frac{8}{9}i_c, k_{65} = -\frac{9}{8}i_c$$

在 $\overline{\Delta}_6 = 1$ 作用下,如图步骤 4(b) 所示。

$$k_{16} = \frac{3}{2}i_c, k_{26} = \frac{3}{4}i_c, k_{36} = 0,$$

$$k_{46} = 0, k_{56} = -\frac{9}{8}i_c, k_{66} = \frac{9}{4}i_c,$$

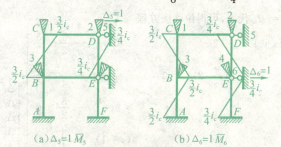

解答 7-21 步骤 4 图

5. 荷载作用下,如步骤 5 图所示。

$$F_{1P} = F_{2P} = F_{3P} = F_{4P} = 0, F_{5P} = -\frac{F_P}{2}, F_{6P} = -\frac{F_P}{2}$$

将位移法方程写成矩阵形式 $K\Delta = F$,则

$$\Delta = [\Delta_1, \Delta_2, \Delta_3, \Delta_4, \Delta_5, \Delta_6]^T,$$

$$F = \left[0, 0, 0, 0, \frac{F_P}{2}, \frac{F_P}{2}\right]^T$$

第 7 章 位 移 法

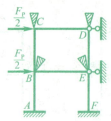

解答 7-21 步骤 5 图

$$\text{而} K = \begin{bmatrix} 4(i_b+i_c) & 2i_b & 2i_c & 0 & -\dfrac{3}{2}i_c & \dfrac{3}{2}i_c \\ & 4i_b+2i_c & 0 & i_c & -\dfrac{3}{4}i_c & \dfrac{3}{4}i_c \\ & & 8i_c+4i_b & 2i_b & -\dfrac{3}{2}i_c & 0 \\ \text{对} & & & 4(i_b+i_c) & -\dfrac{4}{3}i_c & 0 \\ & \text{称} & & & \dfrac{9}{8}i_c & -\dfrac{9}{8}i_c \\ & & & & & \dfrac{9}{4}i_c \end{bmatrix}$$

将 $i_b = s i_c$ 代入，可得位移法方程

$$\begin{bmatrix} 4(s+1) & 2s & 2 & 0 & -\dfrac{3}{2} & \dfrac{3}{2} \\ & 4(s+2) & 0 & 1 & -\dfrac{3}{4} & \dfrac{3}{4} \\ & & 8+4s & 2s & -\dfrac{3}{2} & 0 \\ \text{对} & & & 4(s+1) & -\dfrac{3}{4} & 0 \\ & \text{称} & & & \dfrac{9}{8} & \\ & & & & & \dfrac{9}{4} \end{bmatrix} \begin{bmatrix} \Delta_1 \\ \Delta_2 \\ \Delta_3 \\ \Delta_4 \\ \Delta_5 \\ \Delta_6 \end{bmatrix} = \begin{bmatrix} 0 \\ 0 \\ 0 \\ 0 \\ 1 \\ 1 \end{bmatrix} \times \dfrac{F_P}{2}$$

对于每个 $s=0.1, 0.5, 1, 5, 10$ 代入 $K\Delta = F$。即可解得各个情况相应的位移值。而上下两层柱位移就是 Δ_5、Δ_6，分别为表 7-21 所示。

表 7-21

$\dfrac{F_P}{2i_c} \times \Delta_i$ \ s	0.1	0.5	1	5	10
Δ_1	1.3292	0.4474	0.2518	0.0599	0.0314
Δ_2	1.3441	0.3316	0.0469	0.0116	0.0034
Δ_3	1.2146	0.7219	0.5059	0.1672	0.0910
Δ_4	0.7815	0.4563	0.3183	0.0893	0.0472
Δ_5	9.6160	6.0178	4.8071	3.3191	3.0163
Δ_6	3.9182	3.0446	2.6646	2.0602	1.9306

对于每一种 s 情况,柱端弯矩 M 可由 $M_1,\cdots,M_6,M_P$ 叠加可得,即:$M = \sum\limits_{i=1}^{6} \overline{M}_i \cdot \Delta_i$,例如:当 $s = 1$ 时,一层左侧角柱

$$M_{AB} = \overline{M}_3 \Delta_3 + \overline{M}_6 \Delta_6 = 2i_c \times \dfrac{F_P}{2i_c} \times 0.5059 + \left(-\dfrac{3}{2}i_c\right) \times \dfrac{F_P}{2i_c} \times 2.6646$$

$$= -1.4926 F_P$$

同理,即可求得其他情况各柱端弯矩。

(1) 当 $s \to \infty$ 时,由刚度矩阵 K 可知:$\Delta_1 = \Delta_2 = \Delta_3 = \Delta_4 = 0$,也即没有了转角位移。这时,$\Delta_5 = 2.667 \times \dfrac{F_P}{2i_c}$,$\Delta_6 = 1.778 \times \dfrac{F_P}{2i_c}$,$s = 50,100$ 时认为 $s \to \infty$ 则产生的 Δ_5(误差最大)的相对误差分别是 $3\%,1.4\%$,此时,可认为当 $s \geqslant 100$ 时,$s \to \infty$,这样误差仅有 1.4% 左右。

(2) 当 $s = 0$ 时,$\Delta = \dfrac{F_P}{2i_c} \times [2.7556, 3.1111, 1.7778, 1.0667, 14.5778, 4.8593]^T$

当 $s = 0.01$ 时,$\Delta = \dfrac{F_P}{2i_c} \times [2.4847, 2.7715, 1.6761, 1.0194, 13.6561, 4.6922]^T$

此时相对误差最大为 9.8%(发生在 Δ_1),可见当 $s = 0.01$ 时,认为 $s \to 0$ 也是合理的。

7-22 上题图 a 所示 2 跨 2 层刚架,试比较以下(均为杆线刚度相对值)的计算结果。

(a) $i_b = 1, i_c = 1$(正常比较情况)。

(b) $i_b = 1, i_c = 10$(加大柱刚度情况)。

(c) $i_b = 10, i_c = 1$(加大梁刚度情况)。

试问为了减少刚架的侧向位移,那种情况较好?为了改善刚架的受力情况,那种情况较有利?

解答: 由上题表计算比较 $s = 0.1, s = 1.0, s = 10$ 三种情况可知:

(1) $s = 10$ 时柱的侧移仅是 $s = 0.1$ 时的 30%,可见要减少刚架侧向位移(c)种情况较好。

(2) 取出柱角弯矩 M_A。

$$M_A = \left(2i_c\Delta_3 - \frac{3}{2}i_c\Delta_6\right) \times \frac{F_P}{2i_c} = \left(2\Delta_3 - \frac{3}{2}\Delta_6\right)\frac{F_P}{2} = \left(\Delta_3 - \frac{3}{4}\Delta_6\right)F_P$$

M_A 的各值如表 7-22 所示。

表 7-22

s	0.1	1.0	10
$M_A(\times F_P)$	-1.7241	-1.4926	-1.3570

可见,从左侧柱角弯矩一项来看,s 的提高也有利于柱弯矩的减少,所以(c)情况也是比较有利的,其他截面处内力也可按同样方法进行比较。

7-23 图示 2 跨 2 层刚架,梁的线刚度 i_b,柱的线刚度 i_c。在以下三种情况下(均为杆线刚度相对值):

(1) $i_b = 1, i_c = 1$;
(2) $i_b = 1, i_c = 10$;
(3) $i_b = 10, i_c = 1$。

试求:(a) 忽略结点侧移时,刚架的弯矩图。

(b) 考虑结点侧移时,刚架的弯矩图。

(c) 比较以上三种情况下,忽略结点侧移时与考虑结点侧移内力的差别。

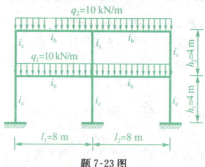

题 7-23 图

解答: 忽略和考虑结点侧移时,刚架的位移法基本体系不同。

取如图的基本体系。

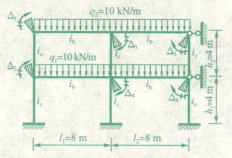

题 7-23　位移法基本体系图

（1）分析各单位结点位移下的结构反应，即求 k_{ij}。

$\overline{\Delta}_1 = 1$，如图（a）所示。$k_{11} = 4(i_c + i_b), k_{21} = 2i_c, k_{31} = 2i_b, k_{41} = 0, k_{51} = 0,$
$k_{61} = 0, k_{71} = -\dfrac{3}{2}i_c, k_{81} = \dfrac{3}{2}i_c$

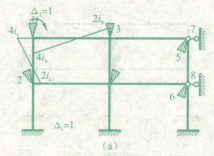

（a）

解答 7-23 图

$\overline{\Delta}_2 = 1$，如图（b）所示。$k_{12} = 2i_c, k_{22} = 8i_c + 4i_b, k_{32} = 0, k_{42} = 2i_b, k_{52} = 0,$
$k_{62} = 0, k_{72} = -\dfrac{3}{2}i_c, k_{82} = 0$

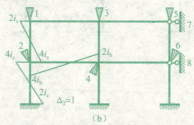

（b）

解答 7-23 图

$\overline{\Delta}_3 = 1$，如图（c）所示。

$k_{13} = 2i_c, k_{23} = 0, k_{33} = 4i_c + 8i_b, k_{43} = 2i_c, k_{53} = 2i_b, k_{63} = 0, k_{73} = -\dfrac{3}{2}i_c,$

243

$k_{83} = \dfrac{3}{2}i_c$

$\overline{\Delta}_4 = 1$，如图(d) 所示。

$k_{14} = 0, k_{24} = 2i_b, k_{34} = 2i_b, k_{44} = 8(i_c + i_b), k_{54} = 0, k_{64} = 2i_b, k_{74} = -\dfrac{3}{2}i_c,$

$k_{84} = 0$

$\overline{\Delta}_5 = 1$，如图(e) 所示。

$k_{15} = k_{25} = 0, k_{35} = 2i_b, k_{45} = 0, k_{55} = 4(i_b + i_c), k_{65} = 2i_c, k_{75} = -\dfrac{3}{2}i_c, k_{85}$

$= \dfrac{3}{2}i_c$

$\overline{\Delta}_6 = 1$，如图(f) 所示。

$k_{16} = k_{26} = k_{36} = 0, k_{46} = 2i_b, k_{56} = 2i_c, k_{66} = 8i_c + 4i_b, k_{76} = -\dfrac{3}{2}i_c, k_{86} = 0$

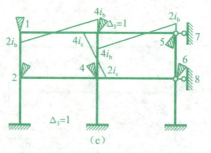

(c)

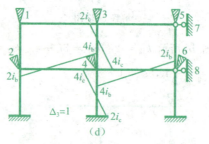

(d)

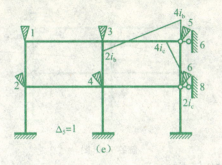

(e)

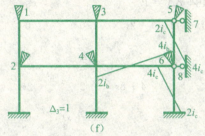

(f)

解答 7-23 图

$\overline{\Delta}_7 = 1$,如图(g)所示。

$k_{17} = k_{37} = k_{57} = k_{27} = k_{47} = k_{67} = -\dfrac{3}{2}i_c, k_{77} = \dfrac{\dfrac{3}{2}i_c \times 2}{4} \times 3 = \dfrac{9}{4}i_c, k_{87} = -\dfrac{9}{4}i_c$

$\overline{\Delta}_8 = 1$,如图(h)所示。

$k_{18} = k_{38} = k_{58} = \dfrac{3}{2}i_c, k_{28} = k_{48} = k_{68} = 0, k_{78} = -\dfrac{9}{4}i_c, k_{88} = \dfrac{9}{2}i_c$

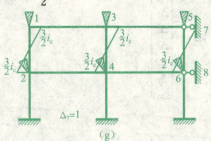

(g)

第 7 章 位 移 法

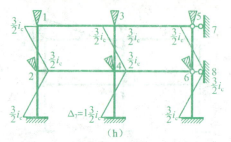

解答 7-23 图

建立位移法矩阵 $K\Delta = F$

$$k = \begin{bmatrix} 4(s+1) & 2 & 2s & 0 & 0 & 0 & -\dfrac{3}{2} & \dfrac{3}{2} \\ & 8+4s & 0 & 2s & 0 & 0 & -\dfrac{3}{2} & 0 \\ & & 4+8s & 2 & 2s & 0 & -\dfrac{3}{2} & \dfrac{3}{2} \\ & & & 8(1+s) & 0 & 2s & -\dfrac{3}{2} & 0 \\ & & & & 4(1+s) & 2 & -\dfrac{3}{2} & \dfrac{3}{2} \\ & & & & & 8+4s & -\dfrac{3}{2} & 0 \\ & & & & & & \dfrac{9}{4} & -\dfrac{9}{4} \\ & & & & & & & \dfrac{9}{2} \end{bmatrix}$$

其中 $s = \dfrac{i_b}{i_c}, \Delta = \begin{bmatrix} \Delta_1 \\ \Delta_2 \\ \Delta_3 \\ \Delta_4 \\ \Delta_5 \\ \Delta_6 \\ \Delta_7 \\ \Delta_8 \end{bmatrix}$

第 7 章 位 移 法

由下图可知:

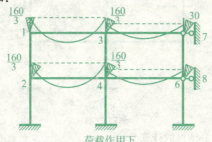

荷载作用下

$F_{1P} = -\dfrac{160}{3}, F_{2P} = -\dfrac{160}{3}, F_{3P} = F_{4P} = \dfrac{70}{3}, F_{5P} = 30, F_{6P} = 30, F_{7P} = 0, F_{8P} = 0$

$F = \left[\dfrac{160}{3}, \dfrac{160}{3}, -\dfrac{70}{3}, -\dfrac{70}{3}, -30, -30, 0, 0\right]$

对每一 s 情况可列表计算如表 7-23 所示。

表 7-23

Δ_i / i_c \ s	(a)1.0	(b)0.1	(c)10
Δ_1	6.634 8	10.739 5	1.245 9
Δ_2	3.903 4	3.663 9	1.147 5
Δ_3	−2.178 4	−8.705 6	−0.143 4
Δ_4	−1.210 2	−1.596 9	−0.144 3
Δ_5	−2.423 2	−1.622 6	−0.628 9
Δ_6	−1.531 4	−2.971 2	−0.564 6
Δ_7	2.904 6	−0.93 15	0.900 4
Δ_8	0.774 6	−0.602 8	0.292 3

$$s = i_b / i_c$$

从而利用叠加方法,得: $M = \sum\limits_{i=1}^{8} \overline{M}_i \Delta_i + M_P$

按照下图的结点编号,可列出弯矩的计算公式。

第 7 章 位 移 法

计算M的节点符号

解答 7-23

以下列出部分结点的计算公式。

如
$$M_{CD} = (4\Delta_1 + 2\Delta_3)s - \frac{160}{3},$$

$$M_{DC} = (2\Delta_1 + 4\Delta_3)s + \frac{160}{3},$$

$$M_{BE} = (4\Delta_2 + 2\Delta_4)s - \frac{160}{3},$$

$$M_{EB} = (2\Delta_2 + 4\Delta_4)s + \frac{160}{3},$$

$$M_{DG} = (4\Delta_3 + 2\Delta_5)s - 30,$$

$$M_{AB} = 2\Delta_2 - \frac{3}{2}\Delta_8,$$

$$M_{ED} = 2\Delta_3 + 4\Delta_4 - \frac{3}{2}\Delta_7 + \frac{3}{2}\Delta_8,$$

$$M_{HG} = 2\Delta_5 + 4\Delta_6 - \frac{3}{2}\Delta_7 + \frac{3}{2}\Delta_8,$$

忽略侧向移动时,直接取消 Δ_7、Δ_8 及相关参数,只取 6 个角位移为未知量,同样方法计算(略)

弯矩计算结果如表所示。

表 7-23 计算结果表

	考虑水平位移			不考虑水平位移		
	$s=1$	$s=10$	$s=0.1$	$s=1$	$s=10$	$s=0.1$
$M_{CD}=$	−31.293	−11.498	−49.941	−32.630	−12.359	−52.984
$M_{DC}=$	57.853	49.833	53.203	61.178	49.405	50.871
$M_{BE}=$	−41.362	−17.541	−53.703	−41.813	−18.040	−54.387
$M_{EB}=$	57.853	54.968	51.940	57.438	−51.219	51.219
$M_{DG}=$	−62.114	−49.833	−53.203	−62.901	54.687	−54.791

续表

$M_{GD}=$	31.293	11.498	49.941	30.264	−10.878	48.434
$M_{EH}=$	−57.853	−54.968	−51.940	−58.257	−55.233	−52.722
$M_{HE}=$	41.362	17.541	53.703	40.937	17.121	52.922
$M_{AB}=$	8.426	3.745	18.520	7.285	3.389	7.970
$M_{BA}=$	15.877	7.161	28.755	14.570	6.778	15.940
$M_{BC}=$	25.485	10.380	24.948	27.242	11.263	38.447
$M_{CB}=$	31.293	11.498	49.941	32.630	12.359	52.984
$M_{IH}=$	−8.426	−3.745	−18.520	−9.156	−3.935	−18.770
$M_{HI}=$	−15.877	−7.161	−28.755	16.759	−7.372	−31.641
$M_{FE}=$	0.000	0.000	0.000	−0.828	−0.225	−2.747
$M_{EF}=$	0.000	0.000	0.000	0.959	−0.230	−5.387
$M_{ED}=$	0.000	0.000	0.000	1.778	0.776	6.890
$M_{DE}=$	0.000	0.000	0.000	−1.723	0.777	3.921
$M_{HG}=$	−25.485	−10.380	−24.948	−24.179	−9.749	−21.281
$M_{GH}=$	−31.293	−11.498	−49.941	30.264	−10.878	−48.434

可见,在竖向荷载作用下,考虑侧移与忽略侧移,对弯矩影响不大;梁的刚度比柱的刚度大很多时,梁端接近简支($s=10$ 时,M_{CD}、M_{GD} 很小);梁的刚度比柱的刚度小很多时,梁端接近固支($s=0.1$ 时,M_{CD}、M_{GD} 接近固端弯矩)。

同步自测题及参考答案

同步自测题

1. 选择题

(1) 解如图 7-34(a) 所示结构内力时,若取图(b) 为基本结构,则主系数 r_{11} 的值为:(   )。

A. $4i$ B. $6i$ C. i D. $10i$

第 7 章 位 移 法

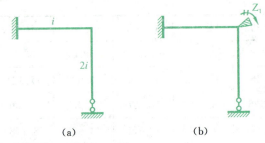

图 7-34

(2) 在位移法典型方程中,系数 $r_{ij}(i \neq j)$ 的物理意义可叙述为:(　　)。
A. 附加约束 i 发生 $Z_i = 1$ 在附加 i 上发生的反力和反力矩;
B. 附加约束 i 发生 $Z_j = 1$ 在附加 i 上发生的反力和反力矩;
C. 附加约束 j 发生 $Z_i = 1$ 在附加 i 上发生的反力和反力矩;
D. 附加约束 j 发生 $Z_j = 1$ 在附加 i 上发生的反力和反力矩;
(3) 在位移法典型方程的系数和自由项中,数值范围可为正、负实数的有:(　　)。
A. 主系数　　　　　　　　　　　　B. 主系数和副系数
C. 主系数和自由项　　　　　　　　D. 副系数和自由项
(4) 用位移法求解图 7-35 所示结构时,基本未知量的个数是(　　)。
A. 8　　　　　B. 10　　　　　C. 11　　　　　D. 12

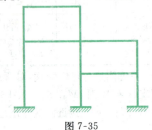

图 7-35

(5) 位移法典型方程实质上是(　　)。
A. 平衡方程　　　　　　　　　　　B. 位移条件
C. 物理关系　　　　　　　　　　　D. 位移互等定理
(6) 图 7-36 所示超静定结构结点角位移的个数是(　　)。
A. 2　　　　　B. 3　　　　　C. 4　　　　　D. 5

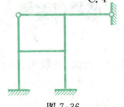

图 7-36

(7) 在位移法计算中规定正的杆端弯矩是(　　)。
A. 绕杆端顺时针转动　　　　　　B. 绕结点顺时针转动
C. 绕杆端逆时针转动　　　　　　D. 使梁的下侧受拉

2. 填空题

(1) 表示杆件杆端力和杆端位移之间关系的方程为杆件的_____方程。系数 k_{ij} = k_{ji} 是由_____定理得到的结果。

(2) 力法和位移法是解超静定结构的两种基本方法。它们的主要区别在于力法是以_____为基本未知量,而位移法则以_____作为基本未知量。

(3) 位移法以_____和_____作为基本未知量,位移法方程是根据_____条件而建立的。

(4) 位移法基本体系是一组_____。

(5) 用位移法确定图 7-37 所示结构的基本未知量个数为_____。

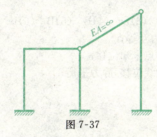

图 7-37

3. 计算题

(1) 试用位移法计算图 7-38 所示刚架。

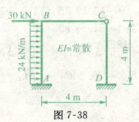

图 7-38

(2) 图 7-39 所示刚架的支座 A 下沉 Δ,试用位移法计算此刚架并绘制其内力图。EI = 常数。

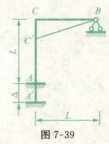

图 7-39

（3）试用位移法计算图 7-40 所示刚架，并绘出其内力图。

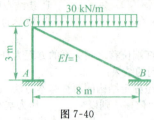

图 7-40

参考答案

1. 选择题：(1)A (2)D (3)D (4)B (5)B (6)B (7)C
2. 填空题：(1) 刚度，反力互等；
(2) 多余未知力，独立结点未知位移；
(3) 结点转角，结点独立线位移，静力平衡；
(4) 单跨超静定梁；
(5) 2。
3. 计算题：
(1) $M_{AB} = -164.87$ kN·m, $Q_{AB} = 104.35$ kN,
$M_{BA} = -60.52$ kN·m, $Q_{BA} = 8.35$ kN
$M_{BC} = 60.52$ kN·m, $Q_{BC} = -15.13$ kN, $Q_{CB} = -15.13$ kN, $Q_{CD} = 21.65$ kN
$M_{DC} = -86.61$ kN·m, $Q_{DC} = 21.65$ kN
(2) $M_{AC} = -\dfrac{6EI}{7l^2}\Delta$, $Q_{AC} = \dfrac{18EI}{7l^3}\Delta$, $M_{CA} = -\dfrac{12EI}{7l^2}\Delta$, $Q_{CA} = \dfrac{18EI}{7l^3}\Delta$
(3) $M_{AC} = 59.2$ kN·m, $H_A = 59.2$ kN→, $M_{BC} = 180.79$ kN·m。

第8章 渐近法及其他算法简述

本章知识结构及内容小结

【本章知识结构】

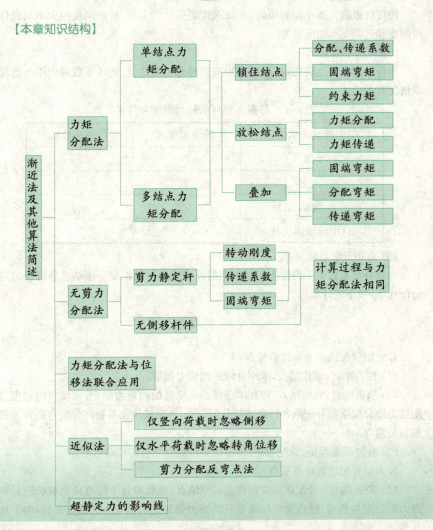

第 8 章 渐近法及其他算法简述

【本章内容小结】
一、力矩分配法
1. 应用范围：无结点线位移的刚架和连续梁。
2. 正负号规定：杆端弯矩、结点力偶荷载、转动约束中的约束力矩均以顺时针为正。
3. 基本参数
（1）转动刚度 S
使杆件近端发生单位转角时，在该端需要施加的力矩。转动刚度的大小与杆件的线刚度和远端支承情况有关。
（2）传递系数 C
当杆件近端发生转角时，远端弯矩与近端弯矩的比值。传递系数的大小与远端支承情况有关。

表 8-1　等截面直杆的转动刚度和传递系数

远端支承	转动刚度 S	传递系数 C
固定	$4i$	0.5
铰支	$3i$	0
滑动	i	-1
自由或轴向支杆	0	0

（3）力矩分配系数 μ
力矩分配系数表示将作用在结点上的外力矩分配到汇交于该结点各杆端的弯矩分配比率，按下式计算：

$$\mu_{Aj} = \frac{S_{Aj}}{\sum_A S}$$

4. 力矩分配法的基本计算步骤
（1）加入刚臂，锁住结点，求刚臂内的约束力偶矩。
（2）取消刚臂，放松结点，即在结点处加入反号的约束力偶矩，将反号的约束力偶矩按力矩分配系数分配给各杆近端得分配弯矩，然后按传递系数将分配弯矩传递到远端得传递弯矩。
（3）叠加固端弯矩、分配弯矩、传递弯矩得到原结构各杆端弯矩。

5. 力矩分配法的计算要点
（1）多结点力矩分配法需要锁住全部刚结点，然后对每个结点轮流放松进行单结点力矩分配与传递。结点的放松通常从约束力偶矩绝对值较大的结点开始，为了加快收敛速度,也可以同时放松不相邻的结点,但不能同时放松相邻结点。

(2) 对于多结点力矩分配法,其结点约束力矩始终等于附加刚臂上的约束力偶矩,具体包括以下几种情况:

(a) 对于第一轮放松的第一结点,结点约束力偶矩等于汇交于结点的各杆固端弯矩之和。

(b) 对于第一轮放松的其他结点,结点约束力偶矩等于汇交于结点的各杆固端弯矩之和加传递弯矩。

(c) 对于其他各轮放松的各结点,结点约束力偶矩等于传递弯矩。

(3) 单结点力矩分配法得到的是精确解。多结点力矩分配法得到的是渐近解,实际计算一般进行2~3轮。

二、无剪力分配法

1. 无剪力分配法适用条件:刚架中除杆端无相对线位移的杆件外,其余杆件都是剪力静定杆(各截面剪力均可仅由平衡条件确定)

2. 剪力静定杆的固端弯矩、转动刚度和传递系数与一端刚接,另一端滑动的杆件相同。

3. 无剪力分配法除了剪力静定杆的固端弯矩、转动刚度、传递系数有所不同外,其计算过程与力矩分配法相同。

三、力矩分配法与位移法联合应用

对有刚结点转角位移和线位移的刚架,仅把线位移选为位移法未知量,计算位移法方程中的系数、常数所对应状态是无侧移刚架,用力矩分配法计算。从而减少了位移法未知量个数和方程的阶数。

这是力学方法概念的扩展,力法、位移法、力矩分配法等都可灵活应用,主要目的是发挥各种方法的优势,简化计算。进一步发展,形成一些新的方法,如子结构法、分区法、混合法等。

四、近似法

根据刚架结构的特点,在结构初步设计、验算时常采用的实用、简洁的方法。因为弯矩引起的横截面正应力线性分布,变形较大,可忽略剪力、轴力引起的变形。

在仅有竖向荷载作用下,可忽略侧移,用位移法、力矩分配法计算就简洁很多。

在仅有侧向荷载作用下,忽略刚结点转角位移,位移法基本未知量减少很多,具体计算可采用反弯点法(即剪力分配法),计算精度也很高,在抗震设计等计算中经常采用。

五、超静定力的影响线

超静定结构在承受移动荷载作用时,同样要使用影响线工具。定义与方法的概念与静定梁相同,只是计算时要采用力法、位移法或力矩分配法等,影响线图形一般是曲线。

经典例题解析

例 1 试判断图 8-1 所示各结构可否用无剪力分配法计算,并说明理由。

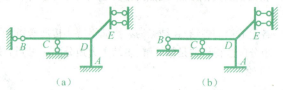

图 8-1

解答: 图(a)结构:杆 BC 为内力静定杆。依据受弯直杆两端之间的距离在变形前后保持不变的假设,易知结点 C、D 均无线位移并且 E 端可视为固定端(因为若杆端 E 沿竖向移动的话,杆 DE 两端之间的距离势必发生变化,这与假设不符)。由以上分析可知,杆 AD、CD 和 DE 均为无侧移杆,故该结构可用力矩分配法计算,不用无剪力分配法。

图(b)结构:杆 AD 和 DE 既不是无侧移杆,也不是剪力静定杆,故该结构不能用无剪力分配法计算。

例 2 试用力矩分配法计算图 8-2 所示连续梁,并绘制 M 图。

分析: 对于图 8-2 所示的静定伸臂 DE 部分,可将其撤去,并将作用于该部分的荷载以 100 kN·m 的外力矩与 50 kN 的向下作用的集中力移置至结点 D,如图 8-3 所示。

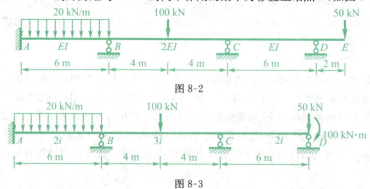

图 8-3

解答: (1) 计算力矩分配系数

$$\mu_{BA} = \frac{4 \times 2i}{4 \times 2i + 4 \times 3i} = \frac{2}{5}, \mu_{BC} = \frac{3}{5},$$

$$\mu_{CB} = \frac{4\times 3i}{4\times 3i + 3\times 2i} = \frac{2}{3},$$

$$\mu_{CD} = \frac{1}{3}$$

(2)计算固端弯矩

$$M_{AB}^F = -\frac{20\times 6^2}{12} = -60\text{kN}\cdot\text{m}, M_{BA}^F = 60\text{kN}\cdot\text{m},$$

$$M_{CB}^F = -\frac{100\times 8}{8} = -100\text{kN}\cdot\text{m}, M_{CB}^F = 100\text{kN}\cdot\text{m},$$

$$M_{CD}^F = \frac{1}{2}\times 100 = 50\text{kN}\cdot\text{m}$$

(3)进行弯矩分配和传递,分配传递过程如表 8-2 所示。

(4)计算最后杆端弯矩。绘出 M 图如图 8-4 所示。

表 8-2

μ		2/5	3/5		2/3	1/3	
M^F	−60	60	−100		100	50	100
分配传递	18 ←	36	−50 54	← →	−100 27	−50	
	1.8 ←	3.6	−9 5.4	← →	−18 2.7	−9	
	0.2 ←	0.4	−0.9 0.5	← →	−1.8 0.3 −0.2	−0.9 −0.1	
M	−40	100	−100		10	−10	100

注:表中弯矩的单位为 kN·m

图 8-4

【思路探索】 若结构含有静定部分,在利用力矩分配法进行结构计算时,通常可将静定部分去掉并把截开截面上的内力视为外力作用在留下的结构上。

例 3 试用力矩分配法计算图 8-5 所示刚架,并绘出弯矩图,$EI = $ 常数。

第 8 章　渐近法及其他算法简述

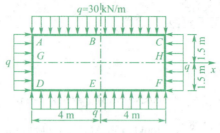

图 8-5

解答：本题中的结构和荷载对 x 轴和 y 轴都是对称的，所以可取结构的四分之一计算。根据对称结构在对称荷载作用下的特性：与对称轴 y 相交的截面 B 只有竖向位移，没有水平位移和转角。同样与对称轴 x 相交的截面 G 只有水平位移，没有竖向位移和转角。因此取结构的 ABG 段计算时，在 B 点和 G 点分别取定向滑动支座，如图 8-6 所示。

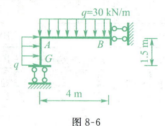

图 8-6

(1) 分配系数

$$S_{AB} = \frac{EI}{4}, S_{AG} = \frac{EI}{1.5} = \frac{2}{3}EI$$

$$\mu_{AB} = \frac{\dfrac{EI}{4}}{\dfrac{EI}{4} + \dfrac{2EI}{3}} = 0.273, \mu_{AG} = 0.727$$

(2) 固端弯矩

$$M_{AB}^{F} = -\frac{1}{3} \times 30 \times 4^2 = -160 \text{ kN·m}$$

$$M_{BA}^{F} = -\frac{1}{6} \times 30 \times 4^2 = -80 \text{ kN·m}$$

$$M_{AG}^{F} = \frac{1}{3} \times 30 \times 1.5^2 = 22.5 \text{ kN·m}$$

$$M_{GA}^{F} = \frac{1}{6} \times 30 \times 1.5^2 = 11.25 \text{ kN·m}$$

(3) 弯矩的分配和传递，计算结果见表 8-3，由表 8-3 的计算结果绘制的弯矩图如图 8-7 所示。

第 8 章 渐近法及其他算法简述

表 8-3

结点	A		B	G
杆端	AG	AB	BA	GA
分配系数	0.727	0.273		
固端弯矩	22.5	−160	−80	11.25
分配传递	100	37.5	−37.5	−100
最后弯矩	122.5	−122.5	−117.5	−88.8

注：表中弯矩的单位为 kN·m

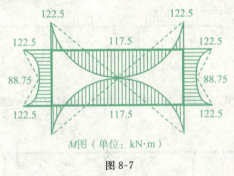

图 8-7

考研真题评析

例 1 用力矩分配法作图 8-8 所示连续梁的弯矩图。设 $EI=$ 常数。

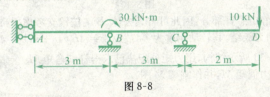

图 8-8

【思路探索】 对于图 8-8 所示的静定伸臂 CD 部分，可将其撤去，并将作用于该部分的荷载以 20 kN·m 的外力矩与 10 kN 的向下作用的集中力移置至结点 C，这样结点 C 在以后的计算中按铰支端考虑。结点 B 的约束力偶矩应由汇交于结点 B 的各杆固端弯矩叠加而得。改变符号后再加上结点 B 的外力偶得到分配分矩。

解答：(1) 结点 B 力矩分配系数，$\mu_{BA}=1/4, \mu_{BC}=3/4$。

(2) 单结点力矩分配与传递，见表 8-4。

表 8-4

μ		0.25	0.75	
		30		
M^F	0	0	10	20
	−5	←5	15→	0
M	<u>−5</u>	<u>5</u>	<u>25</u>	<u>20</u>

注：表中弯矩的单位为 kN·m

(3) 最后弯矩图如图 8-9 所示。

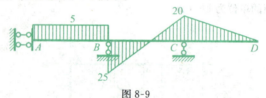

图 8-9

例 2 用力矩分配法计算图 8-10 所示结构时,杆端 CD 的分配系数 μ_{CD} 是（　　）。

A. $\dfrac{1}{4}$ B. $\dfrac{4}{13}$ C. $\dfrac{3}{16}$ D. $\dfrac{4}{7}$

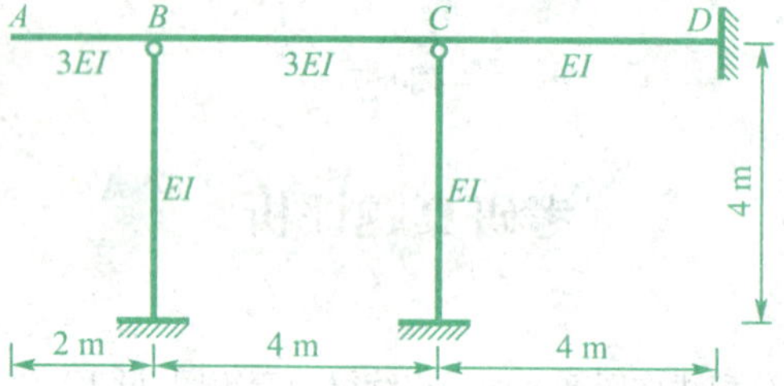

图 8-10

解答： AB 为静定悬臂部分,因此可将其去掉,B 端按铰支考虑。与铰 C 相连的立柱在 C 端为铰结,其转动刚度为零,故 $\mu_{CD}=4i/(4i+9i)=4/13$,选 B。

例 3 图 8-11 所示结构,用力矩分配法已求得杆端弯矩 $M_{CA}=2$ kN·m,求作用在结点 A 上的外力偶矩 M,并作刚架 M 图。

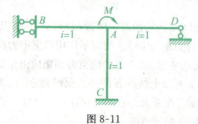

图 8-11

第 8 章 渐近法及其他算法简述

解答：因为 $\mu_{AB}=i/(i+3i+4i)=1/8, \mu_{AC}=4/8=0.5, \mu_{AD}=3/8$，又因为 $M_{CA}=0.5M_{AC}=0.5\times M\times 0.5=2\text{ kN}\cdot\text{m}$，所以 $M=8\text{ kN}\cdot\text{m}$。然后进行单结点的力矩分配与传递得到各杆的杆端弯矩，最后弯矩图如图 8-12 所示。

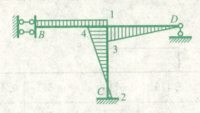

图 8-12

例 4 试用力矩分配法计算图 8-13 所示连续梁，绘制弯矩图。EI 为常数。

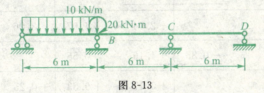

图 8-13

【思路探索】
本例结点 B 的约束力偶矩应由结点 B 的外力矩和 BA 杆 B 端的固端弯矩 M_{BA}^F 两项叠加而得。由结点 B 的平衡条件，约束力偶矩为 $25\text{ kN}\cdot\text{m}$。

解答：(1) 力矩分配系数

$$S_{BA}=\frac{3EI}{6} \qquad S_{BC}=\frac{4EI}{6}$$

$$\sum_{(B)}S=S_{BA}+S_{BC}=\frac{7EI}{6}$$

$$S_{CB}=\frac{4EI}{6} \qquad S_{CD}=\frac{3EI}{6}$$

$$\sum_{(C)}S=S_{CB}+S_{CD}=\frac{7EI}{6}$$

$$\mu_{BA}=\frac{S_{BA}}{\sum_{(B)}S}=\frac{3}{6}\times\frac{6}{7}=0.429$$

$$\mu_{BC}=\frac{S_{BC}}{\sum_{(B)}S}=\frac{4}{6}\times\frac{6}{7}=0.571$$

$$\mu_{CB}=\mu_{BC}=0.571 \qquad \mu_{CD}=\mu_{BA}=0.429$$

(2) 固端弯矩

$$M_{BA}^F=\frac{ql^2}{8}=\frac{1}{8}\times 10\times 6^2=+45\text{ kN}\cdot\text{m}$$

(3) 进行弯矩分配和传递,见表 8-5。
(4) 叠加固端弯矩、分配弯矩、传递弯矩得最后杆端弯矩,绘制弯矩图如图 8-14 所示。

表 8-5

		20			
μ		0.429	0.571	0.571	0.429
M^F		+45			
		−10.75	−14.25 → −7.13		
			+2.04 ← +4.07	+3.06	0
		−0.88	−1.16 → −0.58		
			+0.17 ← +9.33	+0.25	0
		−0.07	−0.1 → −0.05		
				+0.03	+0.02	0
M		±33.3	−13.3	−3.33	+3.33	0

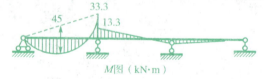

图 8-14

例 5 用弯矩分配法计算图 8-15 所示连续梁,并绘制弯矩图。

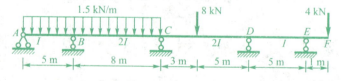

图 8-15

【思路探索】 对于图 8-15 所示的静定伸臂 EF 部分,可将其撤去,并将作用于该部分的荷载以 4 kN·m 的外力矩与 4 kN 的向下作用的集中力移置至结点 E。这样,在

第 8 章 渐近法及其他算法简述

以后的计算中 E 按铰支端考虑。

解答:(1) 计算分配系数

令 $EI/4\text{ m} = i$，

则杆 BC、CD 的线刚度为 i；杆 AB、DE 的线刚度为 $EI/5\text{ m} \times (4/4) = 0.8i$。

$$\mu_{BA} = \frac{S_{BA}}{\sum S_B} = \frac{3 \times 0.8i}{3 \times 0.8i + 4i} = 0.375, \mu_{BC} = \frac{S_{BC}}{\sum S_B} = 0.625$$

$$\mu_{CB} = \frac{S_{CB}}{\sum S_C} = \frac{4i}{4i + 4i} = 0.5, \mu_{CD} = \frac{S_{CD}}{\sum S_C} = 0.5,$$

$$\mu_{DC} = \frac{S_{DC}}{\sum S_D} = \frac{4i}{3 \times 0.8i + 4i} = 0.625, \mu_{DE} = \frac{S_{DE}}{\sum S_D} = 0.375$$

(2) 计算固端弯矩

$$M_{BA}^F = \frac{ql^2}{8} = 4.69\text{ kN}\cdot\text{m}, M_{CB}^F = \frac{ql^2}{12} = 8\text{ kN}\cdot\text{m} = -M_{BC}^F$$

$$M_{CD}^F = -\frac{F_P ab^2}{l^2} = -9.38\text{ kN}\cdot\text{m}, M_{DC}^F = \frac{F_P ab^2}{l^2} = 5.62\text{ kN}\cdot\text{m}$$

$$M_{DE}^F = \frac{1}{2}M_{ED} = 2\text{ kN}\cdot\text{m}$$

(3) 进行弯矩分配和传递，见表 8-6。

表 8-6

杆端	AB	BA	BC	CB	CD	DC	DE	ED
μ		0.375	0.625	0.5	0.5	0.625	0.375	
M^F	0	4.69	−8	+8	−9.38	5.62	2	4
分配及传递	0	1.24	2.07 →	1.03	−2.38	← −4.76	−2.86	0
			0.68	← 1.37	1.36 →	0.68		
		−0.25	−0.43 →	−0.21	−0.21	← −0.43	−0.25	
			0.11	← 0.21	0.21 →	0.11		
		−0.04	−0.07 →	−0.03	−0.03	← −0.07	−0.04	
			0.02	← 0.03	0.03 →	0.02		
		−0.01	−0.01			−0.01	−0.01	
M	0	5.63	−5.63	10.40	−10.40	1.16	−1.16	4

注：表中弯矩的单位为 kN·m

(4) 叠加固端弯矩、分配弯矩、传递弯矩得最后杆端弯矩，绘制弯矩图如图 8-16 所示。

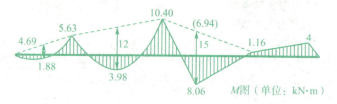

图 8-16

例 6 试用力矩分配法计算图 8-17 所示刚架,绘制弯矩图。

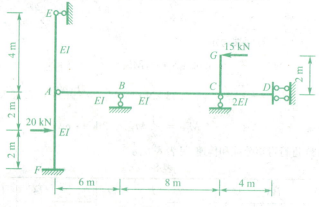

图 8-17

【思路探索】 对于图 8-17 所示的静定伸臂 CG 部分,既可以参照典型例题 2 的处理方法,将悬臂部分截离并将作用于该部分的荷载进行简化,也可以保留悬臂部分,一起参与力矩的分配与传递。本题采用了后一种方法。在力矩分配与传递过程中,由于 AB 杆件 A 端为铰结,CG 杆件 G 端为自由端,故两杆转动刚度为零,分配系数也为零。

解答: (1) 计算分配系数

$$\mu_{AE} = \frac{S_{AE}}{S_{AE}+S_{AF}} = \frac{\frac{3EI}{4}}{\frac{3EI}{4}+\frac{4EI}{4}} = 0.429$$

$$\mu_{AF} = \frac{S_{AF}}{S_{AE}+S_{AF}} = \frac{\frac{4EI}{4}}{\frac{3EI}{4}+\frac{4EI}{2}} = 0.571$$

$$\mu_{BA} = \frac{S_{BA}}{S_{BA}+S_{BC}} = \frac{\frac{3EI}{6}}{\frac{3EI}{6}+\frac{4EI}{8}} = 0.5$$

第 8 章 渐近法及其他算法简述

$$\mu_{BC} = \frac{S_{BC}}{S_{BA}+S_{BC}} = \frac{\frac{4EI}{8}}{\frac{3EI}{6}+\frac{4EI}{8}} = 0.5$$

$$\mu_{CB} = \frac{S_{CB}}{S_{CB}+S_{CD}} = \frac{\frac{4EI}{8}}{\frac{4EI}{8}+\frac{2EI}{4}} = 0.5$$

$$\mu_{CD} = \frac{S_{CD}}{S_{CB}+S_{CD}} = \frac{\frac{2EI}{4}}{\frac{4EI}{8}+\frac{2EI}{4}} = 0.5$$

（2）计算固端弯矩

$$M_{AF}^F = -M_{FA}^F = \frac{Pl}{8} = \frac{20 \times 4}{8} = +10 \text{ kN} \cdot \text{m}$$

$$M_{CG}^F = 15 \times 2 = +30 \text{ kN} \cdot \text{m}$$

（3）进行弯矩分配和传递，见表 8-7。结点 A 和 C 可同时分配传递。

（4）计算最后杆端弯矩，绘制弯矩图如图 8-18 所示。

表 8-7

结点	F	A			B			C		D
杆端	FA	AF	AE	AB	BA	BC	CB	CG	CD	DC
μ		0.571	0.429	0	0.5	0.5	0.5	0	0.5	
M^F	−10	+10						30		
分配与传递	−2.86	−5.71	−4.29			−7.5	−15		−15	15
					+3.75	+3.75	+1.88			
						−0.47	−0.94		−0.94	0.94
					+0.23	+0.24	+0.12			
						−0.03	−0.06		−0.06	+0.06
						+0.02	+0.01			
Σ	−12.86	4.29	−4.29		+4.00	−4.00	−14.00		−16.00	+16.00

注：表中弯矩的单位为 kN·m

第 8 章 渐近法及其他算法简述

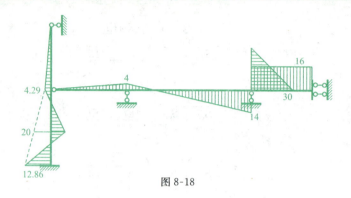

图 8-18

本章教材习题精解

8－1 试用力矩分配法计算图示结构，并作 M 图。

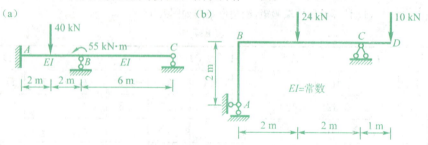

题 8-1 图

解答：（a）注意 B 点集中力偶直接参与分配，计算见表 8-8

表 8-8

结点	A	B		C
杆端	AB	BA	BC	CB
分配系数		$\dfrac{2}{3}$	$\dfrac{1}{3}$	
结点力偶		-55		
固端弯矩	-20	20	0	0
分配传递	-25	-50	-25	
最后弯矩	$\underline{\underline{-45}}$	$\underline{\underline{-30}}$	$\underline{\underline{-25}}$	$\underline{\underline{0}}$

第 8 章 渐近法及其他算法简述

弯矩图如解答 8-1 图(a)

(b) 注意 CD 段为静定梁，D 点集中力转化为 C 点集中力偶，但计算 BC 杆时，把 C 点看成铰支座，B 点分配时，也不再锁住 C。计算见表 8-9。

表 8-9

结点	A	B		C	
杆端	AB	BA	BC	CB	CD
分配系数		$\frac{2}{3}$	$\frac{1}{3}$	1	0
固端弯矩	0		-18	0	-10
C 点分配传递			5 ←	10	0
B 点分配传递		8.67	4.33		
最后力矩	<u>0</u>	<u>8.67</u>	<u>-8.67</u>	<u>10</u>	<u>-10</u>

弯矩图如解答 8-1 图(b)
(注：也可以不对 C 点进行分配和传递，与典型例题 2 类似，把 D 点荷载转移到 C 点，直接确定 BC 端的固端力矩为 $-13\ \text{kN}\cdot\text{m}$。)

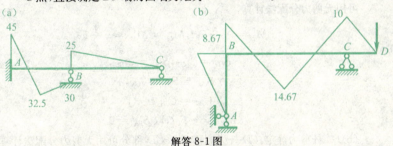

解答 8-1 图

8-2 试判断图示结构可否用无剪力分配法计算，并说明理由。

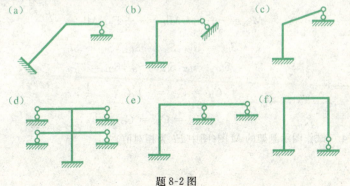

题 8-2 图

解答：（a）因有斜向杆件，刚结点的线位移对两个杆件都有侧向位移分量，所以不可用无剪力分配法。

（b）因斜向支座链杆，有侧移的竖杆剪力不静定，不可用无剪力分配法。

（c）（d）（e）（f）符合有侧移杆剪力静定，梁杆两端无相对线位移的条件，可用无剪力分配法。

8-3 试讨论图示结构的解法，用什么方法？各杆的固端弯矩、转动刚度和传递系数如何确定？

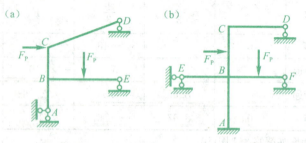

题 8-3 图

解答：（a）AB、BC 是剪力静定杆件，AB 杆弯矩也静定，而 BE、CD 是无侧移杆件，可用无剪力分配法计算，

$$M_{BE}^f = -\frac{3}{16}F_P l, M_{CB}^f = M_{BC}^f = -\frac{1}{2}F_P l$$

$$S_{CD} = 3i_{CD}, S_{BE} = 3i_{BE},$$

$$S_{CB} = S_{BC} = i_{CB},$$

$$C_{BC} = C_{CB} = -1$$

$$M_{BA} = -F_P l, 取 S_{BA} = 0.$$

（b）BC 杆剪力静定，CD 杆无侧移，固 BCD 部分可用无剪力分配法计算，而 $ABEF$ 部分用力矩分配法计算。

$$M_{BE}^f = -\frac{3}{16}F_P l, M_{BC}^f = -\frac{3}{8}F_P l, M_{CB}^f = -\frac{F_P l}{8}$$

$$S_{BA} = 4i_{BA}, S_{BE} = 3i_{BE}, S_{BF} = 3i_{BF}$$

$$S_{BC} = i_{BC}, S_{CB} = i_{CB}, S_{CD} = 3i_{CD}$$

$$C_{BC} = C_{CB} = -1, C_{BA} = \frac{1}{2},$$

$$C_{BE} = C_{BF} = C_{CD} = 0$$

8-4 试作图示刚架的 M 图（图中 EI 为相对值）

第 8 章 渐近法及其他算法简述

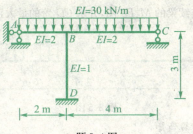

题 8-4 图

解答：用力矩分配法计算，

$$S_{BA} = 3i_{BA} = 3, S_{BC} = 3i_{BC} = \frac{3}{2}, S_{BD} = 4i_{BD} = \frac{4}{3}$$

$$\mu_{BA} = 0.514, \mu_{BC} = 0.27, \mu_{BD} = 0.229, C_{BD} = \frac{1}{2}$$

$$M_{BA}^F = \frac{30 \times 2^2}{8} = 15 \text{ kN} \cdot \text{m}, M_{BC} = -\frac{30 \times 4^2}{8} = -60 \text{ kN} \cdot \text{m}$$

分配传递过程见表 8-10

表 8-10

结点	A	B			C	D
杆端	AB	BA	BC	BD	CB	DB
分配系数		0.514	0.27	0.229		
固端力矩	0	15	−60	0	0	0
分配传递	0	23.14	11.57	10.29	0	5.15
最后力矩	0	38.14	−48.43	10.29		5.15

作弯矩图如解答 8-4 图

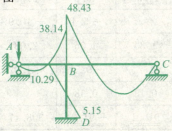

解答 8-4 图

8−5 试作图示连续梁的 M、F_Q 图,并求 CD 跨的最大正弯矩和反力。

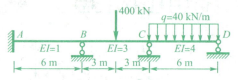

题 8-5 图

解答:力矩分配法计算弯矩,

$$S_{BA} = 4i_{BA} = \frac{2}{3}, S_{BC} = 4i_{BC} = 2 = S_{CB}, S_{CD} = 3i_{CD} = 2$$

$$\mu_{BA} = 0.25, \mu_{BC} = 0.75, \mu_{CB} = \mu_{CD} = 0.5,$$

$$C_{BA} = C_{BC} = C_{CB} = \frac{1}{2}$$

$$M_{BC} = -\frac{400 \times 6}{8} = -300 \text{ kN} \cdot \text{m}, M_{CB} = 300 \text{ kN} \cdot \text{m}$$

$$M_{CD} = -\frac{40 \times 6^2}{8} = -180 \text{ kN} \cdot \text{m}$$

分配传递过程见表 8-11

表 8-11

结点		A	B		C		D
杆端		AB	BA	BC	CB	CD	DC
分配系数			0.25	0.75	0.5	0.5	
固端力矩		0		−300	300	−180	
分配传递	B 点	37.5	75	225	112.5		
	C 点			−58.13	−116.25	−116.25	
	B 点	7.27	14.53	43.6	21.8		
	C 点			−5.4	−10.9	−10.9	
	B 点	0.67	1.35	4.05	2.03		
	C 点			−0.51	−1.02	−1.02	
	B 点	0.06	0.13	0.38			
最后力矩		45.5	91.01	−91.01	308.17	−308.17	0

作弯矩图见解答 8-5 图(a)，
由各杆平衡条件计算剪力，

$$F_{QAB} = F_{QBA} = -\frac{1}{6} \times (45.5 + 91.01) = -22.7 \text{ kN}$$

$$F_{QBC} = -\frac{1}{6} \times (-91.01 + 308.17) + \frac{400}{2} = 163.81 \text{ kN}$$

$$F_{QCB} = -\frac{1}{6} \times (-91.01 + 308.17) - \frac{400}{2} = -236.19 \text{ kN}$$

$$F_{QCD} = -\frac{1}{6} \times (-308.17) + \frac{40 \times 6}{2} = 171.36 \text{ kN}$$

$$F_{QDC} = -\frac{1}{6} \times (-308.17) - \frac{40 \times 6}{2} = -68.64 \text{ kN}$$

作剪力图如解答 8-5 图(b)

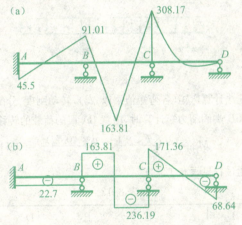

解答 8-5 图

CD 段最大正弯矩：
取 CD 为隔离体，受力解答 8-5 图(c)，x 截面弯矩取极值

解答 8-5 图

$$M_x = -\frac{40x^2}{2} + 68.64x$$

由 $\dfrac{\mathrm{d}M_x}{\mathrm{d}x} = 0$，得 $40x - 68.64 = 0$，$x = 17.16$

$$M_{CD_{max}} = -\frac{40 \times 1.716^2}{2} + 68.64 \times 1.716 = 58.9 \text{ kN} \cdot \text{m}$$

由剪力图可计算支反力

$$R_C = 236.19 + 171.36 = 407.55 \text{ kN} \uparrow$$

$$R_D = 68.64 \text{ kN} \uparrow$$

8－6 图示某水电站高压管,受管内水重及管道自重作用,试作水管的弯矩图和剪力图,设 EI 为常数。

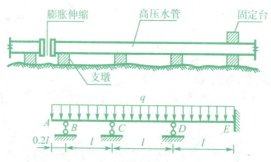

题 8-6 图

解答: 力矩分配法计算弯矩(各弯矩值乘以 ql^2),转动刚度、分配系数、传递系数计算省略,CB 端固端力矩计算时,注意 BA 段的荷载的转移,

$$M_{CB} = \frac{q \times l^2}{8} - \frac{1}{2} \times \frac{q \times (0.2l)^2}{2} = 0.115 ql^2$$

分配传递过程见表 8-12

表 8-12

结点	B	C		D		E
杆端	BC	CB	CD	DC	DE	ED
分配系数		$\frac{3}{7}$	$\frac{4}{7}$	0.5	0.5	
固端力矩	−0.02	0.115	$-\frac{1}{12}$	$\frac{1}{12}$	$-\frac{1}{12}$	$\frac{1}{12}$
分配传递	C		−0.01357	−0.01810	−0.00905		
	B			0.00226	0.00452	0.00452	0.00226
	C			−0.00097	−0.00129	−0.0006		
	B					0.0003	0.0003	0.00015
最后力矩	−0.02	0.1005	−0.1005	0.0785	−0.0785	0.0837

作弯矩图如解答 8-6 图(a)

由各杆平衡计算杆端剪力

$$F_{QBA} = -0.2ql$$

$$F_{QBC} = -\frac{M_{BC}+M_{CB}}{l} + \frac{ql}{2} = 0.46ql$$

$$F_{QCB} = -\frac{M_{BC}+M_{CB}}{l} - \frac{ql}{2} = -0.54ql$$

$$F_{QCD} = -\frac{M_{CD}+M_{DC}}{l} + \frac{ql}{2} = 0.511ql$$

$$F_{QDC} = -\frac{M_{CD}+M_{DC}}{l} - \frac{ql}{2} = -0.489ql$$

$$F_{QDE} = -\frac{M_{DE}+M_{ED}}{l} + \frac{ql}{2} = 0.497ql$$

$$F_{QED} = -\frac{M_{DE}+M_{ED}}{l} - \frac{ql}{2} = -0.503ql$$

作剪力图如解答 8-6 图(b)

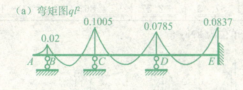

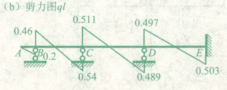

解答 8-6 图

8-7 试作图示刚架的 M 图。设 $EI = $ 常数。

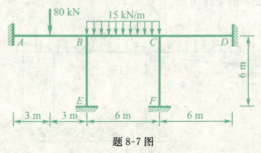

题 8-7 图

解答： 力矩分配和传递的计算过程如表 8-13 所示，弯矩图解答 8-7 图所示。

表 8-13

结点	A	B			C		
杆端	AB	BA	BE	BC	CB	CF	CD
μ	$\frac{1}{3}$	$\frac{1}{3}$	$\frac{1}{3}$	$\frac{1}{3}$	$\frac{1}{3}$	$\frac{1}{3}$	$\frac{1}{3}$
M_P^F	-60	60		-45	45		
分配传递	-1.25	-2.5	-2.5	-7.5 -2.5 0.21 -0.07	-15 -1.25 0.42	-15 0.42	-15 -0.41
	-0.035	-0.07	-0.07				
M	-61.30	57.43	-2.57	-54.86	29.17	-14.58	-14.59

注：表中弯矩的单位为 kN·m

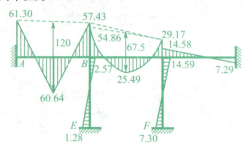

解答 8-7 图

8－8 试作图示刚架的 M 图

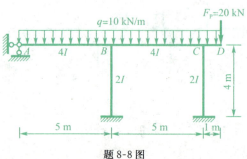

题 8-8 图

第 8 章 渐近法及其他算法简述

解答: 无侧移刚架,力矩分配法计算,注意 CD 端转动刚度为 0,分配传递过程见表 8-14。

表 8-14

结点	A	B			C			E	F
杆端	AB	BA	BC	BE	CB	CF	CD	EB	FC
分配系数		$\frac{6}{19}$	$\frac{8}{19}$	$\frac{5}{19}$	$\frac{8}{13}$	$\frac{5}{13}$	0		
固端力矩	0	31.25	−20.83		20.83		−25		
分配传递 B		−3.29	−4.39	−2.74	−2.70			−1.37	
分配传递 C			2.12		4.23	2.64			1.32
分配传递 B		−0.67	−0.89	−0.56	−0.45			−0.28	
分配传递 C			0.14		0.28	0.17			0.09
分配传递 B		−0.04	−0.06	−0.04				−0.02	
最后弯矩	0	27.25	−23.91	−3.34	22.19	2.81	−25	−1.67	1.41

作弯矩图如解答 8-8 图

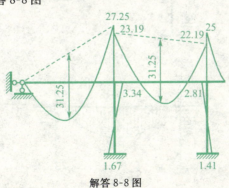

解答 8-8 图

第 8 章 渐近法及其他算法简述

8-9 试作图示刚架的内力图。设 $EI = $ 常数。

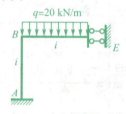

题 8-9 图

解答: 由于结构为对称结构,并且所受荷载为正对称荷载,因此利用对称性取半结构计算,如解答 8-9 图(a)所示。注意简化后 BE 长度为 6 m,所以线刚度与 BA 相同。力矩分配和传递的计算过程如解答 8-9 图(b)所示,内力图如解答 8-9(c)、(d)、(e)图所示。

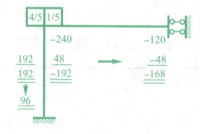

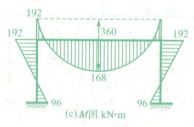

解答 8-9 图

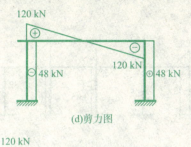

(d)剪力图

(e)轴力图

解答 8-9 图

8－10 试作图示刚架的内力图。设 $EI = $ 常数。

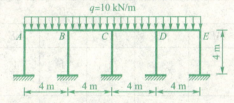

题 8-10 图

解答:对称结构,正对称荷载,中间立柱无弯矩,简化取解答 8-10 图(a)半边结构计算。分配传递过程列表 8-15。

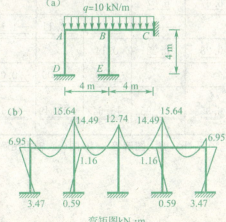

弯矩图 kN·m

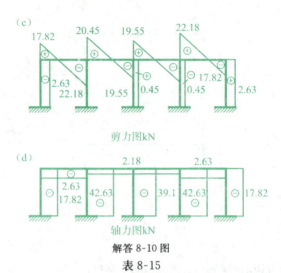

解答 8-10 图

表 8-15

结点	D	A		B			C	E
杆端	DA	AD	AB	BA	BC	BE	CB	EB
分配系数		0.5	0.5	$\frac{1}{3}$	$\frac{1}{3}$	$\frac{1}{3}$		
固端力矩	0	0	−13.33	13.33	−13.33	0	13.33	0
分配传递 A	3.33	6.67	6.67	3.33				
分配传递 B			−0.56	−1.11	−1.11	−1.11	−0.56	−0.56
分配传递 A	0.14	0.28	0.28	0.14				
分配传递 B				−0.05	−0.05	−0.05	−0.03	−0.03
最后力矩	3.47	6.95	−6.95	15.64	−14.49	−1.16	12.74	−0.59

作弯矩图解答 8-10 图(b),剪力图解答 8-10 图(c),轴力图解答 8-10 图(d)。

第 8 章 渐近法及其他算法简述

8－11 试作图示刚架的 M、F_Q、F_N 图。(图中 I 为相对值)。

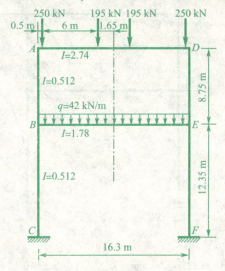

题 8-11 图

解答: 对称结构，正对称荷载，取解答 8-11 图(a)半边结构，注意 AG、BH 长度为 8.15 m。

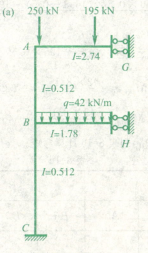

解答 8-11 图(a)

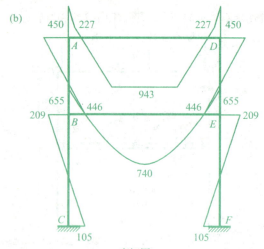

弯矩图 kN·m

解答 8-11 图(b)

则 $S_{AG} = \dfrac{2.74E}{8.15} = 0.336E, S_{AB} = 4 \times \dfrac{0.512E}{8.75} = 0.234E = S_{BA}$

$S_{BH} = \dfrac{1.78E}{8.15} = 0.218E, S_{BC} = 4 \times \dfrac{0.512E}{12.35} = 0.166E$

$M_{AG}^f = -\dfrac{250 \times 0.5 \times (16.3 - 0.5) + 195 \times 6.5 \times (16.3 - 6.5)}{2 \times 8.15}$

$= -883.22 \text{ kN·m},$

$M_{GA}^f = -\dfrac{250 \times 0.5^2 + 195 \times 6.5^2}{2 \times 8.15} = -509.28 \text{ kN·m}$

$M_{BH}^f = -\dfrac{42 \times 8.15^2}{3} = -929.92 \text{ kN·m},$

$M_{HB}^f = -\dfrac{42 \times 8.15^2}{6} = -464.96 \text{ kN·m}$

分配系数计算省略,列表 8-16 计算弯矩。

表 8-16

结点	G	A		B			C	H
杆端	GA	AG	AB	BA	BC	BH	CB	HB
分配系数		0.589	0.411	0.379	0.269	0.353		

续表

固端力矩		−509.28	−883.22	0	0	0	−929.92	0	−464.96
分配传递	B			176.22	352.44	250.15	328.26	125.08	−328.26
	A	−416.42	416.42	290.58	145.29				
	B			−27.53	−55.06	−39.08	−51.29	−19.54	51.29
	A	−16.22	16.22	11.32	5.66				
	B			−1.07	−2.15	−1.52	−2.0	−0.76	2.0
	A	−0.63	0.63	0.44					
最后力矩		−943	−450	450	446	209	−665	105	−740

作弯矩图解答 8-11 图(b),剪力图解答 8-11 图(c),轴力图解答 8-11 图(d)。

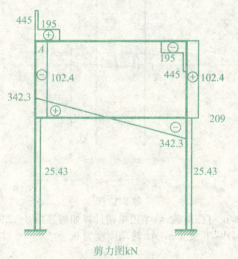

剪力图kN

解答 8-11 图(c)

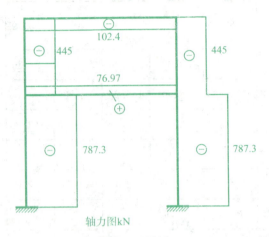

轴力图 kN

解答 8-11 图(d)

8－12 试作图示刚架的 M 图。

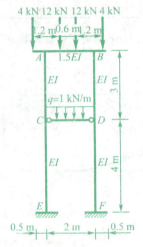

题 8-12 图

解答: 对称结构,正对称荷载。取半边结构计算如解答图 8-12 图(a),CH 杆不参与分配计算,AG 长度 1 m,AI 转动刚度为 0。

第 8 章 渐近法及其他算法简述

解答 8-12 图(a)

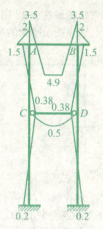

解答 8-12 图(b)

则
$$M_{AI}^f = 2 \text{ kN} \cdot \text{m}$$
$$M_{AG}^f = -\frac{12 \times 0.7}{2 \times 1}(2-0.7) = -5.46 \text{ kN} \cdot \text{m}$$
$$M_{GA}^f = -\frac{12 \times 0.7^2}{2 \times 1} = -2.94 \text{ kN} \cdot \text{m}$$
$$S_{AG} = 1 \times \frac{1.5EI}{1}, S_{AC} = 4 \times \frac{EI}{3} = S_{CA}, S_{CE} = 4 \times \frac{EI}{4}$$

列表 8-17 作力矩分配计算

表 8-17

结点		A			C		G	E
杆端		AI	AG	AC	CA	CE	GA	EC
分配系数		0	0.53	0.47	0.57	0.43		
固端力矩		2	−5.46	0	0	0	−2.94	0
分配传递	A	<u>0</u>	<u>1.83</u>	<u>1.63</u>	0.82		−1.83	
	C			−0.24	<u>−0.47</u>	<u>−0.35</u>		−0.18
	A	<u>0</u>	<u>0.13</u>	<u>0.11</u>	0.06		−0.13	
	C				<u>−0.03</u>	<u>−0.03</u>		−0.02
最后力矩		<u>2</u>	<u>−3.5</u>	<u>1.5</u>	<u>0.38</u>	<u>−0.38</u>	<u>−4.9</u>	<u>−0.2</u>

作弯矩图解答 8-12 图(b)。

8—13 试作图示刚架的弯矩图。

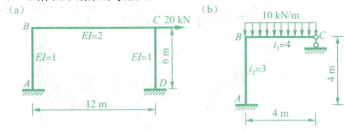

题 8-13 图

解答:(a) 对称结构,将荷载分解为正对称和反对称的和,如解答 8-13 图(a)、(b),正对称部分只有 BC 杆轴力 10 kN,反对称部分,取半边结构如解答 8-13 图 (c),注意 BE 长度 6 m。

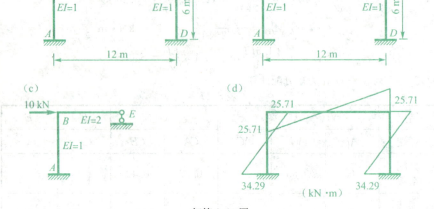

解答 8-13 图

可用无剪力分配法计算

$$M_{BA}^f = M_{AB}^f = -\frac{1}{2} \times 10 \times 6 = -30 \text{ kN·m},$$

$$S_{BA} = i_{BA} = \frac{1}{6}, S_{BE} = 3i_{BE} = 3 \times \frac{2}{6} = 1$$

$$\mu_{BA} = 0.143, \mu_{BE} = 0.857, C_{BA} = -1$$

分配传递

$$M'_{BA} = 4.29, M'_{BE} = 25.71, M'_{AB} = -4.29,$$

最后力矩

$M_{BA}=-25.71, M_{BE}=25.71, M_{AB}=-34.29$,

作弯矩图解答 8-13 图(d)。

(b) 可用无剪力分配法计算

$$M_{BC}^f = -\frac{1}{8} \times 10 \times 4^2 = -20 \text{ kN·m},$$
$$S_{BA} = i_{BA} = 3, S_{BC} = 3i_{BC} = 12$$
$$\mu_{BA} = 0.2, \mu_{BC} = 0.8, C_{BA} = -1$$

分配传递
$$M'_{BA} = 4, M'_{BC} = 16, M'_{AB} = -4,$$

最后力矩
$$M_{BA} = 4, M_{BC} = -4, M_{AB} = -4,$$

作弯矩图解答 8-13 图(e)。

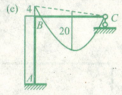

解答 8-13 图

8-14 试作图示刚架的 M 图。

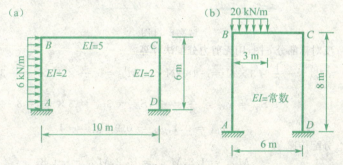

题 8-14 图

解答:(a) 对称结构,将荷载分解为反对称部分和正对称部分的和,如解答 8-14 图(a)、(b),分别取半边结构如解答 8-14 图(c)、(d),注意 BE 长度 5 m。

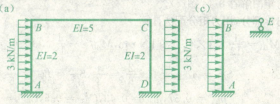

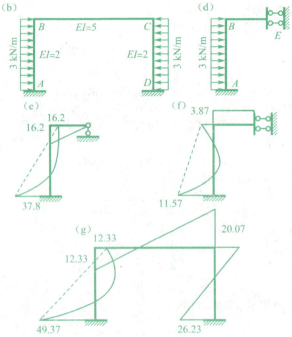

解答 8-14 图

反对称部分 c 图，用无剪力分配法计算

$$M_{BA}^f = -\frac{1}{6} \times 3 \times 6^2 = -18 \text{ kN} \cdot \text{m}, M_{AB}^f = -\frac{1}{3} \times 3 \times 6^2 = -36 \text{ kN} \cdot \text{m}$$

$$S_{BA} = i_{BA} = \frac{2}{6} = \frac{1}{3}, S_{BE} = 3i_{BE} = 3 \times \frac{5}{5} = 3$$

$$\mu_{BA} = 0.1, \mu_{BE} = 0.9, C_{BA} = -1$$

分配传递

$$M'_{BA} = 1.8, M'_{BE} = 16.2, M'_{AB} = -1.8,$$

杆端力矩

$$M_{BA} = -16.2, M_{BE} = 16.2, M_{AB} = -37.8$$

作弯矩图解答 8-14 图(e)。

正对称部分，用力矩分配法计算

$$M_{BA}^f = \frac{1}{12} \times 3 \times 6^2 = 9 \text{ kN} \cdot \text{m}, M_{AB}^f = -\frac{1}{12} \times 3 \times 6^2 = -9 \text{ kN} \cdot \text{m}$$

$$S_{BA} = 4i_{BA} = 4 \times \frac{2}{6} = \frac{4}{3}, S_{BE} = i_{BE} = \frac{5}{5} = 1$$

$$\mu_{BA} = 0.57, \mu_{BE} = 0.43, C_{BA} = 0.5, C_{BE} = -1$$

分配传递

$$M'_{BA}=-5.13, M'_{BE}=-3.87, M'_{AB}=-2.57, M'_{EB}=3.87$$

杆端力矩

$$M_{BA}=3.87, M_{BE}=-3.87, M_{AB}=-11.57, M_{EB}=-3.87$$

作弯矩图解答 8-14 图(f)。

正对称 f、反对称 e 后叠加得到最后弯矩图解答 8-14 图(g)

(b) 对称结构,分解荷载为正对称部分和反对称部分的和,并分别取半边结构,如解答 8-14 图(a)、(b),注意 BE 长度 3 m。

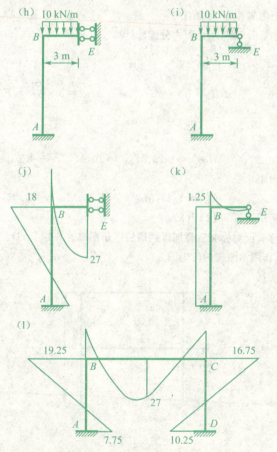

解答 8-14 图

正对称部分 h 图,用力矩分配法计算

$$M_{BE}^f = -\frac{1}{3} \times 10 \times 3^2 = -30 \text{ kN·m}, M_{EB}^f = -\frac{1}{6} \times 10 \times 3^2 = -15 \text{ kN·m}$$

$$S_{BA} = 4i_{BA} = 4 \times \frac{EI}{8} = \frac{EI}{2}, S_{BE} = i_{BE} = \frac{EI}{3}$$

$$\mu_{BA} = 0.6, \mu_{BE} = 0.4, C_{BA} = 0.5, C_{BE} = -1$$

分配传递

$$M'_{BA} = 18, M'_{BE} = 12, M'_{AB} = 9, M'_{EB} = -12$$

杆端力矩

$$M_{BA} = 18, M_{BE} = -18, M_{AB} = 9, M_{EB} = -27$$

作弯矩图解答 8-14 图(j)。

反对称部分 i 图,用无剪力分配法计算

$$M_{BE}^f = -\frac{1}{8} \times 10 \times 3^2 = -11.25 \text{ kN·m,}$$

$$S_{BA} = i_{BA} = \frac{EI}{8}, S_{BE} = 3i_{BE} = 3 \times \frac{EI}{3} = EI$$

$$\mu_{BA} = 1/9, \mu_{BE} = 8/9, C_{BA} = -1$$

分配传递

$$M'_{BA} = 1.25, M'_{BE} = 10, M'_{AB} = -1.25,$$

杆端力矩

$$M_{BA} = 1.25, M_{BE} = -1.25, M_{AB} = -1.25,$$

作弯矩图解答 8-14 图(k)。

正对称 j、反对称 k 后叠加得到最后弯矩图解答 8-14 图(l)。

8-15 试作图示刚架的弯矩图。

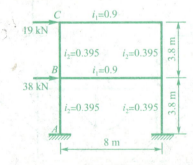

题 8-15 图

解答: 对称结构,将荷载分解为正对称部分和反对称部分的和,如解答 8-15 图(a)、(b),正对称部分只有 CD、BE 杆轴力,反对称部分,取半边结构如解答 8-15 图(c),注意 CD、BE 长度 4 m。用无剪力分配法列表 8-18 计算弯矩。

第 8 章 渐近法及其他算法简述

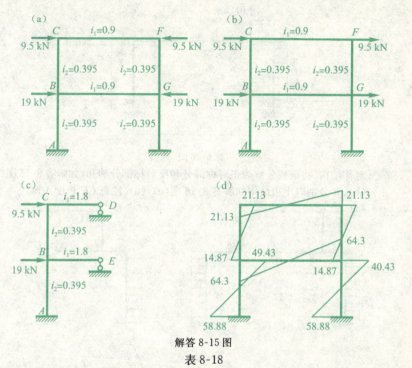

解答 8-15 图

表 8-18

结点		A	B				C	
杆端		AB	BA	BC	BE		CB	CD
分配系数			0.064	0.064	0.872		0.068	0.932
固端力矩		−54.15	−54.15	−18.05	0		−18.05	0
分配与传递	B	−4.62	4.62	4.62	62.96		−4.62	
	C			−1.54			1.54	21.13
	B	−0.1	0.1	0.1	1.34			
最后力矩		−58.88	−49.43	−14.87	64.3		−21.13	21.13

作弯矩图解答 8-15 图(d)。

8－16 试联合应用力矩分配法和位移法计算图示刚架。

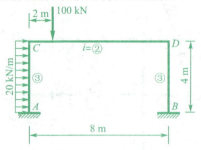

题 8-16 图

解答：对称结构，将荷载分解为正对称部分和反对称部分的和，如解答 8-16 图(a)、(b)，并分别取半边结构如解答 8-16 图(c)、(d)。注意 CE 长度 4 m。

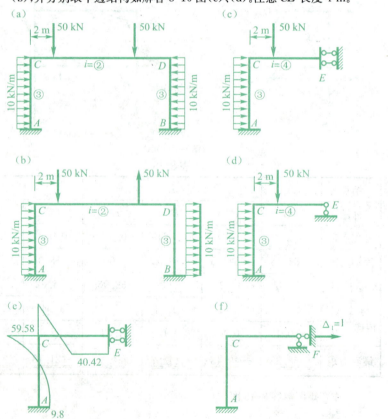

第 8 章 渐近法及其他算法简述

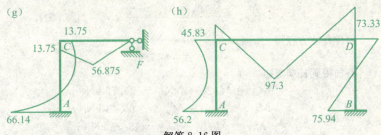

解答 8-16 图

解答 8-16 图(c)图用力矩分配法计算弯矩，

$$M_{CA}^f = \frac{1}{12} \times 10 \times 4^2 = 13.33 \text{ kN}\cdot\text{m}, M_{AC}^f = -\frac{1}{12} \times 10 \times 4^2 = -13.33 \text{ kN}\cdot\text{m}$$

$$M_{CE}^f = -\frac{50 \times (8-2)}{8} = -7.5 \text{ kN}\cdot\text{m}, M_{EC}^f = -25 \text{ kN}\cdot\text{m}$$

$$S_{CA} = 4i_{CA} = 4 \times 3 = 12, S_{CE} = i_{CE} = 2 \times 2 = 4$$

$$\mu_{CA} = 0.75, \mu_{CE} = 0.25, C_{CA} = 0.5, C_{CE} = -1$$

分配传递

$$M'_{CA} = 46.25, M'_{CE} = 15.42, M'_{AC} = 23.13, M'_{CB} = -15.42$$

杆端力矩

$$M_{CA} = 59.58, M_{CE} = -59.58, M_{AC} = 9.8, M_{EC} = -40.42$$

作弯矩图解答 8-16 图(e)。

解答 8-16 图(d)图联合力矩分配法和位移法计算，取 CE 杆侧移 Δ_1 为位移法基本未知量，位移法基本方程为

$$k_{11}\Delta_1 + F_{1P} = 0$$

计算 k_{11}，取单位位移状态，如解答图 8-16 图(f)，用力矩分配法计算 $\overline{M}$，

$$M_{CA}^f = M_{AC}^f = -\frac{6i}{l} = -\frac{1}{4} \times 6 \times 3^2 = -4.5,$$

$$S_{CA} = 4i_{CA} = 4 \times 3 = 12, S_{CE} = 3i_{CE} = 3 \times 2 \times 2 = 12$$

$$\mu_{CA} = 0.5, \mu_{CE} = 0.5, C_{CA} = 0.5$$

分配传递

$$M'_{CA} = 2.25, M'_{CE} = 2.25, M'_{AC} = 1.13,$$

杆端力矩

$$\overline{M}_{CA} = -2.25, \overline{M}_{CE} = 2.25, \overline{M}_{AC} = -3.37,$$

$$k_{11} = \overline{F}_{QCA} = -\frac{\overline{M}_{CA} + \overline{M}_{AC}}{l} = 1.41,$$

计算 F_{1P}，取 $\Delta = 0$ 状态，同样用力矩分配法计算 M^P，

$$M_{CA}^f = 13.33 \text{ kN}\cdot\text{m}, M_{AC}^f = -13.33 \text{ kN}\cdot\text{m}, M_{CE}^f = -37.5 \text{ kN}\cdot\text{m}$$

分配传递

$$M'_{CA} = 12.1, M'_{CF} = 12.1, M'_{AC} = 6.05,$$

杆端力矩

$$M_{CA}^P = 25.4, M_{CE}^P = -25.4, M_{AC}^P = -7.25,$$

· 291 ·

$$F_{1P} = F_{QCA} = -\frac{M_{CA}^P + M_{AC}^P}{l} - \frac{1}{2}ql = -24.53 \text{ kN},$$

解位移法方程得

$$\Delta_1 = 17.4$$

叠加得到杆端弯矩，

$$M_{CA} = \overline{M}_{CA}\Delta_1 + M_{CA}^P = -13.75 \text{ kN} \cdot \text{m},$$
$$M_{AC} = \overline{M}_{AC}\Delta_1 + M_{AC}^P = -66.14 \text{ kN} \cdot \text{m},$$
$$M_{CE} = \overline{M}_{CE}\Delta_1 + M_{CE}^P = 13.75 \text{ kN} \cdot \text{m},$$

作弯矩图解答 8-16 图(g)。

正对称 e、反对称 g 再叠加得到最后弯矩图解答 8-16 图(h)。

8-17 试联合应用力矩分配法和位移法计算图示刚架。

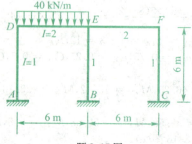

题 8-17 图

解答：对称结构，将荷载分解为正对称部分和反对称部分的和，并分别取半边结构如解答 8-17 图(a)、(b)。

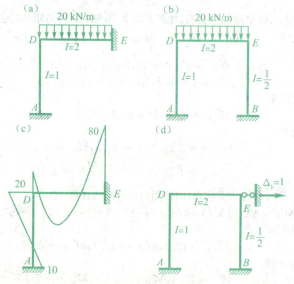

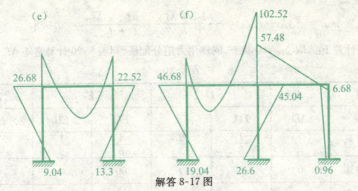

解答 8-17 图

解答 8-17 图(a) 图用力矩分配法计算弯矩,

$$M_{DE}^f = -\frac{1}{12} \times 20 \times 6^2 = -60 \text{ kN·m}, M_{ED}^f = 60 \text{ kN·m}$$

$$S_{DA} = i_{DA} = 4, S_{DE} = 4i_{DE} = 4 \times 2 = 8$$

$$\mu_{DA} = \frac{1}{3}, \mu_{DE} = \frac{2}{3}, C_{DA} = 0.5, C_{DE} = 0.5$$

分配传递

$$M'_{DA} = 20, M'_{DE} = 40, M'_{AD} = 10, M'_{ED} = 20$$

最后力矩

$$M_{DA} = 20, M_{DE} = -20, M_{AD} = 10, M_{ED} = 80$$

作弯解答 8-17 图(c)。

解答 8-17 图(b) 图联合力矩分配法和位移法计算,取 DE 杆侧移 Δ_1 为位移法基本未知量,位移法基本方程为

$$k_{11}\Delta_1 + F_{1P} = 0$$

用力矩分配法计算 k_{11} 和 F_{1P},计算 k_{11},取单位位移状态,如解答图 8-17 图(d),用力矩分配法列表 8-19 计算弯矩 $\overline{M}$,为简便取 $E = 1$,

表 8-19

结点	A	D		E		B
杆端	AD	DA	DE	ED	EB	BE
分配系数		$\frac{1}{3}$	$\frac{2}{3}$	$\frac{4}{5}$	$\frac{1}{5}$	
固端力矩	$-\frac{1}{6}$	$-\frac{1}{6}$	0	0	$-\frac{1}{12}$	$-\frac{1}{12}$
分配传递 E	0.028	0.056	0.111	0.056		
分配传递 D			0.011	0.022	0.006	0.003
分配传递 E	−0.002	−0.004	−0.007			
$\overline{M}$	−0.14	−0.11	0.11	0.08	−0.08	−0.08

$$k_{11} = \overline{F}_{QDA} + \overline{F}_{QEB} = -\frac{\overline{M}_{DA} + \overline{M}_{AD}}{l} - \frac{\overline{M}_{EB} + \overline{M}_{BE}}{l} = 0.068,$$

计算 F_{1P},取 $\Delta_1 = 0$ 状态,同样用力矩分配法,列表 8-20 计算弯矩 M^P,

表 8-20

结点		A	D		E		B
杆端		AD	DA	DE	ED	EB	BE
分配系数			$\frac{1}{3}$	$\frac{2}{3}$	$\frac{4}{5}$	$\frac{1}{5}$	
固端力矩		0	0	−60	60	0	0
分配与传递	E			−24	−48	−12	−6
	D	14	28	56	28		
	E			−11.2	−22.4	−5.6	−2.8
	D	1.87	3.73	7.47	3.73		
	E			−1.59	−2.98	−0.75	−0.38
	D	0.27	0.53	1.06	0.53		
	E				−0.42	−0.11	−0.05
M^P		16.14	32.26	−32.26	18.46	−18.46	−9.23

$$F_{1P} = F_{QDA} + F_{QEB} = -\frac{M^P_{DA} + M^P_{AD}}{l} - \frac{M^P_{EB} + M^P_{BE}}{l} = -3.45 \text{ kN},$$

解位移法方程得

$$\Delta_1 = 50.74$$

叠加得到弯矩,

$$M_{AD} = \overline{M}_{AD}\Delta_1 + M^P_{AD} = 9.04 \text{ kN·m},$$
$$M_{DA} = \overline{M}_{DA}\Delta_1 + M^P_{DA} = 26.68 \text{ kN·m},$$
$$M_{DE} = -26.68 \text{ kN·m}$$
$$M_{ED} = \overline{M}_{ED}\Delta_1 + M^P_{ED} = 22.52 \text{ kN·m},$$
$$M_{EB} = -22.52 \text{ kN·m}$$
$$M_{BE} = \overline{M}_{BE}\Delta_1 + M^P_{BE} = -13.3 \text{ kN·m},$$

作弯矩图解答 8-17 图(e),

正对称 c、反对称 e 后叠加得到最后弯矩图解答 8-17 图(f)。

8－18 试联合应用力矩分配法和位移法计算图示刚架。

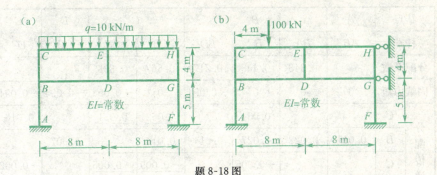

题 8-18 图

解答:(a)对称结构,正对称荷载,取半边结构计算,如解答 8-18 图(a),并取 ED 杆抗弯刚度无穷大,

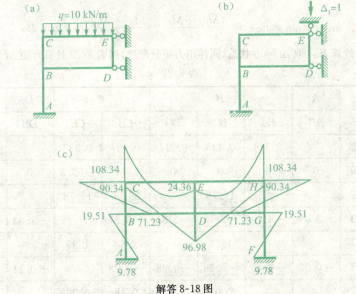

解答 8-18 图

取 ED 竖向位移 Δ_1 为位移法基本未知量,位移法基本方程为
$$k_{11}\Delta_1 + F_{1P} = 0$$
用力矩分配法计算 k_{11} 和 F_{1P},计算 k_{11},取单位位移状态,如解答 8-18 图(b),用力矩分配法列表 8-21 计算弯矩 $\overline{M}$,取 $EI = 1$。

表 8-21

结点	A	B			C		D	E
杆端	AB	BA	BC	BD	CB	CE	DB	EC
分配系数		0.348	0.435	0.217	0.667	0.333		
固端力矩	0	0	0	−0.094	0	−0.094	−0.094	−0.094
分配传递 C			0.031		0.063	0.031		0.016
分配传递 B	0.011	0.022	0.027	0.014	0.014		0.007	
分配传递 C			−0.005		−0.009	−0.005		−0.002
分配传递 B	0.001	0.002	0.002	0.001				
$\overline{M}$	0.012	0.024	0.055	−0.079	0.068	−0.068	−0.087	−0.08

$$k_{11} = \overline{F}_{QDB} + \overline{F}_{QEC} = -\frac{\overline{M}_{DB} + \overline{M}_{BD}}{l} - \frac{\overline{M}_{EC} + \overline{M}_{CE}}{l} = 0.03925,$$

计算 F_{1P},取 $\Delta_1 = 0$ 状态,同样用力矩分配法,列表 8-22 计算弯矩 M^P,

表 8-22

结点	A	B			C		D	E
杆端	AB	BA	BC	BD	CB	CE	DB	EC
分配系数		0.348	0.435	0.217	0.667	0.333		
固端力矩	0	0	0	0	0	−53.3	0	53.3
分配传递 C			17.78		35.55	17.78		8.89
分配传递 B	−3.09	−6.19	−7.73	−3.86	−3.87		−1.93	
分配传递 C			1.29		2.58	1.29		0.65
分配传递 B	−0.22	−0.45	−0.56	−0.28	−0.28		−0.14	
分配传递 C			0.09		0.18	0.09		0.05
分配传递 B			−0.03	−0.04	−0.02			
M^P	−3.31	−6.67	11.23	−4.16	34.16	−34.16	−2.07	62.92

$$F_{1P} = F_{QDB} + F_{QEC} = -\frac{M^P_{DB} + M^P_{BD}}{l} - \frac{M^P_{EC} + M^P_{CE}}{l} - \frac{ql}{2} = -42.82 \text{ kN},$$

解位移法方程得
$$\Delta_1 = 1\,090.95$$
叠加得到弯矩,
$$M_{AB} = \overline{M}_{AB}\Delta_1 + M_{AB}^P = 9.78 \text{ kN} \cdot \text{m},$$
$$M_{BA} = \overline{M}_{BA}\Delta_1 + M_{BA}^P = 19.51 \text{ kN} \cdot \text{m},$$
$$M_{BD} = \overline{M}_{BD}\Delta_1 + M_{BD}^P = -90.34 \text{ kN} \cdot \text{m},$$
$$M_{DB} = \overline{M}_{DB}\Delta_1 + M_{DB}^P = -96.98 \text{ kN} \cdot \text{m},$$
$$M_{BC} = \overline{M}_{BC}\Delta_1 + M_{BC}^P = 71.23 \text{ kN} \cdot \text{m},$$
$$M_{CE} = \overline{M}_{CE}\Delta_1 + M_{CE}^P = -108.34 \text{ kN} \cdot \text{m},$$
$$M_{CB} = 108.34 \text{ kN} \cdot \text{m}$$
$$M_{EC} = \overline{M}_{EC}\Delta_1 + M_{EC}^P = -24.36 \text{ kN} \cdot \text{m},$$

作弯矩图解答 8-18 图(c)。

(b) 在忽略杆件轴向变形时,该结构在对称荷载下内力和变形具有对称性,可利用对称性简化计算。将荷载分解为正对称部分和反对称部分的和,并分别取半边结构如解答 8-18 图(d)、(e),

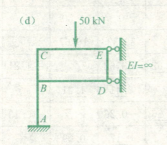
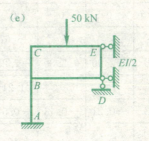
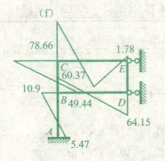
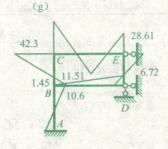

(h)

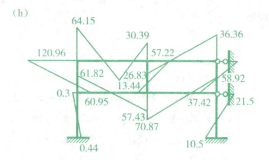

解答 8-18 图

其中(d)与前(a)题计算方法相同(只有固端弯矩不同), $\overline{M}$、k_{11} 相同, F_{1P} 如下表 8-23 计算弯矩 M^P，

表 8-23

结点		A	B			C		D	E
杆端		AB	BA	BC	BD	CB	CE	DB	EC
分配系数			0.348	0.435	0.217	0.667	0.333		
固端力矩		0	0	0	0	0	−50	0	50
分配传递	C			16.67		33.33	16.67		8.33
	B	−2.90	−5.80	−7.25	−3.62	−3.62		−1.81	
	C			1.21		2.41	1.21		0.61
	B	−0.21	−0.43	−0.52	−0.26	−0.26		−0.13	
	C					0.17	0.09		0.05
M^P		−3.11	−6.23	10.11	−3.88	30.03	−30.03	−1.94	58.99

$$F_{1P} = F_{QDB} + F_{QEC} = -\frac{M^P_{DB} + M^P_{BD}}{l} - \frac{M^P_{EC} + M^P_{CE}}{2} - \frac{50}{2} = -27.89 \text{ kN},$$

解位移法方程得

$$\Delta_1 = 715.1$$

叠加得到弯矩，

$$M_{AB} = \overline{M}_{AB}\Delta_1 + M^P_{AB} = 5.47 \text{ kN} \cdot \text{m},$$
$$M_{BA} = \overline{M}_{BA}\Delta_1 + M^P_{BA} = 10.9 \text{ kN} \cdot \text{m},$$
$$M_{BD} = \overline{M}_{BD}\Delta_1 + M^P_{BD} = -60.37 \text{ kN} \cdot \text{m},$$
$$M_{DB} = \overline{M}_{DB}\Delta_1 + M^P_{DB} = -64.15 \text{ kN} \cdot \text{m},$$

第 8 章 渐近法及其他算法简述

$$M_{BC} = \overline{M}_{BC}\Delta_1 + M^P_{BC} = 49.44 \text{ kN·m},$$
$$M_{CB} = -M_{CE} = -\overline{M}_{CE}\Delta_1 - M^P_{CE} = 78.66 \text{ kN·m},$$
$$M_{EC} = \overline{M}_{EC}\Delta_1 + M^P_{EC} = 1.78 \text{ kN·m},$$

作弯矩图解答 8-18 图(f)。

图(f) 是无侧移刚架,可用力矩分配法计算,列表 8-24

表 8-24

结点		A	B			C		D		E	
杆端		AB	BA	BC	BD	CB	CE	DB	DE	EC	ED
分配系数			0.348	0.435	0.217	0.667	0.333	0.5	0.5	0.5	0.5
固端力矩		0	0	0	0	0	−50	0	0	50	0
分配传递	C			16.67		33.33	16.67			8.33	
	BE	−2.9	−5.80	−7.25	−3.62	−3.62	−14.58	−1.81	−14.58	−29.16	−29.17
	CD			6.07	4.1	12.13	6.07	8.19	8.20	3.04	4.1
	BE	−1.77	−3.54	−4.42	−2.21	−2.21	−1.79	−1.11	−1.79	−3.57	−3.57
	CD			1.33	0.73	2.67	1.33	1.45	1.45	0.67	0.73
	BE			−0.36	−0.72	−0.89	−0.45			−0.7	−0.7
M		−5.03	−10.06	11.51	−1.45	42.3	−42.3	6.72	−6.72	28.61	−28.61

作弯矩图解答 8-18 图(g)。

图(f) 正对称与图(g) 反对称后叠加得到最后弯矩图解答 8-18 图(h)

8-19 试作图示 4 孔空腹刚架的弯矩图。

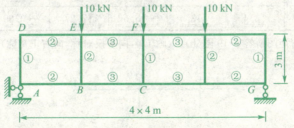

题 8-19 图

解答: 对称结构的一般受力状态,首先由整体平衡条件计算支座反力,$F_{xA}=0$,$F_{yA}=15\text{ kN}\uparrow$,$F_{yG}=15\text{ kN}\uparrow$。

沿竖向对称轴是正对称荷载,对称截面应等效为定向支座,考虑竖向线位移的相对性,可将支座点的竖向位移约束相对调整到该对称截面,即将对称截面等效为固定端,而将支座的竖向链杆去掉。

沿水平对称轴,将荷载分解为正对称部分和反对称部分的代数和;其中因不计轴向变形,正对称荷载下,只有竖向杆件的轴向压力。反对称荷载下,对称截面简化为滚动铰支座,

于是取得 1/4 简化结构如解答 8-19 图(a)

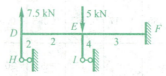

解答 8-19 图(a)

可采用无剪力分配法计算。列表 8-25

表 8-25

结点	D		E			F
杆端	DH	DE	ED	EI	EF	FE
分配系数	0.75	0.25	0.118	0.706	0.176	
固端力矩		−15	−15		−5	−5
分配传递 E		−2.36	2.36	14.12	3.52	−3.52
分配传递 D	13.02	4.34	−4.34			
分配传递 E		−0.512	0.512	3.064	0.764	−0.764
分配传递 D	0.384	0.128	−0.128			
分配传递 E			0.015	0.09	0.022	
M	13.4	−13.4	−16.58	17.27	−0.69	−4.28

作弯矩图解答 8-19 图(b)(只画 1/4,向下反对称,向右正对称)

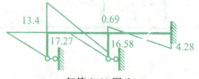

解答 8-19 图(b)

第 8 章 渐近法及其他算法简述

8－20 略

8－21 用反弯点法作图示刚架 M 图。

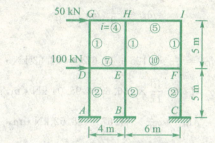

题 8-21 图

解答：设柱的反弯点在高度中点。在反弯点处将柱切开，隔离体如解答 8-21 图(a)。

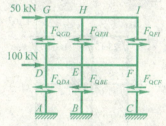

解答 8-21 图(a)

由于同层各柱线刚度相同，所以各柱剪力的分配系数相同

$$\mu = \frac{1}{3}$$

顶层各柱剪力：

$$F_{QDG} = F_{QEH} = F_{QFI} = \frac{1}{3} \times 50 \text{ kN}$$

底层各柱剪力：

$$F_{QAD} = F_{QBE} = F_{QCF} = \frac{1}{3} \times 150 = 50 \text{ kN}$$

顶层各柱端弯矩

$$M_{DG} = M_{GD} = M_{EH} = M_{HE} = M_{IF} = M_{FI} = -\frac{1}{3} \times 50 \times \frac{5}{2} = -41.67 \text{ kN} \cdot \text{m}$$

底层各柱端弯矩

$$M_{AD} = M_{DA} = M_{BE} = M_{EB} = M_{CF} = M_{FC} = -50 \times \frac{5}{2} = -125 \text{ kN} \cdot \text{m}$$

由刚结点平衡条件，

$$M_{AE} = 166.67 \text{ kN} \cdot \text{m}, M_{GH} = 41.67 \text{ kN} \cdot \text{m},$$

$$M_{FE} = 166.67 \text{ kN} \cdot \text{m}, M_{IH} = 41.67 \text{ kN} \cdot \text{m},$$

H、E 点对梁端作力矩分配

分配系数

$$\mu_{ED} = \frac{4 \times 7}{4 \times 7 + 4 \times 10} = \frac{7}{17}, \mu_{DF} = \frac{10}{17},$$

$$\mu_{HG} = \frac{4}{9}, \mu_{HI} = \frac{5}{9}$$

杆端弯矩

$$M_{ED} = \frac{7}{17} \times (125 + 41.67) = 68.63 \text{ kN} \cdot \text{m},$$

$$M_{EF} = \frac{10}{17} \times 166.67 = 98.04 \text{ kN} \cdot \text{m},$$

$$M_{HG} = \frac{4}{9} \times 41.67 = 18.52 \text{ kN} \cdot \text{m},$$

$$M_{HI} = \frac{5}{9} \times 41.67 = 23.15 \text{ kN} \cdot \text{m}$$

作弯矩解答 8-21 图(b)

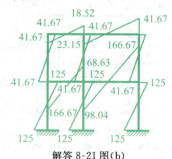

解答 8-21 图(b)

8－22 试作图示两端固定梁 AB 的杆端弯矩 M_A 的影响线。荷载 $F_P = 1$ 作用在何处时,M_A 达到极大值?

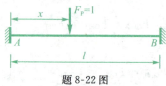

题 8-22 图

解答:在 A 端加铰,并施加单位力矩 $M_A = 1$,如解答 8-22 图(a),并作出弯矩图 M_1.如解答图 8-22 图(b)。

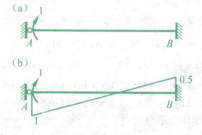

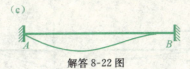

解答 8-22 图

图乘法计算位移

$$\delta_{11} = \frac{1}{EI}\left(\frac{1}{2}\times l\times 1\times\left(\frac{2}{3}\times 1-\frac{1}{3}\times 0.5\right)+\frac{1}{2}\times l\times 0.5\times\left(-\frac{1}{3}\times 1+\frac{2}{3}\times 0.5\right)\right) = \frac{l}{4EI}$$

$$y_x = \delta_{P1} = \frac{x(l-x)}{6EIl}(1\times(2l-x)-0.5\times(l+x)) = \frac{x(l-x)^2}{4EIl}$$

影响线函数：

$$z = -\frac{\delta_{P1}}{\delta_{11}} = -\frac{x(l-x)^2}{l^2}$$

如解答图 8-22 图(c)。

取极大值位置

$$\frac{dz}{dx} = 0, \text{即} \frac{3x^2-4lx+l^2}{l^2} = 0$$

得到

$$x = \frac{l}{3}$$

8—23 试作图示两跨等跨等截面梁 F_{RB}、M_D、F_{QD} 的影响线。

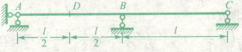

题 8-23 图

解答：(1) 解除 B 支座链杆，并施加 $R_B = 1$，作弯矩图如解答图 8-23 图(a)、及荷载在 AB、BC 段的弯矩图解答 8-23 图(b)、(c)，

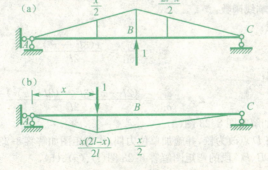

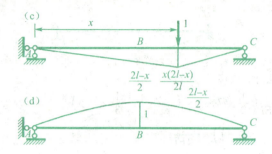

解答 8-23 图

图乘法计算

$$\delta_{11} = 2\frac{1}{EI}\left(\frac{1}{2} \times l \times \frac{l}{2} \times \frac{2}{3} \times \frac{l}{2}\right) = \frac{l^3}{6EI}$$

AB 跨挠度方程

$$\delta_{P1} = \frac{1}{EI}\left[\left(-\frac{1}{2}x \times \frac{x(2l-x)}{2l} \times \frac{2}{3} \times \frac{x}{2} - \frac{1}{2}l \times \frac{x}{2} \times \frac{2}{3} \times \frac{l}{2}\right)\right.$$
$$-\frac{1}{2} \times (l-x) \times \frac{x(2l-x)}{2l} \times \left(\frac{2}{3} \times \frac{x}{2} + \frac{1}{3} \times \frac{l}{2}\right) -$$
$$\left.\frac{1}{2} \times (l-x) \times \frac{x}{2} \times \left(\frac{1}{3} \times \frac{x}{2} + \frac{2}{3} \times \frac{l}{2}\right)\right]$$
$$= -\frac{x(3l^2 - x^2)}{12EI}$$

BC 跨挠度方程

$$\delta_{P1} = \frac{1}{EI}\left(-\frac{1}{2} \times l \times \frac{2l-x}{2} \times \frac{2}{3} \times \frac{l}{2} - \frac{1}{2} \times (x-l) \times \frac{2l-x}{2} \times \right.$$
$$\left(\frac{2}{3} \times \frac{l}{2} + \frac{1}{3} \times \frac{2l-x}{2}\right) - \frac{1}{2} \times (x-l) \times \frac{x(2l-x)}{2l} \times$$
$$\left.\left(\frac{1}{3} \times \frac{l}{2} + \frac{2}{3} \times \frac{2l-x}{2}\right)\right) = -\frac{(2l-x)(3l^2 - (2l-x)^2)}{12EI}$$

R_B 影响线函数：

AB 段：

$$z = -\frac{\delta_{P1}}{\delta_{11}} = \frac{x(3l^2 - x^2)}{2l^3}$$

BC 段：

$$z = -\frac{\delta_{P1}}{\delta_{11}} = \frac{(2l-x)(3l^2 - (2l-x)^2)}{2l^3}$$

图形如解答图 8-23 图(d)。

(2) 将 D 点改为铰，并施加单位力偶，作弯矩图如解答 8-23 图(e)、及荷载在 AD、DB、BC 段的弯矩图解答 8-23 图(f)、(g)、(h)，

304

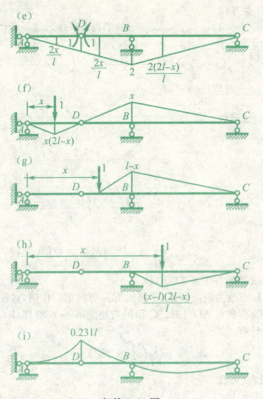

解答 8-23 图

图乘法计算

$$\delta_{11} = 2\frac{1}{EI}\left(\frac{1}{2}\times l\times 2\times \frac{2}{3}\times 2\right)=\frac{8l}{3EI}$$

AD 跨挠度方程

$$\delta_{P1}=\frac{1}{EI}\Big(\frac{1}{2}x\times x(l-2x)\times \frac{2}{3}\times \frac{2x}{l}+\frac{1}{2}(l-x)\times x(l-2x)\times$$

$$\left(\frac{2}{3}\times \frac{2x}{l}+\frac{1}{3}\times 2\right)-\frac{1}{2}(l-x)\times x\times \left(\frac{1}{3}\times \frac{2x}{l}+\frac{2}{3}\times 2\right)-$$

$$\frac{1}{2}\times l\times x\times \frac{2}{3}\times 2\Big)=-\frac{x(3l^2+x^2)}{3EIl}$$

DB 跨挠度方程

$$\delta_{P1}=\frac{1}{EI}\Big(-\frac{1}{2}\times (l-x)^2\times \left(\frac{2}{3}\times 2+\frac{1}{3}\times \frac{2x}{l}\right)-\frac{1}{2}l\times (l-x)\frac{2}{3}\times 2\Big)$$

$$=-\frac{(l-x)(4l^2-lx-x^2)}{3EIl}$$

BC 跨挠度方程

$$\delta_{P1} = \frac{1}{EI}\begin{bmatrix} -\frac{1}{2} \times (2l-x) \times \frac{(x-l)(2l-x)}{l} \times \frac{2}{3} \times \frac{2(2l-x)}{l} - \frac{1}{2} \times \\ (x-l) \times \frac{(x-l)(2l-x)}{l} \times \left(\frac{2}{3} \times \frac{2(2l-x)}{l} + \frac{1}{3} \times 2\right) \end{bmatrix}$$

$$= \frac{(x-l)(2l-x)(3l-x)}{3EIl}$$

M_D 影响线函数：

AD 段：

$$z = -\frac{\delta_{P1}}{\delta_{11}} = \frac{x(3l^2+x^2)}{8l^2}$$

DB 段：

$$z = -\frac{\delta_{P1}}{\delta_{11}} = \frac{(l-x)(4l^2-lx-x^2)}{8l^2}$$

BC 段：

$$z = -\frac{\delta_{P1}}{\delta_{11}} = \frac{(l-x)(2l-x)(3l-x)}{8l^2}$$

图形曲线如解答图 8-23 图(i)。

(3) 将 D 点改为定向联系，并施加 F_{QD} 方向单位作用力，作弯矩图解答 8-23 图(a)，及荷载在 AD、DB、BC 段的弯矩图解答 8-23 图(k)、(l)、(m)，图乘法计算

$$\delta_{11} = 2\frac{1}{EI}\left(\frac{1}{2} \times l \times l \times \frac{2}{3} \times\right) = \frac{2l^3}{3EI}$$

AD 跨挠度方程

$$\delta_{P1} = \frac{1}{EI}\left(\frac{1}{2}x \times x \times \frac{2}{3}x + \frac{1}{2}(l-x) \times (x+l) \times x + \frac{1}{2}l \times x \times \frac{2}{3} \times l\right)$$

$$= \frac{x(5l^2-x^2)}{6EI}$$

DB 跨挠度方程

$$\delta_{P1} = \frac{1}{EI}\left(-\frac{1}{2} \times (l-x)^2 \times \left(\frac{2}{3} \times l + \frac{1}{3} \times x\right) - \frac{1}{2}l \times (l-x)\cdot\frac{2}{3} \times l\right)$$

$$= -\frac{(l-x)(4l^2-lx-x^2)}{6EI}$$

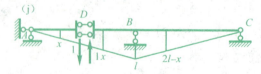
(j)

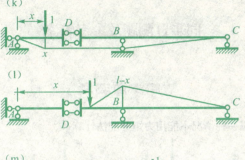

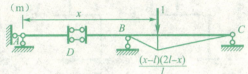

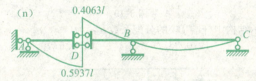

解答 8-23 图

BC 跨挠度方程

$$\delta_{P1} = \frac{1}{EI}\left\{\begin{array}{l} -\frac{1}{2}\times(2l-x)\times\frac{(x-l)(2l-x)}{l}\times\frac{2}{3}\times(2l-x)- \\ \frac{1}{2}\times(x-l)\times\frac{(x-l)(2l-x)}{l}\times\left(\frac{2}{3}\times(2l-x)+\frac{1}{3}\times l\right) \end{array}\right\}$$

$$= \frac{(x-l)(2l-x)(3l-x)}{6EI}$$

F_{QD} 影响线函数：

AD 段： $\quad z = -\dfrac{\delta_{P1}}{\delta_{11}} = -\dfrac{x(5l^2-x^2)}{4l^3}$

DB 段： $\quad z = -\dfrac{\delta_{P1}}{\delta_{11}} = \dfrac{(l-x)(4l^2-lx-x^2)}{4l^3}$

BC 段： $\quad z = -\dfrac{\delta_{P1}}{\delta_{11}} = \dfrac{(l-x)(2l-x)(3l-x)}{4l^3}$

图形曲线如解答图 8-23 图(n)。

同步自测题及参考答案

同步自测题

1. 图 8-19 中哪一种情况不能用力矩分配法计算。(　　)

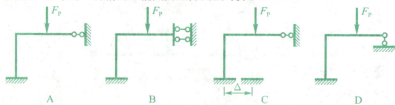

图 8-19

2. 图 8-20 所示结构中杆端 BC 的分配系数 μ_{BC} 为(　　)。
A. 0.25　　　　B. 0.33　　　　C. 0.67　　　　D. 0.50

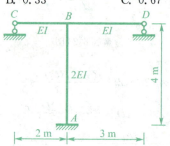

图 8-20

3. 用力矩分配法计算图 8-21 所示刚架时,锁住结点 A 计算固端弯矩 M_{AB}^F 是(　　)。
A. 26 kN·m　　B. −26 kN·m　　C. −4.5 kN·m　　D. 4.5 kN·m

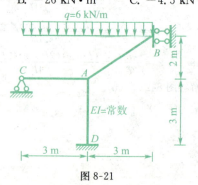

图 8-21

4. 用力矩分配法计算图 8-22 所示刚架,并作 M 图。已知 EI 为常数。

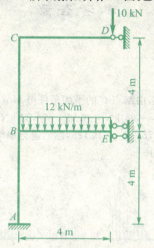

图 8-22

5. 用力矩分配法计算并绘制图 8-23 所示梁的弯矩图。(计算两轮)

图 8-23

6. 用力矩分配法作图 8-24 所示结构的 M 图。已知:$p=30$ kN,$q=240$ kN/m,各杆 EI 相同。(每个结点分配两次。)

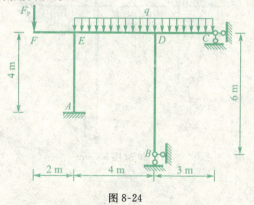

图 8-24

第 8 章 渐近法及其他算法简述

参考答案

1. D
2. D
3. C

4. 首先计算 CD 段弯矩，由结点 C 的平衡条件得 $M_{CD} = M_{CB}$。固定结点 B，固端弯矩：$M_{BC}^F = 20$ kN·m，$M_{BE}^F = -64$ kN·m，$M_{EB}^F = -32$ kN·m，$M_{CB}^F = 40$ kN·m，分配系数：$\mu_{BA} = 0.5$，$\mu_{BC} = 0.375$，$\mu_{BE} = 0.125$，然后进行单结点的力矩分配与传递。

5. 弯矩图如图 8-25 所示

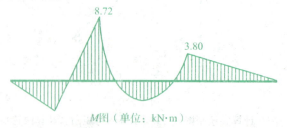

图 8-25

6. $\mu_{ED} = \mu_{EA} = 0.5$，$\mu_{DE} = \mu_{DC} = 0.4$，$\mu_{DB} = 0.2$，$M_{EF}^F = 60$ kN·m，$-M_{ED}^F = M_{DE}^F = 320$ kN·m，$M_{DC}^F = -220$ kN·m（计算两轮），M 见图 8-26。

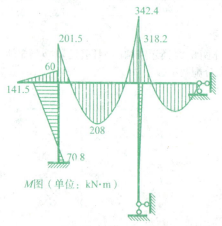

图 8-26 M 图 kN·m

第9章 矩阵位移法

本章知识结构及内容小结

【本章知识结构】

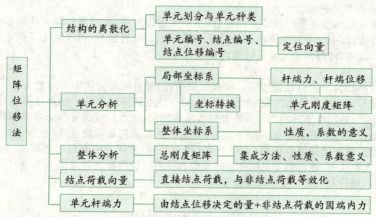

【本章内容小结】

矩阵位移法有两个基本环节：一是单元分析，二是整体分析。但逻辑过程是严密、细致、抽象的，要点包括：

1. 结构的离散化

单元就是单跨等截面杆件，不考虑荷载。离散化就是把需要计算的结构拆开成一个个独立单元与结点，为此需要建立整体坐标系、单元局部坐标系、单元编号、结点编号、结点位移编号等，就是用数据表示计算简图。

2. 单元分析

应该说矩阵位移法的优势首先就是抽象出杆件单元，它不局限于某一具体结构，而是说所有结构都是由具有统一性质的杆件单元组成的，就是一般的刚架杆件（桁架和连续梁杆件是刚架的特例）。它的刚度性质（用刚度矩阵表示）是物理性质。刚度系数的意义必须明确。

为了清晰规范，引入杆端力、杆端位移的向量表示方法，由此确定刚度系数的排列方式；并且它们都可在坐标系间相互转换。

第 9 章 矩阵位移法

3. 形成单元定位向量
单元定位向量就是按该单元局部坐标方向，把 x 箭尾、箭头两端所联结点的结点位移编号排列成一个量。它在分析计算过程中起到"筋"的关联作用。

4. 整体刚度矩阵
整体刚度矩阵的阶数是结点位移总数。它的每个系数是由单元刚度矩阵的系数，依据定位向量，在行列两个方向"对号入座"式叠加构成。

5. 荷载向量的形成
直接作用于结点上的荷载，其方向与哪个编号的结点位移方向一致，就直接写入（总刚度方程的）总结点荷载向量中的第几个位置上。

作用在杆件内部的荷载要等效转换成结点荷载，等效原则是结点位移相同，方法是按表 9-1，每次计算一个荷载对应的固端力，转换和按所处单元的定位向量，把等效值的各分量叠加到总结点荷载向量的对应位置上。

6. 最后单元杆端内力计算
求解总刚度方程得到结点位移后，由单元定位向量，从结点位移中读取单元的杆端位移值，与单元刚度矩阵乘积得到单元杆端力，坐标转换后，再叠加上非结点荷载对应的固端力，即得到单元最后杆端内力。

7. 后处理法
有些教材采用后处理法引入位移约束条件，是有限单元法中常用的方法。在结点位移编号时不考虑位移约束（支座）条件，所有结点都按顺序给予结点位移编号，单元分析相同，总刚度矩阵的对号入座叠加方法也相同，结点荷载向量的形成也相同。但形成的总刚度矩阵称为原始总刚度矩阵，对应结点载荷向量阶数也高（包含未知的支反力）。然后再对已知结点位移（支座约束）进行处理，常用方法有划行划列法、划 0 置 1 法、置大数法等，通过调整总刚度矩阵系数和结点荷载向量的对应值实现。最后的总刚度方程（划行划列法）与先处理法相同。

经典例题解析

例 1 对图 9-1 示刚架结构，(1) 完成单元编号、结点编号、结点位移编号；(2) 写出①②③号单元的定位向量；(3) 形成结构的结点载荷列矩阵。

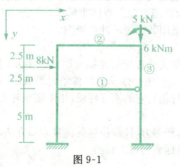

图 9-1

第 9 章 矩阵位移法

解答:(1) 编号按一定顺序即可,注意组合结点分为两个结点。如图 9-2,结点编号后括号内数字为该结点的位移编号。杆件上箭头为单元局部坐标系 $\bar{x}$ 正方向。

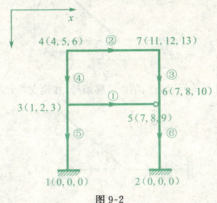

图 9-2

(2) 对应上图编号,定位向量为
$\lambda^{①} = (1,2,3,7,8,9)^{T}$, $\quad \lambda^{②} = (4,5,6,11,12,13)^{T}$,
$\lambda^{③} = (11,12,13,7,8,10)^{T}$

(3) 结构的结点载荷列矩阵 P 共 13 个分量。
先写入直接结点荷载为:
$$P^{0} = (0,0,0,0,0,0,0,0,0,0,0,5\text{kN},-6\text{kN·m})^{T}$$

单元 ④ 跨中集中力 -8kN,固端力矢量
$$\bar{F}_{f}^{④} = (0,4\text{kN},5\text{kN·m},4\text{kN},-5\text{kN·m})^{T}$$

坐标转换矩阵(90°)

$$T = \begin{bmatrix} 0 & 1 & 0 & 0 & 0 & 0 \\ -1 & 0 & 0 & 0 & 0 & 0 \\ 0 & 0 & 1 & 0 & 0 & 0 \\ 0 & 0 & 0 & 0 & 1 & 0 \\ 0 & 0 & 0 & -1 & 0 & 0 \\ 0 & 0 & 0 & 0 & 0 & 1 \end{bmatrix}$$

转换并改变符号
$$P^{④} = -T^{T}\bar{F}_{f}^{④} = (4\text{kN},0,-5\text{kN·m},4\text{kN},0,+5\text{kN·m})^{T}$$

定位向量
$\lambda^{④} = (4,5,6,1,2,3)^{T}$ 与 P^{0} 叠加得到最后结构的结点荷载向量(省略量纲)
$$P^{④} = (4,0,5,4,0,-5,0,0,0,0,0,5,-6)$$

例2 如图 9-3 示刚架，各杆 EI、EA 相同，求总刚度矩阵。采用左手坐标系。

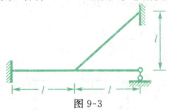

图 9-3

解答：如图 9-4 进行单元、结点、结点位移编号，并建立单元局部坐标系。

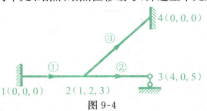

图 9-4

则单元定位向量为
$\lambda^{①} = (0,0,0,1,2,3)^T$，$\lambda^{②} = (1,2,3,4,0,5)^T$，$\lambda^{③} = (1,2,3,0,0,0)^T$
局部坐标系下，单元刚度矩阵为

$$\overline{K}^{①} = \overline{K}^{②} = \begin{bmatrix} \dfrac{EA}{l} & 0 & 0 & -\dfrac{EA}{l} & 0 & 0 \\ 0 & \dfrac{12EI}{l^3} & \dfrac{6EI}{l^2} & 0 & -\dfrac{12EI}{l^3} & \dfrac{6EI}{l^2} \\ 0 & \dfrac{6EI}{l^2} & \dfrac{4EI}{l} & 0 & -\dfrac{6EI}{l^2} & \dfrac{2EI}{l} \\ -\dfrac{EA}{l} & 0 & 0 & \dfrac{EA}{l} & 0 & 0 \\ 0 & -\dfrac{12EI}{l^3} & -\dfrac{6EI}{l^2} & 0 & \dfrac{12EI}{l^3} & -\dfrac{6EI}{l^2} \\ 0 & \dfrac{6EI}{l^2} & \dfrac{2EI}{l} & 0 & -\dfrac{6EI}{l^2} & \dfrac{4EI}{l} \end{bmatrix}$$

$$\overline{K}^{③} = \begin{bmatrix} \dfrac{EA}{\sqrt{2}l} & 0 & 0 & -\dfrac{EA}{\sqrt{2}l} & 0 & 0 \\ 0 & \dfrac{6EI}{l^3} & \dfrac{3EI}{l^2} & 0 & -\dfrac{6EI}{l^3} & \dfrac{3EI}{l^2} \\ 0 & \dfrac{3EI}{l^2} & \dfrac{4EI}{\sqrt{2}l} & 0 & -\dfrac{3EI}{l^2} & \dfrac{2EI}{\sqrt{2}l} \\ -\dfrac{EA}{\sqrt{2}l} & 0 & 0 & \dfrac{EA}{\sqrt{2}l} & 0 & 0 \\ 0 & -\dfrac{6EI}{\sqrt{2}l^3} & -\dfrac{3EI}{l^2} & 0 & \dfrac{6EI}{\sqrt{2}l^3} & -\dfrac{3EI}{l^2} \\ 0 & \dfrac{3EI}{l^2} & \dfrac{2EI}{\sqrt{2}l} & 0 & -\dfrac{3EI}{l^2} & \dfrac{4EI}{\sqrt{2}l} \end{bmatrix}$$

单元①② 局部坐标与整体坐标方向相同，单元③ 角度 $\alpha=-45°$

$$\bar{T}^{①}=\bar{T}^{②}=I, T^{③}=\begin{bmatrix} \frac{\sqrt{2}}{2} & -\frac{\sqrt{2}}{2} & 0 & 0 & 0 & 0 \\ \frac{\sqrt{2}}{2} & \frac{\sqrt{2}}{2} & 0 & 0 & 0 & 0 \\ 0 & 0 & 1 & 0 & 0 & 0 \\ 0 & 0 & 0 & \frac{\sqrt{2}}{2} & -\frac{\sqrt{2}}{2} & 0 \\ 0 & 0 & 0 & \frac{\sqrt{2}}{2} & \frac{\sqrt{2}}{2} & 0 \\ 0 & 0 & 0 & 0 & 0 & 1 \end{bmatrix}$$

整体坐标系下单元刚度矩阵

$K^{①}=K^{②}=\bar{K}^{①}, K^{③}=$

$$\begin{bmatrix} \frac{\sqrt{2}EA}{4l}+\frac{3\sqrt{2}EI}{2l^3} & -\frac{\sqrt{2}EA}{4l}+\frac{3\sqrt{2}EI}{2l^3} & \frac{3\sqrt{2}EI}{2l^2} & -\frac{\sqrt{2}EA}{4l}-\frac{3\sqrt{2}EI}{2l^3} & \frac{\sqrt{2}EA}{4l}-\frac{3\sqrt{2}EI}{2l^3} & \frac{3\sqrt{2}EI}{2l^2} \\ -\frac{\sqrt{2}EA}{4l}+\frac{3\sqrt{2}EI}{2l^3} & \frac{\sqrt{2}EA}{4l}+\frac{3\sqrt{2}EI}{2l^3} & \frac{3\sqrt{2}EI}{2l^2} & \frac{\sqrt{2}EA}{4l}-\frac{3\sqrt{2}EI}{2l^3} & -\frac{\sqrt{2}EA}{4l}-\frac{3\sqrt{2}EI}{2l^3} & \frac{3\sqrt{2}EI}{2l^2} \\ \frac{3\sqrt{2}EI}{2l^2} & \frac{3\sqrt{2}EI}{2l^2} & \frac{2\sqrt{2}EI}{l} & -\frac{3\sqrt{2}EI}{2l^2} & -\frac{3\sqrt{2}EI}{2l^2} & \frac{\sqrt{2}EI}{l} \\ -\frac{\sqrt{2}EA}{4l}-\frac{3\sqrt{2}EI}{2l^3} & \frac{\sqrt{2}EA}{4l}-\frac{3\sqrt{2}EI}{2l^3} & -\frac{3\sqrt{2}EI}{2l^2} & \frac{\sqrt{2}EA}{4l}+\frac{3\sqrt{2}EI}{2l^3} & -\frac{\sqrt{2}EA}{4l}+\frac{3\sqrt{2}EI}{2l^3} & -\frac{3\sqrt{2}EI}{2l^2} \\ \frac{\sqrt{2}EA}{4l}-\frac{3\sqrt{2}EI}{2l^3} & -\frac{\sqrt{2}EA}{4l}-\frac{3\sqrt{2}EI}{2l^3} & -\frac{3\sqrt{2}EI}{2l^2} & -\frac{\sqrt{2}EA}{4l}+\frac{3\sqrt{2}EI}{2l^3} & \frac{\sqrt{2}EA}{4l}+\frac{3\sqrt{2}EI}{2l^3} & -\frac{3\sqrt{2}EI}{2l^2} \\ \frac{3\sqrt{2}EI}{2l^2} & \frac{3\sqrt{2}EI}{2l^2} & \frac{\sqrt{2}EI}{l} & -\frac{3\sqrt{2}EI}{2l^2} & -\frac{3\sqrt{2}EI}{2l^2} & \frac{2\sqrt{2}EI}{l} \end{bmatrix}$$

按定位向量对号入座得到总刚度矩阵：

$$K=\begin{bmatrix} \frac{(8+\sqrt{2})EA}{4l}+\frac{3\sqrt{2}EI}{2l^3} & -\frac{3\sqrt{2}EI}{2l^2}+\frac{3\sqrt{2}EI}{2l^2} & \frac{3\sqrt{2}EI}{2l^2} & -\frac{EA}{l} & 0 \\ -\frac{\sqrt{2}EA}{4l}+\frac{3\sqrt{2}EI}{2l^3} & \frac{\sqrt{2}EI}{4l}+\frac{(48+3\sqrt{2})EI}{2l^3} & \frac{3\sqrt{2}EI}{2l^2} & 0 & \frac{6EI}{l^2} \\ \frac{3\sqrt{2}EI}{2l^2} & \frac{3\sqrt{2}EI}{2l^2} & \frac{(8+2\sqrt{2})EI}{l} & 0 & \frac{2EI}{l} \\ -\frac{EA}{l} & 0 & 0 & \frac{EA}{l} & 0 \\ 0 & \frac{6EI}{l^2} & \frac{2EI}{l} & 0 & \frac{4EI}{l} \end{bmatrix}$$

第 9 章 矩阵位移法

考研真题评析

例 1 图 9-5 示刚架，不计轴向变形，各杆长度 l 线刚度 i 相同，矩阵位移法求整体刚度方程。用左手坐标系。

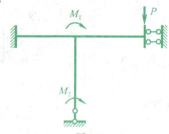

图 9-5

【思路探索】 不计轴向变形，指抗拉刚度无穷大，并注意对应结点位移编号方法。因涉及坐标转换，单元刚度矩阵最好采用标准的 6 阶。

解答： 采用后处理法，如图 9-6 进行单元、结点、结点位移编号，并建立单元局部坐标系。

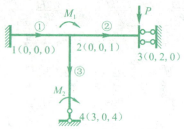

图 9-6

则单元定位向量为
$$\lambda^{①} = (0,0,0,0,0,1)^T, \quad \lambda^{②} = (0,0,1,0,2,0)^T, \quad \lambda^{③} = (0,0,1,3,0,4)^T$$

局部坐标系下，单元刚度矩阵为

$$\overline{K}^{①} = \overline{K}^{②} = \overline{K}^{③} = \begin{bmatrix} \infty & 0 & 0 & -\infty & 0 & 0 \\ 0 & \dfrac{12i}{l^2} & \dfrac{6i}{l} & 0 & -\dfrac{12i}{l^2} & \dfrac{6i}{l} \\ 0 & \dfrac{6i}{l} & 4i & 0 & -\dfrac{6i}{l} & 2i \\ -\infty & 0 & 0 & \infty & 0 & 0 \\ 0 & -\dfrac{12i}{l^2} & -\dfrac{6i}{l} & 0 & \dfrac{12i}{l^2} & -\dfrac{6i}{l} \\ 0 & \dfrac{6i}{l} & 2i & 0 & -\dfrac{6i}{l} & 4i \end{bmatrix}$$

第 9 章 矩阵位移法

单元①② 局部坐标与整体坐标方向相同,单元③ 角度 $\alpha = 90°$

$$T^{③} = \begin{bmatrix} 0 & 1 & 0 & 0 & 0 & 0 \\ -1 & 0 & 0 & 0 & 0 & 0 \\ 0 & 0 & 1 & 0 & 0 & 0 \\ 0 & 0 & 0 & 0 & 1 & 0 \\ 0 & 0 & 0 & -1 & 0 & 0 \\ 0 & 0 & 0 & 0 & 0 & 1 \end{bmatrix}$$

整体坐标系下单元刚度矩阵

$$K^{①} = K^{②} = \overline{K}^{①}, K^{③} = \begin{bmatrix} \dfrac{12i}{l^2} & -\dfrac{6i}{l} & -\dfrac{12i}{l^2} & 0 & -\dfrac{6i}{l} \\ 0 & \infty & 0 & 0 & -\infty & 0 \\ -\dfrac{6i}{l} & 0 & 4i & \dfrac{6i}{l} & 0 & 2i \\ -\dfrac{12i}{l^2} & 0 & \dfrac{6i}{l} & \dfrac{12i}{l^2} & 0 & \dfrac{6i}{l} \\ 0 & -\infty & 0 & 0 & \infty & 0 \\ -\dfrac{6i}{l} & 0 & 2i & \dfrac{6i}{l} & 0 & 4i \end{bmatrix}$$

按定位向量对号入座得到总刚度矩阵:

$$K = \begin{bmatrix} 12i & -\dfrac{6i}{l} & \dfrac{6i}{l} & 2i \\ -\dfrac{6i}{l} & \dfrac{12i}{l^2} & 0 & 0 \\ \dfrac{6i}{l} & 0 & \dfrac{12i}{l^2} & \dfrac{6i}{l} \\ 2i & 0 & \dfrac{6i}{l} & 4i \end{bmatrix}$$

结点荷载列矩阵

$$P = (M_1, P, 0, M_2)^T \quad \text{总刚度方程为}$$

$$K\Delta = P$$

例2 图 9-7 示连续梁,各跨长度 5m, $EI = 5KN \cdot m^2$,支座2,3 分别发生向下位移 0.02m 和 0.012m,已经得到结点位移向量

$$\Delta = (0.00258, -0.00314, -0.00203)^T$$

图 9-7

试作出弯矩图。

【思路探索】 此题是简单的连续梁问题,可用简化的单元模式,关键是在给出的位移编号中,不涉及竖向位移,所以应把已知支座移动看成"非结点荷载"处理。

解答:各单元局部坐标系方向与整体坐标系方向相同,单元定位向量

第 9 章 矩阵位移法

$$\lambda^① = (0,1)^T, \quad \lambda^② = (1,2)^T, \quad \lambda^③ = (2,3)^T$$

单元刚度矩阵

$$K^① = K^② = K^③ = \overline{K}^① = \overline{K}^② = \overline{K}^③ = \begin{bmatrix} 4i & 2i \\ 2i & 4i \end{bmatrix}$$

$i = EI/l = 1\text{kN} \cdot \text{m}$

单元固端弯矩

$$M_f^① = (-\frac{6i}{l}, -\frac{6i}{l})^T \times 0.02 = (-0.024, -024)^T,$$

$$M_f^② = (-\frac{6i}{l}, -\frac{6i}{l})^T \times (-0.008) = (0.0096, 0.0096)^T,$$

$$M_f^③ = (-\frac{6i}{l}, -\frac{6i}{l})^T \times (-0.012) = (0.0144, 0.0144)^T$$

结点位移引起杆端弯矩

$$M^① = \begin{bmatrix} 4 & 2 \\ 2 & 4 \end{bmatrix} \begin{pmatrix} 0 \\ 0.00258 \end{pmatrix} = \begin{pmatrix} 0.00516 \\ 0.01032 \end{pmatrix}$$

$$M^② = \begin{bmatrix} 4 & 2 \\ 2 & 4 \end{bmatrix} \begin{pmatrix} 0.00258 \\ -0.00314 \end{pmatrix} = \begin{pmatrix} 0.00404 \\ -0.0074 \end{pmatrix}$$

$$M^③ = \begin{bmatrix} 4 & 2 \\ 2 & 4 \end{bmatrix} \begin{pmatrix} -0.00314 \\ -0.00203 \end{pmatrix} = \begin{pmatrix} -0.01662 \\ -0.0144 \end{pmatrix}$$

最后弯矩

$$M^① = \begin{pmatrix} -0.01884 \\ -0.01368 \end{pmatrix}$$

$$M^② = \begin{pmatrix} 0.01364 \\ 0.0022 \end{pmatrix}$$

$$M^③ = \begin{pmatrix} -0.0022 \\ 0 \end{pmatrix}$$

作弯矩图如图 9-8。

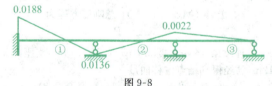

图 9-8

例3 若用矩阵位移法中后处理法计算图 9-9 示刚架,采用右手坐标系,杆件上的箭头表示其局部坐标 $\overline{x}$ 方向,各杆 E、A、I 相同,试回答(1)② 单元的单元刚度矩阵第 2 行第 6 列的元素值是多少。(2)该元素应该叠加到原始总刚度矩阵的几行几列。(3)处理边界条件时,应该划掉原始总刚度矩阵的第几行第几列。

解答:(1)单元 ② 局部坐标与整体坐标方向一致,不需要转换,

$$k_{26}^② = \frac{6EI}{l^2}$$

第 9 章 矩阵位移法

(2) 它在原始总刚度矩阵中被叠加到第 5 行第 12 列。
(3) 处理边界条件时应划掉第 1、2、3、7、8、10、11、12 行和列(就是在用先处理法时结点位移应该编为 0 的哪些号码对应的行和列)。

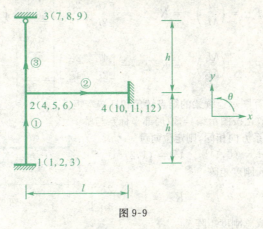

图 9-9

本章教材习题精解

9-1 试计算图示连续梁的结点转角和杆端弯矩。

题 9-1 图

解答: (1) 离散化按图示编号,取局部坐标系与整体坐标系方向相同,则定位向量

$$\lambda^① = (0,1)^T, \quad \lambda^② = (1,2)^T,$$

(2) 单元刚度矩阵

$$K^① = K^② = \bar{K}^① = \bar{K}^② = \begin{bmatrix} 4i_1 & 2i_1 \\ 2i_1 & 4i_1 \end{bmatrix}$$

(3) 集成总刚度矩阵

$$K = \begin{bmatrix} 8i_1 & 2i_1 \\ 2i_1 & 4i_1 \end{bmatrix}$$

(4) 结点荷载向量

$$P = (50,0)^T$$

(5) 解总刚度方程

$$K\Delta = P$$

得到
$$\Delta = \left(\frac{50}{7i_1}, -\frac{25}{7i_1}\right)^{\mathrm{T}}$$

(6) 计算杆端弯矩

$$\overline{F}^{①} = \begin{pmatrix}\overline{M}_1 \\ \overline{M}_2\end{pmatrix}^{①} = \overline{K}^{①}\overline{\Delta}^{①} = \begin{bmatrix}4i_1 & 2i_1 \\ 2i_1 & 4i_1\end{bmatrix}\begin{pmatrix}0 \\ \dfrac{50}{7i_1}\end{pmatrix} = \begin{pmatrix}14.29 \\ 28.58\end{pmatrix}$$

$$\overline{F}^{②} = \begin{pmatrix}\overline{M}_1 \\ \overline{M}_2\end{pmatrix}^{②} = \overline{K}^{②}\overline{\Delta}^{②} = \begin{bmatrix}4i_1 & 2i_1 \\ 2i_1 & 4i_1\end{bmatrix}\begin{pmatrix}\dfrac{50}{7i_1} \\ -\dfrac{25}{7i_1}\end{pmatrix} = \begin{pmatrix}21.43 \\ 0\end{pmatrix}$$

9-2 试计算图示连续梁的结点转角和杆端弯矩。

解答: (1) 离散化按图示编号,取局部坐标系与整体坐标方向相同,则定位向量
$$\lambda^{①} = (0,1)^{\mathrm{T}}, \quad \lambda^{②} = (1,2)^{\mathrm{T}}$$

(2) 单元刚度矩阵
$$K^{①} = K^{②} = \overline{K}^{①} = \overline{K}^{②} = \begin{bmatrix}4i_1 & 2i_1 \\ 2i_1 & 4i_1\end{bmatrix}$$

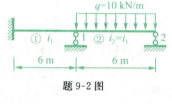

题 9-2 图

(3) 集成总刚度矩阵
$$K = \begin{bmatrix}8i_1 & 2i_1 \\ 2i_1 & 4i_1\end{bmatrix}$$

(4) 单元 ② 的非结点荷载的固端力
$$\overline{F}_f^{②} = (-30, 30)^{\mathrm{T}}$$

等效结点荷载
$$P^{②} = -T^{\mathrm{T}}\overline{F}_f^{②} = (30, -30)^{\mathrm{T}}$$

(5) 按定位向量集成结点荷载向量
$$P = (30, -30)^{\mathrm{T}}$$

(6) 解总刚度方程
$$K\Delta = P$$

得到
$$\Delta = \left(\frac{45}{7i_1}, -\frac{75}{7i_1}\right)^{\mathrm{T}}$$

(7) 计算杆端弯矩

$$\overline{F}^{①} = \begin{pmatrix}\overline{M}_1 \\ \overline{M}_2\end{pmatrix}^{①} = \overline{K}^{①}\overline{\Delta}^{①} = \begin{bmatrix}4i_1 & 2i_1 \\ 2i_1 & 4i_1\end{bmatrix}\begin{pmatrix}9 \\ \dfrac{45}{7i_1}\end{pmatrix} = \begin{pmatrix}12.86 \\ 25.7\end{pmatrix}$$

$$\overline{F}^{②} = \begin{pmatrix}\overline{M}_1 \\ \overline{M}_2\end{pmatrix}^{②} = \overline{K}^{②}\overline{\Delta}^{②} = \begin{bmatrix}4i_1 & 2i_1 \\ 2i_1 & 4i_1\end{bmatrix}\begin{pmatrix}\dfrac{45}{7i_1} \\ -\dfrac{75}{7i_1}\end{pmatrix} + \begin{pmatrix}-30 \\ 30\end{pmatrix} = \begin{pmatrix}-25.7 \\ 0\end{pmatrix}$$

第 9 章 矩阵位移法

9-3 试用矩阵位移法计算图示连续梁,并画弯矩图。各杆 EI = 常数,长 $l = 4$m。

题 9-3 图

解答: (1) 离散化按图示编号,取局部坐标系与整体坐标系方向相同,则定位向量

$$\lambda^① = (0,1)^T, \quad \lambda^② = (1,2)^T, \lambda^③ = (2,0)^T$$

(2) 单元刚度矩阵,取线刚度 $i = EI/4$。则

$$K^① = K^② = K^③ = \overline{K}^① = \overline{K}^② = \overline{K}^③ = \begin{bmatrix} 4i & 2i \\ 2i & 4i \end{bmatrix}$$

(3) 集成总刚度矩阵

$$K = \begin{bmatrix} 8i & 2i \\ 2i & 8i \end{bmatrix}$$

(4) 单元 ① 和 ③ 的非结点荷载的固端力

$$\overline{F}_f^① = \overline{F}_f^③ = (-6.67, 6.67)^T$$

等效结点荷载

$$P^① = P^③ = -T^T \overline{F}_f^① = (6.67, -6.67)^T$$

(5) 按定位向量集成结点荷载向量

$$P = (-6.67, 6.67)^T$$

(6) 解总刚度方程

$$K\Delta = P$$

得到

$$\Delta = (-\frac{1.11}{i}, \frac{1.11}{i})^T$$

(7) 计算杆端弯矩

$$\overline{F}^① = \begin{pmatrix} \overline{M}_1 \\ \overline{M}_2 \end{pmatrix}^① = \overline{K}^① \overline{\Delta}^① + \overline{F}_f^① = \begin{bmatrix} 4i & 2i \\ 2i & 4i \end{bmatrix} \begin{pmatrix} 0 \\ -\frac{1.11}{i} \end{pmatrix} + \begin{pmatrix} -6.67 \\ 6.67 \end{pmatrix} = \begin{pmatrix} -8.89 \\ 2.23 \end{pmatrix}$$

$$\overline{F}^② = \begin{pmatrix} \overline{M}_1 \\ \overline{M}_2 \end{pmatrix}^② = \overline{K}^② \overline{\Delta}^② = \begin{bmatrix} 4i & 2i \\ 2i & 4i \end{bmatrix} \begin{pmatrix} -\frac{1.11}{i} \\ \frac{1.11}{i} \end{pmatrix} = \begin{pmatrix} -2.22 \\ 2.22 \end{pmatrix}$$

$$\overline{F}^③ = \begin{pmatrix} \overline{M}_1 \\ \overline{M}_2 \end{pmatrix}^③ = \overline{K}^③ \overline{\Delta}^③ + \overline{F}_f^③ = \begin{bmatrix} 4i & 2i \\ 2i & 4i \end{bmatrix} \begin{pmatrix} \frac{1.11}{i} \\ 0 \end{pmatrix} + \begin{pmatrix} -6.67 \\ 6.67 \end{pmatrix} = \begin{pmatrix} -2.23 \\ 8.89 \end{pmatrix}$$

(8) 画弯矩图如解答 9-3 图

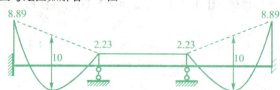

解答 9-3 图

9-4 图示为一等截面连续梁,设支座 C 有沉降 $\Delta = 0.005l$。试用矩阵位移法计算内力,并画内力图。设各杆 $E = 3 \times 10^4 \mathrm{MPa}, I = \dfrac{1}{24}\mathrm{m}^4$。

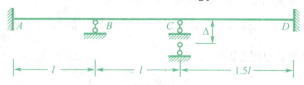

题 9-4 图

解答: (1) 离散化按解答 9-4 图(a)示编号,把沉降视为荷载条件,取局部坐标系与整体坐标系方向相同,则定位向量

解答 9-4 图

$$\lambda^{①} = (0,1)^T, \lambda^{②} = (1,2)^T, \lambda^{③} = (2,0)^T$$

(2) 单元刚度矩阵,取线刚度 $i = EI/l$。则

$$K^{①} = K^{②} = \overline{K}^{①} = \overline{K}^{②} = \begin{bmatrix} 4i & 2i \\ 2i & 4i \end{bmatrix}$$

$$K^{③} = \overline{K}^{③} = \begin{bmatrix} \dfrac{8}{3}i & \dfrac{4}{3}i \\ \dfrac{4}{3}i & \dfrac{8}{3}i \end{bmatrix}$$

(3) 集成总刚度矩阵

$$K = \begin{bmatrix} 8i & 2i \\ 2i & \dfrac{20}{3}i \end{bmatrix}$$

(4) 单元②和③的非结点荷载的固端力

$$\overline{M}_f^{②} = (-\dfrac{6i}{l}, -\dfrac{6i}{l})^T \times (\Delta) = (-0.03i, -0.03i)^T$$

$$\overline{M}_f^{③} = (-\dfrac{8i}{3l}, -\dfrac{8i}{3l})^T \times (-\Delta) = (\dfrac{0.04}{3}i, \dfrac{0.04}{3}i)^T$$

等效结点荷载

$$P^{②} = -T^T \overline{M}_f = (0.03i, 0.03i)^T$$

第 9 章 矩阵位移法

$$P^{③} = -T^{\mathrm{T}}\overline{M}_f{}^{③} = (-\frac{0.04}{3}i, -\frac{0.04}{3}i)^{\mathrm{T}}$$

(5) 按定位向量集成结点荷载向量

$$P = (0.03i, \frac{0.05}{3}i)^{\mathrm{T}}$$

(6) 解总刚度方程

$$K\Delta = P$$

得到
$$\Delta = (3.38 \times 10^{-3}, 1.49 \times 10^{-3})^{\mathrm{T}}$$

(7) 计算杆端弯矩

$$\overline{F}^{①} = \begin{pmatrix} \overline{M}_1 \\ \overline{M}_2 \end{pmatrix}^{①} = \overline{K}^{①}\overline{\Delta}^{①} = \begin{bmatrix} 4i & 2i \\ 2i & 4i \end{bmatrix} \begin{pmatrix} 0 \\ 3.38 \times 10^{-3} \end{pmatrix} = \begin{pmatrix} \dfrac{8.4}{l} \\ \dfrac{16.8}{l} \end{pmatrix}$$

$$\overline{F}^{②} = \begin{pmatrix} \overline{M}_1 \\ \overline{M}_2 \end{pmatrix}^{②} = \overline{K}^{②}\overline{\Delta}^{②} + \overline{M}_f{}^{②} = \begin{bmatrix} 4i & 2i \\ 2i & 4i \end{bmatrix} \begin{pmatrix} 3.38 \times 10^{-3} \\ 1.49 \times 10^{-3} \end{pmatrix} + \begin{pmatrix} -0.03i \\ -0.03i \end{pmatrix}$$

$$= \begin{pmatrix} -\dfrac{16.8}{l} \\ -\dfrac{21.6}{l} \end{pmatrix}$$

$$\overline{F}^{③} = \begin{pmatrix} \overline{M}_1 \\ \overline{M}_2 \end{pmatrix}^{③} = \overline{K}^{③}\overline{\Delta}^{③} + \overline{M}_f{}^{③} = \begin{bmatrix} \dfrac{8}{3}i & \dfrac{4}{3}i \\ \dfrac{4}{3}i & \dfrac{8}{3}i \end{bmatrix} \begin{pmatrix} 1.49 \times 10^{-3} \\ 0 \end{pmatrix} + \begin{pmatrix} \dfrac{0.04}{3}i \\ \dfrac{0.04}{3}i \end{pmatrix} = \begin{pmatrix} \dfrac{21.6}{l} \\ \dfrac{19.1}{l} \end{pmatrix}$$

(8) 画弯矩图如解答 9-4 图(b)。

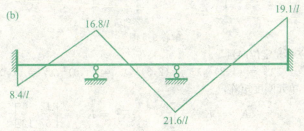

解答 9-4 图

剪力图如解答 9-4 图(c)：

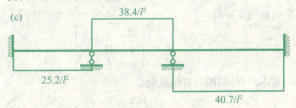

解答 9-4 图

9-5 对图示结构,试用单元集成法求出其总刚度矩阵 K。并列写基本方程(忽略各杆轴向变形的影响)。

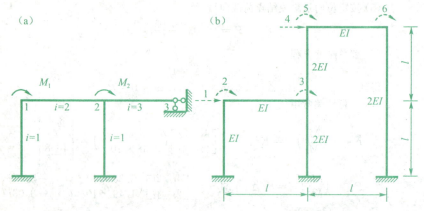

题 9-5 图

解答:(a)(1) 忽略轴向变形时,该结构无线位移,只有图示 3 个结点的转角位移,所以可采用连续梁单元,编号如解答 9-5 图(a)

解答 9-5 图

单元定位向量

$$\lambda^{①}=(1,2)^T, \lambda^{②}=(2,3)^T, \lambda^{③}=(1,0)^T, \lambda^{④}=(2,0)^T,$$

(2) 单元刚度矩阵,

$$K^{①}=\bar{K}^{①}=\begin{bmatrix}8&4\\4&8\end{bmatrix}, K^{②}=\bar{K}^{②}=\begin{bmatrix}12&6\\6&12\end{bmatrix},$$

$$K^{③}=\bar{K}^{③}=K^{④}=\bar{K}^{④}=\begin{bmatrix}4&2\\2&4\end{bmatrix},$$

(3) 集成总刚度矩阵

$$K=\begin{bmatrix}12&4&0\\4&24&6\\0&6&24\end{bmatrix}$$

(4) 列基本方程,结构只有结点荷载。

$$K\Delta=P,$$

$$\begin{bmatrix} 12 & 4 & 0 \\ 4 & 24 & 6 \\ 0 & 6 & 24 \end{bmatrix} \begin{Bmatrix} \theta_1 \\ \theta_2 \\ \theta_3 \end{Bmatrix} = \begin{Bmatrix} M_1 \\ M_2 \\ 0 \end{Bmatrix}$$

(b)(1) 按原图示结点位移编号,离散化编号如解答图 9-5 图(b)。

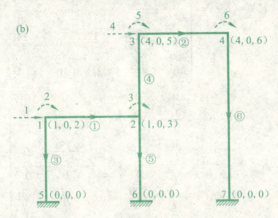

解答 9-5 图

单元定位向量:

$$\lambda^① = (1,0,2,1,0,3)^T, \quad \lambda^② = (4,0,5,4,0,6)^T,$$
$$\lambda^③ = (1,0,2,0,0,0)^T \quad \lambda^④ = (4,0,5,1,0,3)^T$$
$$\lambda^⑤ = (1,0,3,0,0,0)^T \quad \lambda^⑥ = (4,0,6,0,0,0)^T$$

(2) 单元刚度矩阵,取 $i = EI/l$,因为忽略轴向变形,取 $EA = \infty$

单元①② 局部坐标与整体坐标同向,单元③④⑤⑥ 局部坐标相对整体坐标转动 $90°$。

局部坐标系下单元刚度矩阵:

$$\overline{K}^① = \overline{K}^② = \overline{K}^③ = \begin{bmatrix} \infty & 0 & 0 & -\infty & 0 & 0 \\ 0 & \dfrac{12i}{l^2} & \dfrac{6i}{l} & 0 & -\dfrac{12i}{l^2} & \dfrac{6i}{l} \\ 0 & \dfrac{6i}{l} & 4i & 0 & -\dfrac{6i}{l} & 2i \\ -\infty & 0 & 0 & \infty & 0 & 0 \\ 0 & -\dfrac{12i}{l^2} & -\dfrac{6i}{l} & 0 & \dfrac{12i}{l^2} & -\dfrac{6i}{l} \\ 0 & \dfrac{6i}{l} & 2i & 0 & -\dfrac{6i}{l} & 4i \end{bmatrix}$$

第 9 章 矩阵位移法

$$\overline{K}^{④} = \overline{K}^{⑤} = \begin{bmatrix} \infty & 0 & 0 & -\infty & 0 & 0 \\ 0 & \dfrac{24i}{l^2} & \dfrac{12i}{l} & 0 & -\dfrac{24i}{l^2} & \dfrac{12i}{l} \\ 0 & \dfrac{12i}{l} & 8i & 0 & -\dfrac{12i}{l} & 4i \\ -\infty & 0 & 0 & \infty & 0 & 0 \\ 0 & -\dfrac{24i}{l^2} & -\dfrac{12i}{l} & 0 & \dfrac{24i}{l^2} & -\dfrac{12i}{l} \\ 0 & \dfrac{12i}{l} & 4i & 0 & -\dfrac{12i}{l} & 8i \end{bmatrix}$$

$$\overline{K}^{⑥} = \begin{bmatrix} \infty & 0 & 0 & -\infty & 0 & 0 \\ 0 & \dfrac{3i}{l^2} & \dfrac{3i}{l} & 0 & -\dfrac{3i}{l^2} & \dfrac{3i}{l} \\ 0 & \dfrac{3i}{l} & 4i & 0 & -\dfrac{3i}{l} & 2i \\ -\infty & 0 & 0 & \infty & 0 & 0 \\ 0 & -\dfrac{3i}{l^2} & -\dfrac{3i}{l} & 0 & \dfrac{3i}{l^2} & -\dfrac{3i}{l} \\ 0 & \dfrac{3i}{l} & 2i & 0 & -\dfrac{3i}{l} & 4i \end{bmatrix}$$

坐标转换矩阵

$$T^{①} = T^{②} = I, T^{③} = T^{④} = T^{⑤} = T^{⑥} = \begin{bmatrix} 0 & 1 & 0 & 0 & 0 & 0 \\ -1 & 0 & 0 & 0 & 0 & 0 \\ 0 & 0 & 1 & 0 & 0 & 0 \\ 0 & 0 & 0 & 0 & 1 & 0 \\ 0 & 0 & 0 & -1 & 0 & 0 \\ 0 & 0 & 0 & 0 & 0 & 1 \end{bmatrix}$$

整体坐标系下单元刚度矩阵

$$K^{①} = K^{②} = \overline{K}^{①}, K^{③} = \begin{bmatrix} \dfrac{12i}{l^2} & 0 & -\dfrac{6i}{l} & -\dfrac{12i}{l^2} & 0 & -\dfrac{6i}{l} \\ 0 & \infty & 0 & 0 & -\infty & 0 \\ -\dfrac{6i}{l} & 0 & 4i & \dfrac{6i}{l} & 0 & 2i \\ -\dfrac{12i}{l^2} & 0 & \dfrac{6i}{l} & \dfrac{12i}{l^2} & 0 & \dfrac{6i}{l} \\ 0 & -\infty & 0 & 0 & \infty & 0 \\ -\dfrac{6i}{l} & 0 & 2i & \dfrac{6i}{l} & 0 & 4i \end{bmatrix}$$

$$K^{④} = K^{⑤} = 2K^{③},$$

$$K^{⑥} = \begin{bmatrix} \dfrac{3i}{l^2} & 0 & -\dfrac{3i}{l} & -\dfrac{3i}{l^2} & 0 & -\dfrac{3i}{l} \\ 0 & \infty & 0 & 0 & -\infty & 0 \\ -\dfrac{3i}{l} & 0 & 4i & \dfrac{3i}{l} & 0 & 2i \\ -\dfrac{3i}{l^2} & 0 & \dfrac{3i}{l} & \dfrac{3i}{l^2} & 0 & \dfrac{3i}{l} \\ 0 & -\infty & 0 & 0 & \infty & 0 \\ -\dfrac{3i}{l} & 0 & 2i & \dfrac{3i}{l} & 0 & 4i \end{bmatrix}$$

（3）集成总刚度矩阵

$$K = \begin{bmatrix} \dfrac{60i}{l^2} & \dfrac{6i}{l} & 0 & -\dfrac{24i}{l^2} & -\dfrac{12i}{l} & 0 \\ \dfrac{6i}{l} & 8i & 2i & 0 & 0 & 0 \\ 0 & 2i & 20i & \dfrac{12i}{l} & 4i & 0 \\ -\dfrac{24i}{l^2} & 0 & \dfrac{12i}{l} & \dfrac{27i}{l^2} & \dfrac{12i}{l} & \dfrac{3i}{l} \\ -\dfrac{12i}{l} & 0 & 4i & \dfrac{12i}{l} & 12i & 2i \\ 0 & 0 & 0 & \dfrac{3i}{l} & 2i & 8i \end{bmatrix}$$

（4）基本方程

$$K\Delta = P$$

9-6 试求图示连续梁的刚度矩阵 K（忽略轴向变形影响）。

题 9-6 图

分析，不考虑轴向变形，但有横向位移，每个结点取两个位移编号，单元刚度取 4 阶。

解答：(1) 离散化如解答 9-6 图，取局部坐标与整体坐标方向一致，

解答 9-6 图

单元定位向量：
$\lambda^① = (1,0,0,2)^T$，$\lambda^② = (0,2,0,3)^T$，$\lambda^③ = (0,3,4,0)^T$

(2) 单元刚度矩阵，取 $i = \dfrac{EI}{l}$

$$K^① = K^③ = \overline{K}^① = \overline{K}^③ = \begin{bmatrix} \dfrac{12i}{l^2} & \dfrac{6i}{l} & -\dfrac{12i}{l^2} & \dfrac{6i}{l} \\ \dfrac{6i}{l} & 4i & -\dfrac{6i}{l} & 2i \\ -\dfrac{12i}{l^2} & -\dfrac{6i}{l} & \dfrac{12i}{l^2} & -\dfrac{6i}{l} \\ \dfrac{6i}{l} & 2i & -\dfrac{6i}{l} & 4i \end{bmatrix}$$

$$K^② = \overline{K}^② = 2K^①$$

(3) 集成总刚度矩阵

$$K = \begin{bmatrix} \dfrac{12i}{l^2} & \dfrac{6i}{l} & 0 & 0 \\ \dfrac{6i}{l} & 12i & 4i & 0 \\ 0 & 4i & 12i & -\dfrac{6i}{l} \\ 0 & 0 & -\dfrac{6i}{l} & \dfrac{12i}{l^2} \end{bmatrix}$$

9-7 试求图示刚架的整体刚度矩阵 K（考虑轴向变形）。设各杆几何尺寸相同，$l = 5\text{m}$，$A = 0.5\text{m}^2$，$I = 1/24 \text{ m}^4$，$E = 3 \times 10^4 \text{ Mpa}$

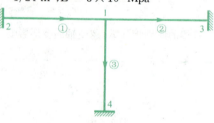

题 9-7 图

解答：(1) 进行结点位移编码如解答 9-7 图

解答 9-7 图

第 9 章 矩阵位移法

则单元定位向量

$$\lambda^① = (0,0,0,1,2,3)^T,$$
$$\lambda^② = (1,2,3,0,0,0)^T,$$
$$\lambda^③ = (1,2,3,0,0,0)^T$$

(2) 单元刚度矩阵。由已知数据

$$\frac{EA}{l} = \frac{3 \times 10^4 \times 10^3 \times 0.5}{5} = 300 \times 10^4 \text{ kN·m}$$

$$\frac{EI}{l} = \frac{3 \times 10^4 \times 10^3 \times \frac{1}{24}}{5} = 25 \times 10^4 \text{ kN·m}$$

单元①② 局部坐标系与整体坐标系同向，单元 ③ 局部坐标系相对整体坐标系转动 90°。

$$K^① = K^② = \overline{K}^① = \overline{K}^② = \overline{K}^③ =$$

$$\begin{bmatrix} 300 \text{ kN/m} & 0 & 0 & -300 \text{ kN/m} & 0 & 0 \\ 0 & 12 \text{ kN/m} & 30 \text{ kN} & 0 & -12 \text{ kN/m} & 30 \text{kN} \\ 0 & 30 \text{ kN} & 100 \text{ kN·m} & 0 & -30 \text{ kN} & 50 \text{ kN·m} \\ -300 \text{ kN/m} & 0 & 0 & 300 \text{ kN/m} & 0 & 0 \\ 0 & -12 \text{ kN/m} & -30 \text{ kN} & 0 & 12 \text{ kN/m} & -30 \text{kN} \\ 0 & 30 \text{ kN} & 50 \text{ kN·m} & 0 & -30 \text{ kN} & 100 \text{ kN·m} \end{bmatrix} \times 10^4$$

$$T^③ = \begin{bmatrix} 0 & 1 & 0 & 0 & 0 & 0 \\ -1 & 0 & 0 & 0 & 0 & 0 \\ 0 & 0 & 1 & 0 & 0 & 0 \\ 0 & 0 & 0 & 0 & 1 & 0 \\ 0 & 0 & 0 & -1 & 0 & 0 \\ 0 & 0 & 0 & 0 & 0 & 1 \end{bmatrix}$$

$$K^③ =$$

$$\begin{bmatrix} 12 \text{kN/m} & 0 & -30 \text{ kN} & -12 \text{ kN/m} & 0 & -30 \text{ kN} \\ 0 & 300 \text{ kN/m} & 0 & 0 & -300 \text{ kN/m} & 0 \\ -30 \text{ kN} & 0 & 100 \text{ kN·m} & 30 \text{ kN} & 0 & 50 \text{ kN·m} \\ -12 \text{ kN/m} & 0 & 30 \text{ kN} & 12 \text{ kN/m} & 0 & 30 \text{ kN} \\ 0 & -300 \text{ kN/m} & 0 & 0 & 300 \text{ kN/m} & 0 \\ -30 \text{ kN} & 0 & 50 \text{ kN·m} & 30 \text{ kN} & 0 & 100 \text{ kN·m} \end{bmatrix} \times 10^4$$

(3) 集成总刚度矩阵

$$K = \begin{bmatrix} 612 \text{ kN/m} & 0 & -30 \text{ kN} \\ 0 & 324 \text{ kN/m} & 0 \\ -30 \text{ kN} & 0 & 300 \text{kN·m} \end{bmatrix} \times 10^4$$

9-8 在上题的刚架中，设单元① 上作用向下的均布荷载 $q = 4.8$ kN/m。试求刚架内力，并画出内力图。

解答：(1) 只有单元 ① 有 1 非结点荷载，需要等效化，其固端力

第 9 章 矩阵位移法

$\overline{F}_f{}^{\textcircled{1}} = (0, -12 \text{ kN}, -10\text{kN} \cdot \text{m}, 0, -12 \text{ kN}, 10\text{kN} \cdot \text{m})^T$

等效荷载

$P^{\textcircled{1}} = -\overline{IF}_f^{\textcircled{1}} = (0, 12 \text{ kN}, 10\text{kN} \cdot \text{m}, 0, 12 \text{ kN}, -10\text{kN} \cdot \text{m})^T$

集成结点荷载

$$P = \begin{bmatrix} 0 \\ 12 \text{ kN} \\ -10\text{kN} \cdot \text{m} \end{bmatrix}$$

(2) 解基本方程

$$K\Delta = P$$

$$\begin{bmatrix} 612 \text{ kN/m} & 0 & -30\text{kN} \\ 0 & 324\text{kN/m} & 0 \\ -30\text{kN} & 0 & 300\text{kN} \cdot \text{m} \end{bmatrix} \times 10^4 \begin{bmatrix} \Delta_1 \\ \Delta_2 \\ \Delta_3 \end{bmatrix} = \begin{bmatrix} 0 \\ 12 \text{ kN} \\ -10 \text{ kN} \cdot \text{m} \end{bmatrix}$$

得结点位移

$$\Delta = \begin{bmatrix} -1.640 \\ 37.037 \\ -33.5 \end{bmatrix} \times 10^{-7}$$

(3) 计算单元内力

单元 ①

$$\overline{F}^{\textcircled{1}} = \overline{K}^{\textcircled{1}} \overline{\Delta}^{\textcircled{1}} + \overline{F}_f{}^{\textcircled{1}}$$

$$\overline{F}^{\textcircled{1}} = \begin{bmatrix} 300 & 0 & 0 & -300 & 0 & 0 \\ 0 & 12 & 30 & 0 & -12 & 30 \\ 0 & 30 & 100 & 0 & -30 & 50 \\ -300 & 0 & 0 & 300 & 0 & 0 \\ 0 & -12 & -30 & 0 & 12 & -30 \\ 0 & 30 & 50 & 0 & -30 & 100 \end{bmatrix} \times 10^4 \times \begin{bmatrix} 0 \\ 0 \\ 0 \\ -1.642 \\ 37.037 \\ -33.5 \end{bmatrix} \times 10^{-7}$$

$$+ \begin{bmatrix} 0 \\ -12 \\ -10 \\ 0 \\ -12 \\ 10 \end{bmatrix} = \begin{bmatrix} 0.49 \text{ kN} \\ -13.45 \text{ kN} \\ -12.79 \text{ kN} \cdot \text{m} \\ -0.49 \text{ kN} \\ -10.55 \text{ kN} \\ 5.54 \text{ kN} \cdot \text{m} \end{bmatrix}$$

单元 ②

$$\overline{F}^{\textcircled{2}} = \overline{F}^{\textcircled{2}} \overline{\Delta}^{\textcircled{2}}$$

$$\overline{F}^{\textcircled{2}} = \begin{bmatrix} 300 & 0 & 0 & -300 & 0 & 0 \\ 0 & 12 & 30 & 0 & -12 & 30 \\ 0 & 30 & 100 & 0 & -30 & 50 \\ -300 & 0 & 0 & 300 & 0 & 0 \\ 0 & -12 & -30 & 0 & 12 & -30 \\ 0 & 30 & 50 & 0 & -30 & 100 \end{bmatrix} \times 10^4 \times \begin{bmatrix} -1.642 \\ 37.0.7 \\ -33.5 \\ 0 \\ 0 \\ 0 \end{bmatrix} \times 10^{-7}$$

第 9 章 矩阵位移法

$$= \begin{bmatrix} 0.49 \text{ kN} \\ -0.56 \text{ kN} \\ -2.24 \text{ kN} \cdot \text{m} \\ -0.49 \text{ kN} \\ 0.56 \text{ kN} \\ -0.56 \text{ kN} \cdot \text{m} \end{bmatrix}$$

单元③，需要坐标转换。

$$\overline{\Delta}^{③} = T^{③} \Delta^{③}$$
$$\overline{F}^{③} = \overline{K}^{③} \overline{\Delta}^{③}$$

$$\overline{\Delta}^{③} = \begin{bmatrix} 0 & 1 & 0 & 0 & 0 & 0 \\ -1 & 0 & 0 & 0 & 0 & 0 \\ 0 & 0 & 1 & 0 & 0 & 0 \\ 0 & 0 & 0 & 0 & 1 & 0 \\ 0 & 0 & 0 & -1 & 0 & 0 \\ 0 & 0 & 0 & 0 & 0 & 1 \end{bmatrix} \begin{bmatrix} -1.642 \\ 37.037 \\ -33.5 \\ 0 \\ 0 \\ 0 \end{bmatrix} \times 10^{-7} = \begin{bmatrix} 37.037 \\ 1.642 \\ -33.5 \\ 0 \\ 0 \\ 0 \end{bmatrix} \times 10^{-7}$$

$$\overline{F}^{③} = \begin{bmatrix} 300 & 0 & 0 & -300 & 0 & 0 \\ 0 & 12 & 30 & 0 & -12 & 30 \\ 0 & 30 & 100 & 0 & -30 & 50 \\ -300 & 0 & 0 & 300 & 0 & 0 \\ 0 & -12 & -30 & 0 & 12 & -30 \\ 0 & 30 & 50 & 0 & -30 & 100 \end{bmatrix} \times 10^{4} \times \begin{bmatrix} 37.037 \\ 1.642 \\ -33.5 \\ 0 \\ 0 \\ 0 \end{bmatrix} \times 10^{-7}$$

$$= \begin{bmatrix} 11.11 \text{ kN} \\ -0.99 \text{ kN} \\ -3.30 \text{ kN} \cdot \text{m} \\ -11.11 \text{ kN} \\ 0.99 \text{ kN} \\ -1.65 \text{ kN} \cdot \text{m} \end{bmatrix}$$

画内力图如解答 9-8 图(a)、(b)、(c)

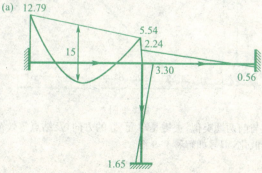

(a)

解答 9-8 图　M 图(kN·m)

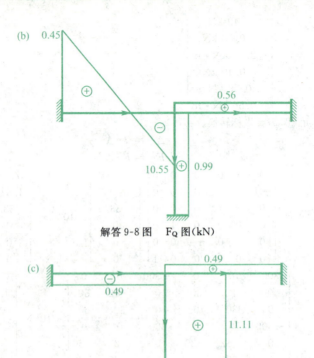

解答 9-8 图　　F_Q 图(kN)

解答 9-8 图　　F_N 图(kN)

9—9　试写出图示刚架在荷载作用下的位移法基本方程(考虑轴向变形影响)，设各杆 E、A、I 为常数。

题 9-9 图

【**思路探索**】与前两题类似，关键是单元 ③ 的方向，及结点等效荷载的处理。

解答：(1) 离散化，编号如解答 9-9 图。

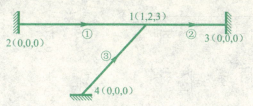

解答 9-9 图

则单元定位向量
$$\lambda^① = (0,0,0,1,2,3)^T,$$
$$\lambda^② = (1,2,3,0,0,0)^T,$$
$$\lambda^③ = (0,0,0,1,2,3)^T。$$

(2) 单元刚度矩阵,取 $i = EI/l$。

注意 ③ 单元,长度为 $2.5l$,方向角度,
$$\sin\alpha = -0.8, \cos\alpha = 0.6$$

$$\overline{K}^① = K^① = \begin{bmatrix} \dfrac{EA}{3l} & 0 & 0 & -\dfrac{EA}{3l} & 0 & 0 \\ 0 & \dfrac{4i}{9l^2} & \dfrac{2i}{3l} & 0 & -\dfrac{4i}{9l^2} & \dfrac{2i}{3l} \\ 0 & \dfrac{2i}{3l} & \dfrac{4i}{3} & 0 & -\dfrac{2i}{3l} & \dfrac{2i}{3} \\ -\dfrac{EA}{3l} & 0 & 0 & \dfrac{EA}{3l} & 0 & 0 \\ 0 & -\dfrac{4i}{9l^2} & -\dfrac{2i}{3l} & 0 & \dfrac{4i}{9l^2} & -\dfrac{2i}{3l} \\ 0 & \dfrac{2i}{3l} & \dfrac{2i}{3} & 0 & -\dfrac{2i}{3l} & \dfrac{4i}{3} \end{bmatrix}$$

$$\overline{K}^② = K^② = \begin{bmatrix} \dfrac{EA}{2l} & 0 & 0 & -\dfrac{EA}{2l} & 0 & 0 \\ 0 & \dfrac{3i}{2l^2} & \dfrac{3i}{2l} & 0 & -\dfrac{3i}{2l^2} & \dfrac{3i}{2l} \\ 0 & \dfrac{3i}{2l} & 2i & 0 & -\dfrac{3i}{2l} & i \\ -\dfrac{EA}{2l} & 0 & 0 & \dfrac{EA}{2l} & 0 & 0 \\ 0 & -\dfrac{3i}{2l^2} & -\dfrac{3i}{2l} & 0 & \dfrac{3i}{2l^2} & -\dfrac{3i}{2l} \\ 0 & \dfrac{3i}{2l} & i & 0 & -\dfrac{3i}{2l} & 2i \end{bmatrix}$$

第 9 章 矩阵位移法

$$\bar{K}^{③} = \begin{bmatrix} \frac{2EA}{5l} & 0 & 0 & -\frac{2EA}{5l} & 0 & 0 \\ 0 & \frac{96i}{125l^2} & \frac{24i}{25l} & 0 & -\frac{96i}{125l^2} & \frac{24i}{25l} \\ 0 & \frac{24i}{25l} & \frac{8i}{5} & 0 & -\frac{24i}{25l} & \frac{4i}{5} \\ -\frac{2EA}{5l} & 0 & 0 & \frac{2EA}{5l} & 0 & 0 \\ 0 & -\frac{96i}{125l^2} & -\frac{24i}{25l} & 0 & \frac{96i}{125l^2} & -\frac{24i}{25l} \\ 0 & \frac{24i}{25l} & \frac{4i}{5} & 0 & -\frac{24i}{25l} & \frac{8i}{5} \end{bmatrix}$$

$$T^{③} = \begin{bmatrix} 0.6 & -0.8 & 0 & 0 & 0 & 0 \\ 0.8 & 0.6 & 0 & 0 & 0 & 0 \\ 0 & 0 & 1 & 0 & 0 & 0 \\ 0 & 0 & 0 & 0.6 & -0.8 & 0 \\ 0 & 0 & 0 & 0.8 & 0.6 & 0 \\ 0 & 0 & 0 & 0 & 0 & 1 \end{bmatrix}$$

$$K^{③} = T^{③T} \bar{K}^{③} T^{③} =$$
$$\begin{bmatrix} 0.144\frac{EA}{l} - 0.492\frac{i}{l^2} & 0.192\frac{EA}{l} + 0.369\frac{i}{l^2} & 0.768\frac{i}{l} & -0.144\frac{EA}{l} + 0.492\frac{i}{l^2} & -0.192\frac{EA}{l} - 0.369\frac{i}{l^2} & 0.768\frac{i}{l} \\ 0.192\frac{EA}{l} + 0.369\frac{i}{l^2} & 0.256\frac{EA}{l} + 0.276\frac{i}{l^2} & 0.576\frac{i}{l} & -0.192\frac{EA}{l} - 0.369\frac{i}{l^2} & -0.256\frac{EA}{l} - 0.276\frac{i}{l^2} & 0.576\frac{i}{l} \\ 0.768\frac{i}{l} & 0.576\frac{i}{l} & 1.6i & -0.768\frac{i}{l} & -0.576\frac{i}{l} & 0.8i \\ & & & 0.144\frac{EA}{l} - 0.492\frac{i}{l^2} & 0.192\frac{EA}{l} + 0.369\frac{i}{l^2} & -0.768\frac{i}{l} \\ 对 & & 称 & 0.192\frac{EA}{l} + 0.369\frac{i}{l^2} & 0.256\frac{EA}{l} + 0.276\frac{i}{l^2} & -0.576\frac{i}{l} \\ & & & & & 1.6i \end{bmatrix}$$

第 9 章 矩阵位移法

(3) 集成总刚度矩阵

$$K = \begin{bmatrix} 0.977\dfrac{EA}{l}+0.492\dfrac{i}{l^2} & -0.192\dfrac{EA}{l}+0.369\dfrac{i}{l^2} & -0.768\dfrac{i}{l} \\ \text{对} & 0.256\dfrac{EA}{l}+2.221\dfrac{i}{l^2} & 0.257\dfrac{i}{l} \\ & \text{称} & 4.933i \end{bmatrix}$$

(4) 结点荷载向量

非结点荷载的等效荷载

$$P^{①} = -\overline{F}_f^{①} = \left(0, \frac{20}{9}F_p, \frac{4}{3}F_p l, 0, \frac{7}{9}F_p, -\frac{2}{3}F_p l\right)^T$$

$$P^{②} = -\overline{F}_f^{②} = \left(0, F_p, \frac{1}{2}F_p l, 0, F_p, -\frac{1}{2}F_p l\right)^T$$

对单元 ③ 的非结点荷载,分解为轴向 $-2.4F_p$,横向 $1.8F_p$,

$$\overline{F}_f^{③} = \left(0.8F_p, -\frac{7}{15}F_p, -\frac{1}{3}F_p l, 1.6F_p, -\frac{4}{3}F_p, \frac{2}{3}F_p l\right)^T$$

$$P^{③} = -T^{③}\overline{F}_f^{③}$$
$$= \left(-0.11F_p, 0.92F_p, \frac{1}{3}F_p l, 0.11F_p, 2.08F_p, -\frac{2}{3}F_p l\right)^T$$

结点 1 上的直接结点荷载,加各单元的集成,得到结点荷载向量

$$P = \left[0.11F_p, 5.86F_p, -\frac{5}{6}F_p l\right]^T$$

(5) 位移法基本方程

$$\begin{bmatrix} 0.977\dfrac{EA}{l}+0.492\dfrac{i}{l^2} & -0.192\dfrac{EA}{l}+0.369\dfrac{i}{l^2} & -0.768\dfrac{i}{l} \\ \text{对} & 0.256\dfrac{EA}{l}+2.221\dfrac{i}{l^2} & 0.257\dfrac{i}{l} \\ & \text{称} & 4.933i \end{bmatrix}$$

$$\begin{bmatrix}\Delta_1 \\ \Delta_2 \\ \Delta_3\end{bmatrix} = \begin{bmatrix}0.11F_p \\ 5.86F_p \\ -\dfrac{5}{6}F_p l\end{bmatrix}$$

9-10 设图示刚架各杆的 E、I、A 相同,且 $A = 12\sqrt{2}\,\dfrac{I}{l^2}$。试求各杆内力。

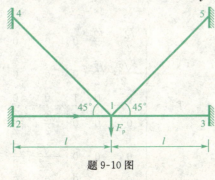

题 9-10 图

第 9 章 矩阵位移法

【思路探索】 对称结构在正对称荷载作用下,可简化半边结构计算。
解答:(1) 由对称性简化,并离散化编号如解答 9-10 图(a)

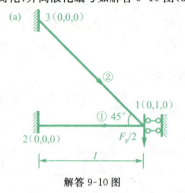

解答 9-10 图

定位向量

$$\lambda^① = (0,0,0,0,1,0)^T,$$
$$\lambda^② = (0,0,0,0,1,0)^T,$$

(2) 单元刚度矩阵,取 $i = EI/l$。

$$\bar{K}^① = K^① = i \times \begin{bmatrix} \dfrac{12\sqrt{2}}{l^2} & 0 & 0 & -\dfrac{12\sqrt{2}}{l^2} & 0 & 0 \\ 0 & \dfrac{12}{l^2} & \dfrac{6}{l} & 0 & -\dfrac{12}{l^2} & \dfrac{6}{l} \\ 0 & \dfrac{6}{l} & 4 & 0 & -\dfrac{6}{l} & 2 \\ -\dfrac{12\sqrt{2}}{l^2} & 0 & 0 & \dfrac{12\sqrt{2}}{l^2} & -0 & 0 \\ 0 & -\dfrac{12}{l^2} & -\dfrac{6}{l} & 0 & \dfrac{12}{l^2} & -\dfrac{6}{l} \\ 0 & \dfrac{6}{l} & 2 & 0 & -\dfrac{6}{l} & 4 \end{bmatrix}$$

单元 ②, $\alpha = 45°$

$$T^② = \begin{bmatrix} \dfrac{\sqrt{2}}{2} & \dfrac{\sqrt{2}}{2} & 0 & 0 & 0 & 0 \\ -\dfrac{\sqrt{2}}{2} & \dfrac{\sqrt{2}}{2} & 0 & 0 & 0 & 0 \\ 0 & 0 & 1 & 0 & 0 & 0 \\ 0 & 0 & 0 & \dfrac{\sqrt{2}}{2} & \dfrac{\sqrt{2}}{2} & 0 \\ 0 & 0 & 0 & -\dfrac{\sqrt{2}}{2} & \dfrac{\sqrt{2}}{2} & 0 \\ 0 & 0 & 0 & 0 & 0 & 1 \end{bmatrix}$$

第 9 章 矩阵位移法

$$\overline{K}^{②} = i \times \begin{bmatrix} \dfrac{12}{l^2} & 0 & 0 & -\dfrac{12}{l^2} & 0 & 0 \\ 0 & \dfrac{3\sqrt{2}}{l^2} & \dfrac{3}{l} & 0 & -\dfrac{3\sqrt{2}}{l^2} & \dfrac{3}{l} \\ 0 & \dfrac{3}{l} & 2\sqrt{2} & 0 & -\dfrac{3}{l} & \sqrt{2} \\ -\dfrac{12}{l^2} & 0 & 0 & \dfrac{12}{l^2} & 0 & 0 \\ 0 & -\dfrac{3\sqrt{2}}{l^2} & -\dfrac{3}{l} & 0 & \dfrac{3\sqrt{2}}{l^2} & -\dfrac{3}{l} \\ 0 & \dfrac{3}{l} & \sqrt{2} & 0 & -\dfrac{3}{l} & 2\sqrt{2} \end{bmatrix}$$

坐标转换

$$K^{②} = T^{②\mathrm{T}} \overline{K}^{②} T^{②}$$

得

$$K^{②} = i \times \begin{bmatrix} \dfrac{12+3\sqrt{2}}{2l^2} & \dfrac{12-3\sqrt{2}}{2l^2} & -\dfrac{3\sqrt{2}}{2l} & -\dfrac{12-3\sqrt{2}}{2l^2} & -\dfrac{12+3\sqrt{2}}{2l^2} & -\dfrac{3\sqrt{2}}{2l} \\ & \dfrac{12+3\sqrt{2}}{2l^2} & \dfrac{3\sqrt{2}}{2l} & -\dfrac{12+3\sqrt{2}}{2l^2} & -\dfrac{12-3\sqrt{2}}{2l^2} & \dfrac{3\sqrt{2}}{2l} \\ \text{对} & & 2\sqrt{2}i & \dfrac{3\sqrt{2}}{2l} & -\dfrac{3\sqrt{2}}{2l} & \sqrt{2}i \\ & & & \dfrac{12+3\sqrt{2}}{2l^2} & \dfrac{12-3\sqrt{2}}{2l^2} & \dfrac{3\sqrt{2}}{2l} \\ & & \text{称} & & \dfrac{12+3\sqrt{2}}{2l^2} & -\dfrac{3\sqrt{2}}{2l} \\ & & & & & 2\sqrt{2}i \end{bmatrix}$$

(3) 集成总刚度矩阵

$$K = \dfrac{36+3\sqrt{2}}{2l^2} i$$

解方程

$$\dfrac{36+3\sqrt{2}}{2l^2} i\Delta = \dfrac{F_p}{2}$$

$$\Delta = \dfrac{F_p l^3}{(36+3\sqrt{2})EI}$$

(4) 计算杆件内力。单元①，
$$F^{①} = \overline{F}^{①} \overline{\Delta}^{①}$$

第 9 章 矩阵位移法

$$= i \times \begin{bmatrix} \frac{12\sqrt{2}}{l^2} & 0 & 0 & -\frac{12\sqrt{2}}{l^2} & 0 & 0 \\ 0 & \frac{12}{l^2} & \frac{6}{l} & 0 & -\frac{12}{l^2} & \frac{6}{l} \\ 0 & \frac{6i}{l} & 4 & 0 & -\frac{6}{l} & 2 \\ -\frac{12\sqrt{2}}{l^2} & 0 & 0 & \frac{12\sqrt{2}}{l^2} & 0 & 0 \\ 0 & -\frac{12}{l^2} & -\frac{6}{l} & 0 & \frac{12}{l^2} & -\frac{6}{l} \\ 0 & \frac{6}{l} & 2 & 0 & -\frac{6}{l} & 4 \end{bmatrix} \begin{bmatrix} 0 \\ 0 \\ 0 \\ 0 \\ \frac{F_p l^3}{(36+3\sqrt{2})EI} \\ 0 \end{bmatrix}$$

$\overline{F}^{①} = (0, -0.2982 F_p, -0.1491 F_p l, 0, 0.2982 F_p, -0.1491 F_p l)^T$

单元②，
$\overline{\Delta}^{②} = T^{②} \Delta^{②}$

$$= \begin{bmatrix} \frac{\sqrt{2}}{2} & \frac{\sqrt{2}}{2} & 0 & 0 & 0 & 0 \\ -\frac{\sqrt{2}}{2} & \frac{\sqrt{2}}{2} & 0 & 0 & 0 & 0 \\ 0 & 0 & 1 & 0 & 0 & 0 \\ 0 & 0 & 0 & \frac{\sqrt{2}}{2} & \frac{\sqrt{2}}{2} & 0 \\ 0 & 0 & 0 & -\frac{\sqrt{2}}{2} & \frac{\sqrt{2}}{2} & 0 \\ 0 & 0 & 0 & 0 & 0 & 1 \end{bmatrix} \begin{bmatrix} 0 \\ 0 \\ 0 \\ 0 \\ \frac{F_p l^3}{(36+3\sqrt{2})EI} \\ 0 \end{bmatrix} = \begin{bmatrix} 0 \\ 0 \\ 0 \\ \frac{F_p l^3}{(36\sqrt{2}+6)EI} \\ \frac{F_p l^3}{(36\sqrt{2}+6)EI} \\ 0 \end{bmatrix}$$

$\overline{F}^{②} = \overline{K}^{②} \overline{\Delta}^{②}$

$$= i \times \begin{bmatrix} \frac{12}{l^2} & 0 & 0 & -\frac{12}{l^2} & 0 & 0 \\ 0 & \frac{3\sqrt{2}}{l^2} & \frac{3}{l} & 0 & -\frac{3\sqrt{2}}{l^2} & \frac{3}{l} \\ 0 & \frac{3}{l} & 2\sqrt{2} & 0 & -\frac{3}{l} & \sqrt{2} \\ -\frac{12}{l^2} & 0 & 0 & \frac{12}{l^2} & 0 & 0 \\ 0 & -\frac{3\sqrt{2}}{l^2} & -\frac{3}{l} & 0 & \frac{3\sqrt{2}}{l^2} & -\frac{3}{l} \\ 0 & \frac{3}{l} & \sqrt{2} & 0 & -\frac{3}{l} & 2\sqrt{2} \end{bmatrix} \begin{bmatrix} 0 \\ 0 \\ 0 \\ \frac{F_p l^3}{(36\sqrt{2}+6)EI} \\ \frac{F_p l^3}{(36\sqrt{2}+6)EI} \\ 0 \end{bmatrix}$$

$\overline{F}^{②} = (-0.2109F_p, -0.0745F_p, -0.0527F_p l, 0.2109F_p, 0.0745F_p, -0.0527F_p l)^T$

作内力图解答 9-10 图(b)、(c)、(d)：

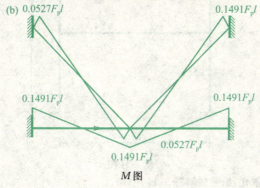

M 图

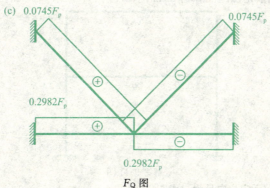

F_Q 图

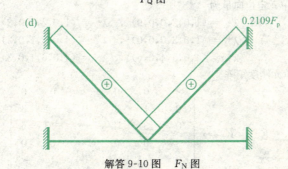

解答 9-10 图　F_N 图

9－11　试求图示刚架的整体刚度矩阵、结点位移和各杆内力（忽略轴向变形）。

第 9 章 矩阵位移法

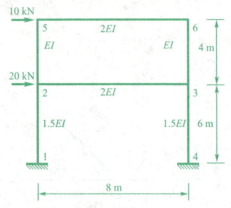

题 9-11 图

解答:(1) 离散化,编号如解答 9-11 图(a):

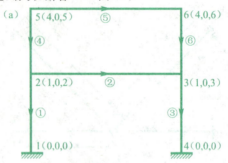

解答 9-11 图

单元定位向量为

$$\lambda^{①} = (1,0,2,0,0,0)^T, \quad \lambda^{②} = (1,0,2,1,0,3)^T,$$
$$\lambda^{③} = (1,0,3,0,0,0)^T, \quad \lambda^{④} = (4,0,5,1,0,2)^T,$$
$$\lambda^{⑤} = (4,0,5,4,0,6)^T, \quad \lambda^{⑥} = (4,0,6,1,0,3)^T$$

(2) 单元刚度矩阵。

$$\overline{K}^{①} = \overline{K}^{③} = \begin{bmatrix} \infty & 0 & 0 & -\infty & 0 & 0 \\ 0 & 1 & 3 & 0 & -1 & 3 \\ 0 & 3 & 12 & 0 & -3 & 6 \\ \hdashline -\infty & 0 & 0 & \infty & 0 & 0 \\ 0 & -1 & -3 & 0 & 1 & -3 \\ 0 & 3 & 6 & 0 & -3 & 12 \end{bmatrix} \times \frac{EI}{12}$$

$$\overline{K}^{④} = \overline{K}^{⑥} = \begin{bmatrix} \infty & 0 & 0 & -\infty & 0 & 0 \\ 0 & 3 & 6 & 0 & -3 & 6 \\ 0 & 6 & 16 & 0 & -6 & 8 \\ \hline -\infty & 0 & 0 & \infty & 0 & 0 \\ 0 & -3 & -6 & 0 & 3 & -6 \\ 0 & 6 & 8 & 0 & -6 & 16 \end{bmatrix} \times \frac{EI}{16}$$

$$K^{②} = K^{⑤} = \overline{K}^{②} = \overline{K}^{⑤} = \begin{bmatrix} \infty & 0 & 0 & -\infty & 0 & 0 \\ 0 & 3 & 12 & 0 & -3 & 12 \\ 0 & 12 & 64 & 0 & -12 & 32 \\ \hline -\infty & 0 & 0 & \infty & 0 & 0 \\ 0 & -3 & -12 & 0 & 3 & -12 \\ 0 & 12 & 32 & 0 & -12 & 64 \end{bmatrix} \times \frac{EI}{64}$$

单元①③④⑥局部坐标与整体坐标成$90°$。

$$T^{①} = T^{③} = T^{④} = T^{⑥} = \begin{bmatrix} 0 & 1 & 0 & 0 & 0 & 0 \\ -1 & 0 & 0 & 0 & 0 & 0 \\ 0 & 0 & 1 & 0 & 0 & 0 \\ \hline 0 & 0 & 0 & 0 & 1 & 0 \\ 0 & 0 & 0 & -1 & 0 & 0 \\ 0 & 0 & 0 & 0 & 0 & 1 \end{bmatrix}$$

坐标转换后

$$K^{①} = K^{③} = \begin{bmatrix} 1 & 0 & -3 & -1 & 0 & -3 \\ 0 & \infty & 0 & 0 & -\infty & 0 \\ -3 & 0 & 12 & 3 & 0 & 6 \\ \hline -1 & 0 & 3 & 1 & 0 & 3 \\ 0 & -\infty & 0 & 0 & \infty & 0 \\ -3 & 0 & 6 & 3 & 0 & 12 \end{bmatrix} \times \frac{EI}{12}$$

$$K^{④} = K^{⑥} = \begin{bmatrix} 3 & 0 & -6 & -3 & 0 & -6 \\ 0 & \infty & 0 & 0 & -\infty & 0 \\ -6 & 0 & 16 & 6 & 0 & 8 \\ \hline -3 & 0 & 6 & 3 & 0 & 6 \\ 0 & -\infty & 0 & 0 & \infty & 0 \\ -6 & 0 & 8 & 6 & 0 & 16 \end{bmatrix} \times \frac{EI}{16}$$

第 9 章 矩阵位移法

（3）集成总刚度矩阵：

$$K = \begin{bmatrix} \frac{11}{12} & \frac{1}{8} & \frac{1}{8} & -\frac{3}{8} & \frac{3}{8} & \frac{3}{8} \\ & 3 & \frac{1}{2} & -\frac{3}{8} & \frac{1}{2} & 0 \\ & & 3 & -\frac{3}{8} & 0 & \frac{1}{2} \\ \hline & & & \frac{3}{4} & -\frac{3}{8} & -\frac{3}{8} \\ & & & & 2 & \frac{1}{2} \\ & & & & & 2 \end{bmatrix} \times EI$$

（4）结点荷载列阵

$$P = (20, 0, 0, 10, 0, 0)^T$$

（5）解总刚度方程

$$K\Delta = P$$

得结点位移向量

$$\Delta = (266.18, -28.73, -28.73, 369.94, -9.82, -9.82)^T \times \frac{1}{EI}$$

（6）计算单元杆端力：

$$F^{①} = K^{①}\Delta^{①}$$

$$= \begin{bmatrix} 1 & 0 & -3 & -1 & 0 & -3 \\ 0 & \infty & 0 & 0 & -\infty & 0 \\ -3 & 0 & 12 & 3 & 0 & 6 \\ \hline -1 & 0 & 3 & 1 & 0 & 3 \\ 0 & -\infty & 0 & 0 & \infty & 0 \\ -3 & 0 & 6 & 3 & 0 & 12 \end{bmatrix} \times \frac{EI}{12} \times \begin{bmatrix} 266.18 \\ 0 \\ -28.73 \\ 0 \\ 0 \\ 0 \end{bmatrix} \times \frac{1}{EI}$$

$$= \begin{bmatrix} 15 \\ -14.45 \\ -37.82 \\ -15 \\ 14.45 \\ -52.18 \end{bmatrix}$$

$$\overline{F}^{①} = T^{①}F^{①} = \begin{pmatrix} -14.45 \\ -15 \\ -37.82 \\ 14.45 \\ 15 \\ -52.18 \end{pmatrix}$$

$$\overline{F}^{②} = \overline{K}^{②}\overline{\Delta}^{②} = K^{②}\Delta^{②}$$

$$= \begin{bmatrix} \infty & 0 & 0 & -\infty & 0 & 0 \\ 0 & 3 & 12 & 0 & -3 & 12 \\ 0 & 12 & 64 & 0 & -12 & 32 \\ -\infty & 0 & 0 & \infty & 0 & 0 \\ 0 & -3 & -12 & 0 & 3 & -12 \\ 0 & 12 & 32 & 0 & -12 & 64 \end{bmatrix} \times \frac{EI}{64} \times \begin{bmatrix} 266.18 \\ 0 \\ -28.73 \\ 266.18 \\ 0 \\ -28.73 \end{bmatrix} \times \frac{1}{EI}$$

$$= \begin{bmatrix} 10 \\ 10.77 \\ 43.09 \\ -10 \\ -10.77 \\ 43.09 \end{bmatrix}$$

类似得到：

$$\overline{F}^{③} = (14.45, -15, -37.82, -14.45, 15, -52.18)^{\mathrm{T}}$$
$$\overline{F}^{④} = (-3.68, -5, -14.73, 3.68, 5, -5.27)^{\mathrm{T}}$$
$$\overline{F}^{⑤} = (5, 3.68, 14.73, -5, -3.68, 14.73)^{\mathrm{T}}$$
$$\overline{F}^{⑥} = (3.68, -5, -14.73, -3.68, 5, -5.27)^{\mathrm{T}}$$

作内力图如解答 9-11 图(b)、(c)、(d)：

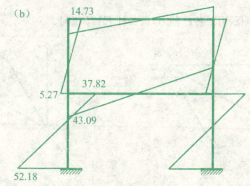

M 图(反对称)

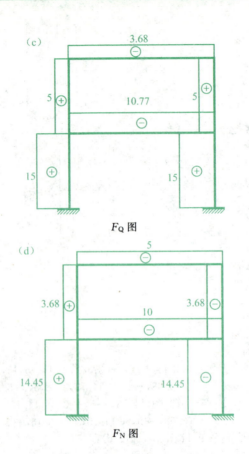

F_Q 图

F_N 图

9－12 试求图示桁架各杆轴力,设各杆 EA/l 相同。

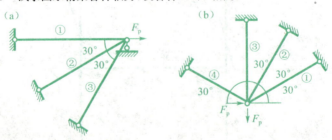

第 9 章 矩阵位移法

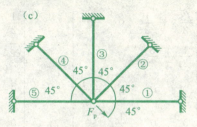

题 9-12 图

解答 离散化如解答 9-12 图(a)、(b)、(c)。

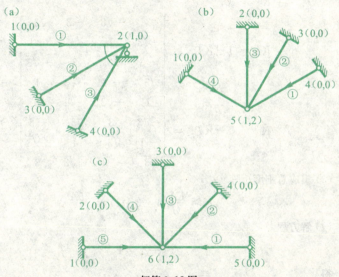

解答 9-12 图

各杆 EA/l 相同,所以,局部坐标系下,各单元刚度矩阵相同

$$\bar{K} = \begin{bmatrix} 1 & 0 & -1 & 0 \\ 0 & 0 & 0 & 0 \\ -1 & 0 & 1 & 0 \\ 0 & 0 & 0 & 0 \end{bmatrix} \times \frac{EA}{l}$$

(a)

(1) 单元定位向量相同

$$\lambda = (0, 0, 1, 0)^T$$

(2) 单元刚度矩阵

单元①局部坐标系与整体坐标系同向,单元相对②转动 $-30°$,单元③相对转动 $-60°$。

第 9 章 矩阵位移法

$$T^{②} = \begin{bmatrix} \frac{\sqrt{3}}{2} & -\frac{1}{2} & 0 & 0 \\ \frac{1}{2} & \frac{\sqrt{3}}{2} & 0 & 0 \\ 0 & 0 & \frac{\sqrt{3}}{2} & -\frac{1}{2} \\ 0 & 0 & \frac{1}{2} & \frac{\sqrt{3}}{2} \end{bmatrix}, T^{③} = \begin{bmatrix} \frac{1}{2} & -\frac{\sqrt{3}}{2} & 0 & 0 \\ \frac{\sqrt{3}}{2} & \frac{1}{2} & 0 & 0 \\ 0 & 0 & \frac{1}{2} & -\frac{\sqrt{3}}{2} \\ 0 & 0 & \frac{\sqrt{3}}{2} & \frac{1}{2} \end{bmatrix}$$

整体坐标系下单元刚度矩阵：

$$K^{①} = \overline{K},$$

$$K^{②} = T^{②\mathrm{T}} \overline{K} T^{②} = \begin{bmatrix} 3 & -\sqrt{3} & -3 & \sqrt{3} \\ -\sqrt{3} & 1 & \sqrt{3} & -1 \\ -3 & \sqrt{3} & 3 & -\sqrt{3} \\ \sqrt{3} & -1 & -\sqrt{3} & 1 \end{bmatrix} \times \frac{EA}{4l}$$

$$K^{③} = T^{③\mathrm{T}} \overline{K} T^{③} = \begin{bmatrix} 1 & -\sqrt{3} & -1 & \sqrt{3} \\ -\sqrt{3} & 3 & \sqrt{3} & -3 \\ -1 & \sqrt{3} & 1 & -\sqrt{3} \\ \sqrt{3} & -3 & -\sqrt{3} & 3 \end{bmatrix} \times \frac{EA}{4l}$$

（3）集成总刚度矩阵

$$K = \frac{EA}{4l}(4 + 3 + 1) = \frac{2EA}{l}$$

（4）解方程

$$\frac{2EA}{l}\Delta = F_\mathrm{p}$$

得

$$\Delta = \frac{l}{2EA} F_\mathrm{p}$$

（5）计算轴力，单元①，

$$\overline{F}^{①} = \overline{K}\Delta^{①} = \begin{bmatrix} 1 & 0 & -1 & 0 \\ 0 & 0 & 0 & 0 \\ -1 & 0 & 1 & 0 \\ 0 & 0 & 0 & 0 \end{bmatrix} \times \frac{EA}{l} \times \begin{bmatrix} 0 \\ 0 \\ \dfrac{F_\mathrm{p} l}{2EA} \\ 0 \end{bmatrix} = \begin{bmatrix} -0.5 \\ 0 \\ 0.5 \\ 0 \end{bmatrix} \times F_\mathrm{p}$$

单元②

$$\overline{F}^{②} = \overline{K}^{②}\overline{\Delta}^{②} = T^{②} K^{②} \Delta^{②}$$

$$= \begin{bmatrix} \frac{\sqrt{3}}{2} & -\frac{1}{2} & 0 & 0 \\ \frac{1}{2} & \frac{\sqrt{3}}{2} & 0 & 0 \\ 0 & 0 & \frac{\sqrt{3}}{2} & -\frac{1}{2} \\ 0 & 0 & \frac{1}{2} & \frac{\sqrt{3}}{2} \end{bmatrix} \times \begin{bmatrix} 3 & -\sqrt{3} & -3 & \sqrt{3} \\ -\sqrt{3} & 1 & \sqrt{3} & -1 \\ -3 & \sqrt{3} & 3 & -\sqrt{3} \\ \sqrt{3} & -1 & -\sqrt{3} & 1 \end{bmatrix} \times \frac{EA}{4l} \times$$

$$\begin{bmatrix} 0 \\ 0 \\ \frac{F_p l}{2EA} \\ 0 \end{bmatrix} = \begin{bmatrix} -0.433 \\ 0 \\ 0.433 \\ 0 \end{bmatrix} \times F_p$$

单元③

$$\overline{F}^③ = \overline{K}^③ \overline{\Delta}^③ = T^③ K^③ \Delta^③$$

$$= \begin{bmatrix} \frac{1}{2} & -\frac{\sqrt{3}}{2} & 0 & 0 \\ \frac{\sqrt{3}}{2} & \frac{1}{2} & 0 & 0 \\ 0 & 0 & \frac{1}{2} & -\frac{\sqrt{3}}{2} \\ 0 & 0 & \frac{\sqrt{3}}{2} & \frac{1}{2} \end{bmatrix} \times \begin{bmatrix} 1 & -\sqrt{3} & -1 & \sqrt{3} \\ -\sqrt{3} & 3 & \sqrt{3} & -3 \\ -1 & \sqrt{3} & 1 & -\sqrt{3} \\ \sqrt{3} & -3 & -\sqrt{3} & 3 \end{bmatrix} \times \frac{EA}{4l} \times$$

$$\begin{bmatrix} 0 \\ 0 \\ \frac{F_p l}{2EA} \\ 0 \end{bmatrix} = \begin{bmatrix} -0.25 \\ 0 \\ 0.25 \\ 0 \end{bmatrix} \times F_p$$

即 $F_N^① = 0.5 F_p, F_N^② = 0.433 F_p, F_N^③ = 0.25 F_p$

(b)(1) 各单元定位向量相同

$$\lambda = (0,0,1,2)^T$$

(2) 单元刚度矩阵

　　单元①局部坐标与整体坐标相对转动150°,单元②相对转动120°,单元③相对转动90°,单元④相对转动30°。

坐标转换矩阵

第 9 章 矩阵位移法

$$T^{①} = \begin{bmatrix} -\frac{1}{2} & \frac{\sqrt{3}}{2} & 0 & 0 \\ -\frac{\sqrt{3}}{2} & -\frac{1}{2} & 0 & 0 \\ 0 & 0 & -\frac{1}{2} & \frac{\sqrt{3}}{2} \\ 0 & 0 & -\frac{\sqrt{3}}{2} & -\frac{1}{2} \end{bmatrix}, T^{②} = \begin{bmatrix} -\frac{\sqrt{3}}{2} & \frac{1}{2} & 0 & 0 \\ -\frac{1}{2} & -\frac{\sqrt{3}}{2} & 0 & 0 \\ 0 & 0 & -\frac{\sqrt{3}}{2} & \frac{1}{2} \\ 0 & 0 & -\frac{1}{2} & -\frac{\sqrt{3}}{2} \end{bmatrix},$$

$$T^{③} = \begin{bmatrix} 0 & 1 & 0 & 0 \\ -1 & 0 & 0 & 0 \\ 0 & 0 & 0 & 1 \\ 0 & 0 & -1 & 0 \end{bmatrix}, T^{④} = \begin{bmatrix} \frac{\sqrt{3}}{2} & \frac{1}{2} & 0 & 0 \\ -\frac{1}{2} & \frac{\sqrt{3}}{2} & 0 & 0 \\ 0 & 0 & \frac{\sqrt{3}}{2} & \frac{1}{2} \\ 0 & 0 & -\frac{1}{2} & \frac{\sqrt{3}}{2} \end{bmatrix},$$

坐标转换后,得整体坐标系下单元刚度矩阵:

$$K^{①} = \begin{bmatrix} 1 & -\sqrt{3} & -1 & \sqrt{3} \\ -\sqrt{3} & 3 & \sqrt{3} & -3 \\ -1 & \sqrt{3} & 1 & -\sqrt{3} \\ \sqrt{3} & -3 & -\sqrt{3} & 3 \end{bmatrix} \times \frac{EA}{4l}$$

$$K^{②} = \begin{bmatrix} 3 & -\sqrt{3} & -3 & \sqrt{3} \\ -\sqrt{3} & 1 & \sqrt{3} & -1 \\ -3 & \sqrt{3} & 3 & -\sqrt{3} \\ \sqrt{3} & -1 & -\sqrt{3} & 1 \end{bmatrix} \times \frac{EA}{4l}$$

$$K^{③} = \begin{bmatrix} 0 & 0 & 0 & 0 \\ 0 & 1 & 0 & -1 \\ 0 & 0 & 0 & 0 \\ 0 & -1 & 0 & 1 \end{bmatrix} \times \frac{EA}{l}$$

$$K^{④} = \begin{bmatrix} 3 & \sqrt{3} & -3 & -\sqrt{3} \\ \sqrt{3} & 1 & -\sqrt{3} & -1 \\ -3 & -\sqrt{3} & 3 & \sqrt{3} \\ -\sqrt{3} & -1 & \sqrt{3} & 1 \end{bmatrix} \times \frac{EA}{4l}$$

(3) 集成总刚度矩阵

$$K = \begin{bmatrix} 7 & -\sqrt{3} \\ -\sqrt{3} & 9 \end{bmatrix} \times \frac{EA}{4l}$$

第 9 章 矩阵位移法

(4) 解方程

$$K\Delta = P, \begin{bmatrix} 7 & -\sqrt{3} \\ -\sqrt{3} & 9 \end{bmatrix} \times \frac{EA}{4l} \begin{pmatrix} \Delta_1 \\ \Delta_2 \end{pmatrix} = \begin{pmatrix} F_p \\ F_p \end{pmatrix}$$

得结点位移

$$\Delta = \begin{pmatrix} \Delta_1 \\ \Delta_2 \end{pmatrix} = \begin{pmatrix} 0.715 \\ 0.582 \end{pmatrix} \times \frac{F_p l}{EA}$$

(5) 计算杆端力

$$\overline{F}^① = \overline{F}^① \overline{\Delta}^① = T^① K^① \Delta^①$$

$$\Delta^① = (0, 0, 0.715, 0.582)^T \times \frac{F_p l}{EA}$$

$$\overline{F}^① = \begin{bmatrix} -\frac{1}{2} & \frac{\sqrt{3}}{2} & 0 & 0 \\ -\frac{\sqrt{3}}{2} & -\frac{1}{2} & 0 & 0 \\ 0 & 0 & -\frac{1}{2} & \frac{\sqrt{3}}{2} \\ 0 & 0 & -\frac{\sqrt{3}}{2} & -\frac{1}{2} \end{bmatrix} \begin{bmatrix} 1 & -\sqrt{3} & -1 & \sqrt{3} \\ -\sqrt{3} & 3 & \sqrt{3} & -3 \\ -1 & \sqrt{3} & 1 & -\sqrt{3} \\ \sqrt{3} & -3 & -\sqrt{3} & 3 \end{bmatrix} \times$$

$$\frac{EA}{4l} \begin{bmatrix} 0 \\ 0 \\ 0.715 \\ 0.582 \end{bmatrix} \times \frac{F_p l}{EA} = (0.33, 0, -0.33, 0)^T \times F_p$$

类似计算得到

$$\overline{F}^② = (-0.15, 0, 0.15, 0)^T \times F_p$$
$$\overline{F}^③ = (-0.58, 0, 0.58, 0)^T \times F_p$$
$$\overline{F}^④ = (-0.91, 0, 0.91, 0)^T \times F_p$$

即 $F_N^① = -0.33 F_p, F_N^② = 0.15 F_p, F_N^③ = 0.58 F_p, F_N^④ = 0.91 F_p$

(c) (1) 各单元定位向量相同

$$\lambda = (0, 0, 1, 2)^T$$

(2) 单元刚度矩阵

单元①局部坐标系与整体坐标相对转动 180°，单元②相对转动 135°，单元③相对转动 90°，单元④相对转动 45°，单元⑤局部坐标系与整体坐标系方向相同。

与 (a)(b) 两题类似(此略)，可计算得到各杆轴力：

$F_N^① = -0.236 F_p, F_N^② = 0.083 F_p, F_N^③ = 0.353 F_p,$
$F_N^④ = 0.417 F_p, F_N^⑤ = 0.236 F_p$

9-13 设图示桁架各杆 EA 相同，试求各杆轴力，如撤去任一水平支杆，求解时会出现什么情况？

第 9 章 矩阵位移法

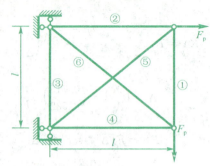

题 9-13 图

解答:(1) 离散化如解答 9-13 图。单元定位向量为

$$\lambda^① = (3,4,1,2)^T, \quad \lambda^② = (0,0,3,4)^T,$$
$$\lambda^③ = (0,0,0,0)^T \quad \lambda^④ = (0,0,1,2)^T$$
$$\lambda^⑤ = (3,4,0,0)^T \quad \lambda^⑥ = (0,0,1,2)^T$$

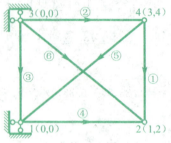

解答 9-13 图

(2) 单元刚度矩阵

$$\overline{K}^① = \overline{K}^② = \overline{K}^③ = \overline{K}^④ = \begin{bmatrix} 1 & 0 & -1 & 0 \\ 0 & 0 & 0 & 0 \\ -1 & 0 & 1 & 0 \\ 0 & 0 & 0 & 0 \end{bmatrix} \times \frac{EA}{l}$$

$$\overline{K}^⑤ = \overline{K}^⑥ = \begin{bmatrix} 1 & 0 & -1 & 0 \\ 0 & 0 & 0 & 0 \\ -1 & 0 & 1 & 0 \\ 0 & 0 & 0 & 0 \end{bmatrix} \times \frac{\sqrt{2}EA}{2l}$$

单元②④局部坐标与整体坐标方向相同,单元①③相对转动90°,单元⑤转动135°,单元⑥转动45°。

$$T^① = T^③ = \begin{bmatrix} 0 & 1 & 0 & 0 \\ -1 & 0 & 0 & 0 \\ 0 & 0 & 0 & 1 \\ 0 & 0 & -1 & 0 \end{bmatrix},$$

· 350 ·

$$T^{⑤} = \frac{\sqrt{2}}{2}\begin{bmatrix} -1 & 1 & 0 & 0 \\ -1 & -1 & 0 & 0 \\ 0 & 0 & -1 & 1 \\ 0 & 0 & -1 & -1 \end{bmatrix}, T^{⑥} = \frac{\sqrt{2}}{2}\begin{bmatrix} 1 & 1 & 0 & 0 \\ -1 & 1 & 0 & 0 \\ 0 & 0 & 1 & 1 \\ 0 & 0 & -1 & 1 \end{bmatrix}$$

整体坐标下单元刚度矩阵：

$$K^{②} = K^{④} = \begin{bmatrix} 1 & 0 & -1 & 0 \\ 0 & 0 & 0 & 0 \\ -1 & 0 & 1 & 0 \\ 0 & 0 & 0 & 0 \end{bmatrix} \times \frac{EA}{l}$$

$$K^{①} = K^{③} = \begin{bmatrix} 0 & 0 & 0 & 0 \\ 0 & 1 & 0 & -1 \\ 0 & 0 & 0 & 0 \\ 0 & -1 & 0 & 1 \end{bmatrix} \times \frac{EA}{l}$$

$$K^{⑤} = \begin{bmatrix} 1 & -1 & -1 & 1 \\ -1 & 1 & 1 & -1 \\ -1 & 1 & 1 & -1 \\ 1 & -1 & -1 & 1 \end{bmatrix} \times \frac{\sqrt{2}EA}{4l}$$

$$K^{⑥} = \begin{bmatrix} 1 & 1 & -1 & -1 \\ 1 & 1 & -1 & -1 \\ -1 & -1 & 1 & 1 \\ -1 & -1 & 1 & 1 \end{bmatrix} \times \frac{\sqrt{2}EA}{4l}$$

(3) 集成总刚度矩阵

$$K = \begin{bmatrix} 1.353 & 0.353 & 0 & 0 \\ 0.353 & 1.353 & 0 & -1 \\ 0 & 0 & 1.353 & -0.353 \\ 0 & -1 & -0.353 & 1.353 \end{bmatrix} \times \frac{EA}{l}$$

(4) 解总刚度方程

$$K\Delta = P$$

$$\begin{bmatrix} 1.353 & 0.353 & 0 & 0 \\ 0.353 & 1.353 & 0 & -1 \\ 0 & 0 & 1.353 & -0.353 \\ 0 & -1 & -0.353 & 1.353 \end{bmatrix} \times \frac{EA}{l} \times \begin{Bmatrix} \Delta_1 \\ \Delta_2 \\ \Delta_3 \\ \Delta_4 \end{Bmatrix} = \begin{Bmatrix} 0 \\ F_p \\ F_p \\ 0 \end{Bmatrix}$$

得到结点位移

$$\begin{Bmatrix} \Delta_1 \\ \Delta_2 \\ \Delta_3 \\ \Delta_4 \end{Bmatrix} = \begin{Bmatrix} -0.67 \\ 2.59 \\ 1.33 \\ 2.26 \end{Bmatrix} \times \frac{F_p l}{EA}$$

(5) 计算轴力，计算公式相同如：

$$\bar{F}^{①} = \bar{F}^{①}\bar{\Delta}^{①} = T^{①}K^{①}\Delta^{①}$$

单元①

$$\Delta^{①} = (1.33, 2.26, -0.67, 2.59)^T \times \frac{F_p l}{EA}$$

$$\overline{F}^{①} = \begin{bmatrix} 0 & 1 & 0 & 0 \\ -1 & 0 & 0 & 0 \\ 0 & 0 & 0 & 1 \\ 0 & 0 & -1 & 0 \end{bmatrix} \begin{bmatrix} 0 & 0 & 0 & 0 \\ 0 & 1 & 0 & -1 \\ 0 & 0 & 0 & 0 \\ 0 & -1 & 0 & 1 \end{bmatrix} \times \frac{EA}{l} \begin{bmatrix} 1.33 \\ 2.26 \\ -0.67 \\ 2.59 \end{bmatrix} \times \frac{F_p l}{EA}$$

$$= (0.33, 0, -0.33, 0)^T \times F_p,$$

单元②

$$\Delta^{②} = (0, 0, 1.33, 2.26)^T \times \frac{F_p l}{EA},$$

$$\overline{F}^{②} = (-1.33, 0, 1.33, 0)^T \times F_p,$$

单元③

$$\Delta^{③} = (0, 0, 0, 0)^T,$$

$$\overline{F}^{③} = (0, 0, 0, 0)^T,$$

单元④

$$\Delta^{④} = (0, 0, -0.67, 2.59)^T \times \frac{F_p l}{EA},$$

$$\overline{F}^{④} = (-0.673, 0, 0.673, 0)^T \times F_p,$$

单元⑤

$$\Delta^{⑤} = (1.33, 2.26, 0, 0)^T \times \frac{F_p l}{EA},$$

$$\overline{F}^{⑤} = (0.468, 0, -0.468, 0)^T \times F_p,$$

单元⑥

$$\Delta^{⑥} = (0, 0, -0.67, 2.59)^T \times \frac{F_p l}{EA},$$

$$\overline{F}^{⑥} = (-0.952, 0, 0.952, 0)^T \times F_p,$$

即 $F_N^{①} = -0.33 F_p, F_N^{②} = 1.33 F_p, F_N^{③} = 0,$
$F_N^{④} = -0.673 F_p, F_N^{⑤} = -0.468 F_p, F_N^{⑥} = 0.952 F_p,$

如撤去 1 水平支杆,则将增加 1 个结点位移,但对应形成的总刚度矩阵将是奇异矩阵,无法确定唯一的位移。因为体系是几何瞬变的。

9—14 试求图示特殊单元的单元刚度矩阵(忽略轴向变形)

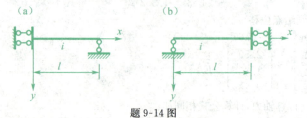

题 9-14 图

解答: 从一般单元刚度矩阵中,将与已知位移为 0 的方向相关的行与列划去即可。
(a)
$$\overline{K} = \begin{bmatrix} \dfrac{12i}{l^2} & \dfrac{6i}{l} \\ \dfrac{6i}{l} & 4i \end{bmatrix}$$

(b)
$$\overline{K} = \begin{bmatrix} 4i & -\dfrac{6i}{l} \\ -\dfrac{6i}{l} & \dfrac{12i}{l^2} \end{bmatrix}$$

9—15 试求整体刚度矩阵 K,(忽略轴向变形)。弹性支座刚度为 k。

题 9-15 图

【思路探索】 关键是弹性支座的处理,有两种方法,一是把弹性支座的力当成结点荷载,建立总刚度方程后,移项改变总刚度矩阵的系数,这类似于后处理法;二是直接把弹性支座视为一个只提供轴向力杆件,类似于桁架杆,但不考虑其对基础的作用力;从题意看,采用后一种方法为妥。

解: (1) 离散化,如解答 9-15 图,单元定位向量

```
1(0,0,0) ①   2(0,1,2) ②   3(0,3,0)
              ③
```

解答 9-15 图

$$\lambda^{①} = (0,0,0,0,1,2)^T, \quad \lambda^{②} = (0,1,2,0,3,0)^T, \quad \lambda^{③} = (0,1)^T$$

(2) 单元刚度矩阵

$$\overline{K}^{①} = K^{①} = K^{②} = \begin{bmatrix} \infty & 0 & 0 & -\infty & 0 & 0 \\ 0 & \dfrac{12i}{l^2} & \dfrac{6i}{l} & 0 & -\dfrac{12i}{l^2} & \dfrac{6i}{l} \\ 0 & \dfrac{6i}{l} & 4i & 0 & -\dfrac{6i}{l} & 2i \\ -\infty & 0 & 0 & \infty & 0 & 0 \\ 0 & -\dfrac{12i}{l^2} & -\dfrac{6i}{l} & 0 & \dfrac{12i}{l^2} & -\dfrac{6i}{l} \\ 0 & \dfrac{6i}{l} & 2i & 0 & -\dfrac{6i}{l} & 4i \end{bmatrix}$$

第 9 章 矩阵位移法

$$\overline{K}^{③} = \begin{bmatrix} -k & 0 \\ 0 & 0 \end{bmatrix}$$

方向相对转动 90°。

$$\overline{T}^{③} = \begin{bmatrix} 0 & 1 \\ -1 & 0 \end{bmatrix}, K^{③} = \begin{bmatrix} 0 & 0 \\ 0 & k \end{bmatrix}$$

（3）集成总刚度矩阵

$$K = \begin{bmatrix} \dfrac{24i}{l^2}+k & 0 & -\dfrac{12i}{l^2} \\ 0 & 8i & -\dfrac{6i}{l} \\ -\dfrac{12i}{l^2} & -\dfrac{6i}{l} & \dfrac{12i}{l^2} \end{bmatrix}$$

同步自测题及参考答案

同步自测题

1. 单元刚度矩阵是_____与_____间的联系矩阵。
2. 图 9-10 刚架结点 2 的综合结点荷载是 $P_2 = [\underline{\qquad\qquad}]^T$。

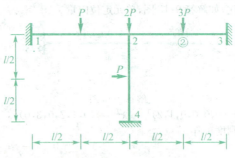

图 9-10

3. 单元刚度系数 K_{ij} 的物理意义是：(　　)
   A. 当发生位移 $\delta_i = 1$ 时，与 δ_j 方向相应的杆端力，
   B. 当发生位移 $\delta_j = 1$ 时，与 δ_i 方向相应的杆端力，
   C. 当且仅当发生位移 $\delta_i = 1$ 时，与 δ_j 方向相应的杆端力，
   D. 当且仅当发生位移 $\delta_j = 1$ 时，与 δ_i 方向相应的杆端力，
4. 图 9-11 结构的刚度矩阵有_____个元素，其值等于_____。

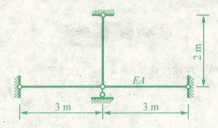

图 9-11

5. 用矩阵位移法求图 9-29 示连续梁的总刚度方程。

图 9-12

6. 求图 9-13 示刚架在给出结点位移编号时的结点荷载列矩阵。

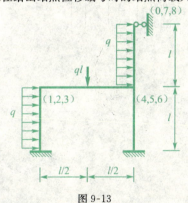

图 9-13

7. 用先处理法列出图 9-14 示刚架结构的刚度方程,已知各杆 $EI = 1800 \text{ kN} \cdot \text{m}^2$ 相同,弹簧刚度 $k = 800 \text{ kN/m}$,不计轴向变形。

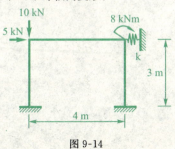

图 9-14

参考答案

1. 单元杆端力　单元杆端位移

2. $P_2 = \left(\dfrac{P}{2}, 4P, \dfrac{Pl}{8}\right)^{\mathrm{T}}$

3. D

4. $\underline{1}\quad \underline{2EA/3}$

5. $\begin{bmatrix} 3EI & EI & 0 \\ EI & 2\dfrac{2EI}{3} & \dfrac{EI}{3} \\ 0 & \dfrac{EI}{3} & \dfrac{2EI}{3} \end{bmatrix} \begin{Bmatrix} \theta_1 \\ \theta_2 \\ \theta_3 \end{Bmatrix} = \begin{Bmatrix} -20 \\ 60 \\ -40 \end{Bmatrix}$

6. $P = \left(\dfrac{ql}{2}, \dfrac{ql}{2}, \dfrac{ql^2}{24}, \dfrac{ql}{2}, \dfrac{ql}{2}, -\dfrac{ql^2}{24}, 0, -\dfrac{ql^2}{12}\right)^{\mathrm{T}}$

7. $\begin{bmatrix} 2400 & -1200 & -1200 \\ -1200 & 4200 & 900 \\ -1200 & 900 & 4200 \end{bmatrix} \begin{Bmatrix} \Delta_1 \\ \Delta_2 \\ \Delta_3 \end{Bmatrix} = \begin{Bmatrix} 5 \\ 0 \\ 8 \end{Bmatrix}$

第 10 章　结构动力计算基础

本章知识结构及内容小结

【本章知识结构】

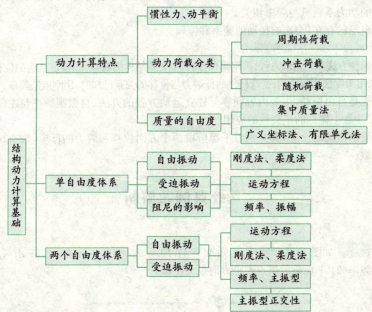

【本章内容小结】

1. 结构动力计算的特点：

首先惯性力的出现是动力计算的基本特征，运动方程就是包含惯性力的平衡方程（刚度法），或包含惯性力影响的结构位移（柔度法）。当然结构的刚度和柔度性质没有改变，仍然与静力计算时的刚度和柔度相同。简单地说，单位力引起的位移是柔度系数（如力法基本方程中的系数），产生单位位移所需施加的力是刚度系数（如位移法方程中的系数）。

使得体系产生的惯性力不能忽略的影响因素，就是动力荷载。最基本的是简谐荷载。

第10章 结构动力计算基础

要描述惯性力,就要知道质量的运动方向,独立运动方向的数目就是质量的自由度。本章主要的方法是集中质量法。

描述结构动力反应的参数主要是自振圆频率、振幅、主振型、动力系数、阻尼比等。

2. 单自由度体系的振动:

首先是运动方程建立的方法。两种方法:质量(在其运动方向)的受力平衡——刚度法;结构(在质量运动方向)产生的位移——柔度法。按自由振动、受迫振动、阻尼的影响的顺序,逐步增加考虑的力的因素。

自由振动是基础,反应结构的基本性质。主要掌握运动方程的建立方法,自振频率的认识与计算,然后是振幅与初始条件的关系等。

有外部动力荷载就受迫振动,平稳(稳态)阶段的动力反应主要由动力系数来体现。动力系数是最大动位移与最大静位移的比,也反映了结构内力的最大关系。简谐荷载下的动力系数只与频率相关。

阻尼的存在,会影响振动的频率和振幅。

3. 两个自由度体系的振动:

两种方法建立运动方程。采用哪种方法,主要看结构的特点。如静定结构的位移容易计算,采用柔度法比较简洁;受弯杆件的杆端力与位移的关系已知时,用刚度法简单。

先是自由振动,主要内容同样是建立运动方程的方法、自振圆频率与主振型的计算。要注意主振型的正交性的应用。

受迫振动的反应,要分别看平稳阶段两个方向位移和内力的反应,没有统一的动力系数。

经典例题解析

例1 如图10-1示结构,已知 $M = 1\text{t}$, $EI = 7200\text{kN} \cdot \text{m}^2$, $\theta = 2.5\text{rad/s}$,求(1)自振圆频率(2)平稳阶段质点水平方向最大位移。

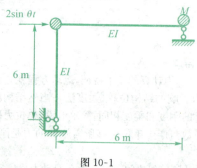

图 10-1

第10章 结构动力计算基础

【思路探索】 体系虽然有两个集中质量,但不计杆件轴向变形时,只有一个水平运动方向,且位移相同,是单自由度体系。

解答:(1)结构水平方向的柔度系数,由图 10-2 单位力作用下的弯矩图可计算

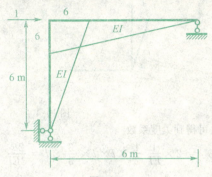

图 10-2

$$\delta = 2 \times \frac{\frac{1}{2} \times 6 \times 6 \times \frac{2}{3} \times 6}{EI} = \frac{144}{EI}$$

所以

$$\omega = \sqrt{\frac{1}{m\delta}} = \sqrt{\frac{EI}{2M \times 144}} = 5\text{s}^{-1}$$

(2)静位移 $y_{st} = P\delta = 2\delta = 0.04\text{m}$

动力系数 $\beta = \dfrac{1}{1-\dfrac{\theta^2}{\omega^2}} = \dfrac{4}{3}$

最大位移

$$y_{max} = \beta y_{st} = \frac{4}{3} \times 0.004\text{m} = 0.0533\text{m}$$

例2 建立图 10-3 中质量自由振动的运动方程,求出自振圆频率,并画出相应的振型曲线。设各杆 l、EI 相同,不计轴向变形。

【思路探索】 此为超静定刚架,但在不计轴向变形时,左侧悬臂梁无变形,而右侧刚架与简支刚架相同,宜用柔度法求解。

解答:两个自由度,分设 $2M$ 点水平方向、M 点竖直方向的位移分别为 y_1 和 y_2,作单位力作用下的弯矩图如 10-4,

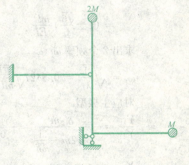

图 10-3

359

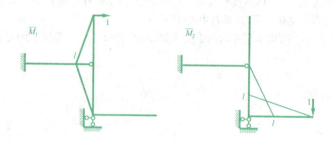

图 10-4

图乘法可得到柔度系数

$$\delta_{11} = \delta_{22} = 2 \times \frac{1}{EI} \frac{1}{2} \times l \times l \times \frac{2}{3} \times l = \frac{2l^3}{3EI}$$

$$\delta_{12} = \delta_{21} = -\frac{1}{EI} \frac{1}{2} \times l \times l \times \frac{1}{3} \times l = -\frac{l^3}{6EI}$$

运动方程为

$$y_1(t) = (-2m\ddot{y}_1(t))\delta_{11} + (-m\ddot{y}_2(t))\delta_{12}$$
$$y_2(t) = (-2m\ddot{y}_1(t))\delta_{21} + (-m\ddot{y}_2(t))\delta_{22}$$

自振圆频率方程

$$\begin{vmatrix} 2\delta_{11}m - \dfrac{1}{\omega^2} & \delta_{12}m \\ 2\delta_{21}m & \delta_{22}m - \dfrac{1}{\omega^2} \end{vmatrix} = 0$$

设 $\lambda = \dfrac{1}{\omega^2}$,则方程的两个根:

$$\lambda_{1,2} = \frac{(\delta_{11}2m + \delta_{22}m) \pm \sqrt{(\delta_{11}2m + \delta_{22}m)^2 - 4(\delta_{11}\delta_{22} - \delta_{12}\delta_{21})2m^2}}{2}$$

$$= (1 \pm \frac{\sqrt{6}}{6})\frac{ml^3}{EI}$$

求出 2 个频率 ω_1、ω_2。

$$\omega_1 = \sqrt{\frac{1}{\lambda_1}} = 0.8427\sqrt{\frac{EI}{ml^3}} \quad \omega_2 = \sqrt{\frac{1}{\lambda_2}} = 1.5651\sqrt{\frac{EI}{ml^3}}$$

对应主振型

$$\frac{Y_{11}}{Y_{22}} = -\frac{\delta_{12}m}{\delta_{11}2m - \dfrac{1}{\omega_1^2}} = -\frac{1}{0.4495}$$

$$\frac{Y_{12}}{Y_{22}} = -\frac{\delta_{12}m}{\delta_{11}2m - \dfrac{1}{\omega_2^2}} = \frac{1}{4.4495}$$

振型曲线,如图 10-5:

第10章 结构动力计算基础

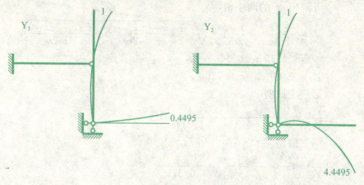

图 10-5

例3 图 10-6 示结构,横梁刚度为无穷大,忽略立柱的质量,试求体系的自振圆频率和主振型。

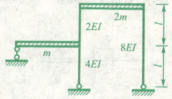

图 10-6

解答:此为两个自由度体系,结构为超静定刚架,宜用刚度法求解。

分别取横梁的水平位移为 y_1, y_2,由如图 10-7 示在两个方向分别产生单位位移时的弯矩图,可得到结构的侧移刚度

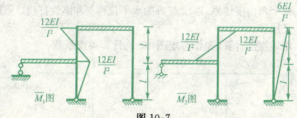

图 10-7

$$k_{11} = \frac{12EI}{l^3} + \frac{24EI}{l^3} = \frac{36EI}{l^3}$$

$$k_{22} = \frac{24EI}{l^3} + \frac{3EI}{l^3} = \frac{27EI}{l^3}$$

$$k_{12} = k_{21} = -\frac{24EI}{l^3}$$

由频率方程

$$\begin{vmatrix} k_{11} - \omega^2 m & k_{12} \\ k_{21} & k_{22} - \omega^2 2m \end{vmatrix} = 0$$

可解出 ω^2 的两个根：

$$\omega^2 = \frac{1}{2}(\frac{k_{11}}{m} + \frac{k_{22}}{2m}) \pm \sqrt{[\frac{1}{2}(\frac{k_{11}}{m} + \frac{k_{22}}{2m})]^2 - \frac{k_{11}k_{22} - k_{12}k_{21}}{m2m}}$$

$$= 24.75 \pm 20.36$$

$\omega_1 = 2.09, \omega_2 = 6.716$

第一主振型

$$\frac{Y_{11}}{Y_{21}} = -\frac{k_{12}}{k_{11} - \omega_1^2 m} = \frac{1}{1.317}$$

第二振型

$$\frac{Y_{12}}{Y_{22}} = -\frac{k_{12}}{k_{11} - \omega_2^2 m} = -\frac{1}{0.3796}$$

例 4 图 10-8 示体系中，m 为集中质量，刚性杆的均布质量 $\overline{m} = \frac{m}{l}$，其余杆忽略质量，$EI = $ 常数，简谐均布动力荷载 $q(t) = q\sin\theta t, \theta = 3\sqrt{\frac{EI}{ml^3}}$。求体系的自振频率，并计算动弯矩幅值。

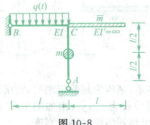

图 10-8

解答： 两个自由度体系，取质点 m 的水平位移 y 和刚性杆绕 C 点的转角位移 α 为广义位移。

用柔度法计算，先作弯矩图 10-9。计算柔度系数。

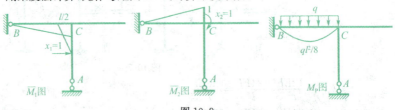

图 10-9

$$\delta_{11} = \frac{1}{EI}(\frac{1}{2} \times l \times \frac{l}{2} \times \frac{2}{3} \times \frac{l}{2} + \frac{1}{2} \times \frac{l}{2} \times \frac{l}{2} \times \frac{2}{3} \times \frac{l}{2}) = \frac{l^3}{8EI}$$

$$\delta_{12} = \delta_{21} = -\frac{1}{EI}(\frac{1}{2} \times l \times \frac{l}{2} \times \frac{2}{3} \times 1) = -\frac{l^2}{6EI}$$

$$\delta_{22} = \frac{1}{EI}(\frac{1}{2} \times l \times 1 \times \frac{2}{3} \times 1) = \frac{l}{3EI}$$

$$\delta_{1P} = \frac{1}{EI}(\frac{2}{3} \times l \times \frac{ql^2}{8} \times \frac{1}{2} \times \frac{l}{2}) = \frac{ql^4}{48EI}$$

$$\delta_{2P} = -\frac{1}{EI}(\frac{2}{3} \times l \times \frac{ql^2}{8} \times \frac{1}{2}) = -\frac{ql^3}{24EI}$$

则运动方程为

$$\left.\begin{array}{l} y(t) = (-m\ddot{y}(t))\delta_{11} + (-J\ddot{\alpha}(t))\delta_{12} + \Delta_{1P}\sin\theta t \\ \alpha(t) = (-m\ddot{y}(t))\delta_{12} + (-J\ddot{\alpha}(t))\delta_{22} + \Delta_{2P}\sin\theta t \end{array}\right\}$$

其中 J 为刚性杆的质量对 C 点的转动惯量

$$J = \frac{1}{3}\overline{m}l^3 = \frac{1}{3}ml^2$$

自振频率方程

$$\begin{vmatrix} \delta_{11}m - \frac{1}{\omega^2} & \delta_{12}J \\ \delta_{21}m & \delta_{22}J - \frac{1}{\omega^2} \end{vmatrix} = 0$$

设 $\lambda = \frac{1}{\omega^2}$,则方程的两个根:

$$\lambda_{1,2} = \frac{(\delta_{11}m + \delta_{22}J) \pm \sqrt{(\delta_{11}m + \delta_{22}J)^2 - 4(\delta_{11}\delta_{22} - \delta_{12}\delta_{21})mJ}}{2}$$

求出 2 个频率。$\omega_1 = 2.159\sqrt{\frac{EI}{ml^3}}$ $\omega_2 = 6.807\sqrt{\frac{EI}{ml^3}}$

对应主振型

$$\frac{Y_{11}}{Y_{21}} = -\frac{\delta_{12}J}{\delta_{11}m - \frac{1}{\omega_1^2}} = -\frac{1}{1.612}$$

$$\frac{Y_{12}}{Y_{22}} = -\frac{\delta_{12}J}{\delta_{11} - \frac{1}{\omega_2^2}} = \frac{1}{1.862}$$

振幅方程

$$\left.\begin{array}{l} (m\theta^2\delta_{11} - 1)A_1 + J\theta^2\delta_{12}A_2 + \Delta_{1P} = 0 \\ m\theta^2\delta_{21}A_1 + (J\theta^2\delta_{22} - 1)A_2 + \Delta_{2P} = 0 \end{array}\right\}$$

将 J、θ 值代人

$$\left.\begin{array}{l} -\frac{1}{8}A_1 + \frac{l}{2}A_2 - \frac{ql^4}{48EI} = 0 \\ \frac{3}{2l}A_1 + \frac{ql^3}{24EI} = 0 \end{array}\right\}$$

振幅

$$A_1 = -\frac{ql^4}{36EI}, A_2 = \frac{5ql^2}{144EI}$$

惯性力幅值

$$I_1 = mA_1\theta^2 = -\frac{ql}{4}, I_2 = JA_2\theta^2 = \frac{5ql^2}{48}$$

动弯矩
$$M = \overline{M}_1 I_1 + \overline{M}_2 I_2 + M_P$$
动弯矩幅值
$$M_{CB} = \frac{11}{48}ql^2, M_{CA} = \frac{1}{8}ql^2$$

考研真题评析

例1 求图10-10体系稳态时 m 处最大水平位移,绘最大动弯矩图。已知 $a = 3l/4$,各杆 EI 相同,无阻尼。$\theta = \sqrt{\dfrac{EI}{ml^3}}$。

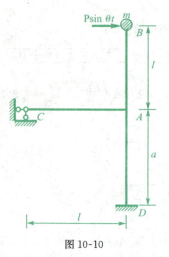

图 10-10

【思路探索】 体系为单自由度体系,需计算自振频率、动力系数,从而确定最大位移和最大内力。

解答:计算自振频率:(1)刚度法。需要计算质点 B 处产生单位水平位移时,所需力的大小。可用位移法,将单位位移作为已知条件,求出结构的弯矩图。如下

忽略轴向变形时,位移法看结构只有刚结点 A 的转角位移是基本未知量,作出对应的弯矩图和 M_P 图。见图10-11(a)(b),取

$$i = \frac{EI}{l}, \text{则} \ k_{11} = 3i + 3i + 3i = 9i$$

$$F_{1P} = -\frac{3i}{l}$$

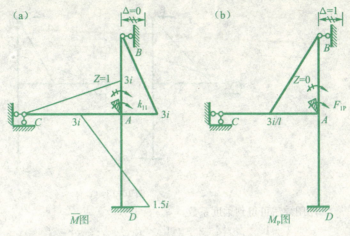

图 10-11

解位移法方程

$k_{11}Z_1 + F_{1P} = 0,$

$Z_1 = \dfrac{1}{3l}$

得到弯矩图 10-12

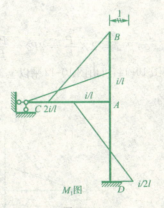

图 10-12

从而确定刚度系数。$k = \overline{F}_{Q_{BA}} = -\dfrac{\overline{M}_{AB}}{l} = \dfrac{2EI}{l^3}$

(2)柔度法,需计算在位移方向 B 处施加单位力时,此方向产生的位移。可先用力矩分配法作出此状态的弯矩图 M_P,再取任一静定状态,作弯矩 $\overline{M}$ 图,如 10-13(a),(b)

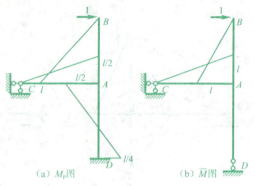

图 10-13

用图乘法可得到柔度系数

$$\delta = \frac{1}{EI}(\frac{1}{2} \times l \times l \times \frac{2}{3}l + \frac{1}{2} \times \frac{l}{2} \times l \times \frac{2}{3}l) = \frac{l^3}{2EI}$$

计算自振圆频率

$$\omega = \sqrt{\frac{k}{m}} = \sqrt{\frac{1}{m\delta}} = \sqrt{\frac{2EI}{ml^3}}$$

动力系数

$$\beta = \frac{1}{1 - \frac{\theta^2}{\omega^2}} = 2$$

最大位移 $y_{max} = \beta y_{st} = 2 \times \frac{P}{k} = 2P\delta = \frac{Pl^3}{EI}$

最大动弯矩图 10-14，可由图 10-12 乘以 y_{max} 得到，或由图 10-13(a) 乘以 βP 得到。

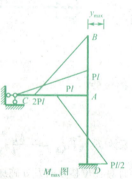

图 10-14

例2 求图 10-15 示结构各质量的最大位移。

图 10-15

【思路探索】 结构中虽然有两个质点,但杆件抗弯刚度无穷大,所以只有一个自由度,取有弹性支座的 $2m$ 质点竖向位移为 y,则由支座反力的计算可确定各相关柔度系数。

解答:集中力偶 M 静力作用下的质点 $2m$ 和 m 的位移分别为

$$\Delta_{1P} = \frac{2M}{3ak} = y_{st}, \Delta_{2P} = \frac{4}{3}\Delta_{1P}$$

m 和 $2m$ 处分别作用竖向单位力时,y 方向的位移

$$\delta_{12} = \frac{4}{3k}, \delta_{11} = \frac{1}{k}$$

得到运动方程

$$y = (-2m\ddot{y})\frac{1}{k} + (-m\frac{4}{3}\ddot{y})\frac{4}{3k} + \frac{2M}{3ak}\sin\theta t$$

即 $y = (-m\ddot{y})\frac{34}{9k} + \frac{2M}{3ak}\sin\theta t$

自振频率 $\omega = \sqrt{\dfrac{9k}{34m}}$

动力系数 $\beta = \dfrac{1}{1-\dfrac{\theta^2}{\omega^2}}$

质点 $2m$ 和 m 的振幅(最大位移)分别为

$$A_1 = \beta\Delta_{1P}, A_2 = \frac{4}{3}A_1$$

【例3】 图 10-16 示结构,刚性杆具有分布质量 $\bar{m}$,弹性杆抗弯刚度 EI 相同,并忽略质量,试确定自振圆频率和相关主振型。

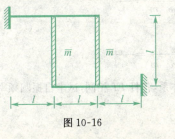

图 10-16

第10章 结构动力计算基础

【思路探索】 刚性杆件的分布质量,实际是运动方向的集中质量,是两个自由度的问题,超静定刚架,用刚度法计算。

解答:由结构在两个竖杆位置分别产生单位位移时的弯矩图如10-17,可得到其刚度系数

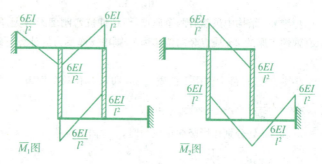

图 10-17

$$k_{11} = \frac{36EI}{l^3} = k_{22}$$

$$k_{12} = k_{21} = -\frac{24EI}{l^3}$$

由频率方程,取 $m = \overline{m}l$

$$\begin{vmatrix} k_{11} - \omega^2 m & k_{12} \\ k_{21} & k_{22} - \omega^2 m \end{vmatrix} = 0$$

可解出 ω^2 的两个根:

$$\omega^2 = \frac{1}{2}(\frac{k_{11}}{m} + \frac{k_{22}}{m}) \pm \sqrt{[\frac{1}{2}(\frac{k_{11}}{m} + \frac{k_{22}}{m})]^2 - \frac{k_{11}k_{22} - k_{12}k_{21}}{mm}} = (36 \pm 24)\frac{EI}{ml^4}$$

$$\omega_1 = 3.464\sqrt{\frac{EI}{ml^4}}, \omega_2 = 7.460\sqrt{\frac{EI}{ml^4}}$$

第一主振型

$$\frac{Y_{11}}{Y_{21}} = -\frac{k_{12}}{k_{11} - \omega_1^2 m} = \frac{1}{1}$$

第二振型

$$\frac{Y_{12}}{Y_{22}} = -\frac{k_{12}}{k_{11} - \omega_2^2 m} = -\frac{1}{1}$$

例4 图10-18示体系,各杆 EI 相同,试求自振圆频率,并验证主振型的正交性。

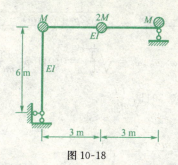

图 10-18

【思路探索】 两个自由度体系,分别是 $2M$ 点的竖向和 3 个质点的水平方向,静定刚架,可用柔度法计算。

解答: 由单位弯矩图如 10-19,计算柔度系数

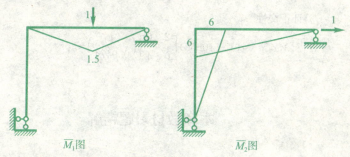

图 10-19

$$\delta_{11} = 2 \times \frac{1}{EI} \frac{1}{2} \times 3 \times 1.5 \times \frac{2}{3} \times 1.5 = \frac{4.5}{EI}$$

$$\delta_{22} = 2 \times \frac{1}{EI} \frac{1}{2} \times 6 \times 6 \times \frac{2}{3} \times 6 = \frac{144}{EI}$$

$$\delta_{12} = \delta_{21} = \frac{1}{EI} \frac{1}{2} \times 6 \times 1.5 \times \frac{1}{2} \times 6 = \frac{13.5}{EI}$$

运动方程为

$$\left. \begin{aligned} y_1(t) &= (-2m\ddot{y}_1(t))\delta_{11} + (-4m\ddot{y}_2(t))\delta_{12} \\ y_2(t) &= (-2m\ddot{y}_1(t))\delta_{21} + (-4m\ddot{y}_2(t))\delta_{22} \end{aligned} \right\}$$

自振圆频率方程

$$\begin{vmatrix} 2\delta_{11}m - \dfrac{1}{\omega^2} & 4\delta_{12}m \\ 2\delta_{21}m & 4\delta_{22}m - \dfrac{1}{\omega^2} \end{vmatrix} = 0$$

设 $\lambda = \dfrac{1}{\omega^2}$,则方程的两个根:

第10章 结构动力计算基础

$$\lambda_{1,2} = \frac{(\delta_{11}2m + \delta_{22}4m) \pm \sqrt{(\delta_{11}2m + \delta_{22}4m)^2 - 4(\delta_{11}\delta_{22} - \delta_{12}\delta_{22})8m^2}}{2}$$

求出 2 个频率 ω_1、ω_2。$\omega_1 = \sqrt{\dfrac{1}{\lambda_1}} = 0.04157\sqrt{\dfrac{EI}{ml^3}}$,

$$\omega_2 = \sqrt{\frac{1}{\lambda_2}} = 0.3941\sqrt{\frac{EI}{ml^3}}$$

对应主振型

$$\frac{Y_{11}}{Y_{21}} = -\frac{4\delta_{12}m}{\delta_{11}2m - \dfrac{1}{\omega_1^2}} = -\frac{1}{10.55}$$

$$\frac{Y_{12}}{Y_{22}} = -\frac{4\delta_{12}m}{\delta_{11}2m - \dfrac{1}{\omega_2^2}} = \frac{1}{0.0474}$$

验证正交性

$$Y^{(1)T}MY^{(2)} = (1 \quad -10.55)\begin{bmatrix} 2 & 0 \\ 0 & 4 \end{bmatrix}\begin{pmatrix} 1 \\ 0.0474 \end{pmatrix} \approx 0$$

本章教材习题精解

10-1 试求图示梁的自振周期和圆频率。设 $W = 1.23\text{kN}$,梁重不计,$E = 21 \times 10^4 \text{MPa}$,$I = 78\text{cm}^4$。

解答:悬臂梁杆端的柔度系数

$$\delta = \frac{l^3}{3EI}$$

$$\omega = \sqrt{\frac{g}{W\delta}}$$

$$= \sqrt{\frac{9.8 \times 3 \times 21 \times 10^4 \times 78 \times 10^{-4}}{1.23 \times 1}} = 62.3\text{s}^{-1}$$

$$T = \frac{2\pi}{\omega} = 0.1008\text{s}$$

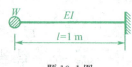

题 10-1 图

10-2 一块形基础,底面积 $A = 18\text{m}^2$,重量 2352kN;土壤的弹性压力系数为 3000kN/m³。试求基础竖向振动时的自振频率。

解答:对基础块,弹性地基的刚度系数为

$$k = 18 \times 3000$$

$$\omega = \sqrt{\frac{k}{m}} = \sqrt{\frac{kg}{W}} = \sqrt{\frac{18 \times 3000 \times 9.8}{2352}} = 15\text{s}^{-1}$$

10－3 试求图示体系的自振频率。

题 10-3 图

解答: 质点水平方向的单自由度振动,计算其柔度系数,先作单位力下的弯矩图如解答 10-3 图

图乘法可得

$$\delta = \frac{1}{EI} \frac{1}{2} h \times l \times \frac{2}{3} h = \frac{h^2 l}{3EI}$$

$$\omega = \sqrt{\frac{1}{m\delta}} = \sqrt{\frac{3EI}{mh^2 l}}$$

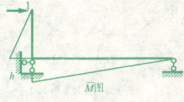

解答 10-3 图

10－4 设图示竖杆顶端在振动开始时的初始位移为 0.1cm(被拉到位置 B' 后放松引起振动)。试求顶端 B 的位移振幅、最大速度和加速度。

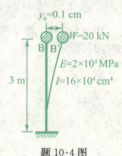

题 10-4 图

解答: 悬臂梁杆端的柔度系数

$$\delta = \frac{l^3}{3EI}$$

$$\omega = \sqrt{\frac{g}{W\delta}} = \sqrt{\frac{g3EI}{l^3 W}}$$

$$= \sqrt{\frac{9.8 \times 3 \times 2 \times 10^4 \times 10^5 \times 16 \times 10^{-4}}{3^3 \times 20 \times 10^3}}$$

$$= 41.74 \text{s}^{-1}$$

由初始条件引起的自由振动,位移函数 $y(t) = y_0 \cos\omega t + \frac{v_0}{\omega} \sin\omega t$

速度 $v = \dot{y}$ 加速度 $a = \ddot{y}$

故最大速度 $v_{\max} = y_0 \omega = 0.1 \times 41.74 = 4.174 \text{cm} \cdot \text{s}^{-1}$

最大加速度 $a_{\max} = y_0 \omega^2 = 0.1 \times 41.74^2 = 174.3 \text{cm} \cdot \text{s}^{-2}$

10－5 试求图示排架的水平自振周期。柱的重量已简化到顶部,与屋盖重合在一起。

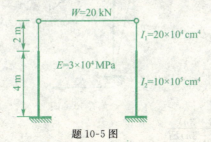

题 10-5 图

解答: 单自由度体系,由如下单位力引起弯矩解答 10-5 图,计算柔度系数

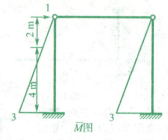

解答 10-5 图

$$\delta = 2\frac{1}{EI_1}\frac{1}{2}\times 1\times 2\times \frac{2}{3}\times 1 + 2\frac{1}{EI_2}(\frac{1}{2}\times 1\times 4\times(\frac{1}{3}\times 3 + \frac{2}{3}\times 1) + \frac{1}{2}\times 3\times 4\times(\frac{2}{3}\times 3 + \frac{1}{3}\times 1)) = 1.38\times 10^{-2}$$

$$T = \frac{2\pi}{\omega} = 2\pi\sqrt{\frac{W\delta}{g}} = 2\pi\sqrt{\frac{20\times 1.38\times 10^{-2}}{980}} = 0.1054s$$

10-6 图示刚架跨中有集中重量 W,刚架自重不计,弹性模量为 E。试求竖向振动时的自振频率。

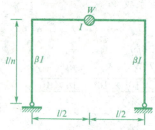

题 10-6 图

解答: 利用对称性,作出竖向单位力引起弯矩图解答 10-6 图,计算柔度系数

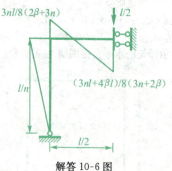

解答 10-6 图

$$\delta = \frac{l^3(8\beta + 3n)}{192(2\beta + 3n)EI}$$

$$\omega = \sqrt{\frac{g}{W\delta}} = \sqrt{\frac{192(2\beta+3n)EIg}{Wl^3(8\beta+3n)}}$$

10-7 试求上题图示刚架水平振动时的自振周期。

解答： 利用对称性，作出水平方向单位力引起弯矩图如解答10-7图，计算柔度系数

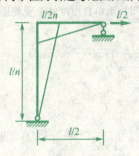

解答10-7图

$$\delta = \frac{l^3(2\beta+n)}{12n^3EI}$$

$$T = 2\pi\sqrt{\frac{W\delta}{g}} = 2\pi\sqrt{\frac{Wl^3(2\beta+n)}{12n^3EIg}}$$

10-8 试求图示梁的最大竖向位移和梁端弯矩幅值。已知：$W = 10$kN，$F_P = 2.5$kN，$E = 21\times 10^5$MPa，$I = 1130$cm^4，$\theta = 57.6$s^{-1}，$l = 150$cm。

【思路探索】 最大位移和最大弯矩计算时，需要考虑静平衡位置的关系。

解答： 悬臂梁杆端的柔度系数

$$\delta = \frac{l^3}{3EI}$$

题10-8图

$$\omega = \sqrt{\frac{g}{W\delta}} = \sqrt{\frac{g3EI}{l^3W}}\sqrt{\frac{980\times 3\times 2\times 10^4\times 1130}{150^3\times 10}} = 44.73\text{s}^{-1}$$

动力系数 $\beta = \left|\dfrac{1}{1-\dfrac{\theta^2}{\omega^2}}\right| = \left|\dfrac{1}{1-\dfrac{57.6^2}{44.73^2}}\right| = 1.459$

静位移 $y_{st} = F_P\delta = 0.1244$cm

振幅 $A = \beta y_{st} = 0.181$cm

最大竖向位移 $y_{max} = W\delta + A = 0.4976$cm

最大杆端弯矩 $M_{max} = Wl + \beta F_P l = 20.5$kN·m $= \dfrac{3EI}{l^2}y_{max}$

10-9 设有一单自由度体系，其自振周期为T，所受荷载为

第10章 结构动力计算基础

$F_P(t) = F_{P_0} \sin \dfrac{\pi t}{T}$,当 $0 \leqslant t \leqslant T$

$F_P(t) = 0$,当 $t > T$

试求质点的最大位移及其出现的时间(结果用 F_{P0}、T 和弹簧刚度 k 表示)。

解答:在 $0 \leqslant t \leqslant T$ 时,该单自由度体系受简谐荷载作用,初始速度和位移都为 0,其位移为

$$y(t) = y_{st} \dfrac{1}{1 - \dfrac{\theta^2}{\omega^2}} (\sin\theta t - \dfrac{\theta}{\omega} \sin\omega t)$$

其中 $\theta = \dfrac{\pi}{T}, \omega = \dfrac{2\pi}{T} = 2\theta, y_{st} = \dfrac{F_{P0}}{k}$

所以 $y(t) = \dfrac{F_{P0}}{k} \dfrac{1}{1 - \dfrac{1^2}{2^2}} (\sin\dfrac{\pi}{T}t - \dfrac{1}{2}\sin\dfrac{2\pi}{T}t)$

求最大值点,取 $\dfrac{dy(t)}{dt} = 0$,即 $\dfrac{4F_{P0}}{3k}(\dfrac{\pi}{T}\cos\dfrac{\pi}{T}t - \dfrac{\pi}{T}\cos\dfrac{2\pi}{T}t) = 0$

得 $\cos\dfrac{\pi}{T}t - \cos\dfrac{2\pi}{T}t = 0$

$\cos\dfrac{\pi}{T}t - 2\cos^2\dfrac{\pi}{T}t + 1 = 0$

其根 $\cos\dfrac{\pi}{T}t = \dfrac{-1 \pm 3}{-4}$

所以当 $\cos\dfrac{\pi}{T} = -\dfrac{1}{2}$ 时,即 $t = \dfrac{2}{3}T$ 时

有 $y_{max} = \dfrac{4F_{P0}}{3k}(\sin\dfrac{2\pi}{3} - \dfrac{1}{2}\sin\dfrac{4\pi}{3}) = \dfrac{\sqrt{3}F_{P0}}{k}$

当 $t = T$ 时,$y = \dfrac{4F_{P0}}{3k}(\sin\pi - \dfrac{1}{2}\sin2\pi) = 0$

$\dot{y} = \dfrac{4F_{P0}}{3k}(\dfrac{\pi}{T}\cos\pi - \dfrac{\pi}{T}\cos2\pi) = -\dfrac{8F_{P0}\pi}{3kT}$

所以,$t > T$ 后,体系将以 T 时刻位移和速度为初始条件,作自由振动:

$y(t) = -\dfrac{4F_{P0}}{3k}\sin\dfrac{2\pi}{T}t$

最大位移 $\dfrac{4F_{P0}}{3k}$

故全时最大位移 $\dfrac{\sqrt{3}F_{P0}}{k}$

10-10 图示结构在柱顶有电动机,试求电动机转动时的最大水平位移和柱端弯矩的幅值。已知:电动机和结构的重量集中在柱顶,$W = 20\text{kN}$,电动机水平离心力的幅值 $F_P = 250\text{N}$,转速 $n = 550\text{r/min}$,柱的线刚度 $i = EI_1/h = 5.88 \times 10^8 \text{Ncm}$。

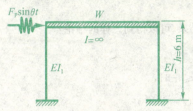

题 10-10 图

【思路探索】 单自由度受迫振动问题,超静定刚架,宜用刚度法计算。

解答:体系刚度,可由单位位移状态的弯矩图如解答 10-10 图得到。

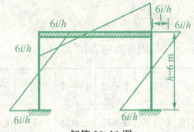

解答 10-10 图

体系的刚度为两柱剪力之和,

$$k = \frac{24i}{h^2} = \frac{24 \times 5.88 \times 10^8}{6^2 \times 10^4} = 3.92 \times 10^4 \text{N/cm}$$

最大静位移 $y_{st} = \dfrac{F_P}{k} = \dfrac{250}{3.92 \times 10^4} = 6.38 \times 10^{-3}$ cm

自振频率 $\omega = \sqrt{\dfrac{kg}{W}} = \sqrt{\dfrac{3.92 \times 10^4 \times 980}{20 \times 10^3}} = 43.827 \text{s}^{-1}$

荷载频率 $\theta = \dfrac{2\pi n}{60} = \dfrac{2 \times 3.14 \times 550}{60} = 57.6 \text{s}^{-1}$

动力系数 $\beta = \dfrac{1}{1-\dfrac{\theta^2}{\omega^2}} = -1.375$

最大水平位移 $y_{max} = |\beta| y_{st} = 0.0877$ mm

柱顶最大弯矩 $M_{max} = \dfrac{6i}{h} y_{max} = \dfrac{6 \times 5.88 \times 10^5}{6 \times 10^2} \times 0.0877 \times 10^{-3} = 0.52 \text{kN} \cdot \text{m}$

10-11 设有一个自振周期为 T 的单自由度体系,承受图示直线渐增荷载 $F_P(t) = F_P \dfrac{t}{\tau}$ 作用。试:

(a) 求 $t = \tau$ 时刻的振动位移值 $y(\tau)$

(b) 当 $\tau = \dfrac{3}{4}T$、$\tau = T$、$\tau = 1\dfrac{1}{4}T$、$\tau = 4\dfrac{3}{4}T$、$\tau = 5T$、$\tau = 5\dfrac{1}{4}T$、$\tau = 9\dfrac{3}{4}T$、$\tau = 10T$、$\tau = 10\dfrac{1}{4}T$ 时,分别计算动位移和静位移的比。静位移 $y_{st} = \dfrac{F_P}{k}$,k 为体系刚度

系数。

(c) 从以上的计算结果。可以得到怎样的结论？

解答: 自振频率 $\omega = \dfrac{2\pi}{T}$

振动位移当 $t \leqslant \tau$ 时,

$$y(t) = y_{st} \dfrac{1}{\tau}(t - \dfrac{\sin\omega t}{\omega})$$

所以 τ 时刻的动位移 $y(\tau) = y_{st} \dfrac{1}{\tau}(\tau - \dfrac{\sin\omega \tau}{\omega})$

$$= y_{st}(1 - \dfrac{T\sin\dfrac{2\pi\tau}{T}}{2\pi\tau})$$

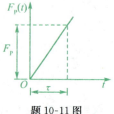

题 10-11 图

(b) 记 $\beta = \dfrac{y(\tau)}{y_{st}}$，则各值列表：

τ	$\dfrac{3}{4}T$	T	$1\dfrac{1}{4}T$	$4\dfrac{3}{4}T$	$5T$	$5\dfrac{1}{4}T$	$9\dfrac{3}{4}T$	$10T$	$10\dfrac{1}{4}T$
β	1.212	1	0.873	1.034	1	0.9697	10.163	1	0.9845

(c) 计算结果表明，当 τ 为 T 的整数倍时，$\dfrac{y(\tau)}{y_{st}} = 1$；当 $\tau > 5T$ 时，$\dfrac{y(\tau)}{y_{st}} \approx 1$。

10-12 设有一个自振周期为 T 的单自由度体系，承受图示突加荷载作用。试：(a) 求任意时刻 t 的振动位移值 $y(t)$。

(b) 证明当 $\tau < 0.5T$ 时，最大位移发生在时刻 $t > \tau$（即卸载后）；当 $\tau > 0.5T$ 时，最大位移发生在 $t < \tau$（即卸载前）。

(c) 当时 $\tau = 0.1T$、$\tau = 0.2T$、$\tau = 0.3T$、$\tau = 0.5T$，分别计算最大位移 y_{max} 和静位移 $y_{st} = \dfrac{F_F}{k}$ 的比值。

(d) 证明：$\dfrac{y_{max}}{y_{st}}$ 的最大值为 2；当 $\tau < 0.1T$ 时，可按瞬时冲量计算，误差不大。

解答: (a) 第一阶段，$0 \leqslant t \leqslant \tau$，由杜哈梅积分可得：

$$y(t) = \dfrac{1}{m\omega}\int_0^t F_P \sin\omega(t-\tau)d\tau$$

$$= \dfrac{F_P}{m\omega^2}(1 - \cos\omega t) = y_{st}(1 - \cos\omega t)$$

第二阶段 $(t > \tau)$，由杜哈梅积分可得：

$$y(t) = \dfrac{1}{m\omega}\int_0^\tau F_P \sin\omega(t-\tau')d\tau' = \dfrac{F_P}{m\omega^2}[\cos\omega(t-\tau) - \cos\omega t]$$

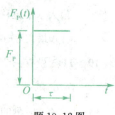

题 10-12 图

(b) 当 $\tau > 0.5T$ 时，在第一阶段中 $\cos\omega t$ 项可取得最大值 -1，最大位移与静

位移比取得最大 $\beta = 2$，

当 $\tau < 0.5T$ 时，第二阶段以 τ 时刻的位移和速度为初始条件作自由振动，

$$y(t) = y_{st}[\cos\omega(t-\tau) - \cos\omega t] = y_{st}\sin\frac{\omega\tau}{2}\sin\omega(t-\frac{\tau}{2})$$

最大位移与静位移比 $\beta = 2\sin\frac{\omega\tau}{2}$

所以，当 $\tau < 0.5T$ 时，最大位移发生在时刻 $t > \tau$（即卸载后）；当 $\tau > 0.5T$ 时，最大位移发生在 $t < \tau$（即卸载前）。

（c）当 $\tau < 0.5T$ 时，，列表计算

τ/T	0.1	0.2	0.3	0.5
β	0.618	1.175	1.618	2

（d）由（b）知，当 $\tau > 0.5T$ 时，$\beta = 2$，当 $\tau < 0.5T$ 时，$\beta = 2\sin\frac{\omega\tau}{2} \leq 2$。所以

$\frac{y_{max}}{y_{st}}$ 的最大值为 2。

当 τ 很小时，

$$y(t) = t_{st}2\sin\frac{\omega\tau}{2}\sin\omega(t-\frac{\tau}{2})$$

中 $\sin\frac{\omega\tau}{2} \approx \frac{\omega\tau}{2}$，$\sin\omega(t-\frac{\tau}{2}) \approx \sin(\omega t)$

所以 $y(t) \approx y_{st}\omega\tau\sin(\omega t) = \frac{F_P\tau}{m\omega}\sin\omega t$

即是瞬时冲量 $F_P\tau$ 引起的振动位移。

所以当 $\tau < 0.1T$ 时，可按瞬时冲量计算，误差不大。

10-13 图示结构中柱的质量集中在刚性横梁上，$m = 5t$，$EI = 7.2 \times 10^4 kN \cdot m^2$，突加荷载 $F_P(t) = 10kN$。试求柱顶最大位移及所发生的时间，并画动弯矩图。

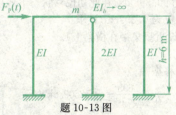

题 10-13 图

解答：作刚架在横梁产生水平单位位移时的弯矩图
由柱顶剪力得到刚度系数

$$k = 2 \times \frac{12EI}{h^3} + \frac{3 \times 2EI}{h^3} = 1 \times 10^4 kN/m$$

则 $\omega = \sqrt{\frac{k}{m}} = \sqrt{\frac{1 \times 10^4}{5}} = 20\sqrt{5} \, s^{-1}$

$$y_{st} = \frac{F_P}{k} = \frac{10}{10^4} = 1 \times 10^{-3} m = 1mm$$

又突加荷载时，$y(t) = y_{st}(1 - \cos\omega t)$

$$\frac{y_{max}}{y_{st}} = 2,$$

所以 $y_{max} = 2y_{st} = 2mm$

发生在 $\cos\omega t = -1$ 时刻，第一个时间是

$$\omega t = 20\sqrt{5}t = \pi, t = 0.07s。$$

动弯矩的振幅值 $M_{max} = \overline{M}y_{max}$

如解答 10-13 图

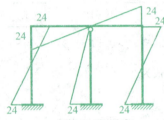

解答 10-13 图

10—14 某结构自由振动经过 10 个周期后，振幅降为原来的 10%，试求结构的阻尼比 ξ，和在简谐载荷作用下共振时的动力系数。

解答：由 $\xi = \frac{1}{2\pi n}\ln\frac{y_k}{y_{k+n}}$

得 $\xi = \frac{1}{20\pi}\ln 10 = 0.0367$

$\beta = \frac{1}{2\xi} = 13.6$

10—15 通过图示结构做自由振动实验。用油压千斤顶使横梁产生侧移，当梁侧移 0.49cm 时，需加侧向力 90.698kN。在此初位移状态下放松横梁，经过一个周期（$T = 1.40s$）后，横梁最大位移仅为 0.392cm。试求：

(a) 结构的重量 W（设重量集中在横梁上）。

(b) 阻尼比。

(c) 振动 6 周后的位移振幅。

解答：(a) 刚度系数 $k = \frac{90.698}{0.49 \times 10^{-2}} = 18509.8$kN/m

$$\omega = \frac{2\pi}{T} = \frac{2\pi}{1.4} = 4.488 s^{-1}$$

$$\omega = \sqrt{\frac{kg}{W}},$$

$$W = \frac{kg}{\omega^2} = \frac{18509.8 \times 9.8}{4.488^2} = 9005.8 kN$$

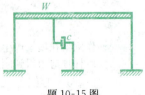

题 10-15 图

(b) 由 $\xi = \dfrac{1}{2\pi n} \ln \dfrac{y_k}{y_{k+n}}$

$\xi = \dfrac{1}{2\pi} \ln \dfrac{0.49}{0.392} = 0.0355$

(c) 由 $\xi = \dfrac{1}{2\pi n} \ln \dfrac{y_k}{y_{k+n}}$

$\dfrac{1}{6} \ln \dfrac{y_0}{y_6} = \ln \dfrac{y_0}{y_1}$

$y_6 = \left(\dfrac{y_1}{y_0}\right)^6 y_0 = \left(\dfrac{0.392}{0.49}\right)^6 \times 0.49 = 0.1285 \text{cm}$

10-16 试求图示体系 1 点的位移动力系数和 0 点的弯矩动力系数;它们与动力荷载通过质点作用时的动力系数是否相同?不同在何处?

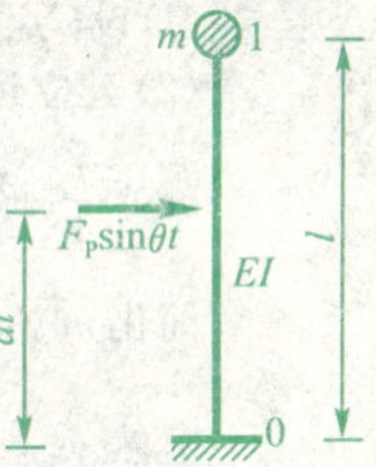

解答: 用柔度法写出运动方程

$y = (-m\ddot{y})\delta_{11} + \delta_{1P} F \sin\theta t$

其中 δ_{11} 指在 1 点施加水平单位力时,1 点的水平位移,δ_{1P} 指动力方向施加单位力时,1 点的水平位移。$\delta_{1P} F$ 即为动力幅值作为静力引起的 1 方向位移 y_{st},方程变化为

$\ddot{y} + \omega^2 y = \omega^2 \delta_{1P} F \sin\theta t$

其中 $\omega^2 = \dfrac{1}{m\delta_{11}}$ 为自振圆频率。

设平稳阶段的解为 $y = A\sin\theta t$

代入运动方程,则 $-\theta^2 A + \omega^2 A = \omega^2 \delta_{1P} F$

$A = \dfrac{y_{st}}{1 - \dfrac{\theta^2}{\omega^2}}$

所以 1 点位移的动力系数为 $\beta = \dfrac{1}{1 - \dfrac{\theta^2}{\omega^2}}$

质点惯性力为 $I = -m\ddot{y} = mA\theta^2 \sin\theta t = \dfrac{\delta_{1P}}{\delta_{11}} \dfrac{1}{\dfrac{\omega^2}{\theta^2} - 1} F\sin\theta t = I_1 \sin\theta t$

0 点动弯矩幅值为 $Fal + I_1 l$

0 点静力弯矩为 Fal

所以,0 点弯矩动力系数为

$\dfrac{I_1 l + Fal}{Fal} = 1 + \dfrac{\delta_{1P}}{a\delta_{11}} \dfrac{1}{\dfrac{\omega^2}{\theta^2} - 1}$

当 $a = 1$ 时,$\delta_{11} = \delta_{1P}$ 与位移动力系数相同。

上述计算表明,动力荷载不通过质点作用与动力荷载通过质点作用时,位移的动力系数不变,惯性力动力系数也相同,但结构内力动力系数不同。即位移与内力动力系数不同。

题 10-16 图

10－17 试求图示体系中弹簧支座的最大动反力。已知 q_0、$\theta(\neq \omega)$、m 和弹簧系数 k，$EI=\infty$。

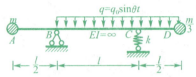

题 10-17 图

【思路探索】动力荷载和弹性力、惯性力不在同一点上，但因 $EI=\infty$，体系仍是单自由度体系。

解答：（1）设 C 点竖向位移 y 为运动自由度方向，则 A 点位移为 $-y/2$，D 点位移为 $3y/2$。

（2）建立运动方程，关于 B 点取合力矩平衡，有

$$m\ddot{y}\frac{l}{4}+\frac{3l}{4}m\ddot{y}+kly=\int_0^{\frac{3l}{2}}xq_0\sin\theta t\,dx$$

简化 $m\ddot{y}+ky=\dfrac{9}{8}q_0 l\sin\theta t$

显然 $y_{st}=\dfrac{F_P}{k}=\dfrac{9q_0 l}{8k}$

弹簧最大反力 $F_{max}=k\beta y_{st}=\dfrac{1}{1-\dfrac{\theta^2}{\omega^2}}\dfrac{9q_0 l}{8}$

10－18 试求图示梁的自振频率和主振型，梁抗弯刚度 EI。

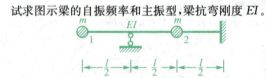

题 10-18 图

解答：（1）对连续梁，选择用柔度法，计算单位力下的弯矩图如解答 10-18 图。

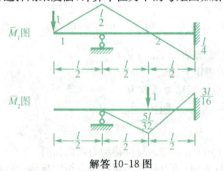

解答 10-18 图

图乘法得到柔度系数

$$\delta_{11} = \frac{1}{EI}[\frac{1}{2} \times \frac{l}{2} \times \frac{l}{2} \times \frac{2}{3} \times \frac{l}{2} + \frac{1}{2}l \times \frac{l}{2} \times (\frac{2}{3} \times \frac{l}{2} - \frac{1}{3} \times \frac{l}{4})$$

$$+ \frac{1}{2}l \times \frac{l}{4} \times (-\frac{1}{3} \times \frac{l}{2} + \frac{2}{3} \times \frac{l}{4})] = \frac{5l^3}{48EI}$$

$$\delta_{12} = \delta_{21} = \frac{1}{EI}[\frac{1}{2} \times l \times \frac{3l}{16} \times (\frac{1}{3} \times \frac{l}{2} - \frac{2}{3} \times \frac{l}{4}) + \frac{1}{2}l \times \frac{l}{4} \times (-\frac{1}{2} \times$$

$$\frac{l}{2} + \frac{1}{2} \times \frac{l}{4})] = -\frac{l^3}{64EI}$$

$$\delta_{22} = \frac{1}{EI}[\frac{1}{2} \times \frac{l}{2} \times \frac{5l}{32} \times \frac{2}{3} \times \frac{5l}{32} + \frac{1}{2} \times \frac{5l}{32} \times \frac{l}{2} \times (\frac{2}{3} \times \frac{5l}{32} - \frac{1}{3} \times \frac{3l}{16})$$

$$+ \frac{1}{2} \times \frac{l}{2} \times \frac{3l}{16} \times (-\frac{1}{3} \times \frac{5l}{32} + \frac{2}{3} \times \frac{3l}{16})] = \frac{7l^3}{768EI}$$

(2) 自振频率方程

$$\begin{vmatrix} \delta_{11}m - \frac{1}{\omega^2} & \delta_{12}m \\ \delta_{21}m & \delta_{22}m - \frac{1}{\omega^2} \end{vmatrix} = 0$$

设 $\lambda = \frac{1}{\omega^2}$，则方程的两个根：

$$\lambda_{1,2} = \frac{(\delta_{11}m + \delta_{22}m) \pm \sqrt{(\delta_{11}m + \delta_{22}m)^2 - 4(\delta_{11}\delta_{22} - \delta_{12}\delta_{21})m^2}}{2}$$

$$= \frac{(0.1133 \pm 0.0999)}{2} \frac{ml^3}{EI}$$

求出 2 个频率 ω_1、ω_2。

$$\omega_1 = \sqrt{\frac{1}{\lambda_1}} = 3.061\sqrt{\frac{EI}{ml^3}} \quad \omega_2 = \sqrt{\frac{1}{\lambda_2}} = 12.26\sqrt{\frac{EI}{ml^3}}$$

(3) 对应主振型

$$\frac{Y_{11}}{Y_{21}} = -\frac{\delta_{12}m}{\delta_{11} - \frac{1}{\omega_1^2}} = -\frac{1}{0.1697} \quad \frac{Y_{12}}{Y_{22}} = -\frac{\delta_{12}m}{\delta_{11}m - \frac{1}{\omega_2^2}} = \frac{1}{6.3775}$$

10-19 试求图示刚架的自振频率和主振型。

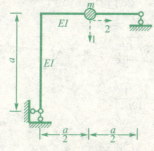

题 10-19 图

【思路探索】虽然 1 个质点，但两个独立运动方向，所以是两个自由度体系。

解：(1) 对静定刚架，选择用柔度法，计算单位力下的弯矩图如解答 10-19 图。

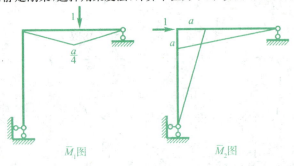

解答 10-19 图

图乘法得到柔度系数

$$\delta_{11} = \frac{1}{EI} 2 \times \frac{1}{2} \times \frac{a}{2} \times \frac{a}{4} \times \frac{2}{3} \times \frac{a}{4} = \frac{a^3}{48EI}$$

$$\delta_{12} = \delta_{21} = \frac{1}{EI} \frac{1}{2} \times a \times \frac{a}{4} \times \frac{1}{2} \times a = \frac{a^3}{16EI}$$

$$\delta_{22} = \frac{1}{EI} 2 \times \frac{1}{2} \times a \times a \times \frac{2}{3} \times a = \frac{2a^3}{3EI}$$

(2) 自振频率方程

$$\begin{vmatrix} \delta_{11}m - \frac{1}{\omega^2} & \delta_{12}m \\ \delta_{21}m & \delta_{22}m - \frac{1}{\omega^2} \end{vmatrix} = 0$$

设 $\lambda = \frac{1}{\omega^2}$，则方程的两个根：

$$\lambda_{1,2} = \frac{(\delta_{11}m + \delta_{22}m) \pm \sqrt{(\delta_{11}m + \delta_{22}m)^2 - 4(\delta_{11}\delta_{22} - \delta_{12}\delta_{21})m^2}}{2}$$

$$= \left(\frac{0.6875 \pm 0.6578}{2}\right) \frac{ma^3}{EI}$$

求出 2 个频率 ω_1、ω_2。

$$\omega_1 = \sqrt{\frac{1}{\lambda_1}} = 1.2193 \sqrt{\frac{EI}{ma^3}} \qquad \omega_2 = \sqrt{\frac{1}{\lambda_2}} = 8.2061 \sqrt{\frac{EI}{ma^3}}$$

(3) 对应主振型

$$\frac{Y_{11}}{Y_{21}} = -\frac{\delta_{12}m}{\delta_{11}m - \frac{1}{\omega_1^2}} = \frac{1}{10.429}$$

$$\frac{Y_{12}}{Y_{22}} = -\frac{\delta_{12}m}{\delta_{11}m - \frac{1}{\omega_2^2}} = -\frac{1}{0.0957}$$

10-20 试求图示双跨梁的自振频率。已知 $l = 100\text{cm}, mg = 1000\text{N}, I = 68.82\text{cm}^4, E = 2 \times 10^5\text{MPa}$。

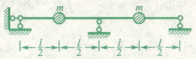

题 10-20 图

解答:(1) 对连续梁,选择用柔度法,计算单位力下的弯矩图如解答 10-20 图

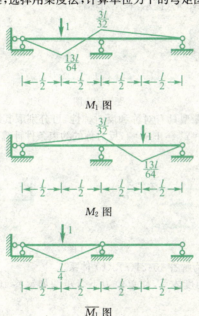

解答 10-20 图

图乘法得到柔度系数(可利用力法基本体系计算位移,δ_{11} 由 M_1 与 $\overline{M_1}$ 乘,δ_{12} 由 M_2 与 $\overline{M_1}$ 乘,相对简洁),因对称

$$\delta_{11} = \delta_{22} = 0.0149 \frac{l^3}{EI}$$

$$\delta_{12} = \delta_{21} = -0.0064 \frac{l^3}{EI}$$

(2) 自振频率方程

$$\begin{vmatrix} \delta_{11}m - \dfrac{1}{\omega^2} & \delta_{12}m \\ \delta_{21}m & \delta_{22}m - \dfrac{1}{\omega^2} \end{vmatrix} = 0 \text{ 设 } \lambda = \frac{1}{\omega^2}, \text{则方程的两个根:}$$

$$\lambda_{1,2} = \frac{(\delta_{11}m + \delta_{22}m) \pm \sqrt{(\delta_{11}m + \delta_{22}m)^2 - 4(\delta_{11}\delta_{22} - \delta_{12}\delta_{21})m^2}}{2}$$

第 10 章 结构动力计算基础

求出 2 个频率 ω_1、ω_2。

$$\omega_1 = \sqrt{\frac{1}{\lambda_1}} = 6.85\sqrt{\frac{EI}{ml^3}} \qquad \omega_2 = \sqrt{\frac{1}{\lambda_2}} = 10.85\sqrt{\frac{EI}{ml^3}}$$

代入数据得

$$\omega_1 = 252\text{s}^{-1}, \omega_2 = 398.5\text{s}^{-1}$$

10-21 试求图示三跨梁的自振频率和主振型。已知 $l = 100\text{cm}, W = 1000\text{N}, I = 68.82\text{cm}^4, E = 2 \times 10^5 \text{MPa}$。(提示：利用对称性。)

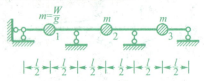

题 10-21 图

解：因对称体系的振型具有对称和反对称性，可分别取其对称约束条件计算对称的振型 $Y_1 : Y_2 : Y_3 = 1 : ? : 1$，反对称的约束条件计算反对称振型 $Y_1 : Y_2 : Y_3 = 1 : 0 : -1$。

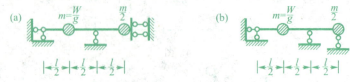

解答 10-21 图

把原体系分解为解答 10-21(a)、(b) 体系。
(a) 是两个自由度体系，作单位力下弯矩图如解答 10-21 图(c)、(d) 算柔度系数

解答 10-21 图

$$\delta_{11} = \frac{0.016l^3}{EI}, \delta_{22} = \frac{0.023l^3}{EI}$$

$$\delta_{12} = \delta_{21} = \frac{0.00938l^3}{EI}$$

(2) 自振圆频率方程

$$\begin{vmatrix} \delta_{11}m - \dfrac{1}{\omega^2} & \delta_{12}m \\ \delta_{21} & \delta_{22}m - \dfrac{1}{\omega^2} \end{vmatrix} = 0$$

设 $\lambda = -\dfrac{1}{\omega^2}$，则方程的两个根：

$$\lambda_{1,2} = \dfrac{(\delta_{11}m + \delta_{22}m) \pm \sqrt{(\delta_{11}m + \delta_{22}m)^2 - 4(\delta_{11}\delta_{22} - \delta_{12}\delta_{21})m^2}}{2}$$

$$= (0.01375 \pm 0.007)\dfrac{ml^3}{EI}$$

求出 2 个频率 ω_1、ω_2。

$$\omega_1 = \sqrt{\dfrac{1}{\lambda_1}} = 6.94\sqrt{\dfrac{EI}{ml^3}} = 255\mathrm{s}^{-1}$$

$$\omega_2 = \sqrt{\dfrac{1}{\lambda_2}} = 12.17\sqrt{\dfrac{EI}{ml^3}} = 477\mathrm{s}^{-1}$$

对应振型

$$\dfrac{Y_{11}}{Y_{21}} = \dfrac{\delta_{12}m}{\delta_{11}m - \dfrac{1}{\omega_1^2}} = -\dfrac{1}{1}$$

$$\dfrac{Y_{12}}{Y_{22}} = \dfrac{\delta_{12}m}{\delta_{11}m - \dfrac{1}{\omega_2^2}} = \dfrac{1}{2}$$

(b) 单自由度体系，由弯矩图解答 10-21 图(e)算柔度系数

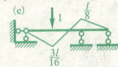

解答 10-21 图

$$\delta = \dfrac{0.013l^3}{EI}$$

$$\omega = \sqrt{\dfrac{1}{m\delta}} = 322\mathrm{s}^{-1}$$

综合排列：

$\omega_1 = 255\mathrm{s}^{-1} \quad Y_1 : Y_2 : Y_3 = 1 : -1 : 1$

$\omega_2 = 322\mathrm{s}^{-1} \quad Y_1 : Y_2 : Y_3 = 1 : 0 : -1$

$\omega_3 = 477\mathrm{s}^{-1} \quad Y_1 : Y_2 : Y_3 = 1 : 2 : 1$

10－22 试求图示两层刚架的自振频率和主振型。设楼面质量分别为 $m_1 = 120\mathrm{t}$ 和 $m_2 = 100\mathrm{t}$，柱的质量已集中于楼面，柱的线刚度分别为 $i_1 = 20\mathrm{MN \cdot m}$ 和 $i_2 = 14\mathrm{MN \cdot m}$，横梁刚度无限大。

第10章 结构动力计算基础

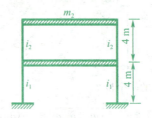

题 10-22 图

解答: 两个自由度体系,层间侧移刚度为

$$k_1 = 2 \times \frac{12i_1}{4^2} = 30 \times 10^3 \text{kN/m}$$

$$k_2 = 2 \times \frac{12i_2}{4^2} = 21 \times 10^3 \text{kN/m}$$

体系刚度系数

$$k_{11} = k_1 + k_2, k_{22} = k_2,$$
$$k_{12} = k_{21} = -k_2$$

频率方程

$$\begin{vmatrix} k_{11} - \omega^2 m_1 & k_{12} \\ k_{21} & k_{22} - \omega^2 m_2 \end{vmatrix} = 0$$

可解出 ω^2 的两个根:

$$\omega_{1,2}^2 = \frac{1}{2}\left(\frac{k_{11}}{m_1} + \frac{k_{22}}{m_2}\right) \pm \sqrt{\left[\frac{1}{2}\left(\frac{k_{11}}{m_1} + \frac{k_{22}}{m_2}\right)\right]^2 - \frac{k_{11}k_{22} - k_{12}k_{21}}{m_1 m_2}}$$

$$\omega_1 = 9.88\text{s}^{-1}, \omega_2 = 23.18\text{s}^{-1}$$

第一主振型

$$\frac{Y_{11}}{Y_{21}} = -\frac{k_{12}}{k_{11} - \omega_1^2 m_1} = \frac{1}{1.87}$$

第二振型

$$\frac{Y_{12}}{Y_{22}} = -\frac{k_{12}}{k_{11} - \omega_2^2 m_1} = -\frac{1}{0.64}$$

10-23 设在题 10-22 的两层刚架的第二层楼面处沿水平方向作用一简谐干扰力,其幅值 $F_P = 5\text{kN}$,机器转速 $n = 150\text{r/min}$。试求图示第一、二层楼面的振幅值和柱端弯矩的幅值。

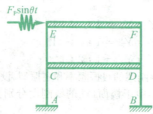

题 10-23 图

解答：由转速得到

$$\theta = \frac{2\pi n}{60} = 15.708 \text{s}^{-1}$$

两个自由度体系的强迫振动的刚度法运动微分方程

$$\left.\begin{array}{l} m_1 \ddot{y}_1(t) + k_{11} y_1(t) + k_{12} y_2(t) = F_{P1}(t) \\ m_2 \ddot{y}_2(t) + k_{21} y_1(t) + k_{22} y_2(t) = F_{P2}(t) \end{array}\right\}$$

动力荷载为

$$\left.\begin{array}{l} F_{P1}(t) = 0 \\ F_{P2}(t) = F_P \sin\theta t \end{array}\right\}$$

则平稳振动阶段振幅方程：

$$\left.\begin{array}{l} (k_{11} - \theta^2 m_1) Y_1 + k_{12} Y_2 = 0 \\ k_{21} Y_1 + (k_{22} - \theta^2 m_2) Y_2 = F_P \end{array}\right\}$$

由上题刚度系数计

$$D_0 = (k_{11} - \theta^2 m_1)(k_{22} - \theta^2 m_2) - k_{12} k_{21} = -519.6 \times 10^6$$
$$D_1 = -k_{12} F_P = 0.105 \times 10^6$$
$$D_2 = (k_{11} - \theta^2 m_1) F_P = 0.107 \times 10^6$$

可得位移的幅值为

$$Y_1 = \frac{D_1}{D_0} = -0.202 \times 10^{-3} \text{m} \quad Y_2 = \frac{D_2}{D_0} = -0.206 \times 10^{-3} \text{m}$$

动弯矩幅值

$$M_{A\max} = \frac{6i_1}{4} Y_1 = 6.06 \text{kN} \cdot \text{m}$$

同步自测题及参考答案

同步自测题

1. 若图 10-20(a) 体系的自振频率用 ω_i 表示，判断(b) 体系的频率是否可表示为 $\omega = \sqrt{\omega_1^2 + \omega_2^2 + \omega_3^2}$（_____）。

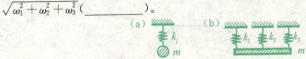

图 10-20

2. 单自由度体系，实测 5 周后振幅是初始振幅的 0.04 倍，则阻尼比 ξ 为_____。
3. 三种工况的简支梁跨中集中质量的自振周期关系是_____。
   (a) 质量 m，抗弯刚度 EI，长度 l。
   (b) 质量 $2m$，抗弯刚度 $2EI$，长度 l。

（c）质量 $2m$，抗弯刚度 $2EI$，长度 $2l$。
A. $a = b$ B. $a = c$ C. $b = c$ D. 都不相等

4. 图 10-21 体系稳态最大动力弯矩幅值为 _____。

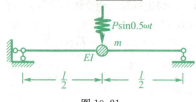

图 10-21

5. 悬臂梁端点有集中质量，自由振动，$y_0 = y_{st}$，最大位移为 $5y_{st}$，求 v_0。

6. 求图 10-22 体系的自振频率和质点的振幅，设 $\theta = 2\omega$。

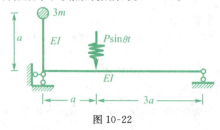

图 10-22

7. 列出图 10-23 体系的特征方程。

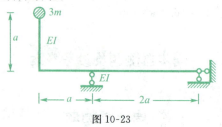

图 10-23

8. 求图 10-24 体系是自振频率和主振型。$EA = 3EI/l^2$

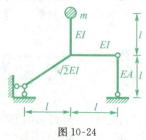

图 10-24

9. 图 10-25 刚架结构，设横梁抗弯刚度无穷大，计算体系水平方向的自振频率和主振型；设各柱抗弯刚度 EI，高度 l 相同。

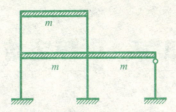

图 10-25

10. 图 10-26 示简支梁中点 C 集中质量 m，刚性杆 AC 有分布质量 $\overline{m} = \dfrac{m}{l}$，杆 BC 质量不计，抗弯刚度 EI，试计算体系自振频率。

图 10-26

参 考 答 案

1. 是

2. $\xi = \dfrac{1}{10\pi} \ln \dfrac{1}{0.04}$

3. A

4. $\dfrac{Pl}{3}$

5. $2\sqrt{6}\,\omega y_{\text{st}}$

6. $\omega^2 = \dfrac{1}{3m\delta} = \dfrac{EI}{5a^3 m}$, $A = \dfrac{7Pa^3}{24EI}$

7. $\begin{vmatrix} \dfrac{a^3}{EI}m - \dfrac{1}{\omega^2} & \dfrac{7a^3}{6EI}m \\ \dfrac{7a^3}{6EI}m & \dfrac{2a^3}{EI}m - \dfrac{1}{\omega^2} \end{vmatrix} = 0$

8. $\begin{vmatrix} \dfrac{l^3}{EI}m - \dfrac{1}{\omega^2} & \dfrac{l^3}{3EI}m \\ \dfrac{l^3}{3EI}m & \dfrac{l^3}{4EI}m - \dfrac{1}{\omega^2} \end{vmatrix} = 0$

$\omega_1 = 0.9421\text{s}^{-1}$, $\omega_2 = 2.8482\text{s}^{-1}$

$\dfrac{Y_{11}}{Y_{21}} = \dfrac{1}{0.38}$, $\dfrac{Y_{12}}{Y_{22}} = -\dfrac{1}{2.63}$

9. $\omega_1 = 2.82\sqrt{\dfrac{EI}{ml^3}}$, $\omega_2 = 8.19\sqrt{\dfrac{EI}{ml^3}}$

$\dfrac{Y_{11}}{Y_{21}} = \dfrac{1}{1.79}$, $\dfrac{Y_{12}}{Y_{22}} = -\dfrac{1}{0.67}$

10. $J\ddot{\alpha} + k\alpha = 0$, $J = \dfrac{1}{3}\overline{m}l^3 + ml^2$

$k = \dfrac{12EI}{l}$, $\omega = 3\sqrt{\dfrac{EI}{ml^3}}$

第 11 章 静定结构总论

本章知识结构及内容小结

【本章知识结构】

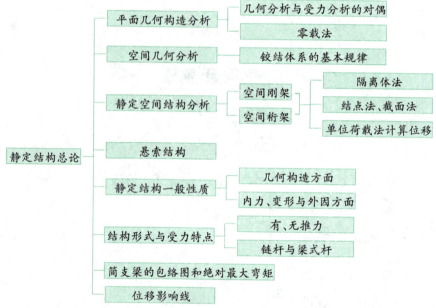

【本章内容小结】

本章重点应掌握静定结构的一般性质、简支梁的包络图和绝对最大弯矩;其他部分作为深入研究的引导,在理论和方法的意义上更重要。

1. 平面体系几何构造分析,在计算自由度为 0 时,区分几何不变与几何瞬变,在用基本规律难以分析时,通过内力对偶关系,引入零载法,可以实现,此法同样可用虚功原理来证明。

2. 空间铰结体系的几何构造关系,也有基本规律,用零载法更简洁。

3. 空间刚架和桁架的内力分析,仍然是隔离体法,具体到桁架分为结点法和截面法,关键是分析截面的内力性质,有哪些分量,建立合理的平衡方程。位移计算的基本原理是虚功原理,具体应用是单位荷载法。

第 11 章 静定结构总论

4. 静定结构具有的一般性质：(a) 非力的荷载因素，引起位移，不引起内力；(b) 局部平衡力系的影响范围只在包含它的最小几何不变部分内；因而可实行荷载等效代换；(c) 局部的构造变换也不影响其他部分。
5. 各种结构形式的受力特点，可结合第三章综合分析。
6. 简支梁的包络图和绝对最大弯矩，是梁影响线的应用结果，具有很高的实用价值。

经典例题解析

例 1 求图 11-1 所示吊车梁的绝对最大弯矩。

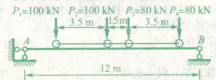

图 11-1

解答：由图可见，绝对最大弯矩将发生在荷载 P_2 下面的截面。

(1) 荷载的合力 R
$R = 360 \text{KN}$

(2) 确定 R 与 P_{cr} 的间距 a，合力 R 与 P_2 的距离
$$a = \frac{80 \times 1.5 + 80 \times 5 - 100 \times 3.5}{360} = 0.472 \text{m}$$

(3) 计算最大弯矩
$$M_{max} = R\left(\frac{l}{2} - \frac{a}{2}\right)^2 \frac{1}{l} - M_{cr}$$
$$= 360(6 - 0.236)^2 \times \frac{1}{12} - 100 \times 3.5 = 646.7 \text{kN} \cdot \text{m}$$

本章教材习题精解

11-1 试用零载法检验图所示体系是否几何不变。

(a)
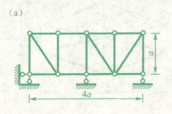

(b)
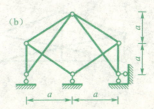

第 11 章 静定结构总论

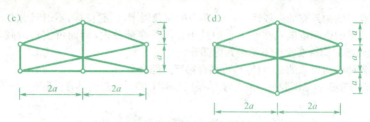

题 11-1 图

解答：(a) 首先计算自由度
$$W = 2 \times 10 - 20 = 0$$
可以用零载法检验几何不变性。
零载时，可按解答 11-1 图(a)中数字顺序判断内力为 0 的杆。所有杆内力为 0，所以是几何不变体系。
(b) 首先计算自由度
$$W = 2 \times 6 - 12 = 0$$
可以用零载法检验几何不变性。
零载时，可按解答 11-1 图(b)中数字顺序判断内力为 0 的杆。所有杆内力为 0，所以是几何不变体系。
(c) 首先计算自由度
$$W = 2 \times 6 - 9 = 3$$
由于无基础及支座，可以用零载法检验几何不变性。
零载时，可按解答 11-1 图(c)中数字顺序判断内力为 0 的杆。所有杆内力为 0，所以是几何不变体系。
(d) 首先计算自由度
$$W = 2 \times 6 - 9 = 3$$
由于无基础及支座，可以用零载法检验几何不变性。
零载时，无直接判断内力为 0 的杆。先设 1 杆轴力为 x，则由结点法依次可计算各杆轴力：2,3,4 杆为 x，5,6 杆为 $1.37x$，7,8 杆为 $-0.92x$，9 杆为 $0.89x$。所有杆内力可为任意值，所以是几何可变体系。

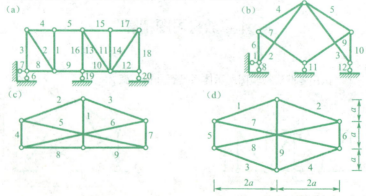

解答 11-1 图

第 11 章 静定结构总论

11－2 略

11－3 略

11－4 图示一水平面内刚架，$\angle ABC = 90°$，承受竖向均布荷载 q。试求 C 点竖向位移。已知 $q = 20\text{N/cm}, a = 0.6\text{m}, b = 0.4\text{m}$，各杆均为直径 $d = 3\text{cm}$ 的圆钢，$E = 2.1 \times 10^5 \text{MPa}, G = 0.8 \times 10^5 \text{MPa}$。

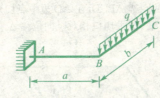

题 11-4 图

解答： 用单位荷载法计算，包含弯曲和扭曲变形。

分别作原荷载和单位荷载作用下的弯矩图和扭矩图，如解答 11-4 图

(a) M_p 图

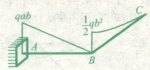

(b) M_tp 图

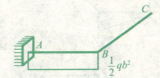

(c) $\overline{M}_1$ 图

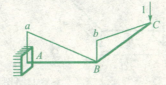

(d) $\overline{M}_\text{t1}$ 图

解答 11-4 图

图乘法计算,圆形截面

$$I = \frac{\pi D^4}{64}, I_t = \frac{\pi D^4}{32}$$

$$\Delta_C = \Delta_{CM} + \Delta_{CM_t} = \frac{1}{EI}(\frac{1}{2}qab \times a \times \frac{2}{3}a + \frac{1}{3}b \times \frac{1}{2}qb^2 \times \frac{3}{4}b) + \frac{1}{GI_t}\frac{1}{2}qb^2 a$$

$$\times b = \frac{1}{EI}(\frac{1}{3}qa^3 b + \frac{1}{8}qb^4) + \frac{1}{2GI_t}qab^3 = 1.37 \text{cm}(\downarrow)$$

11－5 图示水平面内的刚架 ABCD，在 AD 边中点切开，并施加两个反向竖向荷载 F_P，设各杆 EI 和 GI_t 为常数。试求切口相对竖向位移 Δ。

题 11-5 图

解答：由对称性，可取半边计算后乘 2，如解答 11-5 图分别作在原荷载及单位荷载作用下的弯矩和扭矩图，用图乘法计算

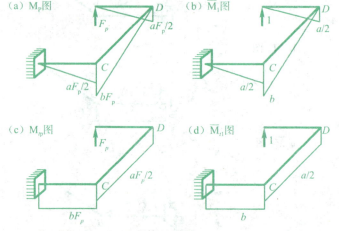

解答 11-5 图

$$\Delta = \Delta_M + \Delta_{Mt} = 2 \times \frac{1}{EI}(\frac{1}{2} \times \frac{1}{2}aF_P \times \frac{1}{2}a \times \frac{2}{3} \times \frac{a}{2} \times 2 + \frac{1}{2}b \times bF_P \times \frac{2}{3}b)$$

$$+ 2 \times \frac{1}{GI_t}(\frac{1}{2}a \times bF_P \times b + b \times \frac{1}{2}aF_P \times \frac{a}{2})$$

$$= \frac{F_P}{6EI}(a^3 + 4b^3) + \frac{F_P ab}{GI_t}(b + \frac{a}{2})$$

11－6 略

11－7 试求图示空间桁架各杆轴力。

第 11 章 静定结构总论

(a)

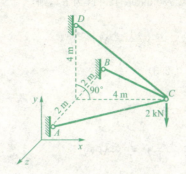

题 11-7 图

解答: 建立图示坐标系，

由图尺寸知各杆轴力与其分量的大小关系，

$$F_{\text{NCD}y} = F_{\text{NCD}x} = \frac{\sqrt{2}}{2} F_{\text{NCD}}$$

$$F_{\text{NCA}z} = \frac{1}{2} F_{\text{NCA}x} = \frac{\sqrt{5}}{5} F_{\text{NCA}}$$

$$F_{\text{NCB}yz} = \frac{1}{2} F_{\text{NCB}x} = \frac{\sqrt{5}}{5} F_{\text{NCB}}$$

关于 C 点建立合力平衡方程（设各杆受拉力）

$$\sum F_y = 0, F_{\text{NCD}y} - 2 = 0$$

$$\sum F_x = 0, F_{\text{NCD}x} + F_{\text{NCA}x} + F_{\text{NCB}x} = 0$$

$$\sum F_z = 0, F_{\text{NCA}z} - F_{\text{NCB}z} = 0$$

联立求解得：

$$F_{\text{NCD}y} = 2\text{kN}, F_{\text{NCD}} = 2\sqrt{2}\,\text{kN}$$

$$F_{\text{NCA}} = F_{\text{NCB}} = -\frac{\sqrt{5}}{4}\text{kN}$$

11-8 略

11-9 图示简支梁 AB 承受两台吊车荷载，试求绝对最大弯矩。

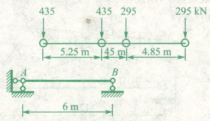

题 11-9 图

解答: 由图可见，绝对最大弯矩只可能发生在间距 1.45m 的两个轮压在梁上时。合

力大小为 $F_R = 730\text{kN}$。取 435kN 为 F_{cr}，则
$a = 0.586\text{m}$

$$M_{max} = F_R(\frac{l}{2} - \frac{a}{2})^2 \frac{1}{l} - Mcr$$

$$= 730 \times (3 - 0.293)^2 \times \frac{1}{6}$$

$$= 891\text{kN} \cdot \text{m}$$

取 295kN 为 F_{cr}，则
$a = 0.864\text{m}$

$$M_{max} = F_R(\frac{l}{2} - \frac{a}{2})^2 \frac{1}{l} - Mcr$$

$$= 730 \times (3 - 0.432)^2 \times \frac{1}{6}$$

$$= 802\text{kN} \cdot \text{m}$$

所以，绝对最大弯矩为 $891\text{kN} \cdot \text{m}$。

11-10 试求图示简支梁的绝对最大弯矩，并与跨中截面的最大弯矩相比较。

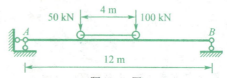

题 11-10 图

解答：合力 $F_R = 150\text{kN}$，取 100kN 为 F_{cr}，则 F_{cr} 与 F_R 的距离

$$a = \frac{4}{3}\text{m}$$

即绝对最大弯矩出现在跨中截面右侧，距离 $\frac{a}{2} = \frac{2}{3}\text{m}$ 处。

$$M_{max} = F_R(\frac{l}{2} - \frac{a}{2})^2 \frac{1}{l} - Mcr$$

$$= 150 \times (6 - \frac{2}{3})^2 \times \frac{1}{12}$$

$$= 355.6\text{kN} \cdot \text{m}$$

而跨中截面最大弯矩，出现在 100kN 处于跨中时，利用跨中截面弯矩影响线解答 11-10 图，可得

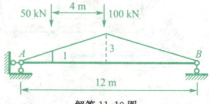

解答 11-10 图

$$M_{c\,max} = 100 \times 3 + 50 \times 1 = 350\text{kN} \cdot \text{m}$$

第 12 章　超静定结构总论

本章知识结构及内容小结

【本章知识结构】

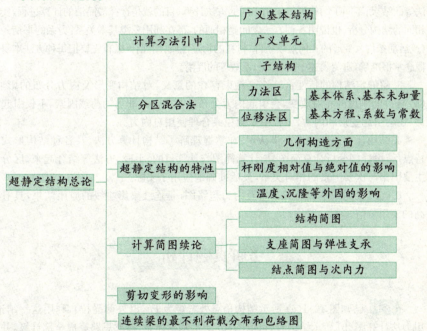

【本章内容小结】

本章对超静定结构从计算简图、计算方法、结构性能等方面进行总结、引申和提高。既加强了与实际结构的联系,增强了实用性;又在力学方法上发展,提高方法的使用范围和解决问题的能力。

重点应掌握超静定结构的特性;理解广义基本结构、广义单元、子结构法、分区混合法的思路;理解和认识计算简图的主、次因素的分析方法,认识连续梁的最不利荷载分布和包络图。

1. 力法、位移法基本体系概念的拓展 —— 广义基本结构、广义单元;就是说,超静定结构不是传统力法基本结构范围,但有些情况其柔度性质(或内力分布)是已知的,或者是用其他方法便于确定的,用它作为基本结构,可减少基本未知量数目,提高计算效率;同样有些多个杆件的组合,其刚度性质是已知的、或者利用其他方法可以简便确定,用这样的组合作为位移法的单元,也可达到非常好的计算效率。

进一步扩展就是子结构法,思路是把大的结构分成几个小的部分,分别计算,再组合,从而避免过大的联立方程组数目。划分的子结构,可以是性质有明确区别的结构部分、也可以是很相似或相同的部分。

2. 分区混合法,是两种方法的联合,类似于第8章中力矩分配法与位移法的联合应用。力法与位移法、力矩分配法等也可联合应用。如广义基本结构的内力分布就可以是位移法、力矩分配法、剪力分配法等的结果;广义单元的性质,也可以是力法、力矩分配法、剪力分配法等的结果;不同子结构可以采用不同的方法计算。目的就是选择最简洁的计算过程,实现相同的结构分析。也说明各种方法之间是相通的,都在利用三类基本关系:力系的平衡条件(或运动条件)、变形的几何连续条件、材料的物理性质。用混合法,首先要把每种方法本身的概念掌握准确,避免表述中概念、量、系数等的混淆。

3. 超静定结构的特性:(a) 多余约束存在的意义,对结构变形及内力分布的影响;(b) 杆件间刚度的相对改变,会引起内力分布的改变;(c) 非力的荷载因素,不仅引起位移、还会引起变形和内力,工程中要避免或合理使用自内力。

4. 结构计算简图的进一步认识。在掌握理解了结构计算方法、及各种结构形式的特点后,再仔细分析计算简图。把计算简图与计算目的、手段、方法等结合起来,区分清主要因素与次要因素的相对关系,灵活准确地应用于实际。

5. 连续梁的最不利荷载分布及内力包络图,是连续梁影响线的应用结果,具有很高的实用价值。

考研真题评析

例1 已知图 12-1(a) 所示结构角点处弯矩为 $Pa/8$(外侧受拉),利用这一结论,用力法计算图(b) 所示结构时,可取图(c) 所示基本体系,按此思路完成全部计算,并画出(b) 图结构的弯矩图。

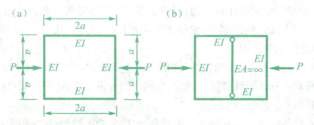

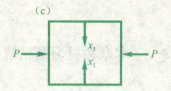

图 12-1

【思路探索】 这里的思路,就是广义基本体系法,即力法中的基本体系不是一个静定结构,而是内力已知的超静定状态,从而可减少力法未知量的个数。

解答:(1) 取(c)为基本体系,只有 1 个未知量,建立力法基本方程:
$$\delta_{11}x_1 + \Delta_{1P} = 0$$

(2) 利用已知(a)作弯矩图。M_P,$\overline{M}_1$ 如图 12-2

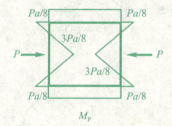
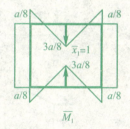

图 12-2

(3) 图乘法计算系数和常数

$$\delta_{11} = \frac{1}{EI}(2 \times \frac{a}{8} \times 2a \times \frac{a}{8} + 4 \times \frac{1}{2} \times a \times \frac{a}{8} \times (\frac{2}{3} \times \frac{a}{8} - \frac{1}{3} \times \frac{3a}{8})$$
$$+ 4 \times \frac{1}{2} \times a \times \frac{3a}{8} \times (\frac{2}{3} \times \frac{3a}{8} - \frac{1}{3} \times \frac{a}{8})) = \frac{5a^3}{24EI}$$

$$\Delta_{1P} = \frac{1}{EI}(4 \times \frac{1}{2} \times a \times \frac{a}{8} \times \frac{Pa}{8} - 4 \times \frac{1}{2} \times a \times \frac{3a}{8} \times \frac{Pa}{8}$$
$$+ 4 \times \frac{1}{2} \times a \times \frac{Pa}{8} \times \frac{a}{8} - 4 \times \frac{1}{2} \times a \times \frac{3Pa}{8} \times \frac{a}{8}) = -\frac{Pa^3}{8EI}$$

(4) 确定基本未知量
$$x_1 = \frac{3P}{5}$$

(5) 作最后弯矩图如 12-3。

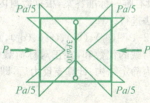

图 12-3

本章教材习题精解

12－1 试选择图示各结构的计算方法，并作 M 图。

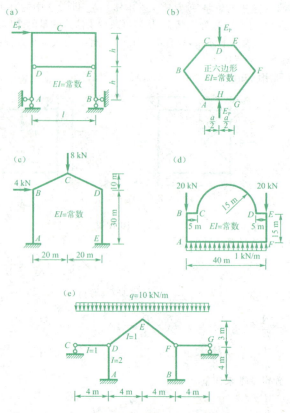

题 12-1 图

【思路探索】此题没有唯一标准答案，根据教材内容，可利用对称性简化后，选择未知量较少、较简洁的方法进行计算。

解答：(a) 见解答 12-1 图(a_1)、(b_1)、(c_1)、(d_1)，对称结构的一般荷载，分解为正对称和反对称荷载的代数和，在正对称荷载作用下，只有 C 杆有轴向压力，反对称简化后为静定结构，计算支反力后，即得到弯矩图。

第12章 超静定结构总论

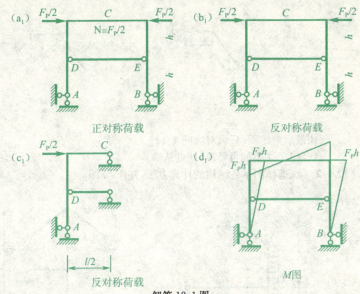

解答 12-1 图

(b) 见解答 12-1 图(a_2)、(b_2)、(c_2)、(d_2),对称简化后,用力法计算,列力法方程

$$\delta_{11} x_1 + \Delta_{1P} = 0$$

作 M_P,$\overline{M}_1$ 图,计算系数

$$\delta_{11} = \frac{1}{EI} \times (\frac{a}{2} \times 1 \times 1 + a \times 1 \times 1) = \frac{3a}{2EI},$$

$$\Delta_{1P} = \frac{1}{EI}(-\frac{1}{2} \times \frac{a}{2} \times \frac{F_P a}{4} \times 1 - \frac{1}{2} \times a \times (\frac{F_P a}{4} + \frac{F_P a}{2}) \times 1) = -\frac{7F_P a^2}{16EI}$$

解得基本未知量

$$x_1 = \frac{7F_P a}{24}$$

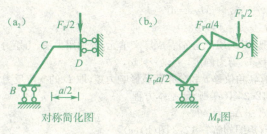

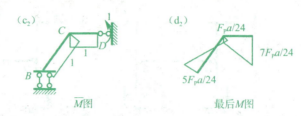

解答 12-1 图

作最后弯矩图(只画对称的 1/4)。

(c)(d)(e) 类似可计算,此处从略。

12－2 试选择图示各结构的计算方法,并作 M 图。

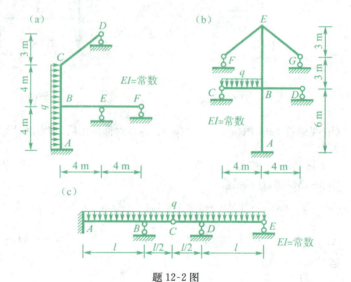

题 12-2 图

解答:(a) 用位移法,取 B 点转角位移 θ 和水平位移 Δ 为基本未知量,位移法方程:

$$M_{BA} + M_{BC} + M_{BE} = 0$$
$$F_{QBA} - F_{QBC} = 0$$

而把 BCD、BEF 分别看成广义单元,分别用力法、力矩分配法计算。

对 BCD:剪力静定,$F_{QBC} = 4q$,

只有转角位移 θ 和分布荷载影响力矩,取 D 的支座反力为基本未知量,如解答 12-2 图(a) 所示,基本方程

$$\delta_{11}x_1 + \Delta_{1P} = 4\theta$$

作弯矩图如解答 12-2 图(b)(c),

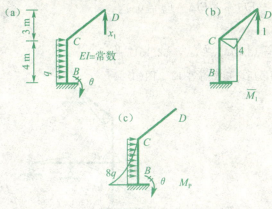

解答 12-2 图

$$\delta_{11} = \frac{1}{EI} \times (\frac{1}{2} \times 5 \times 4 \times \frac{2}{3} \times 4 + 4 \times 4 \times 4) = \frac{272}{3EI},$$

$$\Delta_{1P} = \frac{1}{EI}(-\frac{1}{3} \times 4 \times 8q \times 4) = -\frac{128q}{3EI}$$

解得

$$x_1 = \frac{8q}{17} + \frac{3EI}{68}\theta$$

$$M_{BC} = \frac{3EI}{17}\theta - \frac{104}{17}q,$$

对 BEF 部分,只与转角位移 θ 相关,只需对 E 点分配传递 1 次,分配系数

$$\mu_{EB} = \frac{4}{7}, \mu_{EF} = \frac{3}{7},$$

固端力矩

$$M_{BE} = EI\theta, M_{EB} = \frac{1}{2}EI\theta,$$

分配传递力矩

$$M'_{EB} = -\frac{2}{7}EI\theta, M'_{EF} = -\frac{3}{14}EI\theta, M'_{BE} = -\frac{1}{7}EI\theta,$$

最后力矩

$$M_{BE} = \frac{6}{7}EI\theta,$$

对 BA 杆,

$$M_{BA} = EI\theta - \frac{3}{8}EI\Delta + \frac{4}{3}q, M_{AB} = \frac{EI}{2}\theta - \frac{3}{8}EI\Delta - \frac{4}{3}q,$$

$$F_{QBA} = -\frac{3}{8}EI\theta + \frac{3}{16}EI\Delta - 2q$$

将以上结果代入位移法方程得

$$\frac{242}{119}EI\theta - \frac{3}{8}EI\Delta - \frac{244}{51}q = 0$$

$$-\frac{3}{8}EI\theta + \frac{3}{16}EI\Delta - 6q = 0$$

解得

$$\theta = 13.0758\frac{q}{EI}, \Delta = 58.1517\frac{q}{EI}$$

画最后弯矩图解答 12-2 图(d)

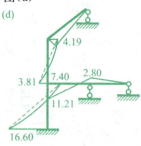

解答 12-12 图

(b) 可用对称性简化,把荷载分解为正对称和反对称荷载的和,如解答 12-2 图(e)、(f)、(g)、(h) 所示,在正对称荷载下,刚结点无位移,简单得到弯矩图,反对称情况,取半边结构计算。

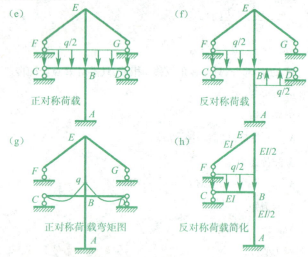

解答 12-2 图

可用力法计算,如解答 12-2 图(i)、(j)、(k)、(l),取基本结构。基本方程为

$$\delta_{11}x_1 + \delta_{12}x_2 + \Delta_{1P} = 0$$
$$\delta_{21}x_1 + \delta_{22}x_2 + \Delta_{2P} = 0$$

作出相应弯矩图,计算系数

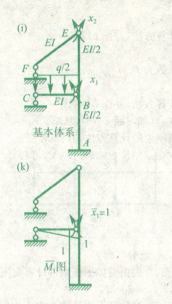
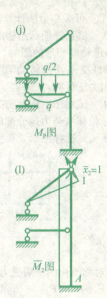

解答 12-2 图

$$\delta_{11} = \frac{1}{EI} \times \frac{1}{2} \times 4 \times 1 \times \frac{2}{3} \times 1 + \frac{2}{EI} \times 1 \times 6 \times 1 = \frac{40}{3EI}$$

$$\delta_{12} = \delta_{21} = \frac{2}{EI} \times 1 \times 6 \times 1 = \frac{12}{EI}$$

$$\delta_{22} = \frac{1}{EI} \times \frac{1}{2} \times 5 \times 1 \times \frac{2}{3} \times 1 + \frac{2}{EI} \times 1 \times 12 \times 1 = \frac{77}{3EI}$$

$$\Delta_{1P} = \frac{1}{EI} \times \frac{2}{3} \times 4 \times q \times \frac{1}{2} = \frac{4q}{3EI}$$

$$\Delta_{2P} = 0$$

代入基本方程得到

$x_1 = -0.1726q$

$x_2 = 0.0807q$

叠加后，得最后弯矩图解答 12-2 图(m)

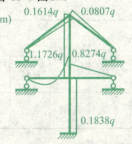

解答 12-2 图

(c) 可采用力法计算,从略。

12－3　试选择图示结构的计算方法,并作 M 图。
(a) 考虑轴向变形的影响。
(b) 弹性支座 A 的转动柔度系数为 f。
可采用力法计算,从略。

12－4　试对图示刚架选择计算方法,并作 M 图。
可选择位移法与力矩分配法联合(如习题 8-18),从略。

12－5　试选择图示 5 孔空腹刚架的计算方法,并作 M 图。

题 12-5 图

解答:对称结构的一般受力状态,首先由整体平衡条件计算支座反力,
$F_{xA} = 0, F_{yA} = 200\text{kN}, F_{yF} = 200\text{kN}$
沿竖向对称轴是正对称荷载,对称截面应等效为定向支座,考虑竖向线位移的相对性,可将支座点的竖向位移约束相对调整到该对称截面,即将对称截面等效为固定端,而将支座的竖向链杆去掉。
沿水平对称轴,将荷载分解为正对称部分和反对称部分的代数和;其中因不计轴向变形,正对称荷载下,只有竖向杆件的轴向压力。反对称荷载下,对称截面简化为滚动铰支座,
于是取得 1/4 简化结构如解答 12-5 图(a)。

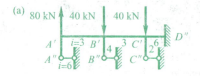

解答 12-5 图

可采用无剪力分配法计算。

结点	A'		B'			C'			D''
杆端	$A'A''$	$A'B'$	$B'A'$	$B'B''$	$B'C'$	$C'B'$	$C'C''$	$C'D''$	$D'C'$
μ	6/7	1/7	1/6	2/3	1/6	0.2	0.4	0.4	

第12章 超静定结构总论

续表

M^f		-160	-160		-80	-80			
分配传递		-40	40	160	40	-40			
	171.43	28.57	-28.57		-24	24	48	48	-48
		-8.76	8.76	35.05	8.76	-8.76			
	7.51	1.25	-1.25		-1.75	1.75	3.5	3.5	-3.5
		-0.5	0.5	2	0.5	-0.5			
	0.42	0.08			0.01	0.02	0.02	-0.02	
M	179.36	-179.36	-140.56	197.05	-56.49	-103.5	51.52	51.52	-51.52

作弯矩图如解答 12-5 图(b)(只画 1/4,向下反对称,向右正对称)

解答 12-5 图

12-6 应用子结构概念,试用力法或位移法计算图示五跨连续梁。设各跨的 I 和 l 彼此相等。

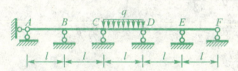

题 12-6 图

解答:首先对称结构受正对称荷载,取半边简化计算如解答 12-6 图(a)。

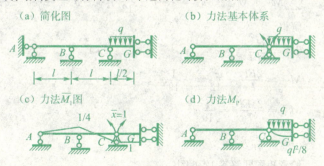

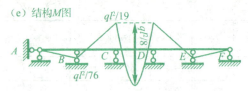

(e) 结构M图

解答 12-6 图

(1) 力法，取基本体系如解答 12-6 图(b)。只取 1 个多余力，ABC 杆作为子结构，其在各状态下的弯矩可用力矩分配法简单确定。

$$\delta_{11}x_1 + \Delta_{1P} = 0$$

$$\delta_{11} = \frac{1}{EI}(\frac{1}{2} \times l \times \frac{1}{4} \times \frac{2}{3} \times \frac{1}{4} + \frac{1}{2} \times l \times 1 \times (\frac{2}{3} \times 1 - \frac{1}{3} \times \frac{1}{4})$$
$$+ \frac{1}{2} \times l \times \frac{1}{4} \times (-\frac{1}{3} \times 1 + \frac{2}{3} \times \frac{1}{4}) + \frac{1}{2} l \times 1 \times 1) = \frac{19l}{24EI}$$

$$\Delta_{1P} = \frac{1}{EI} \times \frac{2}{3} \times \frac{l}{2} \times \frac{1}{8}ql^2 \times 1 = \frac{ql^3}{24EI}$$

$$x_1 = \frac{ql^2}{19}$$

得弯矩图如解答 12-6 图(e)。

(2) 位移法，取 C 点转角位移 θ 为基本未知量，对 ABC 杆视为子结构，同样用力矩分配法可确定其在各状态下的弯矩值。

杆端力矩

$$M_{CG} = \frac{2EI}{l}\theta - \frac{ql^2}{12},$$

$$M_{CB} = \frac{4EI}{l}\theta - \frac{1}{2} \times \frac{4}{7} \times \frac{2EI}{l}\theta = \frac{24EI}{7l}\theta$$

$$M_{BC} = \frac{6EI}{7l}\theta$$

平衡方程

$$\sum M_C = M_{CG} + M_{CB} = \frac{2EI}{l}\theta - \frac{ql^2}{12} + \frac{24EI}{7l}\theta = \frac{38EI}{7l}\theta - \frac{ql^2}{12} = 0$$

解得

$$\theta = \frac{7ql^3}{456EI},$$

$$M_{CG} = \frac{2EI}{l}\theta - \frac{ql^2}{12} = -\frac{1}{19}ql^2,$$

$$M_{CB} = \frac{24EI}{7}\theta = \frac{1}{19}ql^2$$

$$M_{BC} = \frac{1}{76}ql^2$$

绘弯矩图同解答 12-6 图(e)。

12－11 试用分区混合法计算图示结构。

题 12-11 图

解答： 取 F 点支座反力 x_1 和 C 点转角位移 Δ_2 为基本未知量，如解答 12-11 图(a)

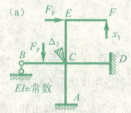

解答 12-11 图

基本方程

$$\delta_{11}x_1 + \delta'_{12}\Delta_2 + \Delta_{1P} = 0,$$
$$k_{21}x_1 + k_{22}\Delta_2 + F_{2P} = 0$$

作弯矩图 $\overline{M}_1, \overline{M}_2, M_P$ 如解答 12-11 图(b)、(c)、(d)

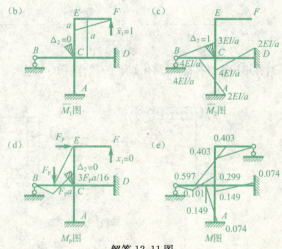

解答 12-11 图

$$\delta_{11} = \frac{1}{EI}\left(\frac{1}{2}a \times a \times \frac{2}{3}a + a \times a \times a\right) = \frac{4a}{3EI}$$

$$\delta'_{12} = -a$$

$$k'_{21} = a$$

$$k_{22} = \frac{11EI}{a}$$

$$\Delta_{1P} = -\frac{1}{EI} \times a \times a \times \frac{1}{2} \times F_P a = -\frac{F_P a^3}{2EI}$$

$$F_{2P} = \frac{3F_P a}{16} - F_P a = -\frac{13F_P a}{16}$$

代入基本方程解得

$$x_1 = 0.403F_P,$$

$$\Delta_2 = 0.0372\frac{F_P a^2}{EI}$$

作最后弯矩图见解答 12-11 图(e)。

12-12 如图所示,当线刚度比值 $k = \frac{i_2}{i_1} \to 0$ 或 ∞ 时,试讨论杆件 AB 的受力特点。如果把杆 AB 看作两端支承的梁,试画出其计算简图。

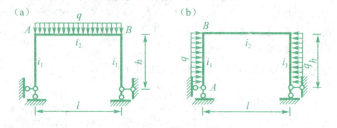

题 12-12 图

解答:对称结构正对称荷载,简化如解答 12-12 图(a)、(b)

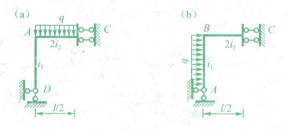

解答 12-12 图

第12章 超静定结构总论

力矩分配法简洁计算

(a)

杆端	AC	AD	CA
分配系数	$\dfrac{2i_2}{3i_1+2i_2}$	$\dfrac{3i_1}{3i_1+2i_2}$	
固端力矩	$-\dfrac{ql^2}{12}$	0	$-\dfrac{ql^2}{24}$
分配传递	$\dfrac{2i_2}{3i_1+2i_2}\dfrac{ql^2}{12}$	$\dfrac{3i_1}{3i_1+2i_2}\dfrac{ql^2}{12}$	$-\dfrac{2i_2}{3i_1+2i_2}\dfrac{ql^2}{12}$
最后力矩	$-\dfrac{3i_1}{3i_1+2i_2}\dfrac{ql^2}{12}$	$\dfrac{3i_1}{3i_1+2i_2}\dfrac{ql^2}{12}$	$-\dfrac{3i_1+6i_2}{3i_1+2i_2}\dfrac{ql^2}{24}$

(b)

杆端	BC	BA	CB
分配系数	$\dfrac{2i_2}{3i_1+2i_2}$	$\dfrac{3i_1}{3i_1+2i_2}$	
固端力矩	0	$\dfrac{ql^2}{8}$	0
分配传递	$-\dfrac{2i_2}{3i_1+2i_2}\dfrac{ql^2}{8}$	$-\dfrac{3i_1}{3i_1+2i_2}\dfrac{ql^2}{8}$	$\dfrac{2i_2}{3i_1+2i_2}\dfrac{ql^2}{8}$
最后力矩	$-\dfrac{2i_2}{3i_1+2i_2}\dfrac{ql^2}{8}$	$\dfrac{2i_2}{3i_1+2i_2}\dfrac{ql^2}{8}$	$\dfrac{2i_2}{3i_1+2i_2}\dfrac{ql^2}{8}$

讨论:当 $k=\dfrac{i_2}{i_1}\to 0$ 时,

$\dfrac{3i_1}{3i_1+2i_2}\to 1$,(a) 图结构 AC 端相当于固定端,AB 杆相当于两端固定梁;

解答 12-12 图

$\dfrac{2i_2}{3i_1+2i_2}\to 0$,(b) 图结构 AB 杆的 B 端相当于铰结点,AB 相当于简支梁。

解答 12-12 图

当 $k = \dfrac{i_2}{i_1} \to \infty$ 时，

$\dfrac{3i_1}{3i_1 + 2i_2} \to 0$，(a) 图结构 AC 端相当于铰结点，AB 杆相当于简支梁；

解答 12-12 图

$\dfrac{2i_2}{3i_1 + 2i_2} \to 1$，(b) 图结构 AB 杆的 B 端相当于固定端，AB 相当于 B 端固定 A 端简支的梁。

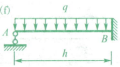

解答 12-12 图

12-13 图示两跨连续梁，承受均布荷载 q，左右两跨的跨度相等，但线刚度不等，当线刚度比值 $k = \dfrac{i_1}{i_2}$ 变化时，试问弯矩图有何影响？

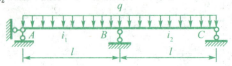

题 12-13 图

解答： 如果采用力矩分配法计算，则因 BA 与 BC 的固端弯矩相同，参与 B 点分配的不平衡力矩为 0，所以，最后力矩就是固端力矩，所以，当线刚度比值 $k = \dfrac{i_1}{i_2}$ 变化时，对弯矩图无影响。

12-14 计算图 a 所示结构的 AB 立柱时，可采用图 b 所示的计算简图，试问弹性支座 D 的转动刚度 k_φ 应该为多少？如果把支座 D 简化为固定支座，则弯矩 M_{BC} 的误差为多少？

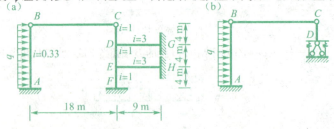

题 12-14 图

解答:(1) 弹性支座 D 的转动刚度,即子结构刚架 $DEFGH$ 在 D 点的转动刚度,取此部分,在 D 点产生单位转角位移时,用力矩分配法,在 E 点,对 ED 端的固端力矩分配传递 1 次(只需计算 DE 杆的值),可计算 D 点所需的施加力矩值,即为 k_φ。

分配系数 $\mu_{ED} = \dfrac{4i}{4i+12i+4i} = \dfrac{1}{5}$

$M_{DE}^f = 4i, M_{DG}^f = 12i, M_{ED}^f = 2i,$

固端力矩分配传递力矩 $M'_{ED} = -\dfrac{2}{5}i, M'_{DE} = -\dfrac{1}{5}i,$

得到

$k_\varphi = M_{DE}^f + M_{DG}^f + M'_{DE} = 15.8i。$

(2) 用剪力分配关系判断 M_{DC} 的状况。

BA 的侧移刚度为

$k_{BA} = \dfrac{3 \times 0.33i}{12^2} = \dfrac{0.99i}{144}$

弹性支座时 CD 的侧移刚度:

C 点施加水平单位力时,C 点水平位移(柔度系数)

$\delta'_{CD} = \dfrac{1}{4i} \times \dfrac{1}{2} \times 4 \times 4 \times \dfrac{2}{3} \times 4 + \dfrac{4}{15.8i} \times 4 = \dfrac{300.8}{47.4i}$

刚度

$K'_{CD} = \dfrac{1}{\delta'_{CD}} = \dfrac{47.4i}{300.8}。$

CD 端剪力的分配系数

$\mu'_{CD} = \dfrac{k'_{CD}}{k'_{CD}+k_{BA}} = \dfrac{\dfrac{47.4I}{300.8}}{\dfrac{47.4I}{300.8}+\dfrac{0.99I}{144}} \approx 0.9582$

简化为固定支座时,CD 侧移刚度为:

$k''_{CD} = \dfrac{3i}{l^2} = \dfrac{3i}{16}$

CD 端剪力的分配系数

$\mu''_{CD} = \dfrac{k''_{CD}}{k''_{CD}+K_{BA}} = \dfrac{\dfrac{3i}{16}}{\dfrac{3i}{16}+\dfrac{0.99i}{144}} \approx 0.9646$

误差为

$\dfrac{0.9646-0.9582}{0.9646} \times 100\% = 0.66\%$

12-15 图 a 所示结构中的杆 AB 可采用图 b 所示的计算简图,试问弹性支座 B 的

刚度 k 是多少? 在什么情况下支座 B 可简化为水平刚性支承?

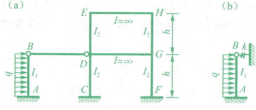

题 12-15 图

解答: 设不计 BD 杆轴向变形。

(1) 弹性支座的刚度, 即为刚架 $CDEHGF$ 在 D 的侧移刚度,

$$k = 2\frac{12EI_2}{h^3} = \frac{24EI_2}{h^3}$$

(2) BA 的侧移刚度为

$$k_{BA} = \frac{3EI_1}{h^3}$$

当 k 比 k_{BA} 很大时, 即 I_2 比 I_1 大较多时, 支座 B 可简化为水平刚性支承。

12-16 计算图 a 所示结构中的右边部分时, 可采用图(b)所示的计算简图, 试问 D 点处的弹性支座的刚度 k 是多少? 在什么情况下, D 点处可采用水平刚性支承?

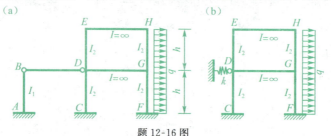

题 12-16 图

解答: 设不计 BD 杆轴向变形。

(1) 弹性支座的刚度, 即为杆 BA 在 B 的侧移刚度,

$$k = k_{BA} = \frac{3EI_1}{h^3}$$

(2) 刚架在 D 点的侧移刚度为

$$k_D = 2\frac{12EI_2}{h^3} = \frac{24EI_2}{h^3}$$

当 k_D 比 k_B 很小时, 即 I_1 比 $8I_2$ 大很多倍时, D 点处可采用水平刚性支承。

12-17 图(a)所示为一组合结构, 桁架各杆截面面积都为 A(单位为 m^2), 横梁组合截面惯性矩 $I_1 = 2A \times (\frac{0.75}{2})^2 = 0.28A$(单位为 m^4)。试问此组合结构是否可采取 b 图所示刚架作为计算简图? 并将二者的计算结果加以比较。

第12章 超静定结构总论

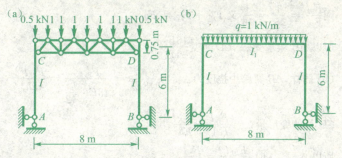

题 12-17 图

解答：此组合结构可以采取 b 图所示刚架作为计算简图，对 AC、BD 影响很小。如果以力法计算，取 B 水平支座反力为基本未知量 x_1，可得（过程从略）

$x_1^a = 0.6$

$x_1^b = 0.5965$

可见误差 = $\dfrac{x_1^a - x_1^b}{x_1^b} \approx 0.6\%$，很小。

12-18 如图所示结构在结点处承受集中荷载 F_P，试讨论荷载的分配情况。设结构中各杆都是方形截面（$b \cdot h$），截面尺寸相同。

(a) 悬臂梁 AB 和简支梁 CD 各承担多少？

(b) 横梁 AB 和立柱 CD 各承担多少？

(c) 横梁 AB 和桁架 CDEF 各承担多少？

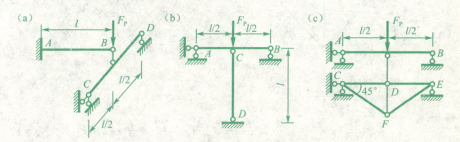

题 12-18 图

解答：(a) 根据变形协调来求，即悬臂 AB 的 B 点挠度与简支梁 CD 的跨中挠度应相等，而 B 点挠度 $\Delta B = \dfrac{F_{P1}l^3}{3EI}$

跨中挠度 $\Delta_{中} = \dfrac{F_{P2}l^3}{48EI}$

所以 $\Delta_B = \Delta_{中}$

即 $\dfrac{F_{P1}l^3}{3EI} = \dfrac{F_{P2}l^3}{48EI}$

则 $\dfrac{F_{P1}}{F_{P2}} = \dfrac{3}{48} = \dfrac{1}{16}$ 又 $F_{P1} + F_{P2} = F_P$

所以 AB 梁承受 $\dfrac{F_P}{17}$，CD 承受 $\dfrac{16F_P}{17}$

(b) 同样，AB 梁跨中挠度为 $\Delta_{中} = \dfrac{F_{P1}l^3}{48EI} = \dfrac{F_{P1}l^3}{48E\cdot\dfrac{h^4}{12}} = \dfrac{F_{P1}l^3}{4Eh^4}$

CD 杆的变形量 $\lambda = \dfrac{F_N l}{EA} = \dfrac{F_N l}{Eh^2}$

所以 $\Delta_{中} = \lambda$ 时，$\dfrac{F_{P1}l^3}{4Eh^4} = \dfrac{F_N l}{Eh^2}$

则 $\dfrac{F_{P1}}{F_N} = \dfrac{4h^2}{l^2}$

又 $F_{P1} + F_N = F_P$

所以 AB 梁承受 $\dfrac{4h^2 F_P}{4h^2 + l^2}$，$CD$ 杆承受 $\dfrac{l^2 F_P}{4h^2 + l^2}$

(c) 同理，AB 梁跨中挠度 $\Delta_{中} = \dfrac{F_{P1}l^3}{48EI} = \dfrac{F_{P1}l^3}{4Eh^4}$

下面求 D 点的竖向位移，$\overline{F}_{NP}$ 和 $\overline{F}_N$ 如解答 12-18 图所示。

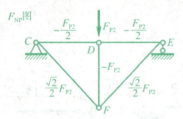
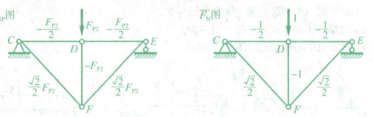

解答 12-18

$\Delta_D = \dfrac{\sum \overline{F}_N F_{NP} \cdot l}{EA}$

$= \dfrac{1}{EA}\left(2 \times \dfrac{F_{P2}}{2} \times \dfrac{1}{2} \times \dfrac{l}{2} + 2 \times \dfrac{\sqrt{2}}{2}F_{P2} \times \dfrac{\sqrt{2}}{2} \times \dfrac{l}{2} \cdot \sqrt{2} + F_{P2} \times 1 \times \dfrac{l}{2}\right)$

$= \dfrac{1.457 F_{P2} l}{EA} = \dfrac{1.457 F_{P2} l}{E \cdot h^2}$

所以，当 $\Delta_{中} = \Delta_D$ 时，$\dfrac{F_{P1}l^3}{4Eh^4} = \dfrac{1.457 F_{P2}}{Eh^2}$

即 $\dfrac{F_{P1}}{F_{P2}} = \dfrac{1.457 \times 4h^2}{l^2} = \dfrac{5.828 h^2}{l^2}$

又 $F_{P1} + F_{P2} = F_P$

所以，AB 梁承受：$\dfrac{5.828 h^2 F_P}{5.828 h^2 + l^2}$

第12章 超静定结构总论

桁架承受：$\dfrac{l^2 F_P}{5.828h^2 + l^2}$

12－19 图示一矩形板，一对对边 AB 和 CD 为简支边，第三边 AD 为固定边，第四边 BC 为自由边。板上承受均布竖向荷载作用。试讨论荷载传递方式及其计算简图。

(a) 当 $l_1 \gg l_2$ 时。

(b) 当 $l_2 \gg l_1$ 时。

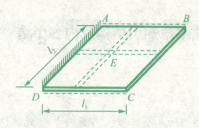

题 12-19 图

解答：把板看成交叉梁系，则在 l_1 长度方向是 AD 端固定的悬臂梁，l_2 长度方向是简支梁。由于交叉梁具有相同的挠度，如图中的 E 点，所以，荷载将主要由相对刚度大、柔度小的梁承担。所以

(a) 当 $l_1 \gg l_2$ 时。主要以 l_2 长度方向的简支梁承担荷载。

(b) 当 $l_2 \gg l_1$ 时。主要以 l_1 长度方向的悬臂梁承担荷载。

即沿短边传递荷载。

12－20 略

12－21 如果忽略轴力引起的变形，试比较图示三种结构计算简图在结点荷载作用下的内力。

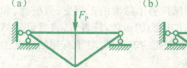 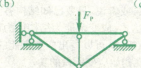 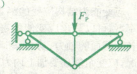

题 12-21 图

解答：题 12-21 图(a)(b) 都可取 (c) 图作为基本结构按力法计算其内力，由于忽略轴力引起的变形，而 (c) 图状态无弯矩，所以方程中的常数项都为 0，对应各结点弯矩为 0，所以，三种状态内力相同，都只有轴向力。说明结点荷载下简化为桁架时，结点弯矩是次内力，整体误差不大。

第 13 章　能量原理

本章知识结构及内容小结

【本章知识结构】

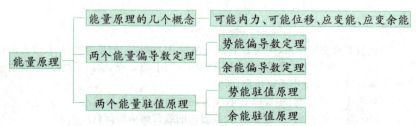

【本章内容小结】

本章的重点是利用两个能量偏导数定理、两个能量驻值原理求解结构的位移和内力。要点包括：

1. 应变能、应变余能

应变能为结构应变的函数，或者说，只要已知结构各个微段的正应变、剪应变、和曲率，就可以写出应变能的表达式。应变余能为结构内力的函数，或者说，只要已知结构各个截面的轴力、剪力、和弯矩，就可以写出应变余能的表达式。对于有初始应变的情况，应变余能还要加上内力在初始应变所做的功。

2. 势能偏导数定理、余能偏导数定理

势能偏导数定理和余能偏导数定理同时适用于静定和超静定结构。能量偏导数定理是能量驻值原理的推广。

3. 势能驻值原理、余能驻值原理

能量驻值原理是能量偏导数定理的特殊应用。势能驻值原理同时适用于静定和超静定结构；余能驻值原理只适用于超静定结构。

第 13 章 能量原理

经典例题解析

例 1 用余能驻值原理求图示结构的 M 图。

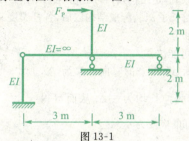

图 13-1

解答:(1) 确定静力可能内力

选取力法基本体系如图 13-2(a) 所示。在图示选定的坐标下,基本结构在荷载、多余力 X_1 作用下的各段的弯矩分别为:BC 段,$M(x) = X_1 * x$;AB 段,$M(x) = F_P * x$;DE 段,$M(x) = F_P * x$。

(2) 求结构余能 E_C

$$E_C = V_C = \sum \frac{1}{2EI} \int M^2 \mathrm{d}s = \frac{1}{2EI}\left[\int_0^3 (X_1 x)^2 \mathrm{d}x + 2\int_0^2 (F_P x)^2 \mathrm{d}x\right]$$

$$= \frac{1}{2EI}\left(9X_1^2 + \frac{16}{3}F_P^2\right)$$

(3) 应用余能驻值条件

$\dfrac{\mathrm{d}E_C}{\mathrm{d}X_1} = 0$ 即 $9X_1 + 0 = 0$

由此求得

$X_1 = 0$

(4) 求内力

该结构的 M 图如图 13-2(b) 所示。

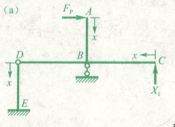
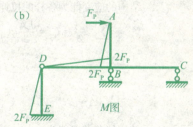

图 13-2

第 13 章 能量原理

考研真题评析

例1 图 13-3 所示超静定结构,各杆的抗拉(压)刚度 EA 相同,材料的线膨胀系数均为 α。设杆 1 在制造时长了 δ,装配成结构以后,各杆温度又同时上升了 $t\,^\circ\mathrm{C}$,试应用势能驻值原理求各杆的轴力。

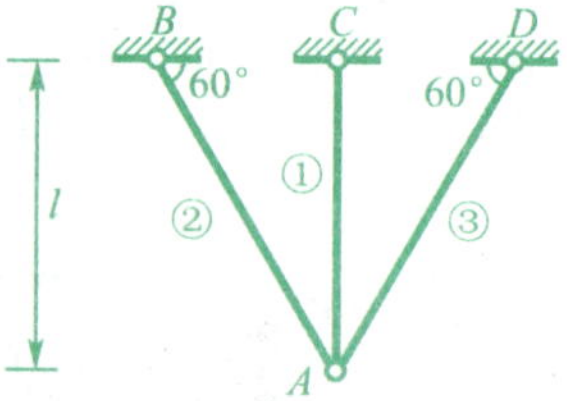

解答: (1) 确定几何可能位移

如图 13-4 所示,设 A 点的竖向位移为 Δ,则 AB、AD 杆的伸长均为 $\dfrac{\sqrt{3}}{2}\Delta$,从而可得 AC、AB、AD 杆的应变为

$$\varepsilon_1 = \varepsilon_{AC} = \frac{\Delta}{l},\ \varepsilon_2 = \varepsilon_{AB} = \varepsilon_3 = \varepsilon_{AD} = \frac{3\Delta}{4l}$$

图 13-3

其中 ε_1 由三部分构成,ε_2、ε_3 由两部分构成如下:

$$\varepsilon_1 = \varepsilon_{AC} = \frac{\Delta}{l} = \alpha t + \frac{\delta}{l} + \frac{F_{N1}}{EA} = \varepsilon_{10} + \varepsilon_{1P},\ \varepsilon_{10} = \alpha t + \frac{\delta}{l},\ \varepsilon_{1P} = \frac{F_{N1}}{EA}$$

可以求得

$$\frac{F_{N1}}{EA} = \frac{\Delta}{l} - \alpha t - \frac{\delta}{l}$$

$$\varepsilon_2 = \varepsilon_{AB} = \frac{3\Delta}{4l} = \alpha t + \frac{F_{N2}}{EA} = \varepsilon_{20} + \varepsilon_{2P} = \alpha t,\ \varepsilon_{20} = \alpha t,\ \varepsilon_{2P} = \frac{F_{N2}}{EA}$$

$$\varepsilon_3 = \varepsilon_{AD} = \frac{3\Delta}{4l} = \alpha t + \frac{F_{N3}}{EA} = \varepsilon_{30} + \varepsilon_{3P},\ \varepsilon_{30} = \alpha t,\ \varepsilon_{3P} = \frac{F_{N3}}{EA}$$

可以求得

$$\frac{F_{N2}}{EA} = \frac{F_{N3}}{EA} = \frac{3\Delta}{4l} - \alpha t$$

(2) 求结构的势能

结构的应变能为各杆的拉伸应变能之和

$$V_\varepsilon = \sum \frac{EA}{2}\varepsilon_{iP}^2 l_i = \frac{EA}{2}\left[\left(\frac{F_{N1}}{EA}\right)^2 \cdot l + \left(\frac{F_{N2}}{EA}\right)^2 \cdot \frac{2}{\sqrt{3}}l + \left(\frac{F_{N3}}{EA}\right)^2 \cdot \frac{2}{\sqrt{3}}l\right]$$

$$= \frac{EA}{2}\left[\left(\frac{\Delta}{l} - \alpha t - \frac{\delta}{l}\right)^2 \cdot l + \left(\frac{3\Delta}{4l} - \alpha t\right)^2 \cdot \frac{4}{\sqrt{3}}l\right]$$

$$= \frac{EA}{2l}\left[(\Delta - \alpha t l - \delta)^2 + \left(\frac{3\Delta}{4} - \alpha t l\right)^2 \cdot \frac{4}{\sqrt{3}}\right]$$

结构的荷载势能为

$$V_P = 0$$

结构的势能为

$$E_P = V_\epsilon + V_P = \frac{EA}{2l}[(\Delta - \alpha t l - \delta)^2 + (\frac{3\Delta}{4} - \alpha t l)^2 \cdot \frac{4}{\sqrt{3}}]$$

(3) 应用势能驻值原理

$$\frac{dE_P}{d\Delta} = 0 \text{ 即 } 2(\Delta - \alpha t l - \delta) + 2(\frac{3\Delta}{4} - \alpha t l) \cdot \frac{3}{4} \cdot \frac{4}{\sqrt{3}} = 0$$

由此求得

$$\Delta = \frac{4[\alpha t l(1+\sqrt{3}) + \delta]}{4 + 3\sqrt{3}}$$

(4) 求内力

$$F_{N1} = EA(\frac{\Delta}{l} - \alpha t - \frac{\delta}{l}) = \frac{\sqrt{3}(\alpha t l - 3\delta)}{4 + 3\sqrt{3}} \frac{EA}{l}$$

$$F_{N2} = F_{N3} = EA(\frac{3\Delta}{4l} - \alpha t) = \frac{3\delta - \alpha t l}{4 + 3\sqrt{3}} \frac{EA}{l}$$

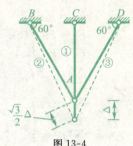

图 13-4

本章教材习题精解

13-1 对于图(a)所示一次超静定梁,试检验下列两种弯矩表达式是否都是静力可能内力?

(a) $M(x) = \overline{M_1}(x) X'_1 + M'_P(x)$。

(b) $M(x) = \overline{M_1}(x) X''_1 + M'_P(x)$。

其中 $\overline{M_1}(x)$、$M'_P(x)$、$M'_P(x)$ 分别对应于图(b)、(c)、(d) 所示的弯矩图。

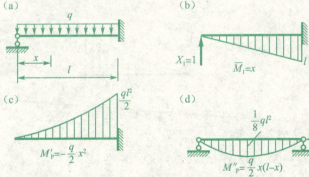

题 13-1 图

解答: 静力可能内力必须满足下列条件:杆件的平衡微分方程(a)、杆件的静力边界条件(b)、结点的静力联结条件(c)。

第 13 章　能量原理

$$\left.\begin{array}{l}\dfrac{\mathrm{d}F_{\mathrm{N}}}{\mathrm{d}s}=-p\\[4pt]\dfrac{\mathrm{d}F_{\mathrm{Q}}}{\mathrm{d}s}=-q\\[4pt]\dfrac{\mathrm{d}M}{\mathrm{d}s}-F_{\mathrm{Q}}=m\end{array}\right\}(\mathrm{a})$$

$$\left.\begin{array}{l}F_{\mathrm{x}}=F_{\mathrm{Px}}\\F_{\mathrm{y}}=F_{\mathrm{Py}}\\F_{\theta}=F_{\mathrm{P}\theta}\end{array}\right\}(\mathrm{b})$$

$$\left.\begin{array}{l}\sum_{e=1,2}F_{\mathrm{x}}^{e}=F_{\mathrm{Px}}\\\sum_{e=1,2}F_{\mathrm{y}}^{e}=F_{\mathrm{Py}}\\\sum_{e=1,2}F_{\theta}^{e}=F_{\mathrm{P}\theta}\end{array}\right\}(\mathrm{c})$$

（1）检验弯矩表达式（a）是否是静力可能内力。解答 13－1 图（a）中任意截面 x 处的剪力、弯矩的表达式为

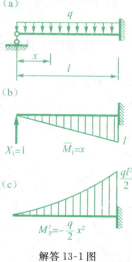

解答 13-1 图

$$F_{\mathrm{Q}}(x)=X'_{1}-qx$$
$$M(x)=\overline{M}_{1}(x)X'_{1}+M'_{\mathrm{P}}(x)=xX'_{1}-\dfrac{q}{2}x^{2}$$

则有：
$$\dfrac{\mathrm{d}F_{\mathrm{Q}}(x)}{\mathrm{d}x}=-q$$

$$\frac{\mathrm{d}M(x)}{\mathrm{d}x} = X'_1 - qx = F_Q$$

注意到 $\mathrm{d}s = \mathrm{d}x, F_N = 0, p = 0, m = 0$，杆件的平衡微分方程(a)满足。

$$F_Q(0) = X'_1 \quad M(0) = 0$$

又注意到 $F_x = F_{Px} = 0$，杆件的静力边界条件(b)满足。

结点的静力联结条件(c)，此处无，故满足。

从而弯矩表达式(a)是静力可能内力。

(2) 检验弯矩表达式(b)是否是静力可能内力。解答 13-1 图(d)中任意截面 x 处的剪力、弯矩的表达式为

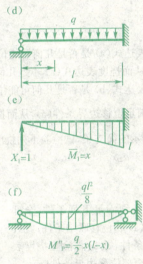

解答 13-1 图

$$F_Q(x) = X''_1 + \frac{ql}{2} - qx$$

$$M(x) = \overline{M}_1(x) X''_1 + M'_P(x) = x X''_1 + \frac{q}{2} x(l-x)$$

则有：

$$\frac{\mathrm{d}F_Q(x)}{\mathrm{d}x} = -q$$

$$\frac{\mathrm{d}M(x)}{\mathrm{d}x} = X''_1 + \frac{q}{2}(l-2x) = F_Q$$

注意到 $\mathrm{d}s = \mathrm{d}x, F_N = 0, p = 0, m = 0$，杆件的平衡微分方程(a)满足。

$$F_Q(0) = X''_1 + \frac{ql}{2} \quad M(0) = 0$$

又注意到 $F_x = F_{Px} = 0$，杆件的静力边界条件(b)满足。

结点的静力联结条件(c)，此处无，故满足。

从而弯矩表达式(b) 是静力可能内力。

13-2 对于图中所示的悬臂梁,试检验下列挠度表达式是否都是几何可能位移?
(a) $v = a_1 + a_2 x + \cdots + a_n x^{n-1}$。
(b) $v = a_1 x^2 + a_2 x^3 + \cdots + a_n x^{n+1}$。

题 13-2 图

解答: 几何可能位移必须满足下列条件:全部位移边界条件(a) 和位移联结条件。此处没有位移联结条件,故只需检验挠度表达式是否满足全部位移边界条件(a)。

$$\left.\begin{array}{l} u_x = \bar{u}_x \\ u_y = \bar{u}_y \\ \theta = \bar{\theta} \end{array}\right\} (a)$$

(1) 检验挠度表达式(a) 是否是几何可能位移。因为 $v(0) = a_1$,不满足位移边界条件(a),从而挠度表达式(a) 不是几何可能位移。

(2) 检验挠度表达式(b) 是否是几何可能位移。因为 $v(0) = 0, \theta(0) = \dfrac{\mathrm{d}v}{\mathrm{d}x}\big|_{x=0} = 0$,满足位移边界条件(a),从而挠度表达式(b) 是几何可能位移。

13-3 对于图中所示的简支梁,试检验下列挠度表达式是否都是几何可能位移?
(a) $v = x(l-x)(a_1 + a_2 x + \cdots + a_n x^{n-1})$。
(b) $v = \sum\limits_{n=1}^{\infty} a_n \sin \dfrac{n\pi x}{l}$。

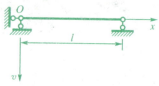

题 13-3 图

解答: 几何可能位移必须满足下列条件:全部位移边界条件(a) 和位移联结条件。此处没有位移联结条件,故只需检验挠度表达式是否满足全部位移边界条件(a)。

$$\left.\begin{array}{l} u_x = \bar{u}_x \\ u_y = \bar{u}_y \\ \theta = \bar{\theta} \end{array}\right\} (a)$$

(1) 检验挠度表达式(a) 是否是几何可能位移。因为 $v(0) = 0$,$\theta(0) = \dfrac{\mathrm{d}v}{\mathrm{d}x}\big|_{x=0} = a_1 l, v(l) = 0, \theta(l) = \dfrac{\mathrm{d}v}{\mathrm{d}x}\big|_{x=l} = -l(a_1 + a_2 l + \cdots + a_n l^{n-1})$,满足位移边界条件(a),从而挠度表达式(a) 是几何可能位移。

(2) 检验挠度表达式(b) 是否是几何可能位移。因为因为 $v(0) = 0$,$\theta(0) = \dfrac{\mathrm{d}v}{\mathrm{d}x}\big|_{x=0} = \sum\limits_{n=1}^{\infty} \dfrac{n\pi a_n}{l}, v(l) = 0, \theta(l) = \dfrac{\mathrm{d}v}{\mathrm{d}x}\big|_{x=l} = \sum\limits_{n=1}^{\infty} \dfrac{n\pi a_n}{l} \cos n\pi$,满足位移边界条件(a),从而挠度表达式(b) 是几何可能位移。

第 13 章 能量原理

13－4 对于图中所示的两端固支梁,试检验下列挠度表达式是否都是几何可能位移?

(a) $v = x^2(l-x)^2(a_1 + a_2 x + \cdots + a_n x^{n-1})$。

(b) $v = \sum\limits_{n=1}^{\infty} a_n (1 - \cos\dfrac{2n\pi x}{l})$。

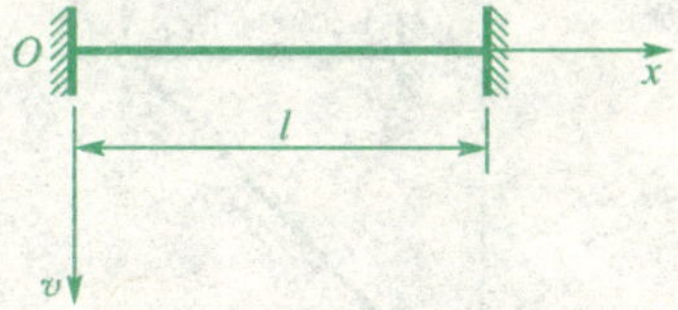

题 13-4 图

解答:几何可能位移必须满足下列条件:全部位移边界条件(a)和位移联结条件。此处没有位移联结条件,故只需检验挠度表达式是否满足全部位移边界条件(a)。

$$\left.\begin{array}{l} u_x = \bar{u}_x \\ u_y = \bar{u}_y \\ \theta = \bar{\theta} \end{array}\right\}(a)$$

(1) 检验挠度表达式(a) 是否是几何可能位移。因为 $v(0) = 0$,$\theta(0) = \dfrac{\mathrm{d}v}{\mathrm{d}x}\big|_{x=0} = 0$,$v(l) = 0$,$\theta(l) = \dfrac{\mathrm{d}v}{\mathrm{d}x}\big|_{x=l} = 0$,满足位移边界条件(a),从而挠度表达式(a) 是几何可能位移。

(2) 检验挠度表达式(b) 是否是几何可能位移。因为因为 $v(0) = 0$,$\theta(0) = \dfrac{\mathrm{d}v}{\mathrm{d}x}\big|_{x=0} = 0$,$v(l) = 0$,$\theta(l) = \dfrac{\mathrm{d}v}{\mathrm{d}x}\big|_{x=l} = 0$,满足位移边界条件(a),从而挠度表达式(b) 是几何可能位移。

13－5 试用势能原理分析图示桁架。设各杆截面相等,又设材料为线形弹性。

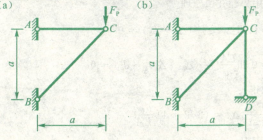

题 13-5 图

解答:(a) 用势能原理分析题 13-5(a) 所示桁架

(1) 确定几何可能位移

如解答 13-5 图所示,设 C 点的水平和竖向位移分别为 Δ_1、Δ_2,则 AC、BC 杆

的伸长为 Δ_1 和 $\dfrac{\sqrt{2}}{2}(\Delta_1-\Delta_2)$,从而可得 AC、BC 杆的应变为

$$\varepsilon_1=\varepsilon_{AC}=\dfrac{\Delta_1}{a},\varepsilon_2=\varepsilon_{BC}=\dfrac{1}{2a}(\Delta_1-\Delta_2)$$

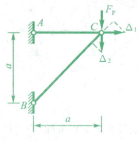

解答 13-5 图

(2)求结构的势能

结构的应变能为各杆的拉伸应变能之和

$$V_\varepsilon=\sum\dfrac{EA}{2}\varepsilon_i^2 l_i$$

$$=\dfrac{EA}{2}\left[\left(\dfrac{\Delta_1}{a}\right)^2\cdot a+\left(\dfrac{\Delta_1-\Delta_2}{2a}\right)^2\cdot\sqrt{2}a\right]$$

$$=\dfrac{EA}{2a}\left[\Delta_1^2+\dfrac{\sqrt{2}}{4}(\Delta_1-\Delta_2)^2\right]$$

结构的荷载势能为

$$V_P=-F_P\Delta_2$$

结构的势能为

$$E_P=V_\varepsilon+V_P=\dfrac{EA}{2a}\left[\Delta_1^2+\dfrac{\sqrt{2}}{4}(\Delta_1-\Delta_2)^2\right]-F_P\Delta_2$$

(3)应用势能驻值原理

$$\dfrac{\partial E_P}{\partial\Delta_1}=0 \ \text{即} \ \Delta_1+\dfrac{\sqrt{2}}{4}(\Delta_1-\Delta_2)=0$$

$$\dfrac{\partial E_P}{\partial\Delta_2}=0 \ \text{即} \ \dfrac{EA}{a}\left[\dfrac{\sqrt{2}}{4}(\Delta_2-\Delta_1)\right]-F_P=0$$

由此求得

$$\Delta_1=\dfrac{F_P a}{EA},\Delta_2=(2\sqrt{2}+1)\dfrac{F_P a}{EA}$$

(4)求内力

$$F_{NAC}=EA\cdot\dfrac{\Delta_1}{a}=F_P$$

$$F_{NCB}=EA\cdot\varepsilon_2=EA\cdot\dfrac{1}{2a}(\Delta_1-\Delta_2)=-\sqrt{2}F_P$$

(b) 用势能原理分析题 13-5(b) 所示桁架

(1) 确定几何可能位移

如解答 13-5 图所示，设 C 点的水平和竖向位移分别为 Δ_1、Δ_2，则 AC、BC、CD 杆的伸长为 Δ_1、$\frac{\sqrt{2}}{2}(\Delta_1 - \Delta_2)$ 和 $-\Delta_2$，从而可得 AC、BC、CD 杆的应变为

$$\varepsilon_1 = \varepsilon_{AC} = \frac{\Delta_1}{a},\ \varepsilon_2 = \varepsilon_{BC} = \frac{1}{2a}(\Delta_1 - \Delta_2),\ \varepsilon_3 = \varepsilon_{CD} = \frac{-\Delta_2}{a}$$

(2) 求结构的势能

结构的应变能为各杆的拉伸应变能之和

$$V_\varepsilon = \sum \frac{EA}{2}\varepsilon_i^2 l_i = \frac{EA}{2}\left[\left(\frac{\Delta_1}{a}\right)^2 \cdot a + \left(\frac{\Delta_1 - \Delta_2}{2a}\right)^2 \cdot \sqrt{2}a + \left(\frac{\Delta_2}{a}\right)^2 \cdot a\right]$$

$$= \frac{EA}{2a}\left[\Delta_1^2 + \frac{\sqrt{2}}{4}(\Delta_1 - \Delta_2)^2 + \Delta_2^2\right]$$

结构的荷载势能为

$$V_P = -F_P \Delta_2$$

结构的势能为

$$E_P = \frac{EA}{2a}\left[\Delta_1^2 + \frac{\sqrt{2}}{4}(\Delta_1 - \Delta_2)^2 + \Delta_2^2\right] - F_P \Delta_2$$

(3) 应用势能驻值原理

$$\frac{\partial E_P}{\partial \Delta_1} = 0\ 即\ \Delta_1 + \frac{\sqrt{2}}{4}(\Delta_1 - \Delta_2) = 0$$

$$\frac{\partial E_P}{\partial \Delta_2} = 0\ 即\ \frac{EA}{a}\left[\frac{\sqrt{2}}{4}(\Delta_2 - \Delta_1) + \Delta_2\right] - F_P = 0$$

由此求得

$$\Delta_1 = \frac{\sqrt{2}-1}{2}\frac{F_P a}{EA},\ \Delta_2 = \frac{3-\sqrt{2}}{2}\frac{F_P a}{EA}$$

(4) 求内力

$$F_{NAC} = EA \cdot \varepsilon_1 = EA \cdot \frac{\Delta_1}{a} = \frac{\sqrt{2}-1}{2}F_P$$

$$F_{NCB} = EA \cdot \varepsilon_2 = EA \cdot \frac{1}{2a}(\Delta_1 - \Delta_2) = \frac{\sqrt{2}-2}{2}F_P$$

$$F_{NCD} = EA \cdot \varepsilon_3 = EA \cdot \frac{-\Delta_2}{a} = \frac{\sqrt{2}-3}{2}F_P$$

13-6 试用势能原理分析图示刚架。设材料为线形弹性。

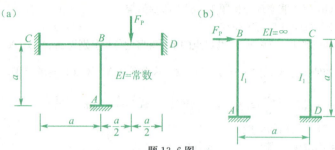

题 13-6 图

解答: (a) 用势能原理分析题 13-6(a) 所示刚架

如解答 13-6 图(a)所示,结点 B 点的水平和竖向位移都为零,结点 B 的转角为基本未知量 Δ_1。

(1) 求结构的应变能

解答 13-6 图(a)中 BA、BC、BD 杆的应变能为

$$V_{eBA} = V_{eBC} = V_{eBD} = 2i\Delta_1^2$$

叠加后,刚架的总应变能为

$$V_e = 6i\Delta_1^2$$

(2) 求结构的荷载势能

在解答 13-6 图(a)中,由 $\Delta_1 = 1$ 引起的沿荷载 F_P 的挠度

$$\overline{D}_1 = \frac{a}{8}$$

则有

$$F_{1P} = -F_P \frac{a}{8}$$

结构的荷载势能

$$V_P = -F_P \frac{a}{8} \Delta_1$$

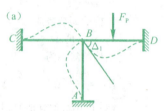

题 13-6 图

(3) 结构的势能为

$$E_P = V_e + V_P = 6i\Delta_1^2 - F_P \frac{a}{8} \Delta_1$$

(4) 应用势能驻值原理

$$\frac{dE_P}{d\Delta_1} = 0 \quad 即 \quad 12i\Delta_1 - F_P \cdot \frac{a}{8} = 0$$

由此求得 $\Delta_1 = \dfrac{F_P a^2}{96EI}$

结点 B 的转角 Δ_1 求出后,即可进而求出刚架的内力。

(b) 用势能原理分析题 13-5(b) 所示刚架

如解答 13-6 图(b) 所示，结点 B、C 的转角都为零，结点 B、C 的水平位移为基本未知量 Δ_1。

(1) 求结构的应变能

解答 13-6 图(b) 中 BA、BC、BD 杆的应变能为

$$V_{eBA} = V_{eBD} = 2i\frac{3}{a^2}\Delta_1^2, V_{eBC} = 0$$

其中 $i = \dfrac{EI_1}{a}$，叠加后，刚架的总应变能

$$V_\varepsilon = 4i\frac{3}{a^2}\Delta_1^2$$

(2) 求结构的荷载势能

结构的荷载势能为

$$V_P = -F_P\Delta_1$$

(3) 结构的势能为

$$E_P = V_\varepsilon + V_P = 4i\frac{3}{a^2}\Delta_1^2 - F_P\Delta_1$$

(4) 应用势能驻值原理

$$\frac{dE_P}{d\Delta_1} = 0 \text{ 即 } 8i\frac{3}{a^2}\Delta_1 - F_P = 0$$

由此求得 $\Delta_1 = \dfrac{F_P a^3}{24EI_1}$

结点 B、C 的水平位移 Δ_1 求出后，即可进而求出刚架的内力。

解答 13-6 图

13－7 采用位移法解图中所示连续梁时，基本未知量 Δ_1 和 Δ_2 分别为 B 和 C 结点的角位移，基本方程为

$$\sum_{j=1}^{2} k_{ij}\Delta_j + F_{ip} = 0 \quad (i=1,2)$$

试用式(13-38) 和(13-39) 求 k_{ij} 和 F_{ip}，并与用第七章的方法得出的结果加以比较。设各杆 $EI =$ 常数。

解答： 由基本未知量 $\Delta_1 = 1$ 和 $\Delta_2 = 1$ 引起的挠度图如解答 13-7 图(a)、(b) 所示。

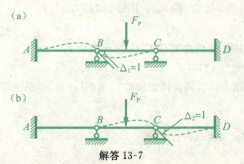

解答 13-7

第13章 能量原理

(1) 用式(13-38)求 k_{ij}

$$k_{11} = k_{22} = \sum_e \int EI \bar{v}''_1 \bar{v}''_1 \mathrm{d}s$$

$$= 2EI \int \frac{\mathrm{d}^2}{\mathrm{d}x^2}[x - \frac{2}{l}x^2 + \frac{x^3}{l^2}] \times \frac{\mathrm{d}^2}{\mathrm{d}x^2}[x - \frac{2}{l}x^2 + \frac{x^3}{l^2}]\mathrm{d}x$$

$$= 2EI \int_0^l (-\frac{4}{l} + \frac{6x}{l^2})^2 \mathrm{d}x = 2EI \int_0^l (\frac{16}{l^2} + \frac{36x^2}{l^4} - \frac{48x}{l^3})\mathrm{d}x = 8i$$

$$k_{12} = k_{21} = \sum_e \int EI \bar{v}''_1 \bar{v}''_2 \mathrm{d}s$$

$$= EI \int \frac{\mathrm{d}^2}{\mathrm{d}x^2}[x - \frac{2}{l}x^2 + \frac{x^3}{l^2}] \times \frac{\mathrm{d}^2}{\mathrm{d}x^2}[-\frac{1}{l}x^2 + \frac{x^3}{l^2}]\mathrm{d}x$$

$$= EI \int_0^l (-\frac{4}{l} + \frac{6x}{l^2}) \times (-\frac{2}{l} + \frac{6x}{l^2})\mathrm{d}x = EI \int_0^l (\frac{8}{l^2} + \frac{36x^2}{l^4} - \frac{36x}{l^3})\mathrm{d}x = 2i$$

(2) 用式(13-39)求 F_{ip}

$$F_{1P} = -\sum F_P \overline{D}_1 = -F_P \times \frac{l}{8} = -\frac{F_P l}{8}$$

$$F_{2P} = -\sum F_P \overline{D}_2 = -F_P \times (-\frac{l}{8}) = \frac{F_P l}{8}$$

(3) 与用第七章的方法得出的结果加以比较

显然,两种方法求出的 k_{ij} 和 F_{ip} 完全相同。

13-8 图示桁架在结点 A 有荷载 F_P 作用,材料为线形弹性。设各杆杆长和截面均相同。

(a) 试求出在真实位移状态下桁架的势能,记为 $\overline{E}_P$。此时结点 A 的竖向位移为一常量,记为 $\overline{\Delta}$;

(b) 考虑桁架的任一几何可能位移状态,此时结点 A 的竖向位移为一变量,记为 Δ。试求出在几何可能位移状态下桁架的势能 E_P 的表达式。这里 E_P 是 Δ 的函数,即 $E_P = E_P(\Delta)$;(c) 试求出函数 E_P 的极小值,记为 $(E_P)_{\min}$;并验证 $(E_P)_{\min} = \overline{E}_P$。

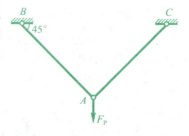

题 13-8 图

解答: (a) 求出在真实位移状态下桁架的势能

取结点 A 为隔离体如解答 13-8 图(a)所示,则可以求出杆件 AB、AC 的轴力为:

$$F_{NAB} = F_{NAB} = \frac{\sqrt{2}}{2}F_P$$

从而可得 AB、AC 杆的应变为

$$\varepsilon_1 = \varepsilon_{AB} = \frac{\sqrt{2}}{2EA}F_P, \varepsilon_2 = \varepsilon_{AC} = \frac{\sqrt{2}}{2EA}F_P$$

AB、AC 杆的伸长为

$$\Delta_{AB} = \Delta_{AC} = \varepsilon_1 \times \sqrt{2}a = \frac{\sqrt{2}}{2EA}F_P \times \sqrt{2}a = \frac{F_P a}{EA}$$

其中 a 为 AB、AC 杆的竖向投影长度，如解答 13-8 图(b)所示。此时结点 A 的竖向位移 $\overline{\Delta}$ 为

$$\overline{\Delta} = \sqrt{2}\,\frac{F_P a}{EA}$$

结构的势能为

$$\overline{E}_P = V_\varepsilon + V_P = \sum \frac{EA}{2}\varepsilon_i^2 l_i - F_P \overline{\Delta} = \frac{EA}{2}[(\frac{\sqrt{2}}{2EA}F_P)^2 \cdot \sqrt{2}a \times 2] - F_P \overline{\Delta}$$

$$= \frac{1}{2EA}[(F_P)^2 \cdot \sqrt{2}a] - F_P\sqrt{2}\,\frac{F_P a}{EA} = -\frac{\sqrt{2}}{2EA}F_P^2 a$$

(b) 求出在几何可能位移状态下桁架的势能 E_P 的表达式

(1) 确定几何可能位移

如解答 13-8 图(b)所示，设 A 点的竖向位移为 $\triangle$，则 AB、AC 杆的伸长都为 $\frac{\sqrt{2}}{2}\Delta$，从而可得 AB、AC 杆的应变为

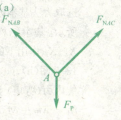

$$\varepsilon_1 = \varepsilon_{AB} = \frac{\frac{\sqrt{2}}{2}\Delta}{\sqrt{2}a} = \frac{\Delta}{2a}, \varepsilon_2 = \varepsilon_{AC} = \frac{\Delta}{2a}$$

(2) 求桁架的势能

结构的应变能为各杆的拉伸应变能之和

$$V_\varepsilon = \sum \frac{EA}{2}\varepsilon_i^2 l_i = \frac{EA}{2}[(\frac{\Delta}{2a})^2 \cdot \sqrt{2}a \cdot 2] = \frac{\sqrt{2}EA}{4a}\Delta^2$$

桁架的荷载势能为

$$V_P = -F_P \Delta$$

桁架的势能为

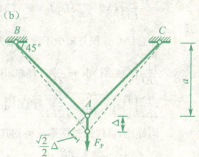

解答 13-8 图

$$E_\text{P}(\Delta) = \frac{\sqrt{2}EA}{4a}\Delta^2 - F_\text{P}\Delta$$

(c) 试求出函数 E_P 的极小值,并验证$(E_\text{P})_\text{min} = \overline{E}_\text{P}$。

应用势能驻值原理

$$\frac{\mathrm{d}E_\text{P}}{\mathrm{d}\Delta} = 0 \quad 即 \quad \frac{\sqrt{2}EA}{2a}\Delta - F_\text{P} = 0$$

由此求得

$$\Delta = \sqrt{2}\,\frac{F_\text{P}a}{EA}$$

E_P 的极小值

$$(E_\text{P})_\text{min} = -\frac{\sqrt{2}}{2EA}F_\text{P}^2 a = \overline{E}_\text{P}$$

故有$(E_\text{P})_\text{min} = \overline{E}_\text{P}$。

13-9 试用余能原理分析图示超静定梁。

解答:(1) 确定静力可能内力

选取力法基本体系如解答 13-9 图(a)所示。基本结构在荷载、单位多余力 X_1、X_2 作用下的弯矩图分别示于解答 13-9 图(b)、(c)、(d)。该超静定梁的可能内力(弯矩)为

$$M = M_\text{P} + \overline{M}_1 X_1 + \overline{M}_2 X_2$$

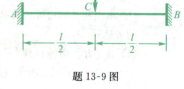

题 13-9 图

(2) 求结构余能 E_C

$$E_\text{C} = V_\text{C} = \frac{1}{2EI}\int M^2 \mathrm{d}s = \frac{1}{2EI}\int (M_\text{P} + \overline{M}_1 X_1 + \overline{M}_2 X_2)^2 \mathrm{d}s$$

$$= \frac{1}{2EI}\int (M_\text{P}^2 + 2M_\text{P}\overline{M}_1 X_1 + 2M_\text{P}\overline{M}_2 X_2 + \overline{M}_1^2 X_1^2 + 2\overline{M}_1 X_1 \overline{M}_2 X_2 + \overline{M}_2^2 X_2^2) \mathrm{d}s$$

注意 $\int M_\text{P}^2 \mathrm{d}s$ 积分项中不含多余力 X_1、X_2,故可以省略掉。

$$\frac{1}{2EI}\int (\overline{M}_1^2 X_1^2) \mathrm{d}s = \frac{X_1^2}{2EI}\int (\overline{M}_1^2) \mathrm{d}s = \frac{X_1^2}{2EI} \times \frac{1}{2}l^2 \times \frac{2}{3}l = \frac{X_1^2}{6EI}l^3$$

$$\frac{1}{2EI}\int (\overline{M}_2^2 X_2^2) \mathrm{d}s = \frac{X_2^2}{2EI}\int (\overline{M}_2^2) \mathrm{d}s = \frac{X_2^2}{2EI} \times l \times 1 = \frac{X_2^2}{2EI}l$$

同样地,可以通过图乘法得到其他项,相加得到

$$E_\text{C} = V_\text{C} = \frac{1}{2EI}\left(\frac{l^3}{3}X_1^2 + l \cdot X_2^2 + l^2 X_1 X_2 + \frac{5}{24}F_\text{P} l^3 X_1 + \frac{F_\text{P} l^2}{4}X_2\right)$$

第13章 能量原理

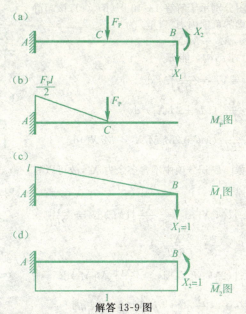

解答 13-9 图

(3) 应用余能驻值条件

$\dfrac{\partial E_C}{\partial X_1} = 0$ 即 $\dfrac{2l^3}{3}X_1 + l^2 X_2 + \dfrac{5}{24}F_P l^3 = 0$

$\dfrac{\partial E_C}{\partial X_2} = 0$ 即 $2lX_2 + l^2 X_1 + \dfrac{1}{4}F_P l^2 = 0$

由此求得

$X_1 = -\dfrac{F_P}{2}$, $X_2 = \dfrac{F_P l}{8}$

(4) 求内力

该超静定梁的弯矩可以由

$M = M_P + \overline{M}_1 X_1 + \overline{M}_2 X_2$

求出 A 端：当 $x = 0$ 时，

$M_A = -\dfrac{F_P l}{2} - \left(-\dfrac{F_P l}{2}\right) - \dfrac{F_P l}{8} = -\dfrac{F_P l}{8}$

B 端：当 $x = l$ 时，

$M_B = \overline{M}_2 X_2 = \dfrac{F_P l}{8}$。

13—10 试用余能原理分析题 13-1 图(a)所示超静定梁，并采用题 13-1 给出的静力可能内力的两种表示式进行计算，对其分别得出的最终弯矩图加以比较。

解答：(a) 采用题 13-1 给出的第一种静力可能内力的表示式进行计算

(1) 确定静力可能内力

选取伸臂梁为力法基本结构，基本结构在荷载、单位多余力 X_1 作用下的弯

矩图分别示于解答 13-10 图(b)、(c)。该超静定梁的可能内力(弯矩) 为
$$M = M_P + \overline{M}_1 X_1$$

(2) 求结构余能 E_C
$$E_C = V_C = \frac{1}{2EI}\int M^2 \mathrm{d}s$$
$$= \frac{1}{2EI}\int (M_P + \overline{M}_1 X_1)^2 \mathrm{d}s$$
$$= \frac{1}{2EI}\int (M_P^2 + 2M_P\overline{M}_1 X_1 + \overline{M}_1^2 X_1^2) \mathrm{d}s$$

注意 $\int M_P^2$ 积分项中不含多余力 X_1,故可以省略掉。

$$\frac{1}{2EI}\int (\overline{M}_1^2 X_1^2) \mathrm{d}s = \frac{X_1^2}{2EI}\int (\overline{M}_1^2) \mathrm{d}s = \frac{X_1^2}{2EI} \times$$
$$\frac{1}{2}l^2 \times \frac{2}{3}l = \frac{X_1^2}{6EI}l^3$$

$$\frac{1}{2EI}\int (2M_P\overline{M}_1 X_1) \mathrm{d}s = \frac{X_1}{EI}\int (M_P\overline{M}_1) \mathrm{d}s = -$$
$$\frac{X_1}{EI} \cdot \frac{1}{3} \cdot \frac{1}{2}ql^2 \cdot l \cdot \frac{3}{4}l = -\frac{X_1}{8EI}ql^4$$

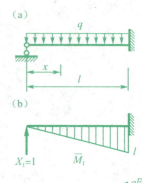

相加得到
$$E_C = V_C = \frac{X_1^2}{6EI}l^3 - \frac{X_1}{8EI}ql^4$$

(3) 应用余能驻值条件
$$\frac{\mathrm{d}E_C}{\mathrm{d}X_1} = 0 \text{ 即 } \frac{l^3}{3EI}X_1 - \frac{1}{8EI}ql^4 = 0$$

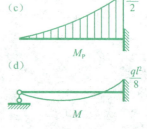

解答 13-10 图

由此求得
$$X_1 = \frac{3}{8}ql(\uparrow)$$

(4) 求内力
该超静定梁的弯矩可以由 $M = M_P + \overline{M}_1 X_1$ 求出如解答 13-10 图(d) 所示。
(b) 采用题 13-1 给出的第二种静力可能内力的表示式进行计算
(1) 确定静力可能内力
选取伸臂梁为力法基本结构,基本结构在单位多余力 X_1 作用下的弯矩图示于解答 13-10 图(f)。另取简支梁为力法基本结构,基本结构在荷载作用下的弯矩图示于解答 13-10 图(g)。该超静定梁的可能内力(弯矩) 为
$$M = M_P + \overline{M}_1 X_1$$

(2) 求结构余能 E_C
$$E_C = V_C = \frac{1}{2EI}\int M^2 \mathrm{d}s = \frac{1}{2EI}\int (M_P + \overline{M}_1 X_1)^2 \mathrm{d}s$$
$$= \frac{1}{2EI}\int (M_P^2 + 2M_P\overline{M}_1 X_1 + \overline{M}_1^2 X_1^2) \mathrm{d}s$$

注意 $\int M_P^2 ds$ 积分项中不含多余力 X_1，故可以省略掉。

$$\frac{1}{2EI}\int (\overline{M}_1^2 X_1^2) ds = \frac{X_1^2}{2EI}\int (\overline{M}_1^2) ds = \frac{X_1^2}{2EI} \times \frac{1}{2}l^2 \times \frac{2}{3}l = \frac{X_1^2}{6EI}l^3$$

$$\frac{1}{2EI}\int (2M_P\overline{M}_1 X_1) ds = \frac{X_1}{EI}\int (M_P\overline{M}_1) ds = \frac{X_1}{EI} \cdot \frac{2}{3} \cdot \frac{1}{8}ql^2 \cdot l \cdot \frac{1}{2}l$$

$$= \frac{X_1}{24EI}ql^4$$

相加得到

$$E_C = V_C = \frac{X_1^2}{6EI}l^3 + \frac{X_1}{24EI}ql^4$$

(3) 应用余能驻值条件

$$\frac{dE_C}{dX_1} = 0 \quad 即 \quad \frac{l^3}{3EI}X_1 + \frac{1}{24EI}ql^4 = 0$$

由此求得 $X_1 = -\frac{1}{8}ql (\downarrow)$

(4) 求内力

该超静定梁的弯矩可以由 $M = M_P + \overline{M}_1 X_1$ 求出亦如解答 13-10 图(d) 所示。

13-11 试用余能原理分析题 13-5 图(b) 所示超静定桁架。

(a) 设 CD 杆温度上升 $t°$；
(b) 设支座 A 处有向右的水平位移 c。

解答：(a) CD 杆温度上升 $t°$ 用余能原理分析超静定桁架

(1) 确定静力可能内力

取支座 A 的反力 X_1 作为多余未知力，力法基本体系如解答 13-11 图(a) 所示，根据静力条件，可以求得：

$$F_{NAC} = X_1, F_{NCB} = -\sqrt{2}X_1, F_{NCD} = X_1$$

该式即为超静定桁架静力可能内力。

(2) 求超静定桁架的余能 E_C

$$E_C = V_C = \sum_e \int [\varepsilon_0 F_N + \frac{1}{2EA}F_N^2] ds = \sum_e \frac{1}{2EA}F_N^2 l + at°X_1 a$$

$$= \frac{1}{2EA}(X_1^2 a + 2X_1^2\sqrt{2}a + X_1^2 a) + at°X_1 a$$

(3) 应用余能驻值条件

$$\frac{dE_C}{dX_1} = 0 \quad 即 \quad \frac{1}{2EA}(4X_1 a + \sqrt{2}X_1 a) + at°a = 0$$

由此求得

$$X_1 = \frac{1-\sqrt{2}}{2}EAat°$$

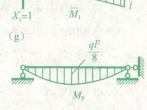

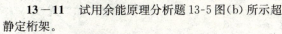

解答 13-10 图

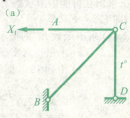

解答 13-11 图

(4) 求内力

$$F_{NAC} = F_{NCD} = \frac{1-\sqrt{2}}{2}EAat°, F_{NCB} = -\sqrt{2}X_1 = \frac{2-\sqrt{2}}{2}EAat°$$

(b) 支座 A 处有向右的水平位移 c 用余能原理分析超静定桁架

(1) 确定静力可能内力

取支座 A 的反力 X_1 作为多余未知力,力法基本体系如解答 13-11 图(b) 所示,根据静力条件,可以求得:

$$F_{NAC} = X_1, F_{NCB} = -\sqrt{2}X_1, F_{NCD} = X_1$$

该式即为超静定桁架静力可能内力。

(2) 求超静定桁架的余能 E_C

结构的应变余能为

$$V_C = \sum \int \frac{1}{2EA}F_N^2 ds = \sum_e \frac{1}{2EA}F_N^2 l = \frac{1+\sqrt{2}}{EA}X_1^2 a$$

结构的支座位移余能为 $V_{Cd} = X_1 c$

超静定桁架的余能 E_C 为

$$E_C = V_C + V_{Cd} = \frac{1+\sqrt{2}}{EA}X_1^2 a + X_1 c$$

(3) 应用余能驻值条件

$$\frac{dE_C}{dX_1} = 0 \; 即 \; \frac{1+\sqrt{2}}{EA}2X_1 a + c = 0$$

由此求得 $X_1 = \frac{1-\sqrt{2}}{2}\frac{EAc}{a}$

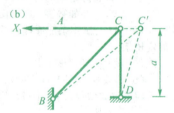

解答 13-11 图

(4) 求内力

$$F_{NAC} = F_{NCD} = \frac{1-\sqrt{2}}{2}\frac{EAc}{a}, F_{NCB} = -\sqrt{2}X_1$$

$$= \frac{2-\sqrt{2}}{2}\frac{EAc}{a}$$

13－12 仍分析题 13-5 图(b) 所示超静定桁架。试:
(a) 求出在真实受力状态下桁架的余能,记为 $\overline{E}_C$。
(b) 取 CD 杆的轴力作为多余未知力 X_1,此超静定桁架的静力可能内力可表示为

$$\overline{F} = \overline{F}_N X_1 + F_{NP}$$

求出在可能内力状态下桁架的余能 E_C 的表示式,这里 X_1 是变量,E_C 是 X_1 的函数,即 $E_C = E_C(X_1)$;
(c) 求出函数 E_C 的极小值,记为 $(E_C)_{min}$,并验证 (E_C) min $= \overline{E}_C$。

解答:(a) 求出在真实受力状态下桁架的余能 $\overline{E}_C$

(1) 由题 13-5 图(b) 求得各杆的内力为:

$$F_{NAC} = \frac{\sqrt{2}-1}{2}F_P, F_{NCB} = \frac{\sqrt{2}-2}{2}F_P, F_{NCD} = \frac{\sqrt{2}-3}{2}F_P$$

(2) 求在真实受力状态下桁架的余能 $\overline{E}_C$

第13章 能量原理

$$\bar{E}_{\mathrm{C}} = V_{\mathrm{C}} = \sum_e \int \frac{1}{2EA} F_{\mathrm{N}}^2 \mathrm{d}s = \sum_e \frac{1}{2EA} F_{\mathrm{N}}^2 l$$

$$= \frac{F_{\mathrm{P}}^2 a}{2EA} \left[\left(\frac{\sqrt{2}-1}{2}\right)^2 + \left(\frac{\sqrt{2}-2}{2}\right)^2 \cdot \sqrt{2} + \left(\frac{\sqrt{2}-3}{2}\right)^2 \right] = \frac{F_{\mathrm{P}}^2 a}{4EA}(3-\sqrt{2})$$

(b) 求出在可能内力状态下桁架的余能 E_{C} 的表示式 E_{C}；

(1) 确定静力可能内力

取支座 D 的反力 X_1 作为多余未知力，力法基本体系如解答13-12图所示，根据静力条件，可以求得：

$$F_{\mathrm{NAC}} = F_{\mathrm{P}} + X_1,\ F_{\mathrm{NCB}} = -\sqrt{2}(F_{\mathrm{P}} + X_1),\ F_{\mathrm{NCD}} = X_1$$

该式即为超静定桁架静力可能内力。

(2) 求超静定桁架的余能 E_{C}

$$E_{\mathrm{C}}(X_1) = V_{\mathrm{C}} = \sum_e \int \frac{1}{2EA} F_{\mathrm{N}}^2 \mathrm{d}s = \sum_e \frac{1}{2EA} F_{\mathrm{N}}^2 l$$

$$= \frac{a}{2EA} \left\{ (F_{\mathrm{P}} + X_1)^2 + \left[-\sqrt{2}(F_{\mathrm{P}} + X_1) \right]^2 \cdot \sqrt{2} + (X_1)^2 \right\}$$

$$= \frac{a}{2EA} \left\{ F_{\mathrm{P}}^2(1 + 2\sqrt{2}) + X_1 F_{\mathrm{P}}(2 + 4\sqrt{2}) + (2 + 2\sqrt{2}) X_1^2 \right\}$$

(c) 求出函数 E_{C} 的极小值，记为 $(E_{\mathrm{C}})_{\min}$，并验证 $(E_{\mathrm{C}})_{\min} = \bar{E}_{\mathrm{C}}$。

应用余能驻值条件

$$\frac{\mathrm{d}E_{\mathrm{C}}}{\mathrm{d}X_1} = 0\ \text{即}$$

$$\frac{a}{2EA} \left[F_{\mathrm{P}}(2 + 4\sqrt{2}) + (2 + 2\sqrt{2}) 2X_1 \right] = 0$$

由此求得 $X_1 = -\dfrac{3-\sqrt{2}}{2} F_{\mathrm{P}}$

求出函数 E_{C} 的极小值

$$(E_{\mathrm{C}})_{\min} = E_{\mathrm{C}}(X_1) \Big|_{X_1 = -\frac{3-\sqrt{2}}{2} F_{\mathrm{P}}} = \frac{F_{\mathrm{P}}^2 a}{4EA}(3-\sqrt{2}) = \bar{E}_{\mathrm{C}}$$

解答 13-12 图

13—13 试用势能偏导数定理求图示刚架 A 点支座反力 F_1，设 A 点支座水平位移为变量位移 Δ_1。

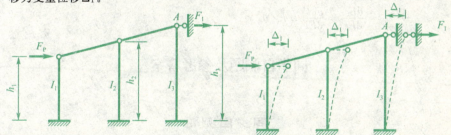

题 13-13 图　　　　解答 13-13 图

解答：如解答 13-13 图所示，忽略横梁的轴向变形，则各柱顶的水平位移均为基本

第13章 能量原理

未知量 Δ_1。柱端剪力为 $3\Delta_1 \dfrac{i}{h^2}$，柱的应变能为 $\dfrac{3}{2}\Delta_1^2 \dfrac{i}{h^2}$。

刚架的应变能为三柱的应变能之和

$$V\varepsilon = \dfrac{3}{2}\Delta_1^2 \sum \dfrac{i}{h^2}$$

刚架的势能为

$$E_P = \dfrac{3}{2}\Delta_1^2 \sum \dfrac{i}{h^2} - F_P \Delta_1$$

应用势能偏导数定理

$$F_1 = \dfrac{dE_P}{d\Delta_1} = 3\Delta_1 \sum \dfrac{i}{h^2} - F_P$$

13－14 图示一矩形截面悬臂梁 AB，在自由端 B 处作用荷载 F_P，在固定端 A 处有给定的支座转角 $\bar{\theta}_A$。试用余能偏导数定理求 B 点的竖向位移 v_B。

解答： 荷载 F_P 作用下的弯矩图如解答 13-14 图所示，结构的应变余能为

$$E_C = V_C = \dfrac{1}{2EI}\int M^2 ds$$

$$= \dfrac{1}{2EI}\left(\dfrac{1}{2}F_P l \cdot l \cdot \dfrac{2}{3}F_P l\right) = \dfrac{F_P^2 l^3}{6EI}$$

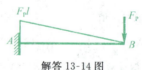

题 13-14 图

结构的支座位移余能为

$$V_{Cd} = F_P l \times \bar{\theta}_A$$

结构的余能 E_C 为

$$E_C = V_C + V_{Cd} = \dfrac{F_P^2 l^3}{6EI} + F_P l \times \bar{\theta}_A$$

解答 13-14 图

应用余能偏导数定理

$$v_B = \dfrac{dE_C}{dF_P} = \dfrac{F_P l^3}{3EI} + l \times \bar{\theta}_A$$

同步自测题及参考答案

同步自测题

1. 势能驻值条件是用能量原理表示的变形协调条件，余能驻值原理是用能量形式表示的平衡条件。（　　）

2. 求图示结构的应变能和应变余能(线弹性情况)。已知各杆 EA 为常数。

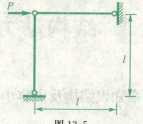

图 13-5

3. 试求图示悬臂梁的总势能。设材料为线性弹性,$EI = $ 常数。

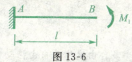

图 13-6

4. 试用势能驻值原理求图示刚架各杆杆端弯矩。$EI = $ 常数。

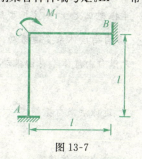

图 13-7

参考答案

1. (×)
2. 应变能 $\dfrac{P^2 l}{2EA}$,应变余能 $\dfrac{P^2 l}{2EA}$
3. $-\dfrac{l}{2EI}M_1^2$
4. $M_{CB} = \dfrac{M_1}{2}, M_{CA} = \dfrac{M_1}{2}, M_{BC} = \dfrac{M_1}{4}, M_{AC} = \dfrac{M_1}{4}$

第14章　结构动力计算续论

本章知识结构及内容小结

【本章知识结构】

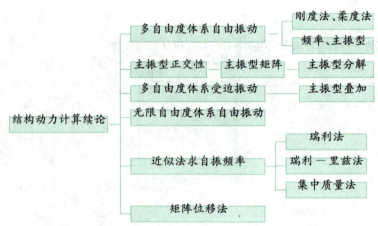

【本章内容小结】

1. 多自由度体系的自由振动：

可看成是两个自由度体系自由振动的推论。主要内容同样是建立运动方程的方法、自振圆频率与主振型的计算。两种方法建立运动方程，采用哪种方法，主要看结构的特点。对称结构，质量也对称时，主振型具有正对称和反对称两类，可简化计算，分别取正对称简化方法计算正对称主振型、反对称简化方法计算反对称主振型。同时注意主振型的标准化。

2. 主振型的正交性：

强调主振型的正交性，并引入主振型矩阵、广义刚度矩阵、广义质量矩阵的概念。应用主振型的正交性，一是判断主振型的形状特点，二是确定位移展开公式中的系数。

3. 多自由度体系的强迫振动：

简谐荷载下，与两个自由度体系的受迫振动类似。在一般动力荷载下，采用主振型分解（叠加）法，利用主振型的正交性，得到位移的展开表示。

4. 无限自由度体系的自由振动:

建立连续质量分布的杆件体系自由振动偏微分方程。用分离变量法求解,得到广义坐标的级数形式解答,是数学上的解析(准确)解。

5. 近似法求自振频率:

瑞利法计算第一频率,是能量法的基本方法,根据均布静力荷载作用下的挠度曲线求得的第一频率,具有很高的精度。

瑞利－里兹法,利用哈密顿原理,可得到最初几个频率的近似解。

第 10 章采用的集中质量法,也是近似法。

6. 矩阵位移法

就是有限单元法,当单元数目增加时,可得到足够准确的前几个频率。

经典例题解析

例 1 图 14－1 示两层框架结构,楼面及立柱质量集中于刚性横梁,各立柱抗剪刚度均为 k,试判断 $Y^T = \left(1, \dfrac{\sqrt{2}}{2}\right)$ 是否是该体系的某一振型向量。

图 14-1

解答: 利用两个正交关系判断。设该向量是其主振型,先利用第一正交性确定另一主振型,再利用第二正交性验证它们是否是体系的主振型。

设另一振型为 $Y_2 = (1, Y_{22})^T$

代入第一正交关系,

$$Y^T M Y_2 = \left(1, \dfrac{\sqrt{2}}{2}\right)\begin{bmatrix} m & 0 \\ 0 & 2m \end{bmatrix}\begin{pmatrix} 1 \\ Y_{22} \end{pmatrix} = m + \sqrt{2} Y_{22} m = 0$$

$$Y_{22} = -\dfrac{\sqrt{2}}{2}, \quad Y_2^T = \left(1, -\dfrac{\sqrt{2}}{2}\right)$$

再代入第二正交关系

$$Y^{\mathrm{T}}KY_2 = \left(1, \frac{\sqrt{2}}{2}\right)\begin{bmatrix} 2k & -2k \\ -2k & 4k \end{bmatrix}\begin{Bmatrix} 1 \\ -\frac{\sqrt{2}}{2} \end{Bmatrix} = 0$$

成立，所以它们是该体系的主振型向量。

例2 试求图 14-2a 示等截面均质梁的前三阶自振频率和相应的振型。已知梁长度 l、抗弯刚度 EI、均布质量 $\overline{m}$。

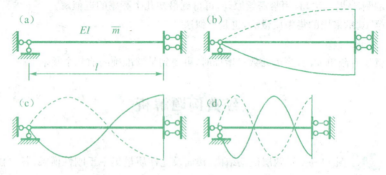

图 14-2

解答： 等截面均质梁无限自由度自由振动振型函数为

$$Y(x) = C_1 \cosh\lambda x + C_2 \sinh\lambda x + C_3 \cos\lambda x + C_4 \sin\lambda x,$$

由左端的边界条件

$$\begin{cases} Y(0) = 0, C_1 + C_3 = 0 \\ Y''(0) = 0, C_1 - C_3 = 0 \end{cases}$$

可解得 $C_1 = C_3 = 0$

振型函数 $Y(x) = C_2 \sinh\lambda x + C_4 \sin\lambda x$

由右端的边界条件

$$\begin{cases} Y'(l) = 0, C_2 \operatorname{ch}\lambda l + C_4 \cos\lambda l = 0 \\ Y'''(l) = 0, C_2 \operatorname{ch}\lambda l - C_4 \cos\lambda l = 0 \end{cases}$$

该齐次方程组具有非零解的充要条件是系数行列式等于 0，即

$$\begin{vmatrix} \operatorname{ch}\lambda l & \cos\lambda l \\ \operatorname{ch}\lambda l & -\cos\lambda l \end{vmatrix} = 0$$

即 $\operatorname{ch}\lambda l \cos\lambda l = 0$，由于 $\operatorname{ch}\lambda l \neq 0$ 得特征方程

$$\cos\lambda l = 0$$

它有无穷多解

$$\lambda_n = \frac{(2n-1)\pi}{2l}, (n = 1, 2, 3 \cdots)$$

自振频率为

$$\omega_n = \lambda^2 \sqrt{\frac{EI}{\overline{m}}} = \frac{(2n-1)^2 \pi^2}{4l^2} \sqrt{\frac{EI}{\overline{m}}}$$

对应振型为

$$Y_n(x) = C_4 \sin\lambda_n x = C_4 \sin\frac{(2n-1)\pi}{2l}x$$

前三个主振型如图 14-2(b),(c),(d)。

考研真题评析

例1 图 14-3 示等截面均质梁,长度 l、抗弯刚度 EI、均布质量 $\overline{m}$。跨中有集中质量 M。试用能量法求第一频率。(提示:设悬臂梁的自由端作用一荷载 P,并选择这个荷载产生的挠度曲线为振型函数,即:$Y(x) = \frac{Pl^3}{3EI} \frac{(3x^2l - x^3)}{2l^3} = Y_0(3x^2l - x^3)/2l^3$,$Y_0$ 为 P 作用点挠度)

图 14-3

解答:应变能等于外力功

$$U_{max} = W_{max} = \frac{1}{2} PY_0$$

动能

$$V_{max} = V_{1max} + V_{2max} = \frac{1}{2}\omega^2 \int_0^l \overline{m} Y^2(x) \mathrm{d}x + \frac{1}{2}\omega^2 MY^2\left(\frac{l}{2}\right) = \frac{33}{280}\omega^2 \overline{m} l Y_0^2 + \frac{5}{32}\omega^2 M Y_0^2$$

令 $U_{max} = V_{max}$ 得

$$\omega^2 = \frac{1}{2} PY_0 \Big/ \left(\frac{33}{280}\overline{m}lY_0^2 + \frac{5}{32}\omega^2 MY_0^2\right) = \frac{3EI}{\left(\frac{33}{140}\overline{m}l + \frac{5}{16}M\right)l^3}$$

$$\omega = \sqrt{\frac{3EI}{\left(\frac{33}{140}\overline{m}l + \frac{5}{16}M\right)l^3}}$$

第14章 结构动力计算续论

例2 图14-4示刚架,各柱的质量不计,刚性梁的集中质量 $m_1 = m_2 = 270\text{t}$, $m_3 = 180\text{t}$,已知主振型 $Y_1^T = \left(\dfrac{1}{3}, \dfrac{2}{3}, 1\right)$, $Y_2^T = \left(-\dfrac{2}{3}, -\dfrac{2}{3}, 1\right)$,试求第三主振型 Y_3。

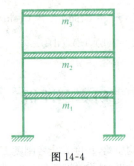

图 14-4

解答: 设第三主振型为
$$Y_3^T = (Y_{13}, Y_{23}, 1),$$
由主振型的正交性得到
$Y_1^T M Y_3 = 0$,
$$\left(\dfrac{1}{3}, \dfrac{2}{3}, 1\right)\begin{bmatrix} m_1 & 0 & 0 \\ 0 & m_2 & 0 \\ 0 & 0 & m_3 \end{bmatrix}\begin{Bmatrix} Y_{13} \\ Y_{23} \\ 1 \end{Bmatrix} = 90Y_{13} + 180Y_{23} + 180 = 0,$$
$Y_2^T M Y_3 = 0$,
$$\left(-\dfrac{2}{3}, -\dfrac{2}{3}, 1\right)\begin{bmatrix} m_1 & 0 & 0 \\ 0 & m_2 & 0 \\ 0 & 0 & m_3 \end{bmatrix}\begin{Bmatrix} Y_{13} \\ Y_{23} \\ 1 \end{Bmatrix} = -180Y_{13} - 180Y_{23} + 180 = 0,$$
联立求解得到
$$Y_{13} = 4, \quad Y_{23} = -3,$$
即第三主振型为
$Y_3^T = (4, -3, 1)$,

第14章 结构动力计算续论

本章教材习题精解

14-1 试求图示体系的第一频率,和第一主振型。各杆 EI 相同。

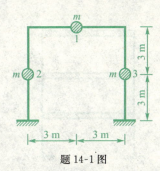

题 14-1 图

解答:这是 4 个自由度体系,分别为 1 点水平方向,2 点水平方向,3 点水平方向,1 点竖直方向。结构对称,质量也对称,主振型具有正、反对称性,从变形形态看,第一主振型发生在反对称状态。取反对称半边结构计算如解答 14-1 图 (a)。两个自由度体系,用柔度法计算,可用无剪力分配法计算单位力下的弯矩图如解答 14-1 图(b)、(c)。

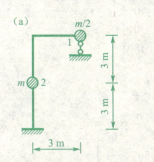
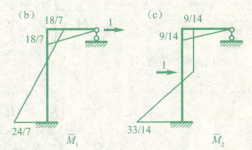

解答 14-1 图

计算柔度系数

$$\delta_{11} = \frac{25.714}{EI}, \delta_{12} = \delta_{21} = \frac{10.92}{EI}, \delta_{22} = \frac{6.11}{EI},$$

$$M = m \begin{bmatrix} 1/2 & 0 \\ 0 & 1 \end{bmatrix}$$

代入频率方程得 $\omega_1 = 0.24\sqrt{\dfrac{EI}{m}}, \omega_2 = 0.77\sqrt{\dfrac{EI}{m}}$

· 445 ·

第一主振型

$\dfrac{y_{11}}{y_{12}} = \dfrac{1}{0.46}$，整体主振型为 $Y_1^{\mathrm{T}} = (1, 0.46, 0.46, 0)$。

14-2 试求图示三层刚架的自振频率和主振型。设楼面质量分别为 $m_1 = 270\mathrm{t}$，$m_2 = 270\mathrm{t}, m_3 = 180\mathrm{t}$，各层侧移刚度分别为 $k_1 = 245\ \mathrm{MN/m}, k_2 = 196\ \mathrm{MN/m}, k_3 = 98\ \mathrm{MN/m}$；横梁刚度为无穷大。

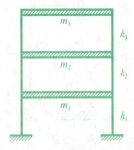

题 14-2 图

解答：3 个自由度体系，已知刚度，用刚度法

$$K = \begin{vmatrix} 441 & -196 & 0 \\ -196 & 294 & -98 \\ 0 & -98 & 98 \end{vmatrix} \mathrm{MN/m}$$

$$M = \begin{vmatrix} 270 & 0 & 0 \\ 0 & 270 & 0 \\ 0 & 0 & 180 \end{vmatrix} \mathrm{t}$$

代入频率方程，计

$$\eta = \dfrac{180\mathrm{t}}{98\ \mathrm{MN/m}} \times \omega^2$$

$$|K - \omega^2 M| = 0$$

$$98 \times \begin{vmatrix} 4.5 - 1.5\eta & -2 & 0 \\ -2 & 3 - 1.5\eta & -1 \\ 0 & -1 & 1 - \eta \end{vmatrix} = 0$$

简化得

$$\eta^3 - 6\eta^2 + \dfrac{77}{9}\eta - \dfrac{20}{9} = 0$$

解得

$$\eta_1 = \dfrac{1}{3},\ \eta_2 = \dfrac{5}{3},\ \eta_3 = 4$$

对应频率

$$\omega_1 = \frac{\eta_1 \times 98 \times 10^3}{180} = 13.47 \text{s}^{-1},$$

$$\omega_2 = 30.12 \text{s}^{-1},$$

$$\omega_3 = 46.67 \text{s}^{-1}.$$

代入振幅齐次方程,

$$(K - \omega^2 M)Y = 0$$

对 ω_1 取 $Y_{11} = 1$,得

$$\begin{vmatrix} 4 & -2 & 0 \\ -2 & 2.5 & -1 \\ 0 & -1 & \frac{2}{3} \end{vmatrix} \begin{pmatrix} 1 \\ Y_{21} \\ Y_{31} \end{pmatrix} = 0$$

第一主振型

$$Y^{(1)\text{T}} = (1, 2, 3)$$

类似得

$$Y^{(2)\text{T}} = (1, 1, -1.5)$$
$$Y^{(3)\text{T}} = (1, -0.75, 0.25)$$

14-3 设在题 14-2 的三层刚架的第二层作用一水平干扰力 $F_P(t) = 20\sin\theta t$ kN,每分钟振动 200 次,试求图示各楼层的振幅。

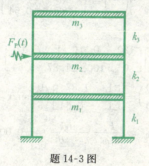

题 14-3 图

解答:荷载频率

$$\theta = \frac{200 \times 2\pi}{60} = 20.944 \text{s}^{-1}$$

与自振频率不相同,未发生共振。将上题的 K、M 矩阵代入简谐荷载下的振幅方程。

$$(K - \theta^2 M)Y = F_P$$

第14章 结构动力计算续论

得

$$\begin{bmatrix} 322.564 & -196 & 0 \\ -196 & 175.564 & -98 \\ 0 & -98 & 19.043 \end{bmatrix} \times 10^3 \begin{pmatrix} Y_1 \\ Y_2 \\ Y_3 \end{pmatrix} = \begin{pmatrix} 0 \\ 20 \\ 0 \end{pmatrix}$$

解得振幅

$$Y = (-0.0271 \quad -0.1447 \quad -0.229)^T \text{ mm}$$

14-4 试用振型叠加法重作题 10-23

解： 由题 10-22,10-23,解知

$$M = \begin{bmatrix} 120 & 0 \\ 0 & 100 \end{bmatrix} \text{t}$$

$$K = \begin{bmatrix} 51 & -21 \\ -21 & 21 \end{bmatrix} \times 10^3 \text{ kN/m}$$

$$\omega_1 = 9.88 \text{s}^{-1}, \omega_2 = 23.18 \text{s}^{-1}$$

$$Y^{(1)} = \begin{pmatrix} 1 \\ 1.87 \end{pmatrix}, Y^{(2)} = \begin{pmatrix} 1 \\ -0.64 \end{pmatrix}$$

$$\theta = \frac{2\pi n}{60} = 15.708 \text{s}^{-1}$$

正则坐标变换：

$$\begin{pmatrix} y_1 \\ y_2 \end{pmatrix} = \begin{bmatrix} 1 & 1 \\ 1.87 & -0.64 \end{bmatrix} \begin{pmatrix} \eta_1 \\ \eta_2 \end{pmatrix}$$

广义质量、广义荷载

$$M^* = \begin{bmatrix} 1 & 1.87 \\ 1 & -0.64 \end{bmatrix} \begin{bmatrix} 120 & 0 \\ 0 & 100 \end{bmatrix} \begin{bmatrix} 1 & 1 \\ 1.87 & 0.64 \end{bmatrix} = \begin{bmatrix} 470 & 0 \\ 0 & 161 \end{bmatrix}$$

$$\begin{pmatrix} F_1(t) \\ F_2(t) \end{pmatrix} = \begin{bmatrix} 1 & 1.87 \\ 1 & -0.64 \end{bmatrix} \begin{pmatrix} 0 \\ 5 \end{pmatrix} \sin\theta t = \begin{pmatrix} 9.35 \\ -3.2 \end{pmatrix} \sin\theta t$$

$$\eta_1 = \frac{F_1}{M_1 \omega_1^2} \frac{\sin\theta t}{1 - \frac{\theta^2}{\omega_1^2}} = -0.0001337 \sin\theta t$$

$$\eta_2 = \frac{F_2}{M_2 \omega_2^2} \frac{\sin\theta t}{1 - \frac{\theta^2}{\omega_2^2}} = -0.00006848 \sin\theta t$$

楼层振幅

$$\begin{pmatrix} A_1 \\ A_2 \end{pmatrix} = \begin{bmatrix} 1 & 1 \\ 1.87 & -0.64 \end{bmatrix} \begin{pmatrix} -0.0001337 \\ -0.00006848 \end{pmatrix} = \begin{pmatrix} -0.000202 \\ -0.000206 \end{pmatrix} \text{m} = \begin{pmatrix} -0.202 \\ -0.206 \end{pmatrix} \text{mm}$$

动弯矩幅值

$$M_{A\max} = \frac{6i_l}{4} A_1 = 6.06 \text{ kN} \cdot \text{m}$$

第14章 结构动力计算续论

14—5 设在题10—22的两层刚架二层楼面处沿水平方向作用一突加荷载F_P,试用振型叠加法求第一、第二层楼面处的振幅值和柱端弯矩的幅值。

解:自振频率、主振型、正则变换、广义质量、同上题。

广义荷载为突加荷载:

$$\begin{pmatrix} F_1(t) \\ F_2(t) \end{pmatrix} = \begin{bmatrix} 1 & 1.87 \\ 1 & 0.64 \end{bmatrix} \begin{pmatrix} 0 \\ F_P \end{pmatrix} = \begin{pmatrix} 1.87F_P \\ -0.64F_P \end{pmatrix}$$

正则坐标

$$\eta_1(t) = \frac{1}{M_1\omega_1} \int_0^t F_1(\tau)\sin\omega_1(t-\tau)d\tau = \frac{1.87F_P}{M_1\omega_1^2}(1-\cos\omega_1 t)$$

$$\eta_2(t) = \frac{1}{M_2\omega_2} \int_0^t F_2(\tau)\sin\omega_2(t-\tau)d\tau = -\frac{0.64F_P}{M_2\omega_2^2}(1-\cos\omega_2 t)$$

楼层位移

$$y_1(t) = \eta_1(t) + \eta_2(t) = \frac{1.87F_P}{M_1\omega_1^2}(1-\cos\omega_1 t) - \frac{0.64F_P}{M_2\omega_2^2}(1-\cos\omega_2 t)$$

$$y_2(t) = 1.87\eta_1(t) - 0.64\eta_2(t) = \frac{3.5F_P}{M_1\omega_1^2}(1-\cos\omega_1 t) + \frac{0.41F_P}{M_2\omega_2^2}(1-\cos\omega_2 t)$$

振幅:
$$A_1 = 0.08F_P \text{ mm}$$
$$A_2 = 0.1619F_P \text{ mm}$$

柱端弯矩幅值

$$M_{1\max} = \frac{6i_1}{h}A_1 = \frac{6}{4} \times 20 \times 0.08F_P = 2.4F_P(\text{kN} \cdot \text{m})$$

14—6 设在题10—22的两层刚架顶端在振动开始时的初始位移为$0.1cm$,试用振型叠加法求第一、第二层楼面处的振幅值和柱端弯矩的幅值。

解:自振频率、主振型、正则变换、广义质量、同上题。

$$y^0 = \begin{pmatrix} 0 \\ 0.1 \end{pmatrix} \text{cm}$$

$$\eta_1(0) = \frac{Y^{(1)T}My^0}{M_1} = \frac{(1,1.87)\begin{bmatrix} 120 & 0 \\ 0 & 100 \end{bmatrix}\begin{pmatrix} 0 \\ 0.1 \end{pmatrix}}{470} = 0.0398 \text{cm}$$

$$\eta_2(0) = \frac{Y^{(2)T}My^0}{M_2} = \frac{(1,-0.64)\begin{bmatrix} 120 & 0 \\ 0 & 100 \end{bmatrix}\begin{pmatrix} 0 \\ 0.1 \end{pmatrix}}{161} = 0.0398 \text{cm}$$

所以
$$\eta_1(t) = 0.0398\cos\omega_1 t$$
$$\eta_2(t) = -0.0398\cos\omega_2 t$$

位移
$$y_1(t) = \eta_1(t) + \eta_2(t) = 0.0398\cos\omega_1 t - 0.0398\cos\omega_2 t$$

第14章 结构动力计算续论

$$y_2(t) = 1.87\eta_1(t) - 0.64\eta_2(t) = 0.0744\cos\omega_1 t + 0.0255\cos\omega_2 t$$

最大位移
$$Y_{1\max} = 0.0796\text{cm}, Y_{2\max} = 0.1\text{cm}$$

柱端最大弯矩
$$M_{1\max} = \frac{3}{2} \times 20 \times 0.000796 = 23.88\text{kN} \cdot \text{m}$$

14－7 试求图示刚架的最大动弯矩。设 $\theta^2 = \dfrac{12EI}{ml^3}$，各杆 EI 相同，杆分布质量不计。

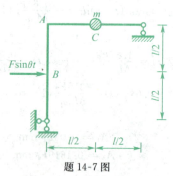

题 14-7 图

解答： 两个自由度体系，采用柔度法计算，由弯矩图解答 14-7 图计算柔度系数。

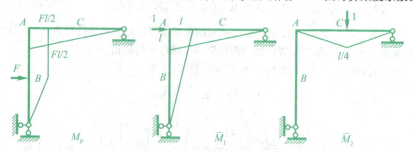

解答 14-7 图

$$\delta_{11} = 2\frac{1}{EI} \times \frac{1}{2} \times l \times l \times \frac{2}{3} \times l = \frac{2l^3}{3EI}$$

$$\delta_{12} = \frac{1}{EI} \times \frac{1}{2} \times l \times \frac{l}{4} \times \frac{1}{2} \times l = \frac{l^3}{16EI}$$

$$\delta_{22} = 2\frac{1}{EI} \times \frac{1}{2} \times \frac{l}{2} \times \frac{l}{4} \times \frac{2}{3} \times \frac{l}{4} = \frac{l^3}{48EI}$$

$$\Delta_{1P} = \frac{1}{EI}(\frac{1}{2} \times l \times l \times \frac{2}{3} \times \frac{Fl}{2} + \frac{l}{2} \times \frac{Fl}{2} \times \frac{3}{4}l + \frac{1}{2} \times \frac{l}{2} \times \frac{Fl}{2} \times \frac{2}{3} \times \frac{l}{2})$$

$$= \frac{19Fl^3}{48EI}$$

$$\Delta_{2P} = \frac{1}{EI} \times \frac{1}{2} \times l \times \frac{l}{4} \times \frac{1}{2} \times \frac{Fl}{2} = \frac{Fl^3}{32EI}$$

代入振幅方程

$$\begin{cases} (m_1\theta^2\delta_{11}-1)Y_1 + m_2\theta^2\delta_{12}Y_2 + \Delta_{1P} = 0 \\ m_2\theta^2\delta_{21}Y_1 + (m_2\theta^2\delta_{22}-1)Y_2 + \Delta_{2P} = 0 \end{cases}$$

得
$$\begin{cases} 8Y_1 + \dfrac{3}{4}Y_2 = -\dfrac{19Fl^3}{48EI} \\ \dfrac{3}{4}Y_1 - \dfrac{3}{4}Y_2 = -\dfrac{Fl^3}{32EI} \end{cases}$$

解得振幅

$$Y_1 = -\frac{41Fl^3}{744EI}, Y_2 = -\frac{5Fl^3}{372EI}$$

惯性力幅值

$$I_1 = m\theta^2 Y_1 = -0.66F,$$
$$I_2 = m\theta^2 Y_2 = -0.16F$$

动弯矩幅值

$$M_{A\max} = \frac{Fl}{2} - 0.66Fl = -0.16Fl, M_{B\max} = \frac{Fl}{2} - 0.33Fl = 0.17Fl, M_{C\max} =$$

$$\frac{Fl}{4} - 0.16Fl \times \frac{1}{4} - 0.66F \times \frac{l}{2} = -0.12Fl$$

14-8 图示刚架分布质量不计,简谐荷载频率 $\theta = \sqrt{\dfrac{16EI}{ml^3}}$。试求质点的振幅及动弯矩图。各杆 $EI=$ 常数。

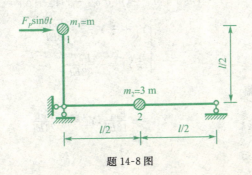

题 14-8 图

解答：两个自由度体系，采用柔度法计算，由弯矩图解答 14-8 图计算柔度系数。

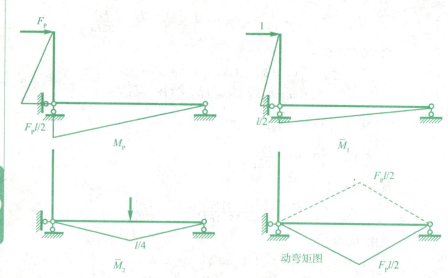

解答 14-8 图

$$\delta_{11} = \frac{1}{EI}(\frac{1}{2} \times l \times \frac{l}{2} \times \frac{2}{3} \times \frac{l}{2} + \frac{1}{2} \times \frac{l}{2} \times \frac{l}{2} \times \frac{2}{3} \times \frac{l}{2}) = \frac{l^3}{8EI}$$

$$\delta_{12} = \delta_{21} = \frac{l^3}{32EI}, \delta_{22} = \frac{l^3}{48EI}$$

$$\Delta_{1P} = \frac{F_P l^3}{8EI}, \Delta_{2P} = \frac{F_P l^3}{32EI}$$

代入振幅方程

$$\begin{cases}(m_1\theta^2\delta_{11} - 1)Y_1 + m_2\theta^2\delta_{12}Y_2 + \Delta_{1P} = 0 \\ m_1\theta^2\delta_{21}Y_1 + (m_2\theta^2\delta_{22} - 1)Y_2 + \Delta_{2P} = 0\end{cases}$$

得

$$\begin{cases}Y_1 + \frac{3}{2}Y_2 = -\frac{F_P l^3}{8EI} \\ \frac{1}{2}Y_1 = -\frac{F_P l^3}{32EI}\end{cases}$$

解得振幅

$$Y_1 = -\frac{F_P l^3}{16EI}, Y_2 = -\frac{F_P l^3}{24EI}$$

惯性力幅值

$$I_1 = m\theta^2 Y_1 = -F_P,$$
$$I_2 = m\theta^2 Y_2 = -2F_P$$

动弯矩图见解答 14-8 图。

14－9 图示桁架,杆分布质量不计,各杆 EA 为常数,质量上作用竖向简谐荷载 $F_P \sin\theta t$, $\theta = \sqrt{\dfrac{EA}{ma}}$。试求质点的最大竖向动位移和最大水平动位移。

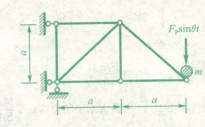

题 14-9 图

解答:两个自由度体系,采用柔度法计算,由轴力值解答 14-9 图计算柔度系数。

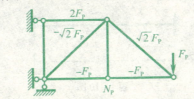

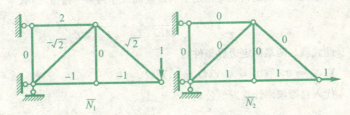

解答 14-9 图

$$\delta_{11} = \frac{1}{EA}((-1)\times(-1)\times a \times 2 + \sqrt{2}\times\sqrt{2}\times\sqrt{2}a\times 2 + 2\times 2\times a)$$

$$= \frac{(6+4\sqrt{2})a}{EA}$$

$$\delta_{12} = \delta_{21} = -\frac{2a}{EA}, \quad \delta_{22} = \frac{2a}{EA}$$

$$\Delta_{1P} = \frac{(6+4\sqrt{2})F_P a}{EA}, \Delta_{2P} = -\frac{2F_P a}{EA}$$

代入振幅方程

$$\begin{cases} (m_1\theta^2\delta_{11}-1)Y_1 + m_2\theta^2\delta_{12}Y_2 + \Delta_{1P} = 0 \\ m_1\theta^2\delta_{21}Y_1 + (m_2\theta^2\delta_{22}-1)Y_2 + \Delta_{2P} = 0 \end{cases}$$

得

$$\begin{cases} 10.657Y_1 - 2Y_2 = -11.657\dfrac{F_P a}{EA} \\ -2Y_1 + Y_2 = 2\dfrac{F_P a}{EA} \end{cases}$$

解得振幅

$$Y_1 = -1.15\frac{F_P a}{EA}, Y_2 = -0.3\frac{F_P a}{EA}$$

即最大竖向动位移 $1.15\dfrac{F_P a}{EA}$,最大水平动位移 $0.3\dfrac{F_P a}{EA}$。

14-10 试用能量法求图示两端固定梁的第一频率。

题 14-10 图

解答:取梁在均布横向荷载 q 作用下的挠度曲线作为第一振型,即取

$$Y(x) = \frac{ql^4}{24EI}\left(\frac{x^2}{l^2} - \frac{2x^3}{l^3} + \frac{x^4}{l^4}\right)$$

此式满足两端固定边界条件

$Y(0) = 0, Y'(0) = 0, Y(l) = 0, Y'(l) = 0$

代入自振频率计算近似公式

$$\omega^2 = \frac{\int_0^l qY(x)\mathrm{d}x}{\int_0^l \overline{m}Y^2(x)\mathrm{d}x} = \frac{\dfrac{q^2}{24EI}\dfrac{l^5}{30}}{\overline{m}\left(\dfrac{q}{24EI}\right)^2\dfrac{l^9}{630}} = \frac{504EI}{\overline{m}l^4}$$

即

$$\omega = \frac{22.45}{l^2}\sqrt{\frac{EI}{\overline{m}}}$$

注：若取

$$Y(x) = A(1-\cos\frac{2\pi x}{l})$$

则有

$$\omega = \frac{22.8}{l^2}\sqrt{\frac{EI}{\overline{m}}}$$

14－11 试用能量法求图示梁的第一频率。

题 14-11 图

解答：设振型曲线为

$$Y(x) = a\sin\frac{\pi x}{l}$$

此式满足两端边界条件

$$Y(0)=0, Y''(0)=0, Y(l)=0, Y''(l)=0$$

代入自振频率计算近似公式

$$\omega^2 = \frac{\int_0^l EI(Y''(x))^2\mathrm{d}x}{\int_0^l \overline{m}Y^2(x)\mathrm{d}x + MY^2(\frac{l}{2})}$$

$$= \frac{\int_0^l EIa^2\frac{\pi^4}{l^4}\sin^2\frac{\pi x}{l}\mathrm{d}x}{\int_0^l \overline{m}a^2\sin^2\frac{\pi x}{l}\mathrm{d}x + Ma^2}$$

$$= \frac{\frac{EI\pi^4}{2l^3}}{\frac{\overline{m}l}{2}+M}$$

即

$$\omega = \sqrt{\frac{\frac{EI\pi^4}{2l^3}}{\frac{\overline{m}l}{2}+M}}$$

14－12 设刚架的几何尺寸和重量如图所示，重量都集中在楼层处。横梁刚度无穷大，柱的 I/l 的单位为 $10^{-3}\mathrm{m}^3$，$E=2.9\times 10^3\mathrm{MPa}$。试用能量法求其基本周期。

第14章 结构动力计算续论

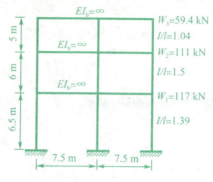

题 14-12 图

解答: 体系是横梁处集中质量的侧向振动,取自重作为静力引起的位移值作为位移幅值计算

各层侧移刚度

$$k_i = \frac{36EI_i}{l_i^3} = \frac{36EI}{l_i^2 l_i}$$

$$k_1 = 3.435 \times 10^3, k_2 = 4.35 \times 10^3, k_3 = 4.343 \times 10^3$$

静位移

$$Y_1 = \frac{117+111+59.4}{3.435 \times 10^3} = 0.0837,$$

$$Y_2 = Y_1 + \frac{111+59.4}{4.35 \times 10^3} = 0.1229,$$

$$Y_3 = Y_2 + \frac{59.4}{4.343 \times 10^3} = 0.1366$$

最大变形能

$$V_{max} = \frac{1}{2}(k_1 Y_1^2 + K_2(Y_2 - Y_1))^2 + K_3(Y_3 - Y_2)^2 = 15.77$$

最大动能

$$T_{max} = \frac{1}{2}\omega^2 \sum M_i Y_i^2 = \omega^2 \frac{117 \times 0.0837^2 + 111 \times 0.1229^2 + 59.4 \times 0.1366^2}{2 \times 9.8}$$

$$= 0.184$$

由 $V_{max} = T_{max}$

$$\omega = \sqrt{\frac{15.77}{0.184}} = 9.26 \text{s}^{-1}$$

基本周期

$$T = \frac{1}{\omega} = 0.108 \text{s}$$

14－13 试用集中质量法求图示三铰刚架的第一频率。各杆 EI、$\overline{m}$ 相同。提示：第一频率对应于反对称振动形式。

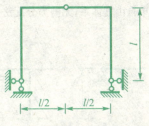

题 14-13 图

解答：将各杆质量分别集中于两端，由于结构对称、质量对称，振型具有对称和反对称形式，第一振型及频率将发生在反对称形式，取反对称状态计算，如题 14-13 图，为单自由度体系

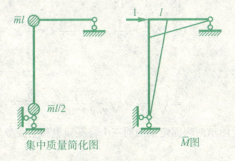

解答 14-13 图

柔度系数 $\delta = \dfrac{1}{EI}\left(\dfrac{1}{2}l \times l \times \dfrac{2}{3}l + \dfrac{1}{2}l \times \dfrac{l}{2} \times \dfrac{2}{3}l\right) = \dfrac{l^3}{2EI}$

$$\omega_1 = \sqrt{\dfrac{1}{\overline{m}\delta}} = \sqrt{\dfrac{2EI}{\overline{m}l^4}}$$

14－14 试用集中质量法求图示刚架的最低频率。提示：同上。

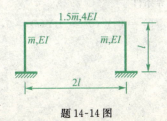

题 14-14 图

解答: 将各杆质量分别集中于两端,由于结构对称、质量对称,振型具有对称和反对称形式,第一振型及频率将发生在反对称形式,取反对称状态计算,如解答 14-14 图(a)示,为单自由度体系,无剪力分配法可计算弯矩如解答 14-14 图(b)示。

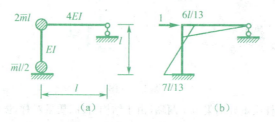

解答 14-14 图

$$\delta = \frac{1}{4EI} \cdot \frac{1}{2} \times l \times \frac{6l}{13} \times \frac{2}{3} \times \frac{6l}{13}$$
$$+ \frac{1}{EI}\left(\frac{1}{2}l \times \frac{6l}{13} \times (\frac{2}{3} \times \frac{6l}{13} - \frac{1}{3} \times \frac{7l}{13}) + \frac{1}{2}l \times \frac{7l}{13} \times (\frac{2}{3} \times \frac{7l}{13} - \frac{1}{3} \times \frac{6l}{13})\right)$$
$$= \frac{52l^3}{507EI}$$

$$\omega_1 = \sqrt{\frac{1}{m\delta}} = \sqrt{\frac{507EI}{2\overline{m}l \times 52l^3}} = \frac{2.208}{l^2}\sqrt{\frac{EI}{\overline{m}}}$$

14 — 15 试求图示两端固定梁的前三个自振频率和主振型。

题 14-15 图

解答: 等截面均质梁无限自由度自由振动振型函数为
$$Y(x) = C_1 \cosh\lambda x + C_2 \sinh\lambda x + C_3 \cos\lambda x + C_4 \sin\lambda x, \quad (a)$$
代入两端固定边界条件
$$Y(0) = 0, Y'(0) = 0, Y(l) = 0, Y'(l) = 0$$

得：

$$\begin{cases} C_1 + C_3 = 0 \\ C_2 + C_4 = 0 \\ C_1 \cosh\lambda l + C_2 \sinh\lambda l + C_3 \cos\lambda l + C_4 \sin\lambda l = 0 \\ C_1 \sinh\lambda l + C_2 \cosh\lambda l - C_3 \sin\lambda l + C_4 \cos\lambda l = 0 \end{cases}$$

得

$$\begin{cases} C_1 = -C_3 \\ C_2 = -C_4 \\ C_1(\cosh\lambda l - \cos\lambda l) + C_2(\sinh\lambda l - \sin\lambda l) = 0 \\ C_1(\sinh\lambda l + \sin\lambda l) + C_2(\cosh\lambda l - \cos\lambda l) = 0 \end{cases} \quad (b)$$

把后两式看为 C_1, C_2 的方程组，则它们不全为 0 的条件为

$$\begin{vmatrix} \cosh\lambda l - \cos\lambda l & \sinh\lambda l - \sin\lambda l \\ \sinh\lambda l + \sin\lambda l & \cosh\lambda l - \cos\lambda l \end{vmatrix} = 0$$

整理为

$$(\cosh\lambda l - \cos\lambda l)^2 - (\sinh^2\lambda l - \sin^2\lambda l) = 0$$
$$1 - \cosh\lambda l \cos\lambda l = 0$$

试算得其前三个根

$$\lambda_1 = \frac{4.73}{l}, \lambda_2 = \frac{7.854}{l}, \lambda_3 = \frac{10.9956}{l}$$

由 $\omega = \lambda^2 \sqrt{\dfrac{EI}{m}}$

得

$$\omega_1 = \frac{22.37}{l^2}\sqrt{\frac{EI}{m}}, \omega_2 = \frac{61.69}{l^2}\sqrt{\frac{EI}{m}}, \omega_3 = \frac{120.902}{l^2}\sqrt{\frac{EI}{m}}$$

将 (b) 代入 (a) 得振型曲线

$$Y(x) = C_2 \left(-\frac{\sinh\lambda l - \sin\lambda l}{\cosh\lambda l - \cos\lambda l}\cosh\lambda x + \sinh\lambda x + \frac{\sinh\lambda l - \sin\lambda l}{\cosh\lambda l - \cos\lambda l}\cos\lambda x - \sin\lambda x \right),$$

有：

$$Y_1(x) = A(-1.0178\cosh\lambda_1 x + \sinh\lambda_1 x + 1.0178\cos\lambda_1 x - \sin\lambda_1 x),$$
$$Y_2(x) = A(-0.999\cosh\lambda_2 x + \sinh\lambda_2 x + 0.999\cos\lambda_2 x - \sin\lambda_2 x),$$
$$Y_3(x) = A(-1.000\cosh\lambda_3 x + \sinh\lambda_3 x + 1.000\cos\lambda_3 x - \sin\lambda_3 x),$$

第14章 结构动力计算续论

14－16 试求图示梁的前两个自振频率和主振型。

题 14-16 图

解答: 等截面均质梁无限自由度自由振动振型函数为

$$Y(x) = C_1 \cosh\lambda x + C_2 \sinh\lambda x + C_3 \cos\lambda x + C_4 \sin\lambda x, \quad (a)$$

代入两端边界条件

$$Y(0) = 0, Y'(0) = 0, Y(l) = 0, Y''(l) = 0$$

得：

$$\begin{cases} C_1 + C_3 = 0 \\ C_2 + C_4 = 0 \\ C_1 \cosh\lambda l + C_2 \sinh\lambda l + C_3 \cos\lambda l + C_4 \sin\lambda l = 0 \\ C_1 \sinh\lambda l + C_2 \cosh\lambda l - C_3 \cos\lambda l - C_4 \sin\lambda l = 0 \end{cases}$$

把后两式看为 C_1, C_2 的方程组，则它们不全为 0 的条件为

$$\begin{vmatrix} \cosh\lambda l - \cos\lambda l & \sinh\lambda l - \sin\lambda l \\ \cosh\lambda l + \cos\lambda l & \sinh\lambda l - \sin\lambda l \end{vmatrix} = 0$$

即

$$\cosh\lambda l \sin\lambda l - \sinh\lambda l \cos\lambda l = 0$$

解得前两个根：

$$\lambda_1 = \frac{3.927}{l}, \lambda_2 = \frac{7.069}{l}$$

$$\omega_1 = \frac{15.42}{l^2}\sqrt{\frac{EI}{\overline{m}}}, \omega_2 = \frac{49.97}{l^2}\sqrt{\frac{EI}{\overline{m}}}$$

主振型曲线

$$Y(x)$$
$$= C_2\left(-\frac{\sinh\lambda l - \sin\lambda l}{\cosh\lambda l - \cos\lambda l}\cosh\lambda x + \sinh\lambda x + \frac{\sinh\lambda l - \sin\lambda l}{\cosh\lambda l - \cos\lambda l}\cos\lambda x - \sin\lambda x\right),$$

有 $Y_1(x) = A(-0.999\cosh\lambda_1 x + \sinh\lambda_1 x + 0.999\cos\lambda_1 x - \sin\lambda_1 x)$,

$Y_2(x) = A(-1.00\cosh\lambda_2 x + \sinh\lambda_2 x + 1.00\cos\lambda_2 x - \sin\lambda_2 x)$。

14－17 设图示刚架各杆的 $\overline{m}, EI, l$ 均相同,试求
(a) 对称振动时的自振频率。
(b) 反对称振动时的自振频率。

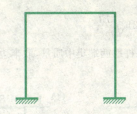

题 14-17 图

解答:采用集中质量法

(a) 如解答 14-17 图(a)、(b)、(c) 每杆三点的集中质量、及半边结构相应弯矩图

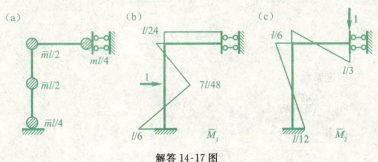

解答 14-17 图

计算柔度系数

$$\delta_{11} = \frac{l^3}{128EI}, \delta_{22} = \frac{l^3}{72EI}$$

$$\delta_{12} = \delta_{21} = -\frac{l^3}{192EI},$$

自振圆频率方程

$$\begin{vmatrix} \delta_{11}m_1 - \frac{1}{\omega^2} & \delta_{12}m_2 \\ \delta_{21}m_1 & \delta_{22}m_2 - \frac{1}{\omega^2} \end{vmatrix} = 0$$

设 $\lambda = \frac{1}{\omega^2}$,则方程的两个根:

$$\lambda_{1,2} = (\frac{0.00738 \pm 0.0037}{2})\frac{\overline{m}l^4}{EI}$$

求出频率 ω_1、ω_2。

$$\omega_1 = \sqrt{\frac{1}{\lambda_1}} = 13.44\sqrt{\frac{EI}{\overline{m}l^4}}$$

$$\omega_2 = \sqrt{\frac{1}{\lambda_2}} = 23.31\sqrt{\frac{EI}{ml^4}}$$

(b) 反对称时,每杆取两端集中质量,取半边结构如解答 14-17 图(d)、(f)。

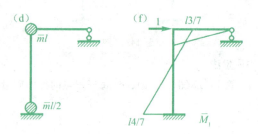

解答 14-17 图

柔度系数

$$\delta_{11} = \frac{9l^3}{98EI},$$

频率

$$\omega_1 = \sqrt{\frac{1}{ml\delta_{11}}} = 3.3\sqrt{\frac{EI}{ml^4}}$$

14-18 试用矩阵位移法重作题 14-17

解答:结点位移、单元编码如解答 14-18 图

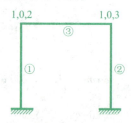

解答 14-18 图

单元定位向量

$$\lambda^{①} = (0,0,1,2)^T, \lambda^{②} = (0,0,1,3)^T, \lambda^{③} = (0,2,0,3)^T$$

集成总刚度矩阵

第 14 章 结构动力计算续论

$$K = \begin{bmatrix} 12 & -3l & -3l \\ -3l & 4l^2 & l^2 \\ -3l & l^2 & l^2 \end{bmatrix} \times \frac{2EI}{l^3}$$

质量矩阵

$$M = \frac{\overline{m}l}{420} \begin{bmatrix} 732 & -22l & -22l \\ -22l & 8l^2 & -3l^2 \\ -22l & -3^2 & 8l^2 \end{bmatrix}$$

(a) 正对称变形

$$\Delta_1 = 0, \Delta_2 = -\Delta_3$$

利用驻值条件

$$(K - \omega^2 M)\Delta = 0$$

$$l^2(2520\frac{EI}{ml^4} - 11\omega^2)\Delta_2 = 0$$

$$\omega = 15.136\sqrt{\frac{EI}{ml^4}}$$

(b) 反对称变形

$$\Delta_2 = \Delta_3$$

利用驻值条件

$$\begin{cases} (6\alpha - 366)\Delta_1 + (-3\alpha + 22)l\Delta_2 = 0 \\ (-3\alpha + 22)\Delta_1 + (5\alpha - 5)l\Delta_2 = 0 \end{cases}$$

$$\alpha = \frac{840EI}{ml^4\omega^2}$$

由系数行列式为 0 条件,得

$$21\alpha^2 - 1728\alpha + 1346 = 0$$

$$\alpha_1 = 81.4993, \alpha_2 = 0.7865$$

$$\omega_1 = 3.21\sqrt{\frac{EI}{ml^4}}, \omega_2 = 32.681\sqrt{\frac{EI}{ml^4}}$$

【思路探索】 如果把每个杆分为两个单元,则可得到更精确的自振频率值。

第 15 章　结构的稳定计算

本章知识结构及内容小结

【本章知识结构】

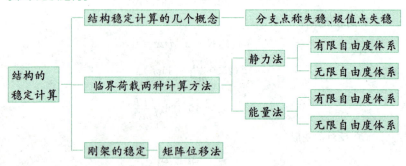

【本章内容小结】

本章的重点是掌握用静力法和能量法计算体系的临界荷载。要点包括：

1. 分支点失稳、极值点失稳

分支点失稳具有原始的平衡状态，如简支压杆完善体系的竖直平衡状态，当压力达到临界值时，出现平衡形式的二重性。极值点失稳时体系没有原始的平衡状态。

2. 用静力法和能量法计算体系的临界荷载

有限自由度体系是指确定完善体系在新的平衡位置所需要的独立的几何参数的数目是有限的；无限自由度体系是指确定完善体系在新的平衡位置所需要的独立的几何参数的数目是无限的。对于有限自由度体系的临界荷载计算只需考虑在新的平衡位置的力的平衡条件，无需考虑几何方程和物理方程；对于无限自由度体系的临界荷载计算除了考虑在新的平衡位置的力的平衡条件，还需考虑几何方程和物理方程。

第15章 结构的稳定计算

经典例题解析

例1 求图示刚架的临界荷载。

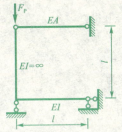

图 15-1

解答：用静力法求解。除了如题图1中所示的原始平衡形式，现在考虑在解答图1中所示的倾斜位置是否还存在新的平衡形式。原体系可以简化为轴压杆，上端弹性刚度 $k = \dfrac{EA}{l}$，下端弹性抗转刚度 $k_r = \dfrac{3EI}{l}$。由平衡条件 $\sum M_A = 0$ 得：

$$F_P \delta - k \cdot \delta \cdot l - k_r \theta = 0$$

$$\left(F_P - kl - \dfrac{k_r}{l}\right) \cdot \delta = 0$$

结构的临界荷载为

$$F_{Pcr} = kl + \dfrac{k_r}{l} = EA + \dfrac{3EI}{l^2}$$

图 15-2

考研真题评析

例1 试求图示体系的临界荷载。

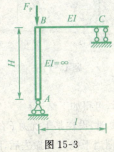

图 15-3

第 15 章 结构的稳定计算

解答:用静力法求解。除了如题图 15-3 中所示的原始平衡形式,现在考虑在解答图 15-4 中所示的倾斜位置是否还存在新的平衡形式。原体系可以简化为轴压杆,上端弹性抗转刚度 $k_r = \dfrac{4EI}{l}$。

由平衡条件 $\sum M_A = 0$ 得:

$$F_P H\theta - k_r \theta = 0$$

$$(F_P H - k_r) \cdot \theta = 0$$

结构的临界荷载为

$$F_{Pcr} = \dfrac{k_r}{H} = \dfrac{4EI}{Hl}$$

图 15-4

本章教材习题精解

15－1 图示刚性杆 ABC 在两端分别作用重力 F_{P1}、F_{P2}。设杆可以绕 B 点在竖直面内自由转动,试用两种方法对下面三种情况讨论其平衡形式的稳定性:

(a) $F_{P1} < F_{P2}$。

(b) $F_{P1} > F_{P2}$。

(c) $F_{P1} = F_{P2}$。

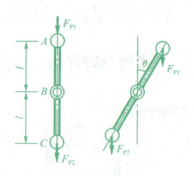

题 15-1 图

解答:(1) 用静力法求解

如解答 15-1 图中所示,可得如下结论:

(a) $F_{P1} < F_{P2}$,当 $\theta = 0$ 时,设在某干扰力 F 的作用下,刚性杆 ABC 偏离了其初始平衡位置 $\theta = 0$。则当干扰力 F 撤去后,刚性杆将回复到初始平衡位置 θ

$=0$,故 $\theta=0$ 为稳定平衡;当 $\theta=\pi$ 时,设在某干扰力 F 的作用下,刚性杆 ABC 在偏离了其初始平衡位置 $\theta=\pi$。则当干扰力 F 撤去后,刚性杆将远离初始平衡位置 $\theta=\pi$,故 $\theta=\pi$ 为不稳定平衡。

(b) $F_{P1} > F_{P2}$,同理,当 $\theta=0$ 时,刚性杆处于不稳定平衡;当 $\theta=\pi$ 时,刚性杆处于稳定平衡。

(c) $F_{P1} = F_{P2}$,刚性杆处于随遇平衡。

(2) 用能量法求解

刚性杆 ABC 的应变能为零。

刚性杆 ABC 的荷载势能为

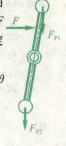

解答 15-1 图

$$V_P = -F_{P1} \cdot l \cdot (1-\cos\theta) + F_{P2} \cdot l(1-\cos\theta) = -\frac{F_{P1}l}{2}\theta^2 + \frac{F_{P2}l}{2}\theta^2$$

$$= \left(\frac{F_{P2}-F_{P1}}{2}\right)l\theta^2$$

刚性杆 ABC 的势能为

$$E_P = V_P = \left(\frac{F_{P2}-F_{P1}}{2}l\right)\theta^2$$

(a) $F_{P1} < F_{P2}$,当 $\theta=0$ 时,刚性杆 ABC 的势能为最小,刚性杆处于稳定平衡;当 $\theta=\pi$ 时,刚性杆 ABC 的势能为最大,刚性杆处于不稳定平衡。

(b) $F_{P1} > F_{P2}$,当 $\theta=0$ 时,刚性杆 ABC 的势能为最大,刚性杆处于不稳定平衡;当 $\theta=\pi$ 时,刚性杆 ABC 的势能为最小,刚性杆处于稳定平衡。

(c) $F_{P1} = F_{P2}$,刚性杆 ABC 的势能恒为零,刚性杆处于随遇平衡。

15-2 试用两种方法求图示结构的临界荷载 q_{cr}。假定弹性支座的刚度系数为 k。

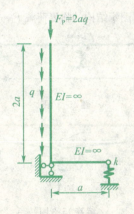

题 15-2 图

第15章 结构的稳定计算

解答:（1）用静力法求解

除了如题 15-2 图中所示的原始平衡形式,现在考虑在解答 15-2 图中所示的倾斜位置是否还存在新的平衡形式。为此,写出平衡条件如下：

$$2aq \cdot 2a\sin\theta + 2aq \cdot a\sin\theta - F_R \cdot a\cos\theta = 0$$

再考虑到弹簧反力 $F_R = ka\sin\theta$,和 $\theta \ll 1$ 即得

$$2aq \cdot 2a\theta + 2aq \cdot a\theta - ka\theta \cdot a = a^2\theta(6q - k) = 0$$

结构的临界荷载 q_{cr} 为

$$q_{cr} = \frac{k}{6}$$

（2）用能量法求解

弹簧的变形能为

$$V_\varepsilon = \frac{1}{2}k(a\theta)^2$$

荷载势能为

$$V_P = -2aq \cdot 2a(1-\cos\theta) - 2aq \cdot a(1-\cos\theta) = -4a^2q \cdot \frac{\theta^2}{2} - 2a^2q \cdot \frac{\theta^2}{2}$$

$$= -3a^2q \cdot \theta^2$$

体系的势能为

$$E_P = V_\varepsilon + V_P = \frac{1}{2}ka^2\theta^2 - 3a^2q \cdot \theta^2$$

应用势能驻值条件

$$\frac{dE_P}{d\theta} = 0 \quad 即 \quad ka^2\theta - 6a^2q \cdot \theta = a^2\theta(k - 6q) = 0$$

结构的临界荷载 q_{cr} 为 $\quad q_{cr} = \dfrac{k}{6}$

15－3 试用两种方法求图示结构的临界荷载 F_{PCR}。设弹性支座的刚度系数为 k。

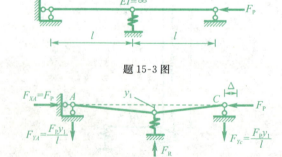

题 15-3 图

解答 15-3 图

解答: (1) 用静力法求解

除了如题 15−3 图中所示的原始平衡形式,现在考虑在解答 15−3 图中所示的倾斜位置是否还存在新的平衡形式。设弹簧处的竖向位移为 y_1,A、C 点的支座反力分别为

$$F_{YA} = \frac{F_P y_1}{l}, F_{YC} = \frac{F_P y_1}{l}$$

考虑整体竖向平衡,写出平衡条件如下:

$$F_{YA} + F_{YC} - F_R = 0$$

再考虑到弹簧反力 $F_R = ky_1$,即得

$$2\frac{F_P y_1}{l} - ky_1 = y_1\left(2\frac{F_P}{l} - k\right) = 0$$

结构的临界荷载 F_{PCR} 为

$$F_{PCR} = \frac{1}{2}kl$$

(2) 用能量法求解

弹簧的变形能为

$$V_\varepsilon = \frac{1}{2}ky_1^2$$

解答 15−3 图中 C 点的水平位移为

$$\Delta = \frac{1}{2l}y_1^2 \cdot 2 = \frac{1}{l}y_1^2$$

荷载势能为

$$V_P = -F_P \cdot \frac{1}{l}y_1^2$$

体系的势能为

$$E_P = V_\varepsilon + V_P = \frac{1}{2}ky_1^2 - F_P \cdot \frac{1}{l}y_1^2$$

应用势能驻值条件

$$\frac{dE_P}{dy_1} = 0 \text{ 即 } ky_1 - F_P \cdot \frac{2}{l}y_1 = y_1\left(k - F_P \cdot \frac{2}{l}\right) = 0$$

结构的临界荷载 F_{PCR} 为

$$F_{PCR} = \frac{1}{2}kl$$

15−4 试用两种方法求图示结构的临界荷载 F_{PCR}。

第15章 结构的稳定计算

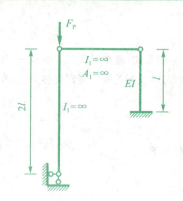
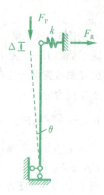

题 15-4 图　　　　解答 15-4 图

解答：（1）用静力法求解

可以用简化力学计算模型如解答 15-4 图中所示，其中等效弹性支座的刚度系数为 $k = \dfrac{3EI}{l^3}$。写出平衡条件如下：

$$F_P \cdot 2l\sin\theta - F_R \cdot 2l\cos\theta = 0$$

再考虑到弹簧反力 $F_R = k2l\sin\theta$，和 $\theta \ll 1$ 即得

$$F_P \cdot 2l\theta - k2l\theta \cdot 2l = 2l\theta(F_P - 2kl) = 0$$

结构的临界荷载 F_{PCR} 为

$$F_{PCR} = 2kl = \dfrac{6EI}{l^2}$$

（2）用能量法求解

弹簧的变形能为

$$V_\varepsilon = \dfrac{1}{2}k(2l\theta)^2$$

荷载势能为

$$V_P = -F_P \cdot 2l \cdot (1-\cos\theta) = -F_P \cdot 2l \cdot \dfrac{\theta^2}{2} = -F_P l\theta^2$$

体系的势能为

$$E_P = V_\varepsilon + V_P = \dfrac{1}{2}k(2l\theta)^2 - F_P l\theta^2$$

应用势能驻值条件

$$\dfrac{dE_P}{d\theta} = 0 \text{ 即 } 4kl^2\theta - 2F_P l\theta = 2l\theta(2kl - F_P) = 0$$

结构的临界荷载 F_{PCR} 为

$$F_{PCR} = 2kl = \dfrac{6EI}{l^2}$$

15-5 试用两种方法求图示结构的临界荷载 F_{PCR}。设各杆，弹性铰相对转动的刚度系数为 k。

第15章 结构的稳定计算

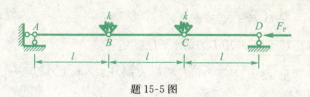

题 15-5 图

解答:(1) 用静力法求解

除了如题 15-5 图中所示的原始平衡形式,现在考虑在解答 15-5 图(a)中所示的倾斜位置是否还存在新的平衡形式。取 A、D 处转角 θ_1、θ_2 为基本未知量。B 点处的竖向位移为 $|BB'|=y_1$,C 点处的位移为 $|CC''|=y_2$。过 B' 点作 BC 的平行线交 CC'' 于 C',则 $|C'C''|=y_2-y_1$,$\angle C''B'C'=\dfrac{y_2-y_1}{l}=\theta_2-\theta_1$。从而 AB、BC 杆件的相对转动角度为 $\delta\theta_1=\theta_1-\angle C''B'C'=\theta_1-(\theta_2-\theta_1)=2\theta_1-\theta_2$,$BC$、$CD$ 杆件的相对转动角度为 $\delta\theta_2=\theta_2+\angle C''B'C'=\theta_2+(\theta_2-\theta_1)=2\theta_2-\theta_1$。

取解答 15-5 图(b)、(c) 中 AB'、$C'D'$ 为隔离体,写出平衡条件如下:
$M_B-F_P y_1=0$,$M_C-F_P y_2=0$

其中,
$M_B=k\delta\theta_1=k(2\theta_1-\theta_2)$,$M_C=k\delta\theta_2=k(2\theta_2-\theta_1)$,$y_1=l\theta_1$,$y_2=l\theta_2$

代入上式,得到
$(2k-F_P l)\theta_1-k\theta_2=0$
$-k\theta_1+(2k-F_P l)\theta_2=0$

如果系数行列式等于零,即
$$\begin{vmatrix} 2k-F_P l & -k \\ -k & 2k-F_P l \end{vmatrix}=0$$

展开,得到
$3k^2+F_P^2 l^2-4kF_P l=0$

由此求得两个特征值
$F_{P1}=\dfrac{k}{l}$,$F_{P2}=\dfrac{3k}{l}$

结构的临界荷载 F_{PCR} 为
$F_{PCR}=\dfrac{k}{l}$

(2) 用能量法求解
弹性铰的变形能为
$V_\varepsilon=\dfrac{1}{2}k(\delta\theta_1^2+\delta\theta_2^2)=\dfrac{1}{2}k[(2\theta_1-\theta_2)^2+(2\theta_2-\theta_1)^2]$

$$= \frac{1}{2}k(5\theta_1^2 + 5\theta_2^2 - 8\theta_1\theta_2)$$

解答 15-5 图(a) 中 D 点的水平位移为

$$D = \frac{1}{2l}[y_1^2 + (y_2 - y_1)^2 + y_2^2] = \frac{1}{l}(y_1^2 - y_1 y_2 + y_2^2) = l(\theta_1^2 + \theta_2^2 - \theta_1\theta_2)$$

荷载势能为

$$V_P = -F_P \cdot l(\theta_1^2 + \theta_2^2 - \theta_1\theta_2)$$

体系的势能为

$$E_P = V_\varepsilon + V_P = \frac{1}{2}k(5\theta_1^2 + 5\theta_2^2 - 8\theta_1\theta_2) - F_P \cdot l(\theta_1^2 + \theta_2^2 - \theta_1\theta_2)$$

应用势能驻值条件

$$\frac{\partial E_P}{\partial \theta_1} = 0 \text{ 即 } (5k - 2F_P \cdot l)\theta_1 - (4k - F_P \cdot l)\theta_2 = 0$$

$$\frac{\partial E_P}{\partial \theta_2} = 0 \text{ 即 } -(4k - F_P \cdot l)\theta_1 + (5k - 2F_P \cdot l)\theta_2 = 0$$

如果系数行列式等于零,即

$$\begin{vmatrix} 5k - 2F_P l & F_P l - 4k \\ F_P l - 4k & 5k - 2F_P l \end{vmatrix} = 0$$

展开,得到

$$3k^2 + F_P^2 l^2 - 4kF_P l = 0$$

由此求得两个特征值

$$F_{P1} = \frac{k}{l}, F_{P2} = \frac{3k}{l}$$

结构的临界荷载 F_{PCR} 为

$$F_{PCR} = \frac{k}{l}$$

(a)

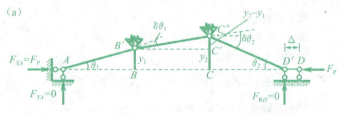

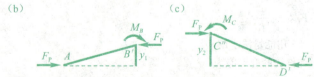

解答 15-5 图

15-6 试用静力法求图示结构在下面三种情况下的临界荷载值和失稳形式：

(a) $EI_1 = \infty, EI_2 =$ 常数。

(b) $EI_2 = \infty, EI_1 =$ 常数。

(c) 在什么条件下，失稳形式既可能是(a)的形式，又可能是(b)的形式？

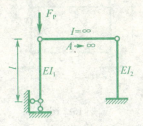

题 15-6 图

解答：(a) $EI_1 = \infty, EI_2 =$ 常数

可以用简化力学计算模型如解答 15-6 图(a)中所示，其中等效弹性支座的刚度系数为 $k = \dfrac{3EI_2}{l^3}$。写出平衡条件如下：

$$F_P \cdot l\sin\theta - F_R \cdot l\cos\theta = 0$$

再考虑到弹簧反力 $F_R = kl\sin\theta$，和 $\theta \ll 1$ 即得

$$F_P \cdot l\theta - kl\theta \cdot l = l\theta(F_P - kl) = 0$$

结构的临界荷载 F_{PCR} 为

$$F_{PCR} = kl = \dfrac{3EI_2}{l^2}$$

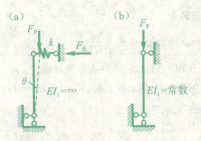

解答 15-6 图

(b) $EI_2 = \infty, EI_1 =$ 常数

原体系可简化为如解答 15-6 图(b)中所示，为典型的压杆稳定模型，其临界荷载 F_{PCR} 为

$$F_{PCR} = \dfrac{\pi^2 EI_1}{l^2}$$

第 15 章 结构的稳定计算

(c) 当上述两种情况的临界荷载 F_{PCR} 相等时,$\dfrac{3EI_2}{l^2} = \dfrac{\pi^2 EI_2}{l^2}$,即 $\dfrac{I_2}{I_1} = \dfrac{\pi^2}{3}$ 的条件下,失稳形式既可能是(a) 的形式,又可能是(b) 的形式。

15—7 设图示体系按虚线所示变形状态丧失稳定,试写出临界状态的特征方程。

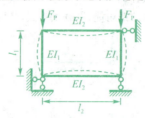

题 15-7 图

解答: 在临界状态下,体系出现新的平衡形式,如解答 15-7 图中虚线所示。以 AC 杆为例,写出临界状态的特征方程。弹性曲线的微分方程为

$$EI_1 \dfrac{d^2 y}{dx^2} = -M = -F_P y + \dfrac{2EI_2}{l_2}\theta_1$$

其中 $\dfrac{2EI_2}{l_2}\theta_1$ 是横梁 AB 作用在压杆 AC 的 A 端的约束力矩。

上式可以改写为

$$y'' + \alpha^2 y = \dfrac{2I_2 \theta_1}{I_1 l_2}$$

其中

$$\alpha^2 = \dfrac{F_P}{EI_1}$$

方程的通解为

$$y = A\sin\alpha x + B\cos\alpha x + \dfrac{2I_2 \theta_1}{\alpha^2 I_1 l_2}$$

常数 A、B 和未知量 θ_1 可由边界条件确定。

当 $x = 0$ 时,$y = 0$;$x = 0$ 时,$y' = \theta_1$;$x = l_1/2$ 时,$y' = 0$,由此得

$$B + \dfrac{2I_2 \theta_1}{\alpha^2 I_1 l_2} = 0$$

$$A\alpha = \theta_1$$

$$A\alpha\cos\dfrac{\alpha l_1}{2} - B\alpha\sin\dfrac{\alpha l_1}{2} = 0$$

因为 $y(x)$ 不恒等于零,所以 A、B 和 θ_1 不全为零。由此可知,上式的系数行列式等于零

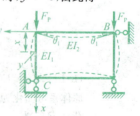

解答 15-7 图

第15章 结构的稳定计算

$$\begin{vmatrix} 0 & 1 & \dfrac{2I_2}{\alpha^2 I_1 l_2} \\ \alpha & 0 & -1 \\ \alpha\cos\dfrac{\alpha l_1}{2} & -\alpha\sin\dfrac{\alpha l_1}{2} & 0 \end{vmatrix} = 0$$

即

$$-\alpha^2 \sin\dfrac{\alpha l_1}{2} \cdot \dfrac{2I_2}{\alpha^2 I_1 l_2} - \alpha\cos\dfrac{\alpha l_1}{2} = 0$$

化简,得到临界状态的特征方程

$$\tan\dfrac{\alpha l_1}{2} + \dfrac{I_1}{I_2} \cdot \dfrac{\alpha l_2}{2} = 0$$

15-8 试写出图示体系丧失稳定时的特征方程。

题 15-8 图

解答:在临界状态下,体系出现新的平衡形式,如解答 15-8 图中虚线所示。压杆弹性曲线的微分方程为

$$EI_1 \dfrac{d^2 y}{dx^2} = -M = -F_P y - F_R x$$

上式可以改写为

$$y'' + \alpha^2 y = -\dfrac{F_R}{EI} x$$

其中

$$\alpha^2 = \dfrac{F_P}{EI}$$

方程的通解为

$$y = A\sin\alpha x + B\cos\alpha x - \dfrac{F_R}{F_P} x$$

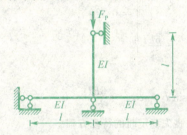

解答 15-8 图

常数 A、B 和未知量 F_R 可由边界条件确定。

当 $x=0$ 时,$y=0$;$x=l$ 时,$y=0$;$x=l$ 时,$y'=\theta_1$,由此得

$$A = 0$$

第15章 结构的稳定计算

$$B\sin\alpha l - \frac{F_R}{F_P}l = 0 \qquad (1)$$

$$B\alpha\cos\alpha l - \frac{F_R}{F_P} - \theta_1 = 0 \qquad (2)$$

当 $x = l$ 时,$M(l) = \frac{6EI}{l}\theta_1$,由此得

$$F_R l - \frac{6EI}{l}\theta_1 = 0 \qquad (3)$$

因为 $y(x)$ 不恒等于零,所以 B,F_R 和 θ_1 不全为零。由此可知,(1)、(2)、(3)式的系数行列式等于零

$$\begin{vmatrix} \sin\alpha l & -\dfrac{l}{F_P} & 0 \\ \alpha\cos\alpha l & -\dfrac{1}{F_P} & -1 \\ 0 & l & -\dfrac{6EI}{l} \end{vmatrix} = 0$$

即

$$\sin\alpha l \cdot \frac{6EI}{F_P l} + l\sin\alpha l - \alpha\cos\alpha l \cdot \frac{6EI}{F_P} = 0$$

化简,得到体系丧失稳定时的特征方程

$$\tan\alpha l = \frac{\alpha l}{1 + \dfrac{F_P l^2}{6EI}} = \frac{\alpha l}{1 + \dfrac{\alpha^2 l^2}{6}}$$

15—9 试用静力法求图示压杆的临界荷载 F_{PCR}。

解答: 在临界状态下,体系出现新的平衡形式,如解答15-9图中虚线所示。弹性曲线的微分方程为

$$\begin{cases} EI\dfrac{d^2 y_1}{dx^2} + F_P y_1 = 0 & \left(0 \leq x \leq \dfrac{l}{2}\right) \\ EI\dfrac{d^2 y_2}{dx^2} + F_P y_2 + 3F_P \cdot (y_2 - \delta_1 + \delta_2) = 0 & \left(\dfrac{l}{2} \leq x \leq l\right) \end{cases}$$

令

$$\alpha_1^2 = \frac{F_P}{EI},\quad \alpha_2^2 = \frac{4F_P}{EI}$$

上式可以改写为

$$\begin{cases} y_1'' + \alpha_1^2 y_1 = 0 & \left(0 \leq x \leq \dfrac{l}{2}\right) \\ y_2'' + \alpha_2^2 y_2 = \dfrac{3F_P}{EI}(\delta_1 - \delta_2) & \left(\dfrac{l}{2} \leq x \leq l\right) \end{cases}$$

15-9 图

方程的通解为

$$\begin{cases} y_1 = A_1 \sin\alpha_1 x + B_1 \cos\alpha_1 x \\ y_2 = A_2 \sin\alpha_2 x + B_2 \cos\alpha_2 x + \dfrac{3F_P}{\alpha_2^2 EI}(\delta_1 - \delta_2) \end{cases}$$

常数 A_1、B_1、A_2、B_2、δ_1、δ_2 可由边界条件确定。

当 $x = 0$ 时,$y_1 = 0$,由此求得 $B_1 = 0$。

当 $x = l/2$ 时,$y_1 = \delta_1 - \delta_2$

$$A_1 \sin\frac{\alpha_1 l}{2} - \delta_1 + \delta_2 = 0 \tag{1}$$

当 $x = l/2$ 时,$y_2 = \delta_1 - \delta_2$

$$A_2 \sin\frac{\alpha_2 l}{2} + B_2 \cos\frac{\alpha_2 l}{2} + \left(\frac{3F_P}{\alpha_2^2 EI} - 1\right)\delta_1 - \left(\frac{3F_P}{\alpha_2^2 EI} - 1\right)\delta_2 = 0 \tag{2}$$

当 $x = l/2$ 时,$y'_1 = y'_2$

$$A_1 \alpha_1 \cos\frac{\alpha_1 l}{2} - A_2 \alpha_2 \cos\frac{\alpha_2 l}{2} + B_2 \alpha_2 \sin\frac{\alpha_2 l}{2} = 0 \tag{3}$$

当 $x = l$ 时,$y_2 = \delta_1$

$$A_2 \sin\alpha_2 l + B_2 \cos\alpha_2 l + \left(\frac{3F_P}{\alpha_2^2 EI} - 1\right)\delta_1 - \frac{3F_P}{\alpha_2^2 EI}\delta_2 = 0 \tag{4}$$

当 $x = l$ 时,$y'_2 = 0$

$$A_2 \alpha_2 \cos\alpha_2 l - B_2 \alpha_2 \sin\alpha_2 l = 0 \tag{5}$$

因为 $y(x)$ 不恒等于零,所以 A_1、A_2、B_2、δ_1、δ_2 不全为零。由此可知,方程(1)、(2)、(3)、(4)、(5) 式的系数行列式等于零

$$\begin{vmatrix} \sin\dfrac{\alpha_1 l}{2} & 0 & 0 & -1 & 1 \\ 0 & \sin\dfrac{\alpha_2 l}{2} & \cos\dfrac{\alpha_2 l}{2} & \dfrac{3F_P}{\alpha_2^2 EI} - 1 & 1 - \dfrac{3F_P}{\alpha_2^2 EI} \\ \alpha_1 \cos\dfrac{\alpha_1 l}{2} & -\alpha_2 \cos\dfrac{\alpha_2 l}{2} & \alpha_2 \sin\dfrac{\alpha_2 l}{2} & 0 & 0 \\ 0 & \sin\alpha_2 l & \cos\alpha_2 l & \dfrac{3F_P}{\alpha_2^2 EI} - 1 & -\dfrac{3F_P}{\alpha_2^2 EI} \\ 0 & \alpha_2 \cos\alpha_2 l & -\alpha_2 \sin\alpha_2 l & 0 & 0 \end{vmatrix}$$

$$= \sin\frac{\alpha_1 l}{2} \begin{vmatrix} \sin\dfrac{\alpha_2 l}{2} & \cos\dfrac{\alpha_2 l}{2} & \dfrac{3F_P}{\alpha_2^2 EI} - 1 & 1 - \dfrac{3F_P}{\alpha_2^2 EI} \\ -\alpha_2 \cos\dfrac{\alpha_2 l}{2} & \alpha_2 \sin\dfrac{\alpha_2 l}{2} & 0 & 0 \\ \sin\alpha_2 l & \cos\alpha_2 l & \dfrac{3F_P}{\alpha_2^2 EI} - 1 & -\dfrac{3F_P}{\alpha_2^2 EI} \\ \alpha_2 \cos\alpha_2 l & -\alpha_2 \sin\alpha_2 l & 0 & 0 \end{vmatrix}$$

$$+\alpha_1 \cos\frac{\alpha_1 l}{2} \begin{vmatrix} 0 & 0 & -1 & 1 \\ \sin\frac{\alpha_2 l}{2} & \cos\frac{\alpha_2 l}{2} & \frac{3F_P}{\alpha_2^2 EI}-1 & 1-\frac{3F_P}{\alpha_2^2 EI} \\ \sin\alpha_2 l & \cos\alpha_2 l & \frac{3F_P}{\alpha_2^2 EI}-1 & -\frac{3F_P}{\alpha_2^2 EI} \\ \alpha_2 \cos\alpha_2 l & -\alpha_2 \sin\alpha_2 l & 0 & 0 \end{vmatrix}$$

进一步展开，得

$$\sin\frac{\alpha_1 l}{2}\alpha_2\cos\frac{\alpha_2 l}{2} \begin{vmatrix} \cos\frac{\alpha_2 l}{2} & \frac{3F_P}{\alpha_2^2 EI}-1 & 1-\frac{3F_P}{\alpha_2^2 EI} \\ \cos\alpha_2 l & \frac{3F_P}{\alpha_2^2 EI}-1 & -\frac{3F_P}{\alpha_2^2 EI} \\ -\alpha_2 \sin\alpha_2 l & 0 & 0 \end{vmatrix}$$

$$+\sin\frac{\alpha_1 l}{2}\alpha_2\sin\frac{\alpha_2 l}{2} \begin{vmatrix} \sin\frac{\alpha_2 l}{2} & \frac{3F_P}{\alpha_2^2 EI}-1 & 1-\frac{3F_P}{\alpha_2^2 EI} \\ \sin\alpha_2 l & \frac{3F_P}{\alpha_2^2 EI}-1 & -\frac{3F_P}{\alpha_2^2 EI} \\ \alpha_2 \cos\alpha_2 l & 0 & 0 \end{vmatrix}$$

$$-\alpha_1 \cos\frac{\alpha_1 l}{2}$$

$$\left[\begin{vmatrix} \sin\frac{\alpha_2 l}{2} & \cos\frac{\alpha_2 l}{2} & 1-\frac{3F_P}{\alpha_2^2 EI} \\ \sin\alpha_2 l & \cos\alpha_2 l & -\frac{3F_P}{\alpha_2^2 EI} \\ \alpha_2\cos\alpha_2 l & -\alpha_2\sin\alpha_2 l & 0 \end{vmatrix} + \begin{vmatrix} \sin\frac{\alpha_2 l}{2} & \cos\frac{\alpha_2 l}{2} & \frac{3F_P}{\alpha_2^2 EI}-1 \\ \sin\alpha_2 l & \cos\alpha_2 l & \frac{3F_P}{\alpha_2^2 EI}-1 \\ \alpha_2\cos\alpha_2 l & -\alpha_2\sin\alpha_2 l & 0 \end{vmatrix} \right]$$

$$= \alpha_2^2 \sin\frac{\alpha_1 l}{2}\left(\sin\frac{\alpha_2 l}{2}\cos\alpha_2 l - \sin\alpha_2 l\cos\frac{\alpha_2 l}{2}\right) \begin{vmatrix} \frac{3F_P}{\alpha_2^2 EI}-1 & 1-\frac{3F_P}{\alpha_2^2 EI} \\ \frac{3F_P}{\alpha_2^2 EI}-1 & -\frac{3F_P}{\alpha_2^2 EI} \end{vmatrix}$$

$$+\alpha_1 \cos\frac{\alpha_1 l}{2} \begin{vmatrix} \sin\frac{\alpha_2 l}{2} & \cos\frac{\alpha_2 l}{2} \\ \alpha_2\cos\alpha_2 l & -\alpha_2\sin\alpha_2 l \end{vmatrix}$$

即

$$\alpha_2^2 \sin\frac{\alpha_1 l}{2}\left(\sin\frac{\alpha_2 l}{2}\cos\alpha_2 l - \sin\alpha_2 l\cos\frac{\alpha_2 l}{2}\right)\left(1-\frac{3F_P}{\alpha_2^2 EI}\right)$$

$$+\alpha_1\alpha_2 \cos\frac{\alpha_1 l}{2}\left(\sin\frac{\alpha_2 l}{2}\sin\alpha_2 l + \cos\frac{\alpha_2 l}{2}\alpha_2\cos\alpha_2 l\right) = 0$$

代入 $\alpha_2^2 EI = 4F_P$，则有

$$\frac{\alpha_2^2}{4}\sin\frac{\alpha_1 l}{2}\sin\left(\frac{\alpha_2 l}{2}-\alpha_2 l\right)+\alpha_1\alpha_2 \cos\frac{\alpha_1 l}{2}\cos\left(\alpha_2 l - \frac{\alpha_2 l}{2}\right) = 0$$

化简,得到体系丧失稳定时的特征方程

$$\tan\frac{\alpha_1 l}{2} \cdot \tan\frac{\alpha_2 l}{2} = \frac{4\alpha_1}{\alpha_2}$$

代入

$$\alpha_1^2 = \frac{F_P}{EI}, \alpha_2^2 = \frac{4F_P}{EI} = 4\alpha_1^2$$

则有

$$\tan\alpha_1 \frac{l}{2} \cdot \tan\alpha_1 l = 2$$

由此可求得

$$\alpha_1 = \frac{1.231}{l}$$

故求得压杆的临界荷载 F_{PCR}

$$F_{PCR} = \frac{1.515EI}{l^2}$$

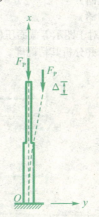

解答 15-9 图

15–10 试用能量法求临界荷载 F_{PCR},设变形曲线为

$$y = a\left(1 - \cos\frac{\pi x}{2l}\right)$$

上半柱刚度为 EI_1,下半柱刚度为 $EI_2 = 2EI_1$。

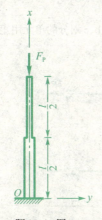

题 15-10 图   解答 15-10 图

解答:体系的弯曲应变能为

$$V_\varepsilon = \frac{1}{2}\int_0^{\frac{l}{2}} 2EI_1(y'')^2 dx + \frac{1}{2}\int_{\frac{l}{2}}^{l} EI_1(y'')^2 dx$$

$$= \frac{1}{2}\int_0^{\frac{l}{2}} 2EI_1 \frac{a^2\pi^4}{16l^4}\cos^2\frac{\pi x}{2l} dx + \frac{1}{2}\int_{\frac{l}{2}}^{l} EI_1 \frac{a^2\pi^4}{16l^4}\cos^2\frac{\pi x}{2l} dx$$

第15章 结构的稳定计算

$$= \frac{EI_1 a^2 \pi^4}{32l^3}\left(\frac{1}{2\pi} + \frac{3}{4}\right)$$

$$\Delta = \frac{1}{2}\int_0^l (y')^2 \mathrm{d}x = \frac{1}{2}\int_0^{\frac{l}{2}} \left(\frac{a\pi}{2l}\sin\frac{\pi x}{2l}\right) \mathrm{d}x = \frac{a^2 \pi^2}{16l}$$

荷载势能为

$$V_\mathrm{P} = -F_\mathrm{P}\Delta = -F_\mathrm{P}\frac{a^2 \pi^2}{16l}$$

体系的势能为

$$E_\mathrm{P} = V_\varepsilon + V_\mathrm{P} = \frac{EI_1 a^2 \pi^4}{32l^3}\left(\frac{1}{2\pi} + \frac{3}{4}\right) - F_\mathrm{P}\frac{a^2 \pi^2}{16l}$$

应用势能驻值条件

$$\frac{\mathrm{d}E_\mathrm{P}}{\mathrm{d}a} = 0$$

得到

$$E_\mathrm{P} = V_\varepsilon + V_\mathrm{P} = \frac{EI_1 \pi^4}{32l^3}\left(\frac{1}{2\pi} + \frac{3}{4}\right) - F_\mathrm{P}\frac{\pi^2}{16l}$$

由此求得临界荷载 F_PCR

$$F_\mathrm{PCR} = \frac{EI_1 \pi}{4l^2} + \frac{3EI_1 \pi^2}{8l^2}$$

15－11　（略）

15－12　（略）

15－13　（略）

15－14　对于图示等截面压杆,试分别按图 a、b、c 划分的单元用矩阵位移法计算临界荷载 F_PCR,并分析其精确度。

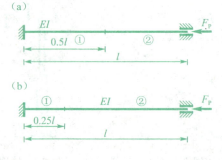

题 15-14 图

解答:(a) 按图 a 划分的单元用矩阵位移法计算临界荷载 F_{PCR}。

等截面压杆的编码如解答 15-14 图(a)所示。独立的结点位移为 v_1、θ_1。

单元 1、2 不考虑纵向力影响的通常的单元刚度矩阵为

$$k^1 = k^2 = \begin{bmatrix} \dfrac{96EI}{l^3} & \dfrac{24EI}{l^2} & -\dfrac{96EI}{l^3} & \dfrac{24EI}{l^2} \\ \dfrac{24EI}{l^2} & \dfrac{8EI}{l} & -\dfrac{24EI}{l^2} & \dfrac{4EI}{l} \\ -\dfrac{96EI}{l^3} & -\dfrac{24EI}{l^2} & \dfrac{96EI}{l^3} & -\dfrac{24EI}{l^2} \\ \dfrac{24EI}{l^2} & \dfrac{4EI}{l} & -\dfrac{24EI}{l^2} & \dfrac{8EI}{l} \end{bmatrix}$$

单元 1、2 考虑纵向力影响的附加刚度矩阵为

$$s^1 = s^2 = F_P \begin{bmatrix} \dfrac{12}{5l} & \dfrac{1}{10} & -\dfrac{12}{5l} & \dfrac{1}{10} \\ \dfrac{1}{10} & \dfrac{l}{15} & -\dfrac{1}{10} & -\dfrac{l}{60} \\ -\dfrac{12}{5l} & -\dfrac{1}{10} & \dfrac{12}{5l} & -\dfrac{1}{10} \\ \dfrac{1}{10} & -\dfrac{l}{60} & -\dfrac{1}{10} & \dfrac{l}{15} \end{bmatrix}$$

单元定位向量为

$$\lambda^1 = \begin{bmatrix} 0 \\ 0 \\ 1 \\ 2 \end{bmatrix}, \lambda^2 = \begin{bmatrix} 1 \\ 2 \\ 0 \\ 0 \end{bmatrix}$$

则有

$$K = \begin{bmatrix} \dfrac{96EI}{l^3} + \dfrac{96EI}{l^3} & -\dfrac{24EI}{l^2} + \dfrac{24EI}{l^2} \\ -\dfrac{24EI}{l^2} + \dfrac{24EI}{l^2} & \dfrac{8EI}{l} + \dfrac{8EI}{l} \end{bmatrix} = \begin{bmatrix} \dfrac{192EI}{l^3} & 0 \\ 0 & \dfrac{16EI}{l} \end{bmatrix}$$

$$S = \begin{bmatrix} \dfrac{12}{5l}F_P + \dfrac{12}{5l}F_P & -\dfrac{1}{10}F_P + \dfrac{1}{10}F_P \\ -\dfrac{1}{10}F_P + \dfrac{1}{10}F_P & \dfrac{l}{15}F_P + \dfrac{l}{15}F_P \end{bmatrix} = F_P \begin{bmatrix} \dfrac{24}{5l} & 0 \\ 0 & \dfrac{2l}{15} \end{bmatrix}$$

$$K - S = \begin{bmatrix} \dfrac{192EI}{l^3} - \dfrac{24}{5l}F_P & 0 \\ 0 & \dfrac{16EI}{l} - \dfrac{2l}{15}F_P \end{bmatrix}$$

则整体刚度方程为

$$\begin{bmatrix} \dfrac{192EI}{l^3} - \dfrac{24}{5l}F_P & 0 \\ 0 & \dfrac{16EI}{l} - \dfrac{2l}{15}F_P \end{bmatrix} \begin{bmatrix} v_1 \\ \theta_1 \end{bmatrix} = \begin{bmatrix} 0 \\ 0 \end{bmatrix}$$

v_1、θ_1 有非零解的条件为

$$\left(\dfrac{192EI}{l^3} - \dfrac{24}{5l}F_P \right) \left(\dfrac{16EI}{l} - \dfrac{2l}{15}F_P \right) = 0$$

由此求得临界荷载 F_{PCR}

$$F_{PCR} = 40 \dfrac{EI}{l^2}$$

解答 15-14 图

(b) 按图(b)划分的单元用矩阵位移法计算临界荷载 F_{PCR}。

等截面压杆的编码如解答 15-14 图(b)所示。独立的结点位移为 v_1、θ_1。

单元 1、2 不考虑纵向力影响的通常的单元刚度矩阵为

$$k^1 = \begin{bmatrix} \dfrac{768EI}{l^3} & \dfrac{96EI}{l^2} & -\dfrac{768EI}{l^3} & \dfrac{96EI}{l^2} \\ \dfrac{96EI}{l^2} & \dfrac{16EI}{l} & -\dfrac{96EI}{l^2} & \dfrac{8EI}{l} \\ -\dfrac{768EI}{l^3} & -\dfrac{96EI}{l^2} & \dfrac{768EI}{l^3} & -\dfrac{96EI}{l^2} \\ \dfrac{96EI}{l^2} & \dfrac{8EI}{l} & -\dfrac{96EI}{l^2} & \dfrac{16EI}{l} \end{bmatrix}$$

$$k^2 = \begin{bmatrix} \dfrac{768EI}{27l^3} & \dfrac{96EI}{9l^2} & -\dfrac{768EI}{27l^3} & \dfrac{96EI}{9l^2} \\ \dfrac{96EI}{9l^2} & \dfrac{16EI}{3l} & -\dfrac{96EI}{9l^2} & \dfrac{8EI}{3l} \\ -\dfrac{768EI}{27l^3} & -\dfrac{96EI}{9l^2} & \dfrac{768EI}{27l^3} & -\dfrac{96EI}{9l^2} \\ \dfrac{96EI}{9l^2} & \dfrac{8EI}{3l} & -\dfrac{96EI}{9l^2} & \dfrac{16EI}{3l} \end{bmatrix}$$

单元 1、2 考虑纵向力影响的附加刚度矩阵为

$$s^1 = F_P \begin{bmatrix} \dfrac{24}{5l} & \dfrac{1}{10} & -\dfrac{24}{5l} & \dfrac{1}{10} \\ \dfrac{1}{10} & \dfrac{l}{30} & -\dfrac{1}{10} & -\dfrac{l}{120} \\ -\dfrac{24}{5l} & -\dfrac{1}{10} & \dfrac{24}{5l} & -\dfrac{1}{10} \\ \dfrac{1}{10} & -\dfrac{l}{120} & -\dfrac{1}{10} & \dfrac{l}{30} \end{bmatrix}$$

第15章 结构的稳定计算

$$s^2 = F_P \begin{bmatrix} \dfrac{24}{15l} & \dfrac{1}{10} & -\dfrac{24}{15l} & \dfrac{1}{10} \\ \dfrac{1}{10} & \dfrac{l}{10} & -\dfrac{1}{10} & -\dfrac{l}{40} \\ -\dfrac{24}{15l} & -\dfrac{1}{10} & \dfrac{24}{15l} & -\dfrac{1}{10} \\ \dfrac{1}{10} & -\dfrac{l}{40} & -\dfrac{1}{10} & \dfrac{l}{10} \end{bmatrix}$$

单元定位向量为

$$\lambda^1 = \begin{pmatrix} 0 \\ 0 \\ 1 \\ 2 \end{pmatrix}, \lambda^2 = \begin{pmatrix} 1 \\ 2 \\ 0 \\ 0 \end{pmatrix}$$

则有

$$K = \begin{bmatrix} \dfrac{768EI}{l^3} + \dfrac{768EI}{27l^3} & -\dfrac{96EI}{l^2} + \dfrac{96EI}{9l^2} \\ -\dfrac{96EI}{l^2} + \dfrac{96EI}{9l^2} & \dfrac{16EI}{l} + \dfrac{16EI}{3l} \end{bmatrix} = \begin{bmatrix} \dfrac{768EI}{9l^3} & -\dfrac{256EI}{3l^2} \\ -\dfrac{256EI}{3l^2} & \dfrac{64EI}{3l} \end{bmatrix}$$

$$S = \begin{bmatrix} \dfrac{24}{5l}F_P + \dfrac{24}{15l}F_P & -\dfrac{1}{10}F_P + \dfrac{1}{10}F_P \\ -\dfrac{1}{10}F_P + \dfrac{1}{10}F_P & \dfrac{l}{30}F_P + \dfrac{l}{10}F_P \end{bmatrix} = F_P \begin{bmatrix} \dfrac{96}{15l} & 0 \\ 0 & \dfrac{2l}{15} \end{bmatrix}$$

$$K - S = \begin{bmatrix} \dfrac{7\,168EI}{9l^2} - \dfrac{96}{15l}F_P & -\dfrac{256EI}{3l^2} \\ -\dfrac{256EI}{3l^2} & \dfrac{64EI}{3l} - \dfrac{2l}{15}F_P \end{bmatrix}$$

则整体刚度方程为

$$\begin{bmatrix} \dfrac{7\,168EI}{9l^2} - \dfrac{96}{15l}F_P & -\dfrac{256EI}{3l^2} \\ -\dfrac{256EI}{3l^2} & \dfrac{64EI}{3l} - \dfrac{2l}{15}F_P \end{bmatrix} \begin{bmatrix} v_1 \\ \theta_1 \end{bmatrix} = \begin{bmatrix} 0 \\ 0 \end{bmatrix}$$

v_1、θ_1 有非零解的条件为

$$\left(\dfrac{7\,168EI}{9l^2} - \dfrac{96}{15l}F_P \right) \left(\dfrac{64EI}{3l} - \dfrac{2l}{15}F_P \right) - \left(-\dfrac{256EI}{3l^2} \right)^2 = 0$$

由此求得临界荷载 F_{PCR} 为

$$F_{PCR} = 48\dfrac{EI}{l^2}$$

解答 15-14 图

（c）按图（c）划分的单元用矩阵位移法计算临界荷载 F_{PCR}。

等截面压杆的编码如解答 15-14 图（c）所示。独立的结点位移为 v_1、θ_1、v_2、θ_2、v_3、θ_3。

单元 1、2、3、4 不考虑纵向力影响的通常的单元刚度矩阵为

$$k^1 = k^2 = k^3 = k^4 = \begin{bmatrix} \dfrac{768EI}{l^3} & \dfrac{96EI}{l^2} & -\dfrac{768EI}{l^3} & \dfrac{96EI}{l^2} \\ \dfrac{96EI}{l^2} & \dfrac{16EI}{l} & -\dfrac{96EI}{l^2} & \dfrac{8EI}{l} \\ -\dfrac{768EI}{l^3} & -\dfrac{96EI}{l^2} & \dfrac{768EI}{l^3} & -\dfrac{96EI}{l^2} \\ \dfrac{96EI}{l^2} & \dfrac{8EI}{l} & -\dfrac{96EI}{l^2} & \dfrac{16EI}{l} \end{bmatrix}$$

单元 1、2、3、4 考虑纵向力影响的附加刚度矩阵为

$$s^1 = s^2 = s^3 = s^4 = F_P \begin{bmatrix} \dfrac{24}{5l} & \dfrac{1}{10} & -\dfrac{24}{5l} & \dfrac{1}{10} \\ \dfrac{1}{10} & \dfrac{l}{30} & -\dfrac{1}{10} & -\dfrac{l}{120} \\ -\dfrac{24}{5l} & -\dfrac{1}{10} & \dfrac{24}{5l} & -\dfrac{1}{10} \\ \dfrac{1}{10} & -\dfrac{l}{120} & -\dfrac{1}{10} & -\dfrac{l}{30} \end{bmatrix}$$

单元定位向量为

$$\lambda^1 = \begin{Bmatrix} 0 \\ 0 \\ 1 \\ 2 \end{Bmatrix}, \lambda^2 = \begin{Bmatrix} 1 \\ 2 \\ 3 \\ 4 \end{Bmatrix}, \lambda^3 = \begin{Bmatrix} 3 \\ 4 \\ 5 \\ 6 \end{Bmatrix}, \lambda^4 = \begin{Bmatrix} 5 \\ 6 \\ 0 \\ 0 \end{Bmatrix}$$

则有

$$K = \begin{bmatrix} \dfrac{1\,536EI}{l^3} & 0 & -\dfrac{768EI}{l^3} & \dfrac{96EI}{l^2} & 0 & 0 \\ 0 & \dfrac{32EI}{l} & -\dfrac{96EI}{l^2} & \dfrac{8EI}{l} & 0 & 0 \\ -\dfrac{768EI}{l^3} & -\dfrac{96EI}{l^2} & \dfrac{1\,536EI}{l^3} & 0 & -\dfrac{768EI}{l^3} & \dfrac{96EI}{l^2} \\ \dfrac{96EI}{l^2} & \dfrac{8EI}{l} & 0 & \dfrac{32EI}{l} & -\dfrac{96EI}{l^2} & \dfrac{8EI}{l} \\ 0 & 0 & -\dfrac{768EI}{l^3} & -\dfrac{96EI}{l^2} & \dfrac{1\,536EI}{l^3} & 0 \\ 0 & 0 & \dfrac{96EI}{l^2} & \dfrac{8EI}{l} & 0 & \dfrac{32EI}{l} \end{bmatrix}$$

$$S = F_P \begin{bmatrix} \frac{48}{5l} & 0 & -\frac{24}{5l} & \frac{1}{10} & 0 & 0 \\ 0 & \frac{l}{15} & -\frac{1}{10} & -\frac{l}{120} & 0 & 0 \\ -\frac{24}{5l} & -\frac{1}{10} & \frac{48}{5l} & 0 & -\frac{24}{5l} & \frac{1}{10} \\ \frac{1}{10} & -\frac{l}{120} & 0 & \frac{l}{15} & -\frac{1}{10} & -\frac{l}{120} \\ 0 & 0 & -\frac{24}{5l} & -\frac{1}{10} & \frac{48}{5l} & 0 \\ 0 & 0 & \frac{1}{10} & -\frac{l}{120} & 0 & \frac{l}{15} \end{bmatrix}$$

由 $|K-S|$，求得临界荷载 F_{PCR} 为

$$F_{PCR} = 39.77 \frac{EI}{l^2}$$

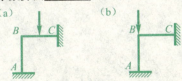

解答 15-14 图

按图(c)计算的临界荷载 F_{PCR} 最小，其精确度最好；按图(a)计算的临界荷载 F_{PCR} 次之，其精确度第二；按图(b)计算的临界荷载 F_{PCR} 最大，其精确度最不好。

15—15～22 （略）

同步测试题与能考答案

同步自测题

1. 用位移法计算图 15-5(a) 所示刚架时，其基本方程(公式)为_____，基本未知量表示的是_____；用位移法求图 15-5(b) 所示刚架的临界荷载时，其基本方程式为_____，二者的刚度系数算法_____同。

(a) (b)

图 15-5

第15章 结构的稳定计算

2. 稳定方程即是根据稳定平衡状态建立的平衡方程。（　）
3. 求图示完善体系的临界荷载。k 为弹簧刚度，k_r 为弹性转动刚度。

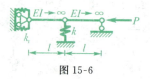

图 15-6

4. 求图示中心受压杆的临界荷载。

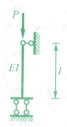

图 15-7

参考答案

1. $k_{11}Z_1 + R_{1P}$，结点 B 转角，$k_{11}Z_1 = 0$，不同。
2. (×)
3. $P_{cr} = \dfrac{1}{2}\left(kl + \dfrac{k_r}{l}\right)$
4. $P_c = \dfrac{\pi^2 EI}{(2l)^2}$

第 16 章 结构的极限荷载

本章知识结构及内容小结

【本章知识结构】

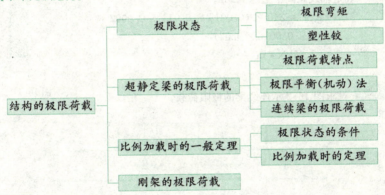

【本章内容小结】

1. 极限弯矩与塑性铰：

理想弹塑性假设下，受弯截面的极限弯矩状态。极限弯矩状态下，截面中性轴是等分面积轴，极限弯矩由截面形状、尺寸、材料屈服应力决定；塑性铰是单向的，传递（承受）截面的极限弯矩值。

2. 结构的极限状态：

结构出现足够多的塑性铰，承载不能继续增加的临界状态，静定梁出现 1 个塑性铰，即是极限状态，可用静力平衡法计算对应极限荷载。

3. 超静定梁的极限荷载：

极限状态的特点，决定计算极限荷载的方法，重点在确定破坏状态、或确定塑性铰的位置和方向。比例加载时，连续梁只能在跨内破坏，用机动法（或称极限平衡法）可简洁确定极限荷载。

4. 比例加载时的一般定理：

定义极限状态的条件，引入可破坏荷载、可接受荷载概念，在理论上证明极限状态与极限荷载的唯一性等，确定了试算法与穷举法的有效性。这在刚架等结构的极限状态分析上同样有效。

第16章 结构的极限荷载

经典例题解析

例1 已知材料的屈服极限 $\sigma_s = 240\text{MPa}$，求图 16-1 示截面的极限弯矩

解答：截面面积

$A = 0.0036\text{m}^2$

$A_1 = A_2 = 0.0018\text{m}^2$

确定轴线距离下边缘 0.9m，

$M_u = \sigma_s S = 240 \times (0.0018 \times 0.045 + 0.0002 \times 0.005 + 0.0016 \times 0.02)$

$= 27.36\text{kN} \cdot \text{m}$

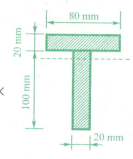

图 16-1

例2 试求图 16-2 示连续梁的极限荷载。

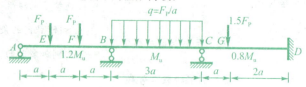

图 16-2

解答：分别取图 16-3(a)(b)(c) 可破坏状态。

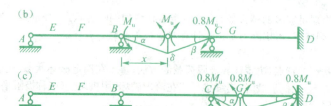

图 16-3

(a) 状态列虚功方程，得

$$1.2M_u(\alpha+\beta)+M_u\beta = F_P\delta + F_P\frac{\delta}{2}$$

$$\alpha = \frac{\delta}{a}, \beta = \frac{\delta}{2a}$$

$$F_{Pa}^+ = \frac{4.6}{3a}M_u$$

(b) 状态列虚功方程,得

$$M_u\alpha + M_u(\alpha+\beta)+0.8M_u\beta = \frac{1}{2}3a\frac{F_P}{a}\delta,$$

$$\alpha = \frac{\delta}{x}, \beta = \frac{\delta}{3a-x}$$

极值位置 $\qquad \dfrac{dF_P}{dx}=0$

得 $x=1.461a$ 时, $\qquad F_{Pb}^+ = 1.692M_u$

(c) 状态列虚功方程,得

$$0.8M_u\alpha + 0.8M(\alpha+\beta)+0.8M_u\beta = 1.5F_P\delta,$$

$$\alpha = \frac{\delta}{a}, \beta = \frac{\delta}{2a}$$

$$F_{PC}^+ = \frac{5.6}{3a}M_u$$

比较得 $\qquad F_{Pu} = \dfrac{4.6}{3}M_u$

考研真题评析

例1 试求图16-4示结构在给定荷载作用下达到极限状态时,其所需的截面极限弯矩值 M_u 的大小。

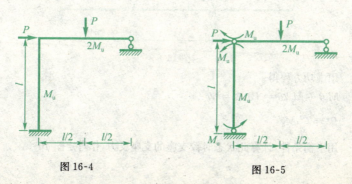

图 16-4 　　　　　　　　图 16-5

解答：采用试算法，取图 16-5 示可破坏机构，验证极限状态，
由立柱平衡关系确定 P 与 M_u 的关系，
$$2M_u = Pl,$$
画此状态弯矩图 16-6

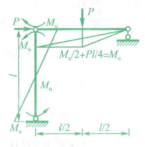

图 16-6

可见，所有截面弯矩不超过其极限弯矩，故为可接受荷载，这是该结构的极限状态，即：$M_u = \dfrac{Pl}{2}$

例2 图 16-7 等截面梁极限弯矩 M_u，求极限荷载 P_u，画相应弯矩分布图。

图 16-7

解答：试算，取图 16-8 示可破坏状态，

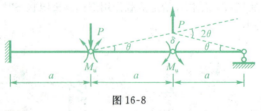

图 16-8

用虚功方程得：

$M_u\theta + M_u 2\theta = P\delta, \delta = a\theta$

$P^+ = \dfrac{3}{a}M_u$

用平衡条件，计算此状态时铰支座的支座反力，作弯矩图 16-9，

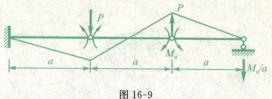

图 16-9

可见所有截面弯矩值不超过极限弯矩,是可接受荷载,所以这就是极限状态。

$$P_u = \frac{3}{a}M_u$$

本章教材习题精解

16－1 验证：(a) 工字形截面的极限弯矩为 $M_u = \sigma_s bh\delta_2(1+\frac{\delta_1 h}{4b\delta_2})$

(b) 圆形截面的极限弯矩为 $M_u = \sigma_s \frac{D^3}{6}$

(c) 环形截面的极限弯矩为 $M_u = \sigma_s \frac{D^3}{6}\left[1-(1-\frac{2\delta}{D})^3\right]$

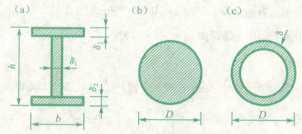

题 16-1 图

解答：(a) 对称截面,分腹板、翼板两部分,忽略 δ_1、δ_2 二阶微量

$$M_u = 2\sigma_s(b\delta_2 \times (\frac{h-\delta_2}{2}) + \delta_1(\frac{h}{2}-\delta_2)^2 \times \frac{1}{2})$$

$$\approx \sigma_s(bh\delta_2 + \frac{\delta_1 h^2}{4}) = \sigma_s bh\delta_2(1+\frac{h\delta_1}{4b\delta_2})$$

(b) 先计算面积矩,取对称轴一侧,解答 16-1 图,微面积积分

第16章 结构的极限荷载

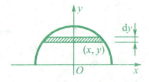

解答 16-1 图

$$S = 2\int_0^R 2x\,dy \times y = 2\int_0^{\frac{\pi}{2}} 2R\sin\theta \times R\cos\theta \times R\cos\theta\,d\theta$$

$$= 4R^3 \int_0^{\frac{\pi}{2}} \cos^2\theta\,d(-\cos\theta) = \frac{4R^3}{3} = \frac{D^3}{6}$$

$$M_u = \sigma_s S = \sigma_s \frac{D^3}{6}$$

(c) 利用(b)的结果,$M_u = \sigma_S \left[\dfrac{D^3}{6} - \dfrac{(D-2\delta)^3}{6}\right] = \sigma_S \dfrac{D^3}{6}\left[1 - \left(1 - \dfrac{2\delta}{D}\right)^3\right]$

16-2 试求图示两角钢截面的极限弯矩 M_u。设材料的屈服应力为 σ_s。

题 16-2 图

解答: 总面积 $A = 2(5 \times 50 + 5 \times 45) = 950\text{mm}^2$

等分面积轴距上缘距离 $a_1 = \dfrac{A}{2} \div 100 = 4.75\text{mm}$

面积矩

$$S = S_1 + S_2 = \frac{A}{2} \times \frac{a_1}{2} + 90 \times 0.25 \times \frac{1}{2} \times 0.25 + 2 \times 40 \times 5(0.25 + \frac{40}{2})$$

$$+ 2 \times \frac{1}{2} \times 5^2 \times (40 + 0.25 + \frac{5}{3}) = 10278\text{mm}^3$$

$$M_u = \sigma_s S = 10278 \times \sigma_s$$

16-3～16-5 试求图示各梁的极限荷载。

题 16-3 图

第16章 结构的极限荷载

16—3

解答:静定梁,作弯矩图,解答 16-3 图

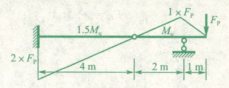

解答 16-3 图

确定左边固定端先达到极限弯矩,结构即达到极限状态,得极限荷载。
$$2 \times F_P = 1.5M_u, \qquad F_{Pu} = 0.75M_u.$$

16—4

解答:

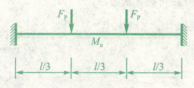

题 16-4 图

设可破坏机构图解答 16-4 图(a),

解答 16-4 图

列虚功方程
$$M_u\alpha + M_u\beta + M_u(\alpha+\beta) = F_P\delta + F_P\delta/2$$
$$\alpha = \frac{\delta}{l/3}, \beta = \frac{\delta}{2l/3},$$

得 $F_P{}^+ = \dfrac{6}{l}M_u,$

作此状态弯矩图解答 16-4 图(b)

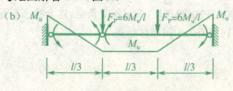

解答 16-4 图

· 493 ·

可见所有截面弯矩不超过极限弯矩,是可接受荷载。所以此状态就是结构的极限状态。

$$F_{Pu} = \frac{6}{l}M_u ,$$

16—5

题 16-5 图

解答:取解答 16-5(a)图可破坏状态,

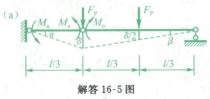

解答 16-5 图

列虚功方程

$$M_u\alpha + M_u(\alpha+\beta) = F_P\delta + F_P\delta/2$$

$$\alpha = \frac{\delta}{l/3}, \beta = \frac{\delta}{2l/3}$$

得 $F_P^+ = \dfrac{5}{l}M_u$,

作此状态弯矩图解答 16-5 图(b)

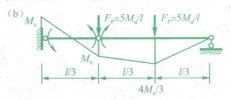

解答 16-5 图

有截面弯矩超过极限弯矩,非可接受荷载,这个状态不是极限状态。
再取解答 16-5 图(c)可破坏状态

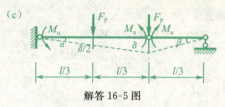

解答 16-5 图

列虚功方程

$$M_u\alpha + M_u(\alpha+\beta) = F_P\delta + F_P\delta/2$$

$$\alpha = \frac{\delta}{2l/3}, \beta = \frac{\delta}{l/3}$$

得 $F_P{}^+ = \frac{4}{l}M_u$,

作此状态弯矩图解答 16-5 图(d)

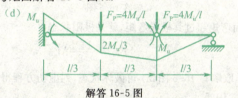

解答 16-5 图

所有截面弯矩不超过极限弯矩,是可接受荷载,这个状态就是极限状态。

$$F_{Pu} = \frac{4}{l}M_u$$

16－6 试求图示变截面梁的极限荷载及相应的破坏机构,设:
(a) $\dfrac{M'_u}{M_u} = 2$; (b) $\dfrac{M'_u}{M_u} = 1.5$。

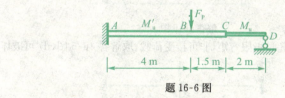

题 16-6 图

解答:(a) 取解答 16-6 图(a) 可破坏状态

解答 16-6 图

列虚功方程
$$M'_u\alpha + M_u(\alpha+\beta) = F_P\delta$$
$$\alpha = \frac{\delta}{4}, \beta = \frac{5.5\delta/4}{2} = \frac{5.5\delta}{8},$$

得 $F_P{}^+ = \frac{11.5}{8}M_u$,

作此状态弯矩图解答 16-6 图(b)

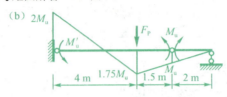

解答 16-6 图

没有截面弯矩超过其极限弯矩,就是极限状态,
$$F_{Pu} = \frac{11.5}{8}M_u,$$

(b) 同样取解答 16-6 图(a) 可破坏状态,列虚功方程得

则 $F_P{}^+ = \frac{10.5}{8}M_u$,

作此状态弯矩图解答 16-6 图(c)

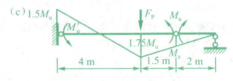

解答 16-6 图

F_P 点处弯矩超过极限弯矩,非可接受荷载。取解答 16-6 图(d) 可破坏状态

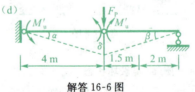

解答 16-6 图

列虚功方程
$$M'_u\alpha + M'_u(\alpha+\beta) = F_P\delta$$
$$\alpha = \frac{\delta}{4}, \beta = \frac{\delta}{3.5},$$

得 $F_P{}^+ = \frac{33}{28}M_u$,

作此状态弯矩图解答 16-6 图(e)

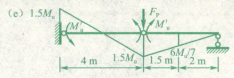

解答 16-6 图

没有截面超过其极限弯矩,就是极限状态

$$F_{Pu} = \frac{33}{28}M_u,$$

16－7 ～ 16－9　试求图示连续梁的极限荷载。

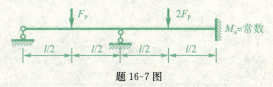

题 16-7 图

16－7

解答：分别取各跨的可破坏状态如解答 16-7 图(a)、(b)

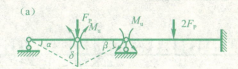

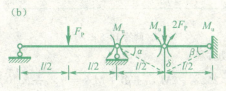

解答 16-7 图

列虚功方程

（a）状态

$$M_u(\alpha+\beta) + M_u\beta = F_P\delta$$

$$\alpha = \frac{2\delta}{l}, \beta = \frac{2\delta}{l},$$

得 $F_{Pa}{}^+ = \frac{6}{l}M_u,$

（b）状态

$$M_u\alpha + M_u(\alpha+\beta) + M_u\beta = 2F_P\delta$$

第16章 结构的极限荷载

$$\alpha = \frac{2\delta}{l}, \beta = \frac{2\delta}{l},$$

得 $F_{Pb}{}^+ = \frac{4}{l} M_u,$

比较得： $F_{Pu} = \frac{4}{l} M_u,$

16－8

解答：取分别取各跨可破坏状态如解答 16-8 图(a)、(b)

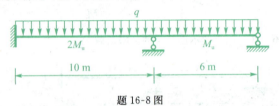

题 16-8 图

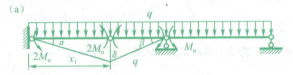

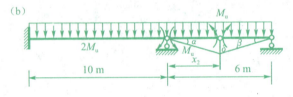

解答 16-8 图

(a) 状态列虚功方程

$$2M_u\alpha + 2M_u(\alpha + \beta) + M_u\beta = q \times \frac{1}{2} \times 10 \times \delta$$

$$\alpha = \frac{\delta}{x_1}, \beta = \frac{\delta}{10 - x_1},$$

得 $q_a{}^+ = \frac{40 - x_1}{5 x_1 (10 - x_1)} M_u,$

为确定极值，令得 $\frac{\mathrm{d} q_a{}^+}{\mathrm{d} x_1} = 0$，得 $x_1^2 - 80 x_1 + 400 = 0$

舍弃不合理根，得 $x_1 = 5.36 \mathrm{m}$

$$q_a{}^+ = \frac{40 - x_1}{5 x_1 (10 - x_1)} M_u = 0.279 M_u,$$

(b) 状态列虚功方程 $M_u\alpha + M_u(\alpha + \beta) = q \times \frac{1}{2} \times 6 \times \delta$

$$\alpha = \frac{\delta}{x_2}, \beta = \frac{\delta}{6-x_2}, 得 q_b^+ = \frac{12-x_2}{3x_2(6-x_2)}M_u,$$

为确定极值,令得 $\dfrac{\mathrm{d}q_b^+}{\mathrm{d}x_2} = 0$,得 $x_2^2 - 24x_2 + 72 = 0$

舍弃不合理根,得

$$x_2 = 3.515\text{m}$$

$$q_b^+ = 0.324 M_u,$$

比较得 $q_u = 0.279 M_u$,

16－9

解答:分别取各跨可破坏状态如解答 16-9 图(a)、(b)、(c)

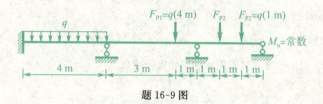

题 16-9 图

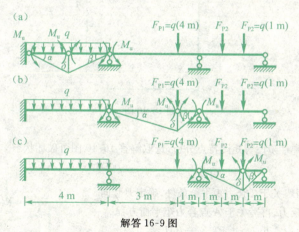

解答 16-9 图

（a）状态列虚功方程

$$M_u\alpha + M_u(\alpha + \beta) + M_u\beta = q\frac{1}{2} \times 4 \times \delta$$

$$\alpha = \frac{\delta}{2}, \beta = \frac{\delta}{2},$$

得 $q_{ua}^+ = M_u$,

第16章 结构的极限荷载

(b) 状态列虚功方程

$$M_u\alpha + M_u(\alpha+\beta) + M_u\beta = q4\times\delta$$

$$\alpha = \frac{\delta}{3}, \beta = \frac{\delta}{1},$$

得 $q_{ub}^+ = \frac{2}{3}M_u,$

(c) 状态列虚功方程

$$M_u\alpha + M_u(\alpha+\beta) = q\times\delta + q\frac{1}{2}\delta$$

$$\alpha = \frac{\delta}{2}, \beta = \frac{\delta}{1},$$

得 $q_{uc}^+ = M_u,$

比较得 $$q_u = \frac{2}{3}M_u,$$

16－10～16－13 试求图示刚架的极限荷载。

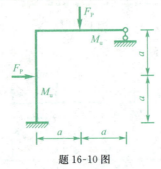

题 16-10 图

16－10

解答：由弹性阶段弯矩图特点分析，选取解答 16-10 图可破坏状态

由 BC 关于 C 合力矩平衡条件，确定 B 竖向支反力，再写关于 A 点合力矩平衡方程

$$F_P^+ a + F_P^+ a - 3M_u = 0,$$

得 $F_P^+ = \frac{3}{2a}M_u$

作此状态的弯矩图，可见所有截面弯矩不超过其极限弯矩，这就是极限状态

$$F_{Pu} = \frac{3}{2a}M_u$$

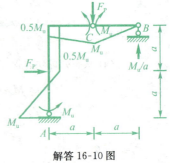

解答 16-10 图

16-11

解答: 静定结构,一个截面出现塑性铰即破坏,由内力计算知 A 截面弯矩最大,将首先破坏,由

$$M_A = lF_P$$

确定

$$F_{Pu} = \frac{1}{l}M_u$$

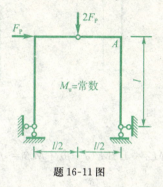

题 16-11 图

16-12

解答: 由弹性阶段弯矩图特点分析,选取解答 16-12 图可破坏状态

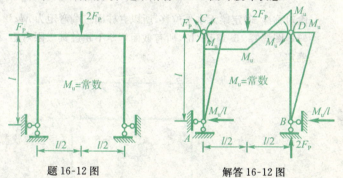

题 16-12 图　　　　　解答 16-12 图

由 AC 杆关于 C 端、BD 杆关于 D 端合力矩平衡条件,确定此状态水平支反力,再由整体合力平衡

得

$$2M_u/l = F_P,$$

即:$F_P^+ = 2\dfrac{M_u}{l}$

作出弯矩图,可见所有截面弯矩不超过其极限弯矩,就是结构的极限状态

$$F_{Pu} = 2\frac{M_u}{l}$$

16 — 13

解答：由弹性阶段弯矩图特点分析，选取解答 16-13 图(a) 可破坏状态

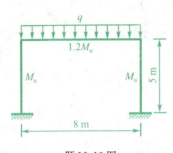

题 16-13 图　　　　　　解答 16-13 图

写梁的虚功方程

$$M_u\alpha + 1.2M_u(\alpha+\beta) + M_u\beta = q^+ \times \frac{1}{2}\delta \times 8$$

$$\alpha = \frac{\delta}{4}, \beta = \frac{\delta}{4},$$

$$q^+ = \frac{1.1M_u}{4}$$

由对称性，确定梁无水平位移，所以立柱固定端弯矩为 $M_u/2$，可作出此状态弯矩图解答 16-13 图(b)，所有截面弯矩不超过其极限弯矩，就是极限状态。确定

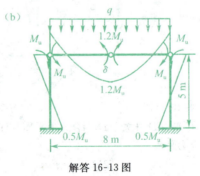

解答 16-13 图

$$q_u = \frac{1.1M_u}{4}$$

16 — 14　图示等截面梁极限弯矩为 M_u，在均布荷载 q 作用下欲使正负最大弯矩均达到 M_u。试确定弯矩图零点 C 的位置及相应的极限荷载。

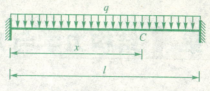

题 16-14 图

解答：极限状态为两端负弯矩和跨中正弯矩达到极限弯矩，如解答 16-14 图

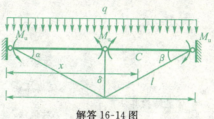

解答 16-14 图

列虚功方程

$$M_u\alpha + M_u(\alpha+\beta) + M_u\beta = q^+ \times \frac{1}{2}\delta \times l$$

$$\alpha = \frac{2\delta}{l}, \beta = \frac{2\delta}{l},$$

$$q_u = \frac{16M_u}{l^2}$$

由对称性确定跨中截面剪力为 0，弯矩为下侧受拉 M_u，C 截面弯矩为 0，即：

$$M_c = M_u - \frac{16M_u}{l^2}\frac{1}{2}(x-\frac{l}{2})^2 = 0$$

即：$x^2 - lx + \frac{l^2}{8} = 0$,

得：$x_1 = 0.1465l, x_2 = 0.8535l$

第 17 章　结构力学与方法论

本章知识结构及内容小结

【本章知识结构】

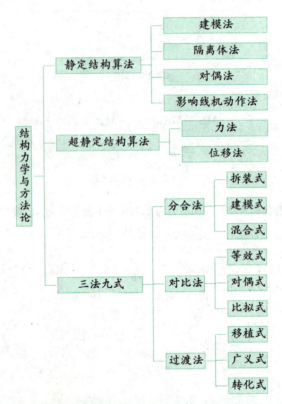